O LIVRO DA ECOLOGIA

O LIVRO DA
ECOLOGIA

GLOBOLIVROS

DK LONDRES

EDITORES SENIORES
Helen Fewster, Camilla Hallinan

EDITOR DE DE ARTE SÊNIOR
Duncan Turner

ILUSTRAÇÕES
James Graham

EDITORA DE CAPA
Emma Dawson

DESIGNER DE CAPA
Surabhi Wadhwa-Gandhi

GERENTE DE DESENVOLVIMENTO DE CAPA
Sophia MTT

PRODUTOR, PRÉ-PRODUÇÃO
Andy Hilliard

PRODUTOR SÊNIOR
Meskerem Berhane

GERENTE EDITORIAL
Angeles Gavira Guerrero

GERENTE EDITORIAL DE ARTE
Michael Duffy

DIRETORA ASSOCIADA DE PUBLICAÇÕES
Liz Wheeler

DIRETORA DE ARTE
Karen Self

DIRETOR DE DESIGN
Philip Ormerod

DIRETOR DE PUBLICAÇÕES
Jonathan Metcalf

PROJETO ORIGINAL
STUDIO8 DESIGN

GLOBO LIVROS

EDITOR RESPONSÁVEL
Lucas de Sena Lima

ASSISTENTES EDITORIAIS
Lara Berruezo
Renan Castro

TRADUÇÃO
Flávia Souto Maior

PREPARAÇÃO DE TEXTO
Wendy Campos

REVISÃO DE TEXTO
Erika Nogueira
Erika Nakahata

EDITORAÇÃO ELETRÔNICA
Equatorium Design

Editora Globo S.A.
Rua Marquês de Pombal, 25 – 20230-240
Rio de Janeiro – RJ – Brasil
www.globolivros.com.br

Texto fixado conforme as regras do Acordo Ortográfico da Língua Portuguesa (Decreto Legislativo nº 54, de 1995)

Publicado originalmente na Grã-Bretanha em 2019 por Dorling Kindersley Limited, 80 Strand, London, wc2r 0rl.

Copyright © 2019 Dorling Kindersley Limited, Parte da Penguin Random House
Copyright da tradução © 2020 Editora Globo S/A
Prefácio © 2019 Tony Juniper

Todos os direitos reservados. Nenhuma parte desta edição pode ser utilizada ou reproduzida — em qualquer meio ou forma, seja mecânico ou eletrônico, fotocópia, gravação etc. — nem apropriada ou estocada em sistema de banco de dados sem a expressa autorização da editora.

1ª edição, 2020 – 1ª reimpressão, 2024

FOR THE CURIOUS
www.dk.com

Impresso na gráfica Coan

CIP-BRASIL. CATALOGAÇÃO NA PUBLICAÇÃO
SINDICATO NACIONAL DOS EDITORES DE LIVROS, RJ

L762

    O livro da ecologia / prefácio Tony Juniper ; [colaboração Julia Schroeder ... [et al.]] ; [tradução Flávia Souto Maior]. - 1. ed. - Rio de Janeiro : Globo Livros, 2020.
    352 p. (As grandes ideias de todos os tempos)

    Tradução de: The ecology book
    ISBN 978-65-5567-020-2

    1. Ecologia. I. Juniper, Tony. II. Schroeder, Julia. III. Maior, Flávia Souto. IV. Série.

20-64873   CDD: 577
                                                                           CDU: 574

Leandra Felix da Cruz Candido - Bibliotecária - CRB-7/6135
04/06/2020 12/06/2020

COLABORADORES

JULIA SCHROEDER, CONSULTORA

Julia Schroeder é doutora em Ecologia Animal pela Universidade de Groningen, na Holanda. De 2012 a 2017, chefiou um grupo de pesquisa sobre ornitologia no Instituto Max Planck, na Alemanha, em que estudou ecologia comportamental social. Julia atualmente é pesquisadora e dá aulas de biologia evolutiva no Imperial College, em Londres.

CELIA COYNE

Celia é escritora *freelance* e editora e reside em Christchurch, Nova Zelândia. Autora de *Riquezas da Terra* e *O poder das plantas*, escreve e edita artigos sobre ciências e história natural para revistas, jornais, periódicos, sites e livros no Reino Unido, Austrália e Nova Zelândia. Seu objetivo é tornar assuntos científicos acessíveis a leitores leigos.

JOHN FARNDON

Autor de centenas de livros sobre ciência e natureza, tanto para crianças quanto para adultos, John Farndon estudou geografia na Universidade de Cambridge. Escreveu extensivamente sobre geociências e meio ambiente, com foco em conservação e ecologia. Entre seus livros estão *Atlas of Oceans*, *Wildlife Atlas*, *Como a Terra funciona* e *The Practical Encyclopedia of Rocks and Minerals*.

TIM HARRIS

Após estudar glaciares noruegueses na universidade, Tim Harris viajou o mundo em busca de vida selvagem incomum e paisagens extraordinárias. Explorou as dunas do deserto do Namibe, escalou o Popocatépetl, no México central, acampou na floresta tropical de Sumatra e pesquisou o mar congelado de Okhotsk, na Rússia. É ex-subeditor da revista *Birdwatch*, no Reino Unido, e escreveu livros sobre natureza para adultos e crianças.

DEREK HARVEY

Naturalista e professor com interesse em biologia evolutiva, Derek Harvey graduou-se em zoologia pela Universidade de Liverpool, Reino Unido. Lecionou para uma geração de biólogos e liderou expedições de estudantes a Costa Rica, Madagascar e Australásia. Derek atualmente é autor e consultor de livros de ciências e história natural.

TOM JACKSON

Escritor há 25 anos, Tom Jackson é autor de cerca de duzentos livros de não ficção para adultos e crianças e colaborou em muitos outros. Estudou zoologia na Universidade de Bristol, Reino Unido, trabalhou em zoológicos e atuou como conservacionista antes de passar a escrever sobre história natural e ciências.

ALISON SINGER

Alison Singer cursa o doutorado em Sustentabilidade Comunitária na Universidade Estadual de Michigan, EUA, onde estuda técnicas de narrativa e comunicação científica. Tem amplo conhecimento em escrita, ecologia e ciências sociais. Trabalhou como educadora em instituições beneficentes ambientalistas e na Agência de Proteção Ambiental dos Estados Unidos.

SUMÁRIO

12 INTRODUÇÃO

A HISTÓRIA DA EVOLUÇÃO

20 O tempo é insignificante, e nunca uma dificuldade para a natureza
Primeiras teorias da evolução

22 Um mundo anterior ao nosso, destruído pela catástrofe
Extinção e mudança

23 Nenhum vestígio de um começo, nenhuma perspectiva de um fim
Uniformitarismo

24 A luta pela existência
Evolução pela seleção natural

32 Os seres humanos, em última análise, não passam de veículos para os genes
As regras da hereditariedade

34 Descobrimos o segredo da vida
O papel do DNA

38 Genes são moléculas egoístas
O gene egoísta

PROCESSOS ECOLÓGICOS

44 Aulas de teoria matemática sobre a luta pela vida
Equações predador-presa

50 A existência é determinada por uma tênue linha de circunstâncias
Nichos ecológicos

52 Competidores completos não podem coexistir
Princípio da exclusão competitiva

54 Experimentos de campo medíocres podem ser mais que inúteis
Experimentos de campo

56 Mais néctar significa mais formigas e mais formigas significam mais néctar
Mutualismos

60 Búzios são como pequenos lobos em câmera lenta
Espécies-chave

66 A aptidão de um animal forrageador depende de sua eficiência
Teoria do forrageamento ótimo

68 Parasitas e patógenos controlam populações como predadores
Epidemiologia ecológica

72 Por que pés de pinguins não congelam?
Ecofisiologia

74 Toda vida é química
Estequiometria ecológica

76 O medo, por si só, é poderoso
Efeitos não letais de predadores sobre suas presas

ORDENANDO O MUNDO NATURAL

82 Em todas as coisas da natureza existe algo de maravilhoso
Classificação dos seres vivos

84 Com a ajuda de microscópios, nada escapa aos nossos olhos
O ambiente microbiológico

86 **Se você não sabe os nomes das coisas, seu conhecimento se perde**
Um sistema para identificar todos os organismos da natureza

88 **"Reprodutivamente isolado" são as palavras-chave**
Conceito de espécie biológica

90 **Organismos claramente se agrupam em vários reinos primários**
Uma visão moderna da diversidade

92 **Salve a biosfera e poderá salvar o mundo**
Atividade humana e biodiversidade

96 **Estamos na fase inicial de uma extinção em massa**
Hotspots de biodiversidade

A VARIEDADE DA VIDA

102 **A última palavra será dos micróbios**
Microbiologia

104 **Certas espécies de árvores vivem em simbiose com fungos**
A onipresença das micorrizas

106 **Alimento é a principal questão**
Ecologia animal

114 **Aves põem a quantidade de ovos que gera uma prole de tamanho ideal**
Controle da ninhada

116 **O vínculo com um cão fiel é o mais duradouro dos laços**
Comportamento animal

118 **Precisamos redefinir ferramenta, redefinir homem, ou aceitar os chimpanzés como humanos**
Usando modelos animais para entender o comportamento humano

126 **Toda atividade corporal depende da temperatura**
Termorregulação em insetos

ECOSSISTEMAS

132 **Cada parte da natureza é necessária para o sustento do resto**
A cadeia alimentar

134 **Todos os organismos são potenciais fontes de alimento para outros organismos**
O ecossistema

138 **A vida é sustentada por uma ampla rede de processos**
Fluxo de energia nos ecossistemas

140 **O mundo é verde**
Cascatas tróficas

144 **Ilhas são sistemas ecológicos**
Biogeografia insular

150 **A constância dos números é o que importa**
Resiliência ecológica

152 **Populações são sujeitas a forças imprevisíveis**
A teoria neutra da biodiversidade

153 **Apenas uma comunidade de pesquisadores tem chance de revelar o intrincado todo**
Big ecology

154 **A melhor estratégia depende do que os outros estão fazendo**
Estado evolutivamente estável

156 As espécies mantêm o funcionamento e a estabilidade dos ecossistemas
Biodiversidade e função do ecossistema

ORGANISMOS EM UM AMBIENTE MUTÁVEL

162 O estudo filosófico da natureza conecta o presente ao passado
A distribuição de espécies no espaço e no tempo

164 O aumento potencial da população é limitado pela fertilidade do país
Equação de Verhulst

166 O primeiro requisito é um conhecimento profundo da ordem natural
Organismos e seu ambiente

167 As plantas vivem em uma escala de tempo diferente
Fundamentos da ecologia vegetal

168 As causas das diferenças entre plantas
Clima e vegetação

170 Tenho muita fé na semente
Sucessão ecológica

172 A comunidade surge, cresce, amadurece e morre
Comunidade clímax

174 Uma associação não é um organismo, mas uma coincidência
Teoria da comunidade aberta

176 Um grupo de espécies que explora seu ambiente de maneira similar
A guilda ecológica

178 A rede cidadã depende de voluntários
Ciência cidadã

184 A dinâmica populacional torna-se caótica quando a taxa de reprodução sobe
Mudança populacional caótica

185 Para visualizar o quadro geral, olhe de longe
Macroecologia

186 Uma população de populações
Metapopulações

188 Organismos mudam e constroem o mundo em que vivem
Construção de nicho

190 Comunidades locais que trocam de colonos
Metacomunidades

A TERRA VIVA

198 O glaciar foi o grande arado de Deus
Eras glaciais antigas

200 Não há nada no mapa para marcar a linha de fronteira
Biogeografia

202 O aquecimento global não é uma previsão. Está acontecendo
Aquecimento global

204 Matéria viva é a força geológica mais poderosa
A biosfera

206 O sistema da natureza
Biomas

210 Não damos o devido valor aos serviços da natureza porque não pagamos por eles
Uma visão holística da Terra

212 Placas tectônicas não são só caos e destruição
Continentes em movimento e evolução

214 **A vida muda a Terra por seus próprios desígnios**
A teoria de Gaia

218 **Há 65 milhões de anos, algo matou metade da vida na Terra**
Extinções em massa

224 **Queimar todas as reservas de combustível iniciará um efeito estufa descontrolado**
Loops de feedback ambiental

O FATOR HUMANO

230 **Poluição ambiental é uma doença incurável**
Poluição

236 **Deus não pode salvar essas árvores dos tolos**
Habitats ameaçados

240 **Estamos vendo o início de um planeta em veloz mudança**
A Curva de Keeling

242 **Um bombardeio químico tem sido lançado contra o tecido da vida**
O legado dos agrotóxicos

248 **Uma longa jornada da descoberta à ação política**
Chuva ácida

250 **Um mundo finito só pode sustentar uma população finita**
Superpopulação

252 **Os céus escuros estão sumindo**
Poluição luminosa

254 **Estou lutando pela humanidade**
Desmatamento

260 **O buraco na camada de ozônio é uma espécie de escrita no céu**
Redução da camada de ozônio

262 **Precisávamos de vontade política para a mudança**
Esgotamento dos recursos naturais

266 **Barcos cada vez maiores, atrás de menos, e menores, peixes**
Sobrepesca

270 **A introdução de alguns coelhos não causaria muitos danos**
Espécies invasoras

274 **À medida que a temperatura sobe, o sistema delicadamente equilibrado entra em desordem**
Antecipação da primavera

280 **Uma das principais ameaças à biodiversidade são as doenças infecciosas**
Vírus de anfíbios

281 **Imagine tentar construir uma casa enquanto alguém fica roubando seus tijolos**
Acidificação dos oceanos

282 **Os danos ambientais causados pela expansão urbana não podem ser ignorados**
Expansão urbana

284 **Nossos oceanos estão virando uma sopa de plástico**
Lixão de plástico

286 **A água é um bem público e um direito humano**
A crise hídrica

AMBIENTALISMO E CONSERVAÇÃO

296 **O domínio do homem sobre a natureza está apenas no conhecimento**
O domínio da humanidade sobre a natureza

297 **A natureza é uma ótima economista**
A coexistência pacífica entre humanidade e natureza

298 **Na natureza selvagem está a preservação do mundo**
Romantismo, conservação e ecologia

299 **Em toda parte, o homem é um agente perturbador**
Devastação da Terra pelo homem

300 **A energia solar não tem limite nem custo**
Energia renovável

306 **Chegou a hora de a ciência se ocupar com a Terra**
Ética ambiental

308 **Pense globalmente e aja localmente**
O movimento verde

310 **As consequências das ações de hoje no mundo de amanhã**
Programa O Homem e a Biosfera

312 **Prevendo o tamanho de uma população e suas chances de extinção**
Análise de viabilidade de populações

316 **A mudança climática está acontecendo aqui, está acontecendo agora**
Contenção da mudança climática

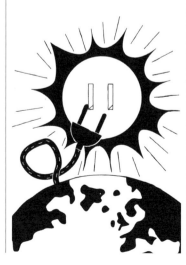

322 **A capacidade de sustentar a população mundial**
Iniciativa Biosfera Sustentável

324 **Estamos tirando a sorte com a natureza**
O impacto econômico da mudança climática

326 **Monoculturas e monopólios estão destruindo a colheita de sementes**
Diversidade de sementes

328 **Os ecossistemas naturais e suas espécies ajudam a manter e satisfazer a vida humana**
Serviços ecossistêmicos

330 **Estamos vivendo neste planeta como se tivéssemos outro para ir depois**
Descarte de lixo

332 DIRETÓRIO

340 GLOSSÁRIO

344 ÍNDICE

351 FONTES DAS CITAÇÕES

352 AGRADECIMENTOS

PREFÁCIO

Quando criança, eu era fascinado pela natureza – pássaros, borboletas, plantas, répteis, fósseis, rios, clima e muito mais. Minhas paixões da juventude me levaram a ser um eterno naturalista e a atuar como ambientalista, estudando o mundo natural e promovendo ações para sua conservação. Trabalhei como ornitólogo de campo, escritor, ativista, defensor de causas ecológicas e consultor ambiental. Todos esses variados interesses e atividades, no entanto, sempre estiveram interligados por um único tema: ecologia.

Ecologia é um assunto amplo, abrangendo as muitas disciplinas necessárias para compreender as relações entre diferentes seres vivos e os mundos físicos do ar, da água e da terra aos quais estão integrados. Do estudo dos microrganismos do solo até o papel dos polinizadores, e da pesquisa do ciclo da água até a investigação do sistema climático da Terra, a ecologia envolve muitas áreas de especialidade. Ela também une diversos ramos da ciência, incluindo zoologia, botânica, matemática, química e física, assim como alguns aspectos das ciências sociais – especialmente a economia –, enquanto, ao mesmo tempo, levanta profundas questões filosóficas e éticas.

Como o mundo humano depende fundamentalmente de sistemas naturais saudáveis, alguns dos temas políticos mais destacados do nosso tempo são ecológicos. Entre eles, as mudanças climáticas, os efeitos da degradação do ecossistema, o desaparecimento da vida selvagem e o esgotamento de recursos, incluindo estoques pesqueiros, água doce e solos. Todas essas mudanças ecológicas têm implicações para as pessoas e são cada vez mais urgentes.

Considerando a enorme importância da ecologia para nosso mundo moderno, e as diversas linhas de raciocínio e ideias que precisam ser tecidas para se obter um entendimento do assunto, fiquei muito feliz quando a Dorling Kindersley decidiu produzir *O livro da ecologia*, levantando os conceitos-chave que ajudaram a formar nossa compreensão de como funcionam os incríveis sistemas naturais da Terra. Nas páginas que se seguem, os leitores também descobrirão mais sobre a história dos conceitos ecológicos, os principais pensadores e as diferentes perspectivas a partir das quais eles abordaram as perguntas a que buscaram responder.

Uma coisa que diferencia este livro é a forma como apresenta seu rico, memorável e atraente conteúdo. Uma grande quantidade de informações e constatações é transmitida de maneira eficaz por meio de uma estrutura clara, com gráficos, ilustrações e citações, permitindo que os leitores compreendam rapidamente muitas ideias ecológicas indispensáveis e conheçam as pessoas por trás delas, como é o caso da Teoria de Gaia, de James Lovelock, dos alertas de Norman Myers sobre as ameaças de extinção em massa e do trabalho de Rachel Carson para expor os efeitos dos agrotóxicos.

O diverso corpo de informações encontrado nas páginas seguintes não poderia ser mais importante. Enquanto as manchetes de jornais e o debate popular sugerem que política, tecnologia e economia são as forças vitais que moldam o futuro de todos, no fim é a ecologia o contexto mais relevante que determina o prospecto das sociedades e, de fato, o futuro da própria civilização.

Espero que considerem *O livro da ecologia* um panorama esclarecedor daquilo que é não apenas o assunto mais importante de todos, mas também o mais interessante.

Tony Juniper
Ambientalista

INTRODU

ÇÃO

INTRODUÇÃO

Para os primeiros humanos, um conhecimento rudimentar de ecologia – como os organismos se relacionam uns com os outros – era questão de vida e morte. Sem um entendimento básico de por que os animais pastavam em um lugar e frutas cresciam em outro, nossos ancestrais não teriam sobrevivido ou se desenvolvido.

O modo como seres vivos, animais e plantas, interagem uns com os outros e com o ambiente não vivo interessou os gregos antigos. No século IV a.C., Aristóteles e seu aluno, Teofrasto, desenvolveram teorias sobre metabolismo animal e regulação de temperatura corporal, dissecaram ovos de pássaros para descobrir como eles cresciam e descreveram uma "escada da vida" de onze níveis, primeira tentativa de classificar organismos. Aristóteles também explicou como alguns animais consomem outros – a primeira descrição de cadeia alimentar.

Na Idade Média (476–1500), a Igreja Católica desencorajou o novo pensamento científico, e o conhecimento humano sobre ecologia avançou muito lentamente. Por volta do século XVI, no entanto, explorações marítimas, aliadas a grandes avanços tecnológicos, como a invenção do microscópio, levaram à descoberta de incríveis novas formas de vida e a uma sede de conhecimento a respeito delas.

O botânico sueco Carlos Lineu desenvolveu o sistema de classificação *Systema naturae*, primeira tentativa científica de nomear espécies e agrupá-las de acordo com sua relação. Durante essa época, o essencialismo – ideia de que cada espécie tinha características inalteráveis – continuou a dominar o pensamento ocidental.

Grandes progressos

No fim do século XVII e início do XVIII, descobertas geológicas começaram a desafiar a ideia do essencialismo. Geólogos notaram que algumas espécies de fóssil desapareceram repentinamente do registro geológico e foram substituídas por outras, sugerindo que os organismos mudam

Há cerca de 4 milhões de tipos diferentes de animais e plantas no mundo. Quatro milhões de soluções diferentes para o problema de permanecer vivo.
David Attenborough

no decorrer do tempo e até são extintos. O francês Jean-Baptiste Lamarck propôs em 1809 a primeira teoria coesa da evolução – a transmutação de espécies pela herança de características adquiridas. No entanto, cerca de cinquenta anos depois, foram Charles Darwin – influenciado por suas experiências na expedição épica a bordo do HMS *Beagle* – e Alfred Russel Wallace que desenvolveram o conceito de evolução por meio da seleção natural, a teoria de que organismos evoluíam no curso de gerações para melhor se adaptarem a seu ambiente. Darwin e Wallace não compreendiam o mecanismo pelo qual isso acontecia, mas os experimentos de Gregor Mendel com ervilhas indicou o papel de fatores hereditários, depois conhecidos como genes, o que representou outro salto enorme na teoria evolutiva.

Fazendo conexões

A relação entre organismos e seu ambiente, e entre espécies, dominou o estudo da ecologia no início do século XX. Os conceito de cadeias alimentares, teias alimentares (quem come o quê em um habitat específico) e nichos ecológicos (o papel de um organismo em seu ambiente) se desenvolveram e, em 1935, Arthur Tansley introduziu o conceito de ecossistema – a relação interativa

INTRODUÇÃO 15

entre organismos vivos e o ambiente em que vivem. Mais tarde, ecologistas desenvolveram modelos matemáticos para prever a dinâmica populacional dentro dos ecossistemas. As teorias evolutivas também avançaram com a descoberta da estrutura do DNA, e do "veículo" evolutivo fornecido pela mutação quando o DNA é replicado.

Novas fronteiras
O avanço da tecnologia abriu novas possibilidades para a ecologia. Um microscópio eletrônico é capaz de produzir imagens da metade do tamanho de um átomo de hidrogênio, e programas de computador conseguem analisar os sons emitidos por morcegos e baleias, acima ou abaixo da frequência que o ouvido humano é capaz de captar. Câmeras escondidas e detectores de infravermelho fotografam e filmam criaturas noturnas, e minúsculos dispositivos de satélite colocados em pássaros podem rastrear seus movimentos.

Em laboratório, análises de DNA de fezes, pelo ou penas indicam a qual espécie o animal pertence, e elucidam as relações entre diferentes organismos. Agora é mais fácil do que nunca para os ecologistas coletarem dados, auxiliados por um crescente exército de cidadãos entusiastas.

Novas preocupações
O princípio da ecologia foi impulsionado pelo desejo de conhecimento. Depois, ela foi usada para encontrar melhores formas de explorar o mundo natural para as necessidades humanas. Com o passar do tempo, as consequências dessa exploração tornaram-se cada vez mais evidentes. O desmatamento foi destacado como um problema ainda no século XVIII, e a poluição do ar e da água se transformou em problemas evidentes em países industrializados no século XIX. Em 1962, o livro *Primavera silenciosa,* de Rachel Carson, alertou o mundo para os perigos dos agrotóxicos, e seis anos depois Gene Likens demonstrou a ligação entre as emissões de usinas de energia, chuva ácida e morte de peixes.

Em 1985, uma equipe de cientistas na Antártida descobriu a drástica destruição da camada de ozônio na região. A ligação entre gases do efeito estufa e um aquecimento da baixa atmosfera da Terra já tinha sido feita em 1947 por George E. Hutchinson, mas isso aconteceu décadas antes de se chegar a um consenso científico sobre as ações humanas como responsáveis pela mudança climática.

O futuro
A ecologia moderna avançou muito desde que foi reconhecida como ciência. Atualmente, vale-se de muitas disciplinas. Além de zoologia, botânica e suas microdisciplinas, conta com geologia, geomorfologia, climatologia, química, física, genética, sociologia e mais. A ecologia influencia decisões governamentais locais e nacionais sobre urbanização, transporte, indústria e crescimento econômico. Os desafios impostos pela mudança climática, o aumento dos níveis do mar, a destruição dos habitats, a extinção de espécies, o plástico e outras formas de poluição e uma iminente crise da água representam sérias ameaças à civilização humana. Elas exigem reações políticas radicais baseadas em boa ciência. A ecologia fornecerá as respostas. Cabe aos governos aplicá-las. ■

Mesmo na vasta e misteriosa extensão do mar, somos trazidos de volta à verdade fundamental de que nada vive para si mesmo.
Rachel Carson

A HISTÓ
DA EVOL

RIA
UÇÃO

INTRODUÇÃO

James Hutton apresenta sua teoria de que a **Terra é muito mais antiga** do que se acreditava e a crosta terrestre está em constante mudança.

1785

Em seu *Ensaio sobre a teoria da Terra*, **Georges Cuvier** sugere que **fósseis** são os restos mortais de **criaturas extintas** exterminadas por eventos "catastróficos" periódicos.

1813

O HMS *Beagle* parte em uma viagem de circum-navegação, com **Charles Darwin** a bordo como naturalista. A viagem fornece a Darwin informações que inspiraram sua teoria da **evolução pela seleção natural**.

1831

1809

Jean-Baptiste Lamarck publica *Filosofia zoológica*, em que argumenta que os animais adquirem características como consequência do uso ou desuso de partes do corpo, desencadeando **mutações** no decorrer das gerações.

1823

A coletora de fósseis amadora **Mary Anning** descobre o primeiro **esqueleto de plesiossauro** intacto.

Os mitos antigos, as religiões e as filosofias refletem o eterno fascínio pelo modo como começou o mundo e pelo papel do homem na história da vida na Terra. No Ocidente, o cristianismo estabelecia que todos os animais e plantas eram resultado de uma criação perfeita. Na cadeia ou escada dos seres, nenhuma espécie jamais podia mudar de uma posição para outra. Espécies eram imutáveis, uma ideia chamada essencialismo.

No século XVIII, a Era do Iluminismo começou a desafiar crenças ortodoxas do cristianismo. O zoólogo francês Jean-Baptiste Lamarck rejeitou a noção predominante, baseada na Bíblia, de que a Terra tinha apenas alguns milhares de anos. Ele argumentou que os organismos deviam ter partido de formas de vida simples até se tornarem mais complexas no decorrer de milhões de anos, e que a "transmutação" das espécies era a força motriz por trás dessa mudança. Ele especulou que características adquiridas pelos animais durante a vida eram herdadas pela geração seguinte: as girafas, por exemplo, ficavam com o pescoço um pouco mais comprido ao esticá-lo para alcançar as folhas mais altas e passavam esse traço para sua prole; no decorrer de muitas gerações, elas ficaram com pescoços cada vez maiores.

Evidências fósseis de formas de vida extintas com características que lembravam descendentes modernos, encontradas por geólogos pioneiros como Georges Cuvier, também sugeriam que a Terra tinha origens mais antigas. Enquanto isso, James Hutton e Charles Lyell argumentavam que características geológicas podiam ser estimadas pelos processos constantes e contínuos de erosão e deposição – uma visão chamada uniformitarismo. Como esses processos aconteciam lentamente, a história da Terra tinha que ser muito mais longa do que se pensava.

Seleção natural

Em 1858, Charles Darwin e Alfred Russel Wallace produziram um trabalho que mudaria a biologia para sempre. As observações de Darwin na épica viagem a bordo do *Beagle* (1831–1836), sua correspondência com outros naturalistas e a influência dos escritos de Thomas Malthus inspiraram sua constatação de que a evolução aconteceu pelo que ele chamou de seleção natural. Ele passou vinte anos reunindo dados que corroborassem sua teoria, mas, quando Wallace lhe escreveu com a mesma ideia, Darwin se deu conta de que era hora de sair a público. Seu livro subsequente,

A HISTÓRIA DA EVOLUÇÃO

1866

O trabalho "Experimentos em hibridação de plantas", de **Gregor Mendel**, descreve descobertas de seus experimentos com ervilhas, estabelecendo as bases para o campo da **genética**.

1976

O gene egoísta, do biólogo evolucionista **Richard Dawkins**, oferece uma **nova perspectiva** sobre a **evolução**, focada no gene em oposição a espécies ou grupos.

1859

Darwin aprimora suas teorias sobre evolução em ***A origem das espécies por meio da seleção natural***, que se esgota rapidamente.

1953

Em um *pub* no Reino Unido, **Crick e Watson** anunciam a descoberta da **estrutura do DNA**.

2003

O **Projeto Genoma Humano** produz o primeiro mapeamento genético do *Homo sapiens*.

A origem das espécies por meio da seleção natural, provocou indignação.

Embora a ideia de evolução já fosse amplamente aceita, o mecanismo que tornava possível a seleção natural ainda não era conhecido. Em 1866, um monge austríaco chamado Gregor Mendel fez uma enorme contribuição à genética quando publicou suas descobertas sobre hereditariedade em pés de ervilha. Mendel descreveu como traços dominantes e recessivos passavam de uma geração a outra por meio de "fatores" invisíveis que hoje chamamos de genes.

A redescoberta do trabalho de Mendel em 1900 de início deu origem a um debate caloroso entre seus apoiadores e muitos darwinistas. Na época, acreditava-se que a evolução se baseava na seleção de pequenas variações por mistura, mas as variações de Mendel claramente não se misturavam. Três décadas depois, o geneticista Ronald Fisher e outros argumentaram que as duas escolas de pensamento se complementavam, não eram contraditórias. Em 1942, Julian Huxley articulou a síntese entre a genética de Mendel e a teoria da seleção natural de Darwin em seu livro *Evolução: a síntese moderna*.

A dupla hélice

Avanços na tecnologia, como a cristalografia de raios X, levaram a mais descobertas nos anos 1940 e 1950, e a uma nova disciplina de biologia molecular. Em 1944, o químico Oswald Avery identificou o ácido desoxirribonucleico (DNA) como agente da hereditariedade. Rosalind Franklin e Raymond Gosling fotografaram filamentos da molécula de DNA em 1952, e James Watson e Francis Crick confirmaram sua estrutura de dupla hélice em 1953. Crick mostrou que a informação genética é "escrita" em moléculas de DNA. Os erros que ocorrem quando ele se replica criam mutações – fundamento da evolução. Por volta da década de 1980, era possível mapear e manipular os genes de indivíduos e espécies. Nos anos 1990, o mapeamento do genoma humano abriu caminho para a pesquisa médica de terapia genética.

Os ecologistas também querem estabelecer se os genes influenciam o comportamento. Em 1964, William D. Hamilton popularizou o conceito de relacionamento genético ("seleção de parentesco") para explicar o comportamento altruísta em animais. Em *O gene egoísta* (1976), Richard Dawkins vai mais além na abordagem centrada no gene. É claro que aspectos da biologia evolutiva ainda gerarão debates enquanto os ecologistas continuarem a desenvolver a teoria de Darwin. ■

O TEMPO É INSIGNIFICANTE, E NUNCA UMA DIFICULDADE PARA A NATUREZA
PRIMEIRAS TEORIAS DA EVOLUÇÃO

EM CONTEXTO

PRINCIPAIS NOMES
Conde de Buffon (1707–1788),
Jean-Baptiste Lamarck
(1744–1829)

ANTES
1735 O botânico sueco Carlos Lineu publica *Systema naturae*, um sistema de classificação biológica que ajudou a determinar a ancestralidade das espécies.

1751 Em "Sistema da natureza", o filósofo francês Pierre Louis Moreau de Maupertuis apresenta a ideia de que características podem ser herdadas.

DEPOIS
1831 Etienne Geoffroy Saint-Hilaire escreve que mudanças ambientais repentinas podem fazer uma nova espécie se desenvolver a partir de um organismo existente.

1844 Em *Vestígios da história natural da criação*, o geólogo escocês Robert Chambers argumenta – de forma anônima – que criaturas simples evoluíram para espécies mais complexas.

Antes do século XVIII, a maioria das pessoas acreditava que as espécies de plantas e animais eram imutáveis – uma visão atualmente conhecida como essencialismo. Essa ideia foi contestada como resultado de dois desenvolvimentos: o movimento intelectual conhecido como Iluminismo (c.1715–1800) e a Revolução Industrial (1760–1840).

O Iluminismo foi marcado pelo progresso científico e pelo crescente questionamento da ortodoxia religiosa, como a alegação de que Deus criou a Terra e todas as coisas vivas em sete dias. Então, conforme a Revolução Industrial foi avançando, canais, ferrovias, minas e pedreiras atravessaram estratos geológicos, revelando milhares de fósseis, principalmente de espécies de animais e plantas que não existiam mais e nunca haviam sido vistas antes. Isso sugeria que a vida tinha surgido muito antes da data da criação amplamente aceita, 4400 a.C., deduzida com base em fontes bíblicas.

Adaptação animal
No fim dos anos 1700, o cientista francês Georges-Louis Leclerc, conde de Buffon, irritou autoridades da igreja ao afirmar que a Terra era muito mais velha do que sugeria a Bíblia. Ele acreditava que ela havia sido formada por matéria fundida separada do Sol em uma colisão com um cometa e que havia levado 70 mil anos para resfriar (tempo extremamente subestimado). Quando a Terra resfriou, espécies surgiram, desapareceram e foram finalmente substituídas pelos ancestrais daquelas que conhecemos hoje. Notando similaridades entre animais como leões, tigres e gatos, Buffon deduziu que duzentas espécies de quadrúpedes haviam evoluído de apenas 38 ancestrais. Ele também acreditava que mudanças na forma e no tamanho do corpo em espécies relacionadas ocorriam em resposta à vida em diferentes ambientes.

Em 1800, o naturalista francês Jean-Baptiste Lamarck foi mais além. Em

A natureza é o sistema de leis estabelecidas pelo Criador para a existência das coisas e a sucessão dos seres.
Conde de Buffon

A HISTÓRIA DA EVOLUÇÃO

Ver também: Extinção e mudança 22 ▪ Uniformitarismo 23 ▪ Evolução pela seleção natural 24-31 ▪ As regras da hereditariedade 32-33

uma palestra no Museu de História Natural de Paris, argumentou que características adquiridas por uma criatura durante a vida podiam ser herdadas por sua prole – e que o acúmulo delas no decorrer de muitas gerações podia alterar radicalmente a anatomia de um animal.

Lamarck desenvolveu em muitos livros essa ideia de transmutação. Ele argumentava, por exemplo, que o uso ou desuso das partes do corpo resultava, com o tempo, em tais características tornarem-se mais fortes, mais fracas, maiores ou menores em uma espécie. Assim, os ancestrais das toupeiras provavelmente tinham boa visão, mas com o passar das gerações ela se deteriorou por não ser necessária debaixo da terra, onde vivem esse animais. Da mesma forma, as girafas desenvolveram gradualmente pescoços mais compridos para alcançar as folhas que cresciam no alto das árvores.

Motores da evolução

As ideias de Lamarck a respeito de características adquiridas serem herdadas faziam parte de uma teoria anterior mais ampla da evolução. Para ele, as formas mais antigas e simples de vida haviam surgido diretamente de matéria inanimada. Lamarck identificou duas "forças vitais" que

… o uso contínuo de determinado órgão fortalece, desenvolve e o aumenta gradativamente.
Jean-Baptiste Lamarck

impulsionavam a mudança evolutiva. Uma fazia os organismos se desenvolverem de formas simples a mais complexas em uma "escada" de progresso. A outra, por meio da herança de características adquiridas, ajudava-as a se adaptarem melhor a seu ambiente. Quando Charles Darwin desenvolveu sua teoria da evolução por meio da seleção natural, rejeitou muitas das ideias de Lamarck, mas ambos compartilhavam a crença de que a vida complexa evoluiu no decorrer de um imenso período de tempo. ▪

A descoberta de fósseis mudou as ideias sobre como a vida começou. O primeiro plesiossauro – *Plesiosaurus dolichodeirus* – foi descoberto em 1823 por Mary Anning, em Dorset, Inglaterra.

Jean-Baptiste Lamarck

Nascido em 1744, Jean-Baptiste Lamarck frequentou um colégio jesuíta antes de entrar para o exército francês, que foi forçado a abandonar por problemas de saúde. Estudou medicina e seguiu sua paixão pelas plantas, trabalhando no Jardin du Roi (Jardim do Rei) em Paris. Com apoio do conde de Buffon, Lamarck foi eleito para a Academia de Ciências em 1779. Quando o prédio principal do Jardin se tornou o novo Museu Nacional de História Natural, durante a Revolução Francesa (1789–1799), Lamarck ficou encarregado do estudo de insetos, vermes e organismos microscópicos. Ele cunhou o termo "invertebrado" e fazia uso frequente das formas relativamente mais simples de tais espécies para ilustrar sua "escada" de progresso evolutivo. No entanto, o trabalho de Lamarck foi controverso e ele morreu na pobreza em 1829.

Obras importantes

1802 *Pesquisas sobre a organização dos corpos vivos*
1809 *Filosofia zoológica*
1815–1822 *História natural dos animais invertebrados*

UM MUNDO ANTERIOR AO NOSSO, DESTRUÍDO PELA CATÁSTROFE
EXTINÇÃO E MUDANÇA

EM CONTEXTO

PRINCIPAL NOME
Georges Cuvier (1769–1832)

ANTES
Fim dos anos 1400 Leonardo da Vinci diz que fósseis são resquícios de criaturas vivas, não apenas formas geradas espontaneamente na terra.

Anos 1660 O cientista inglês Robert Hook sugere que fósseis são seres extintos, já que nenhuma forma similar pode ser encontrada na Terra atual.

DEPOIS
1841 O anatomista inglês Richard Owen chama os fósseis de répteis enormes de "dinossauros".

1859 *A origem das espécies*, de Charles Darwin, explica como a evolução pode ocorrer por meio da "seleção natural".

1980 Os cientistas americanos Luis e Walter Alvarez apresentam evidências de que um asteroide atingiu a Terra na época da extinção dos dinossauros.

No início do estudo dos fósseis, muitos negavam que eles pudessem ser de espécies extintas. Não conseguiam conceber por que Deus criaria e destruiria seres antes mesmo do aparecimento dos humanos, argumentando que espécies fósseis desconhecidas ainda poderiam existir em algum lugar da Terra. No fim do século XVIII, o zoólogo francês Georges Cuvier explorou a questão por meio da anatomia de elefantes vivos e fossilizados. Ele provou que formas fósseis como os mamutes e mastodontes eram anatomicamente distintas dos elefantes vivos e, portanto, deviam representar espécies extintas (era improvável que ainda vivessem na Terra sem serem notadas).

Cuvier acreditava que a Terra havia passado por uma série de eras, cada uma encerrada com uma "revolução" que teria destruído a flora e a fauna existentes. Mas ele não acreditava que a evidência contida nos fósseis corroborasse a teoria da evolução. Ainda assim, as visões centrais de Cuvier continuaram a ganhar apoio, e descobertas modernas apontam para pelo menos cinco eventos catastróficos que provocaram extinção em massa no passado da Terra. Diferentemente de Cuvier, os cientistas de hoje sabem que a vida não é recriada do nada depois de uma catástrofe. Quando um evento de extinção em massa mata muitas espécies, as restantes evoluirão e se multiplicarão – às vezes com relativa rapidez – para preencher os nichos ecológicos vagos, como os mamíferos fizeram depois da era dos dinossauros. ∎

Cuvier cunhou o nome "mastodonte" pela acepção grega "dente em forma de seio", referindo-se aos padrões similares a mamilos nos molares da criatura, diferentes dos dentes dos elefantes vivos.

Ver também: Evolução pela seleção natural 24-31 ▪ Nichos ecológicos 50-51 ▪ Eras glaciais antigas 198-199 ▪ Extinções em massa 218-223

A HISTÓRIA DA EVOLUÇÃO

NENHUM VESTÍGIO DE UM COMEÇO, NENHUMA PERSPECTIVA DE UM FIM
UNIFORMITARISMO

EM CONTEXTO

PRINCIPAL NOME
James Hutton (1726–1797)

ANTES
1778 O conde de Buffon, naturalista francês, sugere que a Terra tem pelo menos 75 mil anos – muito mais do que as pessoas acreditavam na época.

1787 O geólogo alemão Abraham Werner propõe que as camadas rochosas da Terra se formaram a partir de um grande oceano que cobria todo o planeta. Seus seguidores ficaram conhecidos como netunistas.

DEPOIS
1802 A teoria do uniformitarismo, de James Hutton, atinge um público mais amplo quando o geólogo escocês John Playfair publica *Ilustrações da teoria huttoniana da Terra*.

1830–1833 *Princípios de geologia*, do geólogo escocês Charles Lyell, sustenta e amplia as ideias do uniformitarismo de James Hutton.

O uniformitarismo é a teoria de que processos geológicos, tais como deposição de sedimentos, erosão e atividade vulcânica, ocorrem na mesma proporção que ocorriam no passado. A ideia surgiu no fim do século XVIII, quando a mineração, a exploração de pedreiras e o aumento das viagens revelaram muito mais características geológicas, incluindo camadas rochosas incomuns e fósseis antes desconhecidos, cujas origens foram, na época, amplamente discutidas.

A visão comum de que a Terra tinha apenas alguns milhares de anos foi desafiada pelo conde de Buffon e, em 1785, o geólogo escocês James Hutton também argumentou que a Terra seria muito mais antiga. As ideias de Hutton se formaram durante expedições pela Escócia para examinar camadas de rochas. Ele acreditava que a crosta terrestre estava em constantes, apesar de lentas, mudanças e não via motivo para sugerir que as complexas ações geológicas de estratificação, erosão e levantamento tectônico acontecessem mais rápido no passado distante do

… pelo que realmente foi, temos dados para concluir [o que] vai acontecer depois.
James Hutton

que no presente. Hutton também compreendia que a maioria dos processo geológicos acontece de modo tão gradual que as características que estava descobrindo deviam ser astronomicamente antigas.

O uniformitarismo não foi aceito pela maioria de imediato, sobretudo por desafiar uma interpretação literal das histórias de criação do Velho Testamento. No entanto, uma nova geração de geólogos, como John Playfair e Charles Lyell, colocou seu peso intelectual por trás das ideias de Hutton, que também inspiraram o jovem Charles Darwin. ■

Ver também: Primeiras teorias da evolução 20-21 ▪ Evolução pela seleção natural 24-31 ▪ Continentes em movimento e evolução 212-213 ▪ Extinções em massa 218-223

A LUTA PELA EXISTÊNCIA

EVOLUÇÃO PELA SELEÇÃO NATURAL

EVOLUÇÃO PELA SELEÇÃO NATURAL

EM CONTEXTO

PRINCIPAL NOME
Charles Darwin (1809–1882)

ANTES
1788 Na França, Georges-Louis Leclerc, conde de Buffon, descreve em *História natural*, as primeiras ideias sobre evolução.

1809 Jean-Baptiste Lamarck propõe que os seres evoluem herdando características adquiridas.

DEPOIS
1869 Friedrich Miescher, médico suíço, descobre o DNA, embora não compreenda seu papel genético.

1900 As leis de hereditariedade com base nos experimentos com pés de ervilhas do austríaco Gregor Mendel, em meados de 1800, são redescobertas.

1942 O biólogo britânico Julian Huxley cunha o termo "síntese moderna" para os mecanismos que, considerava-se, produziam a evolução.

A seleção natural, conceito desenvolvido pelo naturalista britânico Charles Darwin e apresentado em seu livro *A origem das espécies por meio da seleção natural* (1859), é o mecanismo-chave da evolução nos organismos, resultando em diferentes taxas de sobrevivência e capacidades reprodutivas. Os organismos com maior sucesso reprodutivo passam seus genes a mais seres da geração seguinte, de modo que indivíduos com tais características tornam-se mais comuns.

Galápagos

Charles Darwin começou a refletir sobre evolução em sua pioneira expedição científica ao redor do mundo a bordo do HMS *Beagle*, de 1831 a 1836. Quando jovem, Darwin aceitava a interpretação ortodoxa da Bíblia de que a Terra tinha apenas alguns milhares de anos. No entanto, no tempo que passou a bordo do *Beagle*, Darwin leu o recém-publicado *Princípios de geologia*, do geólogo escocês Charles Lyell, em que ele demonstrava que rochas apresentavam traços de mudanças diminutas, graduais e cumulativas no curso de vastos períodos de tempo – milhões, e não milhares de anos. Quando Darwin analisou paisagens ao redor do mundo que haviam sido afetadas por processos de erosão, deposição e vulcanismo, começou a especular sobre espécies animais terem sofrido mudanças no decorrer de períodos de tempo muito longos e os motivos de tais mudanças. Ao examinar fósseis e observar animais vivos, Darwin identificou padrões. Notou, por exemplo, que espécies extintas haviam, com frequência, sido substituídas por espécies modernas similares, porém distintas.

O trabalho de campo de Darwin nas ilhas do arquipélago de Galápagos, na América do Sul, no outono de 1835, forneceu fortes evidências para sua

> A seleção natural analisa a cada dia, a cada hora, as mínimas variações em todo o mundo.
> **Charles Darwin**

Charles Darwin

Nascido em Shropshire, Reino Unido, em 1809, Darwin era fascinado por história natural desde muito jovem. Na Universidade de Cambridge, fez amizade com vários naturalistas influentes, incluindo John Stevens Henslow. Como resultado, Darwin foi convidado a participar da expedição do HMS *Beagle* ao redor do mundo. Henslow ajudou Darwin a catalogar e publicar suas descobertas. A pesquisa de Darwin lhe trouxe fama e reconhecimento – a Medalha da Rainha da Real Sociedade de Londres, em 1853, e a filiação à Sociedade Lineana em 1854. Em 1859, seu livro *A origem das espécies por meio da seleção natural* esgotou-se instantaneamente. Apesar dos constantes problemas de saúde, Darwin teve dez filhos e nunca parou de estudar e desenvolver novas teorias. Ele morreu em 1882.

Obras importantes

1839 *Zoologia da viagem do Beagle*
1859 *A origem das espécies por meio da seleção natural*
1868 *A variação de animais e plantas sob domesticação*
1872 *A expressão das emoções no homem e nos animais*

A HISTÓRIA DA EVOLUÇÃO

Ver também: Primeiras teorias da evolução 20-21 ▪ As regras da hereditariedade 32-33 ▪ O papel do DNA 34-37 ▪ O gene egoísta 38-39 ▪ A cadeia alimentar 132-133 ▪ Extinções em massa 218-223 ▪ Análise de viabilidade de populações 312-315

posterior teoria da evolução pela seleção natural. Ali, observou que o formato das carapaças de tartarugas-gigantes sofria leve variação de uma ilha para outra. Darwin também ficou intrigado ao descobrir que existiam quatro variedades similares, porém claramente distintas, de pássaros do gênero *Mimus*, mas que nenhuma das ilhas apresentava mais de uma espécie da mesma ave. Viu também pássaros menores, que pareciam iguais, mas tinham bicos de diferentes tamanhos e formas. Darwin deduziu que cada grupo descendia de um ancestral em comum, mas havia desenvolvido características diversas em ambientes diferentes.

Conclusões de Darwin

Quando retornou à Inglaterra, os bicos diferentes dos pequenos pássaros, chamados tentilhões, que Darwin havia encontrado em Galápagos provocaram-lhe uma reflexão. Ele sabia que o bico de uma ave é sua principal ferramenta para se alimentar, então seu comprimento e forma oferecem pistas sobre sua dieta. Uma pesquisa posterior revelou a existência de catorze espécies diferentes de tentilhões nas ilhas Galápagos. As diferenças em seus bicos são marcantes e significativas. Por exemplo, os tentilhões-dos-cactos têm bicos longos e pontudos, ideais para pegar sementes dos frutos dos cactos, enquanto os tentilhões-da-terra têm bicos mais curtos e fortes, mais bem adaptados para comer sementes grandes no solo. O tentilhão-cantor tem bico fino e afiado, perfeito para capturar insetos voadores.

Darwin especulou que os tentilhões tinham um ancestral comum que havia saído da região continental da América do Sul e chegado ao arquipélago. Ele concluiu que uma variedade de populações de tentilhões havia evoluído em diferentes habitats em

Comparação da estrutura do bico dos tentilhões de Galápagos

Geospiza magnirostris
O bico curto e afiado do tentilhão-da--terra de bico grande lhe permite quebrar nozes.

Geospiza fortis
O bico do tentilhão-da-terra de bico médio é variável, evoluindo rapidamente para se adaptar ao tamanho das sementes disponíveis.

Geospiza parvula
O bico curto e grosso do tentilhão-das--árvores de bico pequeno, que forrageia na vegetação, serve à sua dieta de sementes, frutas e insetos.

Certhidea olivacea
O bico fino do tentilhão-cantor o ajuda a capturar pequenos insetos e aranhas.

Galápagos, cada grupo adaptado a uma dieta mais ou menos específica por um processo que ele chamaria mais tarde de "seleção natural". Com o tempo, as populações de tentilhões se transformaram em espécies distintas.

No início do século XXI, pesquisadores da Universidade de Harvard descobriram novas evidências de como isso acontece em nível genético. As descobertas, publicadas em 2006, mostraram que uma molécula chamada calmodulina regula os genes envolvidos no formato do bico dos pássaros e é encontrada em níveis maiores em tentilhões-dos-cactos, de bicos mais longos, do que em tentilhões-da-terra, que apresentam bicos mais curtos.

Refinando a teoria

Darwin foi influenciado por *Ensaio sobre o princípio da população* (1798), de Thomas Malthus, no qual o autor previa que o crescimento populacional acabaria ultrapassando a produção de alimentos. A ideia era compatível com a evidência que Darwin havia observado de competição contínua por recursos entre animais como indivíduos e espécies. Esse aspecto competitivo formou a espinha dorsal da teoria da evolução que Darwin estava criando.

Por volta de 1839, ele tinha desenvolvido a ideia de evolução por meio da seleção natural. No entanto, ficou relutante em publicá-la por compreender que a teoria desencadearia uma tempestade de controvérsias por parte daqueles que a veriam como um ataque à religião e à Igreja. Quando, em 1857, ele começou a receber correspondências do também naturalista britânico Alfred Russel Wallace, que havia chegado » independentemente a conclusões similares, Darwin percebeu que precisava publicar suas ideias. Os trabalhos de Darwin e Wallace foram apresentados simultaneamente em um encontro da Sociedade Lineana de Londres em julho de 1858 com os títulos "Da tendência das espécies a formar variedades; e Da perpetuação das variedades e das espécies por meio da seleção natural".

No ano seguinte, Darwin publicou a teoria em *A origem das espécies por meio da seleção natural*. Ela ofendeu alguns cientistas porque diferia das ideias de Lamarck sobre transmutação e também irritou os criacionistas, que argumentavam contrariar uma interpretação literal da Bíblia. Outros sentiram que a teoria não levava em conta a enorme gama de características das espécies e a chamaram de "desorientada" e "não progressiva".

Darwin estava confiante. Ele sabia que todos os organismos individuais que compõem uma espécie apresentam um grau natural de variação; alguns têm bigodes mais longos, pernas mais curtas ou cores mais vivas, por exemplo. Como membros de todas as espécies competem por recursos limitados, ele deduziu que aqueles cujas características são mais bem adaptadas ao ambiente têm mais probabilidade de

Não vejo nenhum bom motivo para que a teoria apresentada neste livro abale as visões religiosas de alguém.
Charles Darwin

sobreviver e se reproduzir. Também argumentou que características que auxiliavam um organismo individual a viver mais e se reproduzir com mais sucesso seriam passadas a mais descendentes, enquanto aquelas que faziam o organismo menos próspero acabariam se perdendo. Darwin chamou isso de "seleção natural" – um processo que, no decorrer de gerações, permitiu que uma população de qualquer espécie se adaptasse melhor e prosperasse em seu habitat de escolha.

Seleção sexual
Darwin também desenvolveu uma teoria de seleção sexual. Apresentada pela primeira vez em *A origem das espécies por meio da seleção natural*, foi desenvolvida depois em *A origem do homem e a seleção sexual* (1871). Essa teoria era distinta da seleção natural, uma vez que Darwin reconhecia que os animais selecionavam parceiros com base em características que não favoreciam simplesmente a sobrevivência. Por exemplo, quando Darwin considerava a espetacular, porém pesada, cauda do pavão, não podia imaginar que ela exercesse nenhum papel que ajudasse a ave, como indivíduo, a sobreviver. Ele concluiu que servia para aumentar as chances de sucesso reprodutivo. As pavoas escolhem os machos com caudas mais coloridas, de modo que o material genético desses pavões espalhafatosos é passado à geração seguinte. Uma cauda com penas de cores vivas indica que a ave é saudável, portanto escolher um parceiro de cauda colorida é uma boa estratégia para a pavoa. No entanto, a ideia de Darwin de que fêmeas escolhem os parceiros foi alvo de críticas. A sociedade do século XIX era capaz de aceitar que os machos competiam para se reproduzir (seleção intrassexual), mas a seleção interssexual, em que um dos sexos (normalmente a fêmea) faz a escolha, foi ridicularizada.

O sucesso reprodutivo é nitidamente essencial para o futuro de uma espécie.

Seleção natural

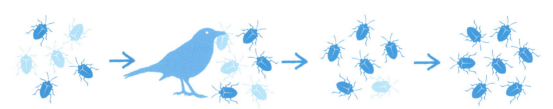

Há variação nos traços.
Por exemplo, alguns besouros são claros e outros, escuros.

Há reprodução diferencial.
Nenhum ambiente suporta crescimento populacional ilimitado, então alguns indivíduos fracassam. Pássaros comem os besouros claros e poucos deles se reproduzem.

Há hereditariedade.
Os besouros escuros têm mais descendentes escuros porque tal traço tem base genética.

Resultado:
Se a cor escura é o traço vitorioso, permitindo mais descendentes, com o tempo todos os besouros serão escuros.

A HISTÓRIA DA EVOLUÇÃO

O pavão com a cauda mais esplêndida atrairá mais pavoas. A cauda colorida será passada para sua prole masculina, que terá facilidade similar para atrair parceiras.

A seleção natural é com frequência descrita como "sobrevivência dos mais aptos", mas a simples longevidade não é particularmente útil. Se o indivíduo A vive dez vezes mais que o indivíduo B, mas o segundo produz duas vezes mais descendentes, que depois também procriam, B terá passado mais genes à geração seguinte do que o mais longevo A.

Ampliando a teoria

Muitas das ideias de Darwin e Wallace provaram-se consideravelmente precisas, apesar de o funcionamento da genética não ser compreendido na época. Embora o próprio Darwin tenha usado o termo "genético" como adjetivo para descrever o mecanismo ainda desconhecido de herança, foi o biólogo britânico William Bateson, no início do século XX, que empregou pela primeira vez o termo "genética" em uma descrição do processo científico. Em 1930, o geneticista britânico Ronald Fisher escreveu *A teoria genética da seleção natural*, que combinou a teoria da seleção natural de Darwin com as ideias de hereditariedade que o cientista austríaco do século XIX »

Por que alguns morrem e alguns vivem? [...] a resposta foi que, no geral, os mais bem-adaptados sobrevivem.
Alfred Russel Wallace

Seleção de parentesco

O termo "seleção de parentesco" foi usado pela primeira vez pelo biólogo britânico John Maynard Smith, em 1964. Trata-se da estratégia evolutiva que favorece o sucesso reprodutivo dos parentes de um organismo, priorizando-o acima da sobrevivência e reprodução do próprio indivíduo. Isso ocorre quando um organismo adota um comportamento em que se sacrifica para beneficiar seus parentes. Darwin foi o primeiro a discutir o conceito quando escreveu sobre o aparente paradoxo representado por insetos sociais que não procriam, tais como abelhas operárias, que deixam a reprodução a cargo de sua mãe. O biólogo evolutivo britânico William Donald Hamilton propôs que as abelhas, por exemplo, comportam-se de maneira altruísta – auxiliando outras na reprodução – quando a proximidade genética das duas abelhas e o benefício ao receptor sobrepujam o custo do altruísmo para o doador. Isso se chama Regra de Hamilton.

Em colônias de abelhas, as operárias fêmeas cuidam da rainha. Elas constroem a colmeia, coletam néctar e pólen, e alimentam as larvas, mas não procriam.

EVOLUÇÃO PELA SELEÇÃO NATURAL

O albinismo, como na lagartixa-leopardo albina, é uma mutação que gera falta de pigmento. Tal mutação prejudica suas chances de sobrevivência, tornando o animal mais claro e sensível à luz.

Gregor Mendel havia desenvolvido. Em 1937, o geneticista ucraniano-americano Theodosius Dobzhansky propôs a ideia de que mutações genéticas de ocorrência regular são suficientes para provar a diversidade genética – e, portanto, as diferentes características – que torna possível a seleção natural. Ele escreveu que a evolução era uma mudança na frequência de um "alelo" no *pool* genético, sendo um alelo uma das formas alternativas de um gene que surge por mutação.

Uma mutação é uma alteração permanente na sequência de ácido desoxirribonucleico (DNA), a molécula que transforma um gene em um indivíduo, resultando em uma sequência que difere daquela de outros membros da espécie. Mutações podem decorrer de falha na replicação do DNA durante a divisão celular, ou podem ser causadas por fatores ambientais, como danos resultantes da radiação ultravioleta do sol. Uma mutação pode afetar apenas o organismo individual em que se manifesta, enquanto outra pode afetar todos os seus descendentes e gerações futuras.

Mutações herdadas podem ou não alterar o fenótipo – características físicas e comportamento – de um indivíduo. Se afetarem o fenótipo, podem oferecer vantagens ou desvantagens, ajudando ou prejudicando a capacidade de um organismo sobreviver e se reproduzir com sucesso. Se a prejudicarem, provavelmente desaparecerão da população; se ajudarem um organismo a se adaptar melhor a seu ambiente, se

A maioria das grandes mutações é deletéria. As pequenas mutações, além de mais frequentes, tendem a ser mais úteis.
Ronald Fisher

tornarão mais comuns no curso das gerações. Com o tempo, elas podem produzir divergências da população de origem em número suficiente para que uma nova espécie evolua – um processo chamado especiação.

Taxas de mutação normalmente são muito baixas, mas o processo é constante. As mudanças podem ser benéficas, neutras ou prejudiciais. Elas não ocorrem em resposta às necessidades de um organismo e são aleatórias. No entanto, alguns tipos de mutação ocorrem com mais frequência que outros. Hoje, os cientistas sabem, por exemplo, que a evolução pode acontecer muito rapidamente em bactérias devido às suas frequentes mutações.

Diferentes graus de evolução

Os ancestrais de todas as formas de vida na Terra eram organismos muito simples. Pesquisas científicas recentes sugerem que as mais antigas rochas "biogênicas" – derivadas das primeiras formas de vida – surgiram há quase 4 bilhões de anos. Nesse tempo, formas de vida altamente complexas evoluíram, e fósseis posteriores de espécies que pareciam mais similares às de hoje revelam o que aconteceu.

A HISTÓRIA DA EVOLUÇÃO

Vista à luz da evolução, a biologia é, talvez, intelectualmente a ciência mais gratificante e inspiradora.
Theodosius Dobzhansky

Por exemplo, um registro fóssil de ancestrais do cavalo remonta a 60 milhões de anos. Os mais antigos eram animais do tamanho de cachorros que viviam na floresta e tinham vários dedos em cada pata. A evolução produziu cavalos muito maiores com um único casco em cada pata, adaptados para a vida em campos abertos, onde frequentemente precisavam correr de predadores.

Mariposas-salpicadas (*Biston betularia*) revelam mudanças em um período mais curto de tempo. A mariposa costuma ser clara, camuflando-se em troncos de bétulas, mas uma mutação produz algumas mariposas pretas. Antes do século XIX, a maioria das mariposas-salpicadas era clara. Durante a Revolução Industrial (1760–1840), no entanto, a poluição do ar deixava depósitos de fuligem em árvores e prédios das cidades britânicas, e a forma preta tornou-se muito mais comum. Por volta de 1895, 95% das mariposas-salpicadas das cidades britânicas eram pretas, uma vez que as mais claras eram devoradas por pássaros, por sua cor não permitir que se camuflassem. Esse fenômeno continua a funcionar como um exemplo da teoria de Darwin em ação hoje, pois a mariposa clara tornou-se comum mais uma vez devido ao declínio da concentração de fuligem nas cidades. ∎

Indivíduos de uma espécie têm uma **variedade de formas** de uma característica.

Os **indivíduos** com a característica mais **bem-adaptada** ao **ambiente** têm mais chances de **sobreviver** e **procriar**.

Essas **características são transmitidas à geração seguinte.**

Duas mariposas-salpicadas mostram a evolução em ação, a de baixo é um exemplo do melanismo industrial. A variedade escura apareceu em cidades britânicas no início dos anos 1800.

Evolução em tempo real

Richard Lenski, professor na Universidade Estadual de Michigan, estabeleceu um experimento de evolução de longa duração em 1988. Por mais de 25 anos, estudou 59 mil gerações de bactérias *E. coli*. Ele observou que as espécies usavam a solução de glicose em que viviam mais eficientemente, aumentando em tamanho e crescendo mais rápido. Uma nova espécie também evoluiu ao utilizar um composto da solução chamado citrato, o que não ocorria nas bactérias originais. A evolução de bactérias pode ser uma ameaça em potencial aos humanos. O crescente uso de antibióticos destrói muitas bactérias causadoras de doenças, mas não as com mutações que as tornam resistentes aos medicamentos. Conforme as bactérias não resistentes são eliminadas, as resistentes ficam mais dominantes, multiplicando-se e transmitindo suas mutações às gerações futuras. É a seleção natural em ação.

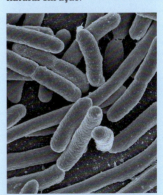

A bactéria *Escherichia (E.) coli* pode causar sérias infecções intestinais cada vez mais difíceis de tratar conforme cepas de *E. coli* resistentes a medicamentos se multiplicam.

OS SERES HUMANOS, EM ÚLTIMA ANÁLISE, NÃO PASSAM DE VEÍCULOS PARA OS GENES
AS REGRAS DA HEREDITARIEDADE

EM CONTEXTO

PRINCIPAL ECOLOGISTA
Gregor Mendel (1822–1884)

ANTES
1802 O biólogo francês Jean-Baptiste Lamarck sugere que características adquiridas durante a vida de um organismo são transmitidas para sua prole.

1859 Charles Darwin propõe sua teoria da evolução e seleção natural no livro *A origem das espécies por meio da seleção natural*.

DEPOIS
1869 O químico suíço Friedrich Miescher identifica o DNA, que chama de nucleína.

1953 Biólogos moleculares – incluindo o britânico Francis Crick e o americano James Watson – descobrem a estrutura do DNA.

Anos 2000 Pesquisadores do campo da epigenética descrevem a herança por mecanismos além da sequência de genes do DNA.

Muito antes de os cientistas desvendarem o código genético, um monge austríaco chamado Gregor Mendel, em 1866, foi o primeiro a demonstrar como traços são transferidos de uma geração a outra. Por meio de uma pesquisa meticulosa, Mendel anteviu com precisão as leis básicas da hereditariedade.

Quando ele iniciou seus experimentos, cientistas acreditavam que as variadas características observadas em plantas e animais eram transmitidas por um processo de "mistura". No entanto, Mendel notou que não era isso que acontecia ao trabalhar no jardim do mosteiro. Ao cruzar uma planta que sempre produzia ervilhas verdes com outra que sempre produzia ervilhas amarelas, o resultado não foram ervilhas verde-amareladas – todas as ervilhas eram amarelas.

Os trabalhos de Mendel

Durante sua pesquisa (1856–1863), Mendel cultivou quase 30 mil pés de ervilha, contemplando várias gerações, e registrou cuidadosamente os resultados. Ele se concentrou em traços

O experimento de Mendel com ervilhas

O experimento de Mendel com pés de ervilha provou que o gene que transmite a cor amarela era dominante, e o gene para a verde era recessivo.

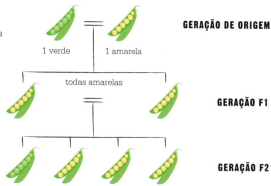

A HISTÓRIA DA EVOLUÇÃO

Ver também: Primeiras teorias da evolução 20-21 ▪ Evolução pela seleção natural 24-31 ▪ O papel do DNA 34-37 ▪ O gene egoísta 38-39

A hereditariedade proporciona a modificação de seu próprio maquinário.
James Mark Baldwin
Psicólogo americano

(fenótipos) com apenas duas formas distintas – por exemplo, flores brancas ou roxas. Ao examinar o traço da cor amarela ou verde das ervilhas, Mendel pegou pés de ervilha verde e fez polinização cruzada com os de ervilha amarela. As ervilhas produzidas a partir dessa geração de origem eram todas amarelas, e Mendel as chamou de geração F1. Ele então fez a polinização cruzada entre pés da geração F1, para produzir a geração F2. Descobriu que algumas ervilhas produzidas eram amarelas e outras, verdes. A geração F1 mostrava apenas um traço (amarelo), que Mendel chamou de "dominante". No entanto, na geração F2 75% tinham o traço dominante amarelo e 25% exibiam o traço verde, não dominante – ou "recessivo".

Leis de hereditariedade

Mendel teorizou que cada traço dos pés de ervilha é controlado por dois fatores. Quando é feita a polinização cruzada, um fator é herdado de cada planta. O fator pode ser dominante ou

Pés de ervilha forneceram os dados brutos que Mendel usou para desenvolver suas teorias explicando a transmissão de traços de uma geração a outra.

recessivo. Quando os dois fatores herdados são dominantes, a planta resultante exibirá o traço dominante. Com um par de fatores recessivos, a planta exibirá o traço recessivo. Porém, se estiverem presentes um fator dominante e um recessivo, a planta exibirá o traço dominante.

Geneticista pioneiro

Mendel publicou sua pesquisa em 1866, mas ninguém deu muita atenção até 1900, quando os botânicos Hugo de Vries, Carl Erich Correns e Erich Tschermak von Seysenegg redescobriram seu trabalho. Cientistas, então, começaram a ampliar as teorias de Mendel.

Em apenas dez anos, deram aos pares de fatores o nome de "genes" e demonstraram que estão ligados a cromossomos. Hoje, sabe-se que a hereditariedade é muito mais complexa do que identificou Mendel, mas sua meticulosa pesquisa continua sendo a base dos estudos modernos. ▪

Gregor Johann Mendel

Nascido Johann Mendel, em 1822, em uma fazenda na Silésia – então parte do Império Austríaco e atualmente República Tcheca –, Mendel estudou filosofia e física na Universidade de Olomouc (1840–1843). Na época, interessou-se pelo trabalho de Karl Nestler, que pesquisava traços hereditários em plantas e animais. Em 1847, Mendel entrou para um mosteiro, onde recebeu o nome Gregor. Depois continuou a estudar ciências na Universidade de Viena (1851–1853).

Quando Mendel voltou ao mosteiro, em 1853, o abade Cyril Napp lhe deu permissão para usar os jardins para sua pesquisa em hibridação. O próprio Mendel tornou-se abade em 1868 e não teve mais tempo para seus experimentos. Embora não tenha recebido crédito em vida por suas descobertas, é considerado o fundador da genética moderna.

Obras importantes

1866 "Experimentos em hibridação de plantas", *Verhandlungen des naturforschenden Vereines in Brünn*.

DESCOBRIMOS O SEGREDO DA VIDA
O PAPEL DO DNA

EM CONTEXTO

PRINCIPAIS NOMES
Francis Crick (1916–2004),
Rosalind Franklin (1920–1958),
James Watson (1928–),
Maurice Wilkins (1916–2004)

ANTES
1910–1929 O bioquímico americano Phoebus Levene descreve os componentes químicos do DNA.

1944 Os pesquisadores americanos Oswald Avery, Colin Macleod e Maclyn McCarty demonstram que o DNA determina a hereditariedade.

DEPOIS
1990 Pesquisadores britânicos, liderados pelo embriologista Ian Wilmut, clonaram com êxito um mamífero – a ovelha Dolly.

2003 Cientistas concluíram o mapeamento do genoma humano.

A descoberta da estrutura do DNA (ácido desoxirribonucleico), em 1953, é um dos avanços científicos mais importantes até hoje. O feito forneceu a chave para a compreensão da composição básica da vida e explicou como a informação genética é armazenada e transferida. O inglês Francis Crick e o americano James Watson comemoraram a descoberta conjunta com discrição em um bar de Cambridge e em seguida publicaram uma carta na revista *Nature*. Sua descoberta tinha enorme potencial para avanços científicos e teve um impacto importante em muitos campos de pesquisa, da medicina à ciência forense, taxonomia e agropecuária. As ramificações de seu trabalho reverberam até hoje, conforme avançam os métodos de tratamento de material genético e

A HISTÓRIA DA EVOLUÇÃO   35

Ver também: Primeiras teorias da evolução 20-21 ▪ Evolução pela seleção natural 24-31 ▪ As regras da hereditariedade 32-33 ▪ O gene egoísta 38-39 ▪ Um sistema para identificar todos os organismos da natureza 86-87 ▪ Conceito de espécie biológica 88-89

Os biólogos moleculares James Watson (esquerda) e Francis Crick (direita), em 1953, com seu modelo de dupla hélice do DNA. Watson chamou o DNA de "molécula mais interessante de toda a natureza".

aprendemos mais sobre como operam genes individuais.

O grande avanço de Crick e Watson foi o ápice de décadas de pesquisas de inúmeros cientistas, incluindo Rosalind Franklin e Maurice Wilkins. Enquanto Crick e Watson trabalhavam com modelos em 3D para entender como os componentes de DNA se encaixavam, no King's College, em Londres, Franklin e Wilkins desenvolviam métodos para registrar o DNA em imagens de raio X para ver sua estrutura. Watson tinha visto exemplos do trabalho de Franklin que sugeriam a forma helicoidal do DNA pouco antes de anunciar, com Crick, sua descoberta.

Em 1962, Crick, Watson e Wilkins receberam o Prêmio Nobel de Fisiologia ou Medicina. Franklin, falecida em 1958, não recebeu reconhecimento em vida por sua parte na descoberta, embora Crick e Watson tivessem reconhecido abertamente o trabalho dela como essencial para seu sucesso.

Estrutura de dupla hélice

O DNA é uma molécula que apresenta dois filamentos longos e finos que se enrolam um sobre o outro lembrando uma escada retorcida, forma conhecida como dupla hélice. Usando a analogia da escada, as laterais são feitas de desoxirribose (um açúcar) e fosfato, enquanto os degraus são bases nitrogenadas emparelhadas, adenina (A), guanina (G), citosina (C) e timina (T). A sempre emparelha com T, formando o par de bases AT, e G sempre emparelha com C, formando o par de bases GC.

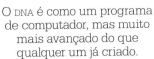

O DNA é como um programa de computador, mas muito mais avançado do que qualquer um já criado.
Bill Gates

O DNA é o diagrama da vida. Sequências de bases ao longo do filamento de DNA constituem os genes que fornecem as informações responsáveis por determinar a forma e fisiologia completa de um organismo. Uma trinca de bases é conhecida como códon, e cada códon define a produção de um dos vinte aminoácidos. A ordem em que os aminoácidos se unem em uma cadeia determina o tipo de proteína que formarão. Por exemplo, a combinação GGA é o códon da glicina. Sessenta e quatro possíveis trincas »

Engenharia genética

Entender a estrutura do DNA permitiu que cientistas mudassem ou "manipulassem" o material genético nas células. É possível retirar um gene de um organismo (o doador) e colocá-lo no DNA de outro. A primeira tentativa, nos anos 1970, foi difícil e demorada, mas os avanços tecnológicos – como a técnica de Repetições Palindrômicas Curtas Agrupadas e Regularmente Espaçadas, ou CRISPR (na sigla em inglês) – simplificaram e aceleraram bastante o processo.

Em teoria, os geneticistas agora podem casar um gene com qualquer outro. Eles tentaram algumas combinações intrigantes, como a inserção do gene da produção de seda de aranha em DNA de cabra, para que estas produzissem leite rico em proteínas. Outras substâncias que podem ser produzidas com a modificação de genes são hormônios e vacinas.

Na terapia genética, um vetor geneticamente modificado (muitas vezes um vírus) é usado para transportar um gene para o DNA de um organismo e substituir outro, defeituoso ou indesejado.

Cientista analisa uma amostra de DNA. A manipulação genética em medicina é prática-padrão, e o perfil de DNA é uma ferramenta forense importante.

O PAPEL DO DNA

Alimentos geneticamente modificados

Na agricultura, as plantas sofrem modificações para serem aprimoradas. Um cultivo geneticamente melhorado é conhecido como organismo geneticamente modificado (OGM). Empresas desse setor modificam o DNA de uma planta para que ela produza mais de um nutriente ou uma toxina específica para determinada praga. O DNA de uma planta também pode ser alterado para ficar resistente a um herbicida, de modo que o uso do químico mate apenas as ervas daninhas, e não a lavoura. Ecologistas alertam para o risco de plantas não geneticamente modificadas serem contaminadas pelos OGMs. Eles também apontam que os efeitos em longo prazo da ingestão desses alimentos ainda não são totalmente conhecidos. Outra preocupação é que, no futuro, as grandes empresas agroquímicas possam controlar o abastecimentos de alimentos do mundo ao patentear os OGMS que produzem, prejudicando nações mais pobres.

Novos tipos de arroz estão sendo desenvolvidos por meio de modificação genética, o que pode aprimorar seu valor nutricional ou a resistência a doenças.

podem se formar a partir de quatro pares de bases, e 61 delas codificarão aminoácidos específicos. As outras três agem como sinais, tais como "início" e "parada", que ditam como a informação é lida pelo maquinário celular. O DNA também é organizado em cromossomos, dos quais existem 23 pares na célula humana.

Copiando o código

Quando a célula se divide, o DNA precisa ser replicado. Isso se dá pela separação dos pares de bases, que parte a escada ao meio para produzir dois filamentos individuais. Estes funcionam como modelo para a produção de um segundo filamento de DNA complementar sobre cada um

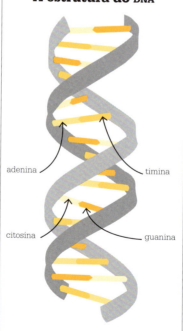

Uma molécula de DNA consiste em uma dupla hélice formada por dois filamentos compostos de açúcares e fosfatos, ligados por bases de nucleotídeos emparelhadas: adenina e timina ou citosina e guanina.

deles, combinando os pares de bases apropriados. O processo resulta em dois filamentos de DNA completo, idênticos ao original.

Uma vez que o DNA permanece no núcleo da célula, uma molécula relacionada chamada ácido ribonucleico mensageiro (RNAm) copia segmentos da sequência de codificação do DNA e transporta a informação para as regiões da célula onde novas proteínas são sintetizadas. O RNA é quimicamente próximo do DNA, mas a base de timina (T) é substituída pela base de uracila (U), que é menos estável, porém demanda menos energia. Organismos vivos estáveis beneficiam-se por terem genomas de DNA, mas o RNA constitui os genomas de alguns vírus, em que a estabilidade pode ser menos vantajosa.

O DNA é encontrado em todas as coisas vivas da Terra, de amebas a insetos, de árvores a tigres e humanos. É claro, a sequência de pares de base varia, e a diferença permite que geneticistas estabeleçam relações entre espécies distintas.

Erros bons e ruins

O DNA é uma molécula altamente estável, mas às vezes ocorrem falhas, conhecidas como mutações. Elas podem aparecer na forma de erro, duplicação ou omissão na ordem dos nucleotídeos A, C, G e T. A mutação pode ser espontânea – resultado de erros que ocorrem quando o DNA é replicado – ou pode ser induzida por influências externas, como exposição à radiação ou a substâncias químicas cancerígenas. Algumas mutações não têm efeito, mas outras podem modificar o que o gene produz ou inibir o funcionamento de um gene. Isso pode levar a problemas no organismo como um todo. Entre as doenças causadas por mutações de genes estão a fibrose cística e a anemia falciforme.

A HISTÓRIA DA EVOLUÇÃO 37

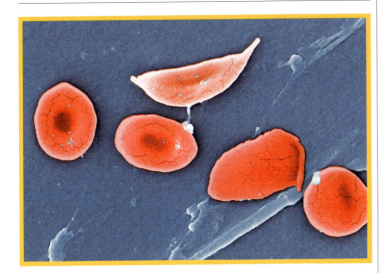

Células sanguíneas mutantes ocorrem na anemia falciforme – doença genética transmitida quando ambos os pais carregam o gene alterado. A condição pode ser dolorosa e aumenta o risco de infecções sérias.

Embora muitas sejam inofensivas, às vezes uma mutação confere vantagem a um indivíduo, permitindo que sobreviva melhor em seu ambiente do que outros da mesma espécie. Esse tipo de mutação pode ser transmitido pelo processo de seleção natural. No curso de muitas gerações, a mutação é um mecanismo de diversificação, sobrevivência dos mais aptos e, por fim, evolução.

O genoma humano

Em 14 de abril de 2003, cientistas completaram a longa tarefa de mapear (sequenciar) todo o genoma humano. Geneticistas desvendaram a posição exata de todos os pares de bases em uma cadeia de cerca de 3 bilhões de nucleotídeos, abrangendo uma estimativa de 30 mil genes individuais. Isso lhes permitiu identificar novos genes e o papel que desempenham nos organismos.

Armado desse conhecimento, um indivíduo pode descobrir se herdou ou não um gene defeituoso de um dos pais. Além disso, com acesso a tais dados, é possível analisar embriões em busca de doenças genéticas conhecidas antes de sua implantação no útero. Até março de 2018, o DNA de cerca de 15 mil organismos havia sido sequenciado. Essas informações podem ajudar a mostrar como os animais se relacionam na linha evolutiva e como se diversificaram.

Embora a descoberta da composição e estrutura do DNA tenha revolucionado a ciência da hereditariedade, é válido notar que as regiões de DNA utilizadas para codificar proteínas compõem apenas 2% de todo o genoma humano. A natureza dos outros 98% ainda não é completamente compreendida pelos geneticistas, mas acredita-se que pelo menos algumas dessas regiões envolvam a regulação da forma como os genes são expressados, ou ativados. Parece que há muito mais descobertas à espera dos futuros geneticistas. ∎

Código de barras de DNA

A ideia do código de barras de DNA foi proposta em 2003, quando uma equipe da Universidade de Guelph, Canadá, sugeriu que seria possível identificar espécies ao analisar um trecho em comum de seu DNA. Liderados pelo doutor Paul Hebert, pesquisadores escolheram uma região no gene conhecida como citocromo c oxidase 1 ("co1"), composto de 648 pares de bases. A região é rápida de se analisar, mas sua sequência ainda é longa o bastante para se diferenciar entre espécies de animais e dentro delas.

A primeira parte do sistema de código de barras envolve catalogar amostras de espécies conhecidas. O DNA é extraído e organizado em sequências de pares de bases, processo conhecido como "sequenciamento". A sequência é então armazenada em uma base de dados, de modo que, quando uma amostra de DNA de uma espécie desconhecida é sequenciada e inserida nessa base, o computador a compara com os registros existentes. A técnica de código de barras provou-se útil para a taxonomia, ajudando a classificar animais e plantas.

Com a engenharia genética, seremos capazes [...] de aprimorar a raça humana.
Stephen Hawking

GENES SÃO MOLÉCULAS EGOÍSTAS
O GENE EGOÍSTA

EM CONTEXTO

PRINCIPAL NOME
Richard Dawkins (1941–)

ANTES
1963 O biólogo britânico William Donald Hamilton escreve sobre os "interesses egoístas" do gene em *A evolução do comportamento altruísta*.

1966 O biólogo americano George C. Williams propõe em seu livro *Adaptação e seleção natural* que o altruísmo é resultado da seleção acontecendo no plano dos genes.

DEPOIS
1982 Richard Dawkins argumenta em *O fenótipo estendido* que o estudo de um organismo deve incluir a análise de como seus genes afetam o ambiente à sua volta.

2002 Stephen Jay Gould critica a teoria de Dawkins em *A estrutura da teoria evolucionária*, que revisita e refina as ideias do darwinismo clássico.

O conceito de "gene egoísta" foi popularizado pelo biólogo evolutivo britânico Richard Dawkins, em 1976, no livro de mesmo nome. Ele declara que a evolução é fundamentalmente baseada na sobrevivência de diferentes formas de um gene à custa de outras. Aquelas que sobrevivem são as responsáveis por características físicas e comportamentos (traços fenotípicos) que promovem com êxito sua própria propagação. Defensores da teoria argumentam que, porque a informação hereditária é passada por gerações pelo material genético do DNA, tanto a seleção natural quanto a evolução deveriam ser consideradas pela perspectiva dos genes.

Dawkins foi fortemente influenciado pelo trabalho de William Donald

A seleção natural auxilia na sobrevivência do gene, não do indivíduo.

O **macho da aranha viúva-negra** acasala, mesmo que a **fêmea o devore** logo em seguida.

Animais que **alertam outros** quando predadores se aproximam **sacrificam-se em prol do grupo**.

Em colônias de abelhas, as que **não procriam** servem para **ajudar na sobrevivência comunitária**.

A HISTÓRIA DA EVOLUÇÃO

Ver também: Evolução pela seleção natural 24-31 ▪ As regras da hereditariedade 32-33 ▪ O papel do DNA 34-37 ▪ Mutualismos 56-59

Um macho de viúva-negra
aproxima-se com cuidado de uma enorme fêmea para acasalar. Tal ato geneticamente induzido reproduzirá seus genes, mas o levará à morte.

Hamilton sobre a natureza do altruísmo e examinou com atenção a biologia do egoísmo e do altruísmo em *O gene egoísta*. Ele argumenta que os organismos não passam de veículos que sustentam seus genes, ou "replicadores". Genes que ajudam um organismo a sobreviver e se reproduzir tendem também a aumentar as chances de esses próprios genes serem replicados.

Genes bem-sucedidos costumam oferecer um benefício ao organismo hospedeiro. Por exemplo, um gene que protege um animal ou planta contra doenças e com isso ajuda aquele determinado gene a se disseminar. No entanto, os interesses do replicador e do veículo às vezes podem parecer conflitantes. Genes induzem o macho da aranha viúva-negra a acasalar, apesar do risco de ser devorado pela fêmea. Porém, o sacrifício do macho nutre a fêmea e amplia as chances de seus genes serem passados adiante.

Egoísmo e altruísmo

O egoísmo do gene costuma causar o egoísmo no comportamento de um organismo individual, mas há circunstâncias em que o gene pode alcançar seus próprios objetivos egoístas ao estimular um altruísmo aparente no organismo. É o caso da seleção de parentesco, estratégia evolutiva que favorece o sucesso reprodutivo dos parentes de um organismo, mesmo em detrimento da reprodução ou sobrevivência do próprio indivíduo.

Um exemplo extremo de altruísmo com base genética é a eussocialidade. Abelhas são espécies eussociais. Elas vivem em colônias onde há indivíduos que procriam e que não procriam. Ajudando a colônia a sobreviver, as milhares de abelhas operárias, que não procriam, garantem a reprodução dos genes que têm em comum com o único indivíduo que procria, a rainha.

Críticos da teoria de Dawkins argumentam que, uma vez que genes individuais não controlam comportamento, não se pode dizer que estão agindo com egoísmo. Dawkins enfatizou que nunca sugeriu que genes tivessem vontade consciente própria. Mais tarde, escreveu que "o gene imortal" poderia ser um título melhor tanto para o conceito quanto para o livro. ■

A teoria da evolução está tão sujeita a dúvidas quanto a teoria de que a Terra gira em torno do Sol.
Richard Dawkins

Richard Dawkins

Richard Dawkins nasceu no Quênia, filho de pais britânicos. Depois que a família voltou ao Reino Unido, ele desenvolveu forte interesse pelo mundo natural e estudou zoologia na Universidade de Oxford, onde foi orientado pelo vencedor do Prêmio Nobel Niko Tinbergen, pioneiro dos estudos de comportamento animal. Após um breve período na Universidade da Califórnia, em Berkeley, Dawkins voltou a Oxford para lecionar zoologia.

Ele ganhou notoriedade com o livro *O gene egoísta*, em que argumenta que o gene é a unidade fundamental da seleção na evolução. Sua teoria desencadeou uma série de debates ardorosos com Stephen Jay Gould e outros biólogos evolutivos. Dawkins também é conhecido como forte defensor do ateísmo e do feminismo.

Obras importantes

1976 *O gene egoísta*
1982 *O fenótipo estendido*
1986 *O relojoeiro cego*
2006 *Deus, um delírio*
2009 *O maior espetáculo da Terra: as evidências da evolução*

PROCESS
ECOLÓGI

INTRODUÇÃO

Joseph Grinnell publica sua pesquisa sobre o *Toxostoma redivivum*, estabelecendo a base para a teoria dos **nichos ecológicos**.

A pesquisa de **Robert MacArthur** sobre pássaros canoros da América do Norte mostra como espécies diferentes podem **evitar a competição direta** a fim de coexistir.

Daniel Janzen observa a interdependência entre acácias e as formigas que residem nelas e conclui que as espécies evoluíram em uma relação de **mutualismo**.

1917 — **1957** — **1965**

1925–1926 — **1961** — **1969**

O **modelo de Lotks-Volterra** usa uma equação matemática para descrever as interações entre **predador e presa**.

Joseph Connell revela que diferentes tipos de cracas **prosperam em diferentes zonas de maré**, embora pudessem, em teoria, viver em qualquer uma delas.

Robert Paine cunha o termo **"espécies-chave"** para descrever espécies com papel crucial nas funções do ecossistema.

No século V a.C., o historiador grego Heródoto descreveu ter visto crocodilos abrirem a boca para pássaros pegarem comidas de seus dentes. Ele pode ter sido o primeiro a escrever sobre um processo ecológico – nesse caso, uma relação de mutualismo entre répteis e aves. Aristóteles e Teofrasto observaram muito mais interações entre animais e seus ambientes no século IV a.C.

Nos dois milênios seguintes, foram feitos inúmeros outros apontamentos sobre o mundo natural, mas um profundo entendimento sobre como os organismos interagiam uns com os outros e com o mundo à sua volta era dificultado pela inabilidade de observar coisas muito pequenas, atividades noturnas ou seres que viviam submersos. Além disso, poucas pessoas com interesse em natureza tinham vivências além de sua própria área. Conforme a tecnologia foi avançando e as pessoas começaram a viajar pelo mundo, cientistas como Robert Hooke, Antonie van Leeuwenhoek, Carlos Lineu, Alexander von Humboldt, Alfred Russel Wallace, Charles Darwin e Johannes Warming tornaram-se cada vez mais cientes dos processos ecológicos e estabeleceram as bases da ciência da ecologia, mesmo não usando essa palavra.

Modelos matemáticos

Já se compreendia havia tempos que um dos processos ecológicos mais básicos era a luta pela sobrevivência: herbívoros tinham que achar alimentos, predadores precisavam encontrar presas, e presas tinham que evitar serem devoradas. Predadores fazem todo o possível para caçar e comer as presas, e estas fazem o que podem para evitar serem devoradas. Em 1910, Alfred Lotka introduziu um dos primeiros modelos matemáticos aplicados à ecologia. Hoje conhecido como modelo Lotka-Volterra, suas equações predador-presa ajudam a prever as flutuações da população desses dois grupos.

Nos primeiro anos do século XX, Joseph Grinnell conduziu uma extensa pesquisa sobre necessidades de habitat dos animais no oeste dos Estados Unidos. Observou que espécies tinham diferentes "nichos" dentro de um habitat – e que, se duas espécies têm aproximadamente as mesmas exigências alimentares, uma "desalojará" a outra. Darwin observara isso em suas viagens a bordo do HMS *Beagle*, mas o axioma de Grinnell desenvolveu mais a ideia, assim como pesquisas subsequentes. Em 1934, Georgy Gause demonstrou o que chamou de princípio da exclusão competitiva em projetos de laboratório.

PROCESSOS ECOLÓGICOS 43

Roy Anderson e **Robert May** demonstram como **epidemias** afetam as taxas de crescimento da população animal.

ANOS 1970

Pesquisa publicada por **Ronald Pulliam**, **Eric Charnov** e **Graham Pyke** ampliam a **teoria do forrageamento ótimo**, pela qual os animais tentam obter recursos gastando o mínimo de energia possível.

1977

Robert Sterner e **James Elser** são precursores do estudo de **estequiometria ecológica** – como proporções de diferentes elementos químicos nos organismos vivos mudam com certas reações.

2002

1972

Knut Schmidt-Nielsen publica *How Animals Work*. O livro tem muita influência no campo da ecofisiologia.

1991

Earl Werner publica suas descobertas sobre **efeitos não letais** de predadores sobre presas.

Como afirmou William E. Odum, em 1959, "o nicho ecológico de um organismo depende não apenas de onde ele vive, mas também do que faz".

Do campo ao laboratório

Experimentos em laboratório e observações de campo são os principais métodos para se obter dados para o estudo de processos ecológicos, mas experimentos de campo – nos quais um ambiente local é manipulado para testar uma hipótese – não eram conduzidos com rigor científico até o trabalho de Joe Connell com cracas na Escócia. Seus experimentos – cujos resultados foram publicados em 1961 – foram meticulosamente planejados e observados, e eram passíveis de replicação.

Connell estabeleceu o "padrão-ouro" para o trabalho de campo, mas experimentos em laboratório ainda têm um papel vital – como Earl Werner demonstrou trinta anos depois. Seu trabalho revelou o impacto não letal das predadoras larvas de libélula sobre o comportamento e desenvolvimento físico dos girinos, suas presas.

Desde meados do século XX, surgiram muitas novas ideias sobre processos ecológicos. O trabalho de Robert MacArthur e colaboradores, sobre competição entre espécies, levou ao desenvolvimento da teoria do forrageamento ótimo, que busca explicar por que animais optam por certos alimentos e não por outros. Relações de mutualismo foram mais bem compreendidas por meio da pesquisa de biólogos como Daniel Janzen. O trabalho de Robert Paine com estrelas-do-mar e mexilhões também destacou o conceito de espécies-chave – aquelas que têm uma influência desproporcional em seus ecossistemas.

Nova tecnologia

Avanços tecnológicos – incluindo sofisticadas técnicas de amostragem de químicos, satélites com sensor remoto e computadores capazes de processar rapidamente enormes quantidades de dados – abriram novas áreas de estudo.

A estequiometria ecológica, por exemplo, estuda o fluxo de energia e elementos químicos em todas as teias alimentares e ecossistemas, do nível molecular para cima. Como tantas ideias na ecologia, suas origens podem ter muitos anos, mas se consolidaram apenas com o livro de Robert Sterner e James Elser, *Ecological Stoichiometry: The Biology of Elements from Molecules to the Biosphere*, de 2003. Novas técnicas como essa sem dúvida continuarão a aprofundar nossa compreensão dos processos em ecologia. ∎

AULAS DE TEORIA MATEMÁTICA SOBRE A LUTA PELA VIDA

EQUAÇÕES PREDADOR-PRESA

EQUAÇÕES PREDADOR-PRESA

EM CONTEXTO

PRINCIPAIS NOMES
Alfred J. Lotka (1880–1949),
Vito Volterra (1860–1940)

ANTES
1798 O economista britânico Thomas Malthus mostra que a velocidade com que a população muda aumenta conforme aumenta seu tamanho.

1871 No romance de Lewis Carroll *Alice através do espelho*, a Rainha Vermelha diz a Alice que "é preciso correr muito para ficar no lugar".

DEPOIS
1973 O biólogo americano Leigh van Valen propõe o efeito Rainha Vermelha, que descreve a constante "disputa" entre predadores e presas.

1989 As equações de Arditi-Ginzburg oferecem outro modelo de dinâmica entre predador e presa ao incluir o impacto da razão predador/presa.

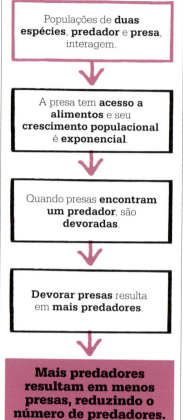

Populações de **duas espécies**, **predador** e **presa**, interagem.

A presa tem **acesso a alimentos** e seu **crescimento populacional** é **exponencial**.

Quando presas **encontram um predador**, são **devoradas**.

Devorar presas resulta em **mais predadores**.

Mais predadores resultam em menos presas, reduzindo o número de predadores.

As equações predador-presa são um dos primeiros exemplos da aplicação da matemática à biologia. Formuladas nos anos 1920 pelo matemático americano Alfred J. Lotka e pelo matemático e físico italiano Vito Volterra, as duas equações – também conhecidas como equações de Lotka-Volterra – descrevem o modo com que a população de uma espécie predadora e a de sua presa flutuam uma em relação à outra.

Lotka propôs as equações em 1910 como forma de compreender as taxas de reações autocatalíticas – processos químicos que se autorregulam. Na década seguinte, ele aplicou as equações à dinâmica populacional dos animais selvagens.

Em 1926, Vito Volterra chegou às mesmas conclusões. Ele se interessou pelo assunto após conhecer o biólogo marinho italiano Umberto D'Ancona, que lhe dissera que a porcentagem de peixes predadores capturados em redes no mar Adriático havia aumentado muito durante a Primeira Guerra Mundial. A mudança estava claramente ligada à drástica redução da pesca nos anos de guerra, mas D'Ancona não conseguia explicar por que a diminuição da pesca não produzia mais peixes de todos os tipos

Vito Volterra

Nascido em 1860, em Ancona, Itália, filho de um comerciante de tecidos judeu, Vito Volterra cresceu na pobreza. Apesar disso, em 1883, com apenas 23 anos, já era professor de mecânica na Universidade de Pisa e havia iniciado a carreira como matemático. Ele também deu aula nas universidades de Turim e Roma. Em 1900, Volterra se casou e teve seis filhos, mas apenas quatro sobreviveram até a idade adulta. Foi nomeado senador do Reino de Itália em 1905 e trabalhou no desenvolvimento de dirigíveis militares durante a Primeira Guerra Mundial. Em 1931, Volterra recusou-se a jurar lealdade ao ditador fascista italiano Benito Mussolini e foi dispensado da Universidade de Roma. Forçado a trabalhar no exterior, voltou à Itália apenas por um breve período de tempo antes de sua morte, em 1940.

Obras importantes

1926 "Flutuações na abundância de uma espécie considerada matematicamente", *Nature*
1935 *Les associations biologiques au point de vue mathématique*

PROCESSOS ECOLÓGICOS   47

Ver também: Evolução pela seleção natural 24-31 ▪ O gene egoísta 38-39 ▪ Nichos ecológicos 50-51 ▪ Princípio da exclusão competitiva 52-53 ▪ Mutualismos 56-59 ▪ Espécies-chave 60-65 ▪ Teoria do forrageamento ótimo 66-67

Um guepardo persegue uma gazela. As equações predador-presa são capazes de elucidar como as populações das duas espécies mudarão em resposta às atividades uma da outra.

nas redes. Utilizando as mesmas equações de Lotka, Volterra finalmente explicou as flutuações tanto nas espécies de predadores quanto nas de presas.

Princípios da população

Quando Lotka e Volterra fizeram seus cálculos, a ciência da dinâmica populacional ainda era muito nova, quase não havia avançado desde os estudos sobre população do economista britânico Thomas Malthus, no fim do século XVIII. Segundo a teoria de Malthus, uma população aumenta ou diminui rapidamente contanto que os fatores ambientais para a sobrevivência sejam constantes, e a proporção pela qual a população muda aumenta de acordo com seu crescimento. Com base nessa teoria, Malthus previu um futuro catastrófico para a humanidade. O número de humanos estava crescendo muito mais rapidamente do que a quantidade de alimentos que podia ser produzida pelas terras de cultivo do mundo. Com o tempo, Malthus argumentou, chegaria um ponto em que a população humana sucumbiria à fome mundial e decairia.

A visão sombria de Malthus não se concretizou, graças a avanços tecnológicos na agricultura e ao desenvolvimento de fertilizantes artificiais, mas seu modelo populacional tornou-se aplicável a populações de espécies em determinados ecossistemas. Cada habitat, e o nicho ocupado por uma espécie dentro de sua comunidade de organismos, tem uma capacidade de carga – a população máxima que pode ser suportada pelos recursos disponíveis, como água, espaço, alimento e luz. Qualquer aumento da população acima desse nível provavelmente será reduzido por fatores naturais. Como resultado, as populações selvagens deveriam ser mais ou menos estáticas, flutuando apenas em torno da capacidade de carga, presumindo-se que os impactos aleatórios de eventos catastróficos sejam ignorados.

No entanto, esse relativo equilíbrio nem sempre condiz com as »

A espécie que é alimento não pode ser exterminada pela espécie predadora, nas condições referidas por nossas equações.
Alfred J. Lotka

EQUAÇÕES PREDADOR-PRESA

A matemática sem a história natural é estéril, mas a história natural sem a matemática é confusa.
John Maynard Smith
Matemático e evolucionista britânico

observações – como no relato de D'Ancona sobre o aumento repentino da população de peixes predadores marinhos. Uma teoria para explicar essa discrepância partiu da premissa de que a população de predadores tem relação com o tamanho da população de sua fonte de alimento, suas presas. A relação sugere que, quando existe muito alimento disponível, há uma população maior de predadores. A crescente população de predadores então deve começar a reduzir a quantidade de presas, o que, por sua vez, levará a uma queda no número de predadores. O tamanho de ambas as populações aumentará e diminuirá, mas a razão predador/presa permanecerá estável.

Uma teoria tão equilibrada ainda divergia das observações das espécies. Por meio do modelo matemático, Volterra conseguiu mostrar que a média de tamanho das populações de predadores e presas realmente oscila, mas a taxa de crescimento ou declínio de cada população está sempre mudando e quase nunca condiz com as mudanças vivenciadas pela outra população. Para eliminar variáveis, Volterra fez uma série de suposições: primeiro, que as espécies de presa e predador não têm limites de reprodução e a taxa de mudança em uma população é proporcional a seu tamanho; segundo, que a população de presas – estimadamente herbívora – sempre é capaz de encontrar alimentos suficientes para sobreviver. Em seguida, presumiu-se que a população de presas é a única fonte de nutrição dos predadores, e que eles nunca ficam satisfeitos e nunca param de caçar. Finalmente, presumiu-se que as condições ambientais, como clima ou desastres naturais, não têm impacto no processo. O efeito da diversidade genética dos predadores e presas sobre sua capacidade de sobreviver não foi levado em consideração.

Quando esquematizada em um gráfico, a população de predadores acompanha o aumento e a queda da população de presas, e ainda está aumentando quando a população de presas começa a diminuir. Isso explicou a observação de D'Ancona sobre a maior proporção de predadores após a população de presas sofrer um grande aumento pela redução da pesca.

As relativas flutuações das populações dependem das taxas de reprodução relativas das duas espécies e da taxa de predação. Por exemplo, oscilações no tamanho de uma população de formigas e de tamanduás são pouco notáveis porque eles se reproduzem em proporções muito diferentes. As oscilações nas populações de espécies que procriam em proporções similares, como o lince-ibérico e o coelho, são muito mais pronunciadas.

A disputa da natureza

As equações predador-presa revelaram que as espécies estão travadas em uma luta infinita, alternando entre quase desastre e extinção e épocas de abundância e fertilidade. Nessa "disputa" biológica, a pressão evolutiva sobre as espécies de presas é escapar da predação e sobreviver para poder se reproduzir mais. Enquanto isso, o predador está sob pressão de ter uma taxa de predação maior para fornecer mais alimento à sua prole. No entanto, nenhuma espécie é superior – responde à adaptação da outra. A relação predador-presa entre mamíferos artiodáctilos – como antílopes e

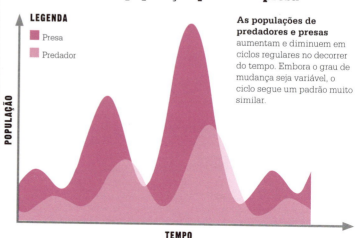

Ciclos de população predador-presa

As populações de predadores e presas aumentam e diminuem em ciclos regulares no decorrer do tempo. Embora o grau de mudança seja variável, o ciclo segue um padrão muito similar.

PROCESSOS ECOLÓGICOS   49

cervos – e carnívoros – como os grandes felinos e lobos – é um exemplo dessa disputa evolutiva. Os artiodáctilos têm pernas longas, prolongadas pelo fato de andarem sobre a ponta de cascos grossos sólidos. Essa adaptação permite que corram e saltem mais do que seus predadores. Em resposta, grandes felinos – como leões e tigres – desenvolveram velocidade e força para derrubar presas grandes e ligeiras em ataques-surpresa. Lobos desenvolveram resistência para correr longas distâncias sem parar. Isso lhes permite trabalhar em equipe para perseguir sua presa e matá-la quando ela perde a força por exaustão.

Enquanto as equações predador-presa oferecem uma percepção da dinâmica populacional de duas espécies, as suposições em que estão baseadas raramente se refletem na vida real. Alguns predadores se especializam em matar uma única espécie de presa, mas outros fatores no ecossistema também afetam suas populações.

Outras aplicações

As equações de Lotka-Volterra têm sido usadas para estudar a dinâmica de cadeias e teias alimentares, nas quais uma espécie pode ser predadora de outra, mas ao mesmo tempo presa

de uma terceira. Elas também são usadas para examinar a relação entre espécies hospedeiras e parasitas, que apresentam algumas semelhanças com a relação entre presa e predador. Parasitas com frequência se especializam em uma espécie hospedeira – relação que deveria se assemelhar àquela descrita pelas equações Lotka-Volterra. No entanto, acredita-se que, na prática, o processo de evolução interfere nisso. Um parasita não costuma matar seu hospedeiro (os que matam são chamados parasitoides), mas pode reduzir sua aptidão. A hipótese evolutiva da Rainha Vermelha, proposta nos anos 1970 por Leigh van Valen, descreve como, graças a genes

A vespa parasitoide bota seus ovos em afídios (os insetos amarelos mostrados acima). Ela é chamada de parasitoide porque suas larvas comem os afídios conforme crescem.

vantajosos, certos indivíduos em uma população hospedeira conseguem manter a aptidão, apesar de ataques dos parasitas. Os parasitas estão em constante evolução para explorar esses indivíduos aparentemente imunes, e então os genes vantajosos na população hospedeira também mudam. Dessa forma, a evolução está acontecendo o tempo todo, conforme parasitas e hospedeiros se enfrentam – embora tudo pareça permanecer igual. ■

Volterra tinha interesse em uma teoria matemática da 'sobrevivência dos mais aptos'.
Alexander Weinstein
Matemático russo

A EXISTÊNCIA É DETERMINADA POR UMA TÊNUE LINHA DE CIRCUNSTÂNCIAS
NICHOS ECOLÓGICOS

EM CONTEXTO

PRINCIPAL NOME
Joseph Grinnell (1877–1939)

ANTES
1910 Em um ensaio sobre besouros, Roswell Hill Johnson, biólogo americano, é o primeiro a usar a palavra "nicho" no contexto da biologia.

DEPOIS
1927 O ecologista britânico Charles Elton ressalta a importância do papel de um organismo, além de seu "endereço", em sua definição de nicho ecológico no livro *Animal Ecology*.

1955 Em um trabalho acadêmico chamado "Observações conclusivas", o ecologista britânico George E. Hutchinson expande a teoria de nichos para abarcar o ambiente de um organismo como um todo.

1968 Um estudo do australiano D. R. Klein sobre a introdução, aumento e extinção de renas na Ilha de São Mateus, Alasca, identifica o nicho destrutivo.

O nicho de um organismo é uma combinação de seu lugar e seu papel no ambiente. Abarca como o organismo supre suas necessidades de alimento e abrigo, como evita predadores, compete com outras espécies e se reproduz. Todas as suas interações com outros organismos e com o ambiente abiótico também fazem parte do que compõe seu nicho. Um nicho singular é uma vantagem para qualquer animal ou planta porque reduz a competição com outras espécies. Para os ecologistas, um conhecimento completo do nicho de um organismo é essencial para informar intervenções e compensar as alterações ambientais causadas por destruição de habitat e mudanças climáticas.

O pioneiro do conceito de nicho foi Joseph Grinnell, biólogo americano que estudou um pássaro chamado *Toxostoma redivivum*. Em 1917, ele publicou suas observações, que mostravam como o pássaro se alimentava e se reproduzia nos arbustos de um habitat conhecido como chaparral, e como escapava dos

> A **competição** por **alimento e recursos** é constante; espécies mais bem-adaptadas superam as menos adequadas ao ambiente.

> **Reduzir a competição** aumenta as chances de sobrevivência.

> Encontrar um **nicho singular** é a circunstância que **elimina a competição**.

> A existência de cada espécie é determinada por uma linha tênue de circunstâncias.

PROCESSOS ECOLÓGICOS

Ver também: Princípio da exclusão competitiva 52-53 ▪ Experimentos de campo 54-55 ▪ Teoria do forrageamento ótimo 66-67 ▪ Ecologia animal 106-113 ▪ Construção de nicho 188-189

Um ultraespecialista

Pandas gigantes ocupam um nicho ecológico muito especializado, uma vez que sua dieta consiste principalmente em bambu, uma fonte de alimento pobre, baixa em proteína e alta em celulose. Os pandas conseguem digerir apenas uma pequena proporção do que comem, o que significa que precisam comer muito bambu – cerca de 12,5 kg por dia – e passam até 14 horas por dia em busca de alimento. Não se sabe ao certo por que os pandas se tornaram tão dependentes de bambu, mas alguns zoólogos apontam o fato de ser uma fonte de alimento abundante e confiável, e os pandas não serem predadores habilidosos. Os pandas comem diferentes partes do bambu de acordo com a estação. No fim da primavera, preferem os primeiros brotos. Eles comem folhas em outros momentos do ano e caules no inverno, quando não há muitas outras opções. Os pandas desenvolveram mandíbulas fortes e um pseudopolegar para manipular os caules do bambu. Seu trato digestivo é ineficiente para processar grandes quantidades de matéria vegetal porque continua sendo similar ao de seus ancestrais carnívoros, embora a digestão seja facilitada por sua microbiota intestinal.

predadores correndo pelos subarbustos. A camuflagem do pássaro, suas asas curtas e pernas fortes eram perfeitamente adaptadas para a vida naquele ambiente. Grinnell viu o chaparral como o "nicho" do *Toxostoma redivivum*. Sua ideia também permitia a "equivalência ecológica" em plantas e animais, pela qual espécies com graus de parentesco distante, vivendo afastadas, poderiam mostrar adaptações similares, tais como hábitos de alimentação, em nichos similares. No *outback* australiano, por exemplo, pássaros da família *Pomatostomidae* forrageiam na vegetação arbustiva de maneira similar ao *Toxostoma redivivum*, com que não apresenta nenhum parentesco. Grinnell também identificou nichos "vagos" – habitats que uma espécie poderia potencialmente ocupar, mas onde não estava presente.

Ampliando o nicho

Na década de 1920, o ecologista Charles Elton foi além de uma simples definição de habitat para "nicho". Para ele, o que um animal comia e pelo que era comido eram os fatores primários. Trinta anos depois, George E. Hutchinson expandiu ainda mais a definição. Ele argumentou que um nicho deveria levar em conta todas as interações de um organismo com outros organismos e seu ambiente abiótico, incluindo geologia, acidez do solo ou da água, fluxos de nutrientes e clima. O trabalho de Hutchinson encorajou outros a explica a variedade de recursos utilizados por um único organismo (amplitude de nicho), as formas como espécies competidoras coexistem (diferenciação de nicho) e a sobreposição de recursos utilizados por diferentes animais e plantas (sobreposição de nicho).

[Um nicho] é um hiperespaço multidimensional altamente abstrato.
George Evelyn Hutchinson

A importância do habitat

Nichos ecológicos dependem da existência de um habitat estável; pequenas mudanças podem erradicar nichos que organismos preenchiam previamente. Por exemplo, larvas de libélula só se desenvolvem dentro de certa faixa de acidez da água, composição química, temperatura e disponibilidade de presas, e com um número limitado de predadores. A vegetação adequada é necessária para fêmeas adultas botarem ovos e para a metamorfose das larvas. A libélula também tem impacto em seu ambiente: seus ovos servem de alimento para anfíbios; as larvas, que são tanto predadoras quanto presas, acrescentam nutrientes à água; e os adultos alimentam-se de insetos. Esses requisitos e impactos definem seu nicho ecológico. Hutchinson argumentou que, para uma espécie perseverar, as condições tinham que estar dentro da faixa exigida. Se as condições saíssem dos requisitos do nicho, uma espécie poderia entrar em extinção. ∎

COMPETIDORES COMPLETOS NÃO PODEM COEXISTIR
PRINCÍPIO DA EXCLUSÃO COMPETITIVA

EM CONTEXTO

PRINCIPAL NOME
Georgy Gause (1910–1986)

ANTES
1925 Alfred James Lotka usa equações para analisar variações em populações predador-presa, assim como o matemático Vito Volterra, de maneira independente, um ano depois.

1927 Volterra amplia e atualiza seu estudo de 1926 para incluir várias interações ecológicas dentro de comunidades.

DEPOIS
1959 George E. Hutchinson expande as ideias de Gause e cria uma regra descrevendo o limite de similaridades entre duas espécies competidoras.

1967 R. MacArthur e R. Levins usam a teoria de probabilidade e as equações de Lotka-Volterra para descrever como espécies coexistentes interagem.

A competição é o motor da evolução. A necessidade de ser maior, mais forte e melhor leva inevitavelmente a adaptações que proporcionam benefícios às espécies. Quando duas espécies competem por recursos idênticos, aquela que apresenta qualquer vantagem sobrepuja a outra. Como resultado, a mais fraca das duas espécies se extingue ou se adapta, de modo a não competir mais. Essa proposição, conhecida como "princípio da exclusão competitiva", foi estabelecida pelo microbiologista russo Georgy Gause e também é conhecida como Lei de Gause.

Gause desenvolveu seu princípio com base em experimentos de laboratório, usando culturas de microrganismos, e não em observações

Como as aves coexistem

Mariquita--do-cabo-may

Mariquita--papo-de-fogo

Mariquita-verde--de-garganta--preta

Mariquita-de--peito-castanho

Mariquita--coroada

Cinco espécies de aves canoras compartilham a mesma árvore porque cada uma habita seu próprio "nicho". Vivendo assim, sem muita sobreposição, as aves não competem.

PROCESSOS ECOLÓGICOS

Ver também: Evolução pela seleção natural 24-31 ▪ Nichos ecológicos 50-51 ▪ Ecologia animal 106-113 ▪ O ecossistema 134-137 ▪ A guilda ecológica 176-177 ▪ Construção de nicho 188-189 ▪ Espécies invasoras 270-273

O esquilo vermelho é menor do que o cinzento e tem dieta e habitat mais restritos. Os vermelhos também podem morrer de uma espécie de varíola, da qual os cinzentos são portadores, porém à qual são imunes.

na natureza. Conforme propôs, na natureza havia muitas variáveis para se concluir como funcionam os mecanismos ecológicos. Segundo ele, pouco progresso havia sido feito desde a época de Darwin no entendimento de como as espécies competem pela sobrevivência, enquanto o método experimental produzira grandes avanços em áreas como a genética. Na verdade, a exclusão competitiva – embora um modelo teórico útil – raramente é vista na natureza, apenas porque, ao tentar sobreviver, um competidor mais fraco tende a logo se deslocar ou se adaptar.

Evitando competição

A maioria das criaturas pode fazer as mudanças necessárias para sobreviver. Diversos pássaros podem viver em um jardim durante um ano inteiro porque todos operam em diferentes "nichos". Têm formatos e tamanhos de bico contrastantes que lhes permitem comer diferentes tipos de alimentos – o tordo prefere insetos, o tentilhão come sementes. Sua escolha de habitat e horários de alimentação também pode variar. Isso se chama diferenciação de recursos.

Em 1957, Robert MacArthur notou esse fenômeno em aves canoras norte-americanas. As cinco espécies observadas, cada uma com marcas coloridas distintas, voavam em meio às árvores coníferas, alimentando-se de insetos. Elas podiam coexistir em um único habitat porque não tentavam se alimentar na mesma parte da árvore, mas em diferentes alturas e profundidades das folhas. Assim, evitavam a competição.

Um competidor invasivo

Problemas surgem se uma espécie exótica é introduzida de maneira repentina em um ecossistema. Os esquilos vermelhos e cinzentos da Grã-Bretanha são um exemplo claro. Quando os cinzentos chegaram dos EUA, nos anos 1870, ambas as espécies competiam pelo mesmo alimento e habitat, o que deixou as populações nativas de esquilos vermelhos sob pressão. Os cinzentos tinham vantagem, porque podiam adaptar sua dieta; conseguiam, por exemplo, comer bolotas verdes, enquanto os vermelhos digeriam as maduras. Na mesma área florestal, esquilos cinzentos podiam dizimar toda a oferta de alimentos antes de os vermelhos chegarem. Os cinzentos também conseguiam viver em habitats mais densos e variados, então sobreviveram mais facilmente quando as matas foram destruídas. Assim, o esquilo vermelho foi quase extinto na Inglaterra. ∎

Vamos, para esse propósito, criar um microcosmo artificial [...] encher um tubo de ensaio com um meio nutritivo e introduzir várias espécies de protozoários que consumam o mesmo alimento ou devorem uns aos outros.
Georgy Gause

Tipos de competição

O princípio da exclusão competitiva cobre dois principais tipos de competição. A competição intraespecífica ocorre entre indivíduos da mesma espécie e garante a sobrevivência do mais apto, de modo que apenas os indivíduos mais saudáveis – ou os mais bem-adaptados a um ambiente específico – se reproduzem. A competição interespecífica se dá entre duas espécies diferentes que contam com os mesmos recursos. O mais importante deles será o "fator limitante", de que ambos necessitam para procriar. Os ecologistas fazem mais duas distinções. A interferência é quando dois organismos brigam diretamente entre si por um recurso limitado, como um parceiro ou alimento de preferência. A exploração é a competição indireta, como eliminar um recurso para que não sobre para o competidor; isso pode ser visto nas plantas, quando a absorção de nutrientes ou água de uma espécie é mais eficiente do que a de suas vizinhas.

EXPERIMENTOS DE CAMPO MEDÍOCRES PODEM SER MAIS QUE INÚTEIS
EXPERIMENTOS DE CAMPO

EM CONTEXTO

PRINCIPAL NOME
Joseph Connell (1923–)

ANTES
1856 Os cientistas britânicos John Lawes e Joseph Gilbert iniciam o Park Grass Experiment, em Rothamsted, para testar como diferentes fertilizantes afetam a produção de feno.

1938 Harry Hatton, ecologista francês, conduz um dos primeiros experimentos de campo em ecologia marinha, sobre cracas na costa da Bretanha.

DEPOIS
1966 O ecologista americano Robert Paine removeu a estrela-do-mar *Pisaster ochraceus* das poças de maré em um ecossistema da costa do Pacífico, para testar os impactos de sua ausência em outras espécies.

1968 A Área de Lagos Experimentais, com 58 lagos de água doce, é estabelecida em Ontário, Canadá, para estudar os efeitos da concentração de matéria orgânica (eutrofização).

A experimentação é crucial na ecologia. Sem ela, nossas ideias sobre por que os organismos se comportam de determinada maneira seriam apenas especulação. A observação rigorosa também é essencial, mas, na maior parte do tempo, a experimentação é necessária para a compreensão total dessas observações.

Três principais tipos de experimentos ecológicos são utilizados para testar teorias: modelos matemáticos, experimentos em laboratório e experimentos de campo. Cada método tem seus méritos, mas apenas recentemente os experimentos de campo foram reconhecidos. Antes da década de 1960, experimentos fora de um laboratório eram uma raridade.

Um laboratório, no entanto, é um ambiente artificial, onde organismos podem não se comportar da mesma forma que em seu habitat natural. Por exemplo, morcegos que saem ao anoitecer podem seguir rotas diferentes para suas áreas de forrageamento na primavera e no fim do verão. As possíveis razões para a troca – mudanças na distribuição de presas e ameaças de predadores; diferenças sazonais na cobertura das árvores; ou interferência humana e poluição luminosa – não podem ser determinadas em laboratório. Modelos matemáticos podem ajudar a prever padrões, mas seriam menos eficientes na identificação das causas da mudança. Para entender o comportamento dos morcegos, um estudo de seu ambiente natural é crucial, e isso se consegue apenas por meio de técnicas de campo.

Experimentos de campo permitem que diferentes fatores sejam

Ecossistemas de florestas tropicais são alguns dos ambientes mais ricos em espécies da Terra. Isso as torna locais especialmente valiosos para experimentos de campo.

PROCESSOS ECOLÓGICOS

Ver também: Nichos ecológicos 50-51 ▪ Uma visão moderna da diversidade 90-91 ▪ Comportamento animal 116-117 ▪ O ecossistema 134-137 ▪ Construção de nicho 188-189

manipulados para testar sua relevância. No exemplo do morcego, postes de luz poderiam ser desligados para avaliar o impacto da poluição luminosa sobre sua mudança de comportamento.

Cracas escocesas

Em 1961, o ecologista Joseph Connell publicou os resultados de sua pesquisa sobre cracas na costa escocesa. Como as larvas natantes podem se fixar em qualquer lugar, Connell testou o motivo de a parte inferior da zona entremarés ser colonizada por cracas *Balanus balanoides* e a parte superior, por *Chthamalus stellatus*. Ele queria saber se isso se devia a competição, predação ou fatores ambientais.

Connell manipulou o ambiente local e o monitorou por mais de um ano. Em uma área, removeu as cracas *Chthamalus*. Elas não foram substituídas por *Balanus*, o que sugeriu que as *Balanus* não toleravam a dessecação que ocorria na zona superior durante a maré baixa. Connell então removeu a população de *Balanus* da zona inferior e descobriu que as cracas *Chthamalus* as substituíram. Ambas as espécies podiam viver na zona inferior, mas apenas uma conseguia sobreviver na superior. Isso sugeriu que a *Chthamalus* era mais apta a lidar com as condições da zona superior, mas era superada competitivamente pela *Balanus* na inferior. O "nicho fundamental" da *Chthamalus* (onde a espécie normalmente seria capaz de sobreviver) abrangia ambas as zonas, mas seu "nicho realizado" (área que de fato habita) era mais restrito.

Experimentos com diversidade

No início dos anos 1970, Connell e o ecologista americano Daniel Janzen publicaram uma explicação sobre o grau de diversidade das árvores em florestas tropicais: o modelo Janzen-Connell. Connell mapeou árvores em duas florestas tropicais úmidas no norte de Queensland, Austrália, e descobriu que mudas tendiam a prosperar menos quando sua vizinha mais próxima era da mesma espécie. Cada espécie é alvo de herbívoros e patógenos específicos, que também comem ou atacam indivíduos menores e mais fracos da espécie que estiver ao redor. Isso impede a "aglomeração" de uma espécie de árvore.

Em 1978, Connell propôs a hipótese da perturbação intermediária (HPI). Ela atesta que tanto níveis altos quanto baixos de perturbação reduzem a diversidade de espécies em um ecossistema, de modo que a maior variedade de espécies deve ser esperada entre esses extremos. Vários estudos sustentam a HPI. Um deles, conduzido nas águas do oeste da Austrália, examinou os efeitos da perturbação das ondas na diversidade. Descobriu-se baixa diversidade de espécies tanto em locais expostos próximos à costa quanto em locais abrigados. ▪

Experimento de Joseph Connell com cracas

Chthamalus
Balanus

Área altamente dessecada durante a maré baixa

Maré alta

O experimento mostrou que a *Balanus* só podia viver na zona entremarés inferior, enquanto a *Chthamalus* podia viver nas zonas superior e inferior, mas era superada competitivamente pela *Balanus* na inferior.

Nichos fundamentais

Nichos realizados

Oceano

Maré baixa

Os estudos [de Connell] [...] aprimoraram nossa compreensão dos mecanismos que dão forma à dinâmica entre população e comunidade, diversidade e demografia.
Stephen Schroeter
Cientista marinho

MAIS NÉCTAR SIGNIFICA MAIS FORMIGAS E MAIS FORMIGAS SIGNIFICAM MAIS NÉCTAR
MUTUALISMOS

EM CONTEXTO

PRINCIPAL NOME
Daniel Janzen (1939–)

ANTES
1862 Charles Darwin propõe que uma orquídea africana com longo nectário deve ser polinizada por mariposas com probóscides igualmente longas.

1873 O zoólogo belga Pierre-Joseph van Beneden usa pela primeira vez o termo "mutualismo" em um contexto biológico.

1964 O termo "coevolução" é usado pelos biólogos americanos Paul Ehrlich e Peter Raven para descrever as relações mutualísticas entre borboletas e as plantas de que se alimentam.

DEPOIS
2014 Pesquisadores descobrem um incomum, mas benéfico, mutualismo tripartido envolvendo preguiças, algas e mariposas.

Em biologia, há diversos tipos de interação entre organismos. Uma espécie em um ecossistema pode perder para outra quando competem pelos mesmos recursos. Presas podem ser devoradas por predadores. Também há relações simbióticas em que uma espécie se beneficia, mas não em detrimento da outra, ou em que um organismo não se beneficia, mas ainda sobrevive. No "mutualismo", ambos os organismos se beneficiam da relação.

Uma árvore e suas formigas
Em meados dos anos 1960, Daniel Janzen, um jovem ecologista americano, ficou fascinado pela incrível relação mutualista entre

PROCESSOS ECOLÓGICOS 57

Ver também: Evolução pela seleção natural 24-31 ▪ Nichos ecológicos 50-51 ▪ Princípio da exclusão competitiva 52-53 ▪ Ecologia animal 106-113

Iúcas e suas mariposas

Nas regiões quentes e áridas das Américas, existe uma relação mutualista notável entre iúcas e mariposas-da--iúca. Nenhum outro inseto poliniza essas plantas, e nenhuma outra planta hospeda lagartas de mariposas-da-iúca. A mariposa fêmea coleta pólen da flor da planta e o deposita na flor de outra iúca, fertilizando a planta. A mariposa então faz um buraco no ovário da flor e bota um ovo; ela pode botar vários na mesma flor. Quando saem dos ovos, as lagartas se alimentam das sementes que se desenvolvem na flor, mas não comem todas elas, deixando o suficiente para a planta se propagar. Se muitos ovos são botados na mesma flor, a planta se livra dela antes do nascimento da lagarta – deixando os insetos morrerem de fome. Sem essas mariposas, as iúcas não são polinizadas e logo morrem. Sem as iúcas, as mariposas não teriam onde botar e nutrir seus ovos e também não sobreviveriam.

acácias e formigas no México. Sua pesquisa foi um dos primeiros estudos detalhados sobre tal interação. Os dois parceiros eram a acácia megafone e a formiga-acácia, que vive nos espinhos em forma de chifre da árvore. Ele descobriu que as formigas-rainhas buscavam brotos desocupados, abriam um buraco em um dos espinhos e botavam ovos, às vezes deixando o espinho para se alimentar do néctar da árvore. Quando as larvas nasciam, se alimentavam das pontas das folhas da acácia, com seu rico suprimento de açúcares e proteínas. As larvas se metamorfoseavam em formigas operárias. Com o tempo, todos os espinhos da árvore eram ocupados, com mais de 30 mil formigas vivendo em uma colônia.

Janzen mostrou que, a menos que as formigas estivessem presentes para defendê-la, a acácia perdia sua capacidade de resistir aos danos causados por insetos que comiam suas folhas, caules, flores e raízes.

Formigas e suas larvas se abrigam dentro do espinho inflado de uma acácia do leste da África. Em troca, as formigas saem dos ninhos para proteger a árvore de herbívoros.

Sem as formigas, uma árvore perderia suas folhas e morreria em seis meses ou um ano. Por não conseguir manter o crescimento, provavelmente também seria sufocada por árvores competidoras. Janzen retirou os espinhos, cortou ou queimou brotos para remover as formigas das árvores e descobriu que elas retornavam quando novos espinhos começavam a crescer.

Em troca de alimento e abrigo, as formigas forneciam dois serviços à árvore: defendiam-na de insetos comedores de folhas e devoravam mudas potencialmente competitivas que cresciam por perto. Janzen descreveu as acácias e suas formigas como "mutualistas obrigatórios", significando que uma espécie morre sem a outra. Se as formigas fossem removidas, a acácia megafone não »

58 MUTUALISMOS

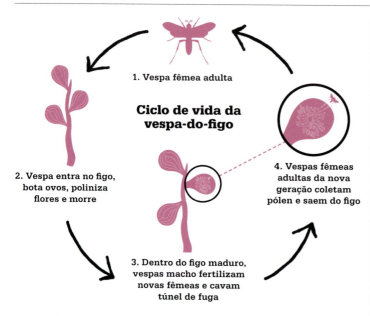

Ciclo de vida da vespa-do-figo

1. Vespa fêmea adulta
2. Vespa entra no figo, bota ovos, poliniza flores e morre
3. Dentro do figo maduro, vespas macho fertilizam novas fêmeas e cavam túnel de fuga
4. Vespas fêmeas adultas da nova geração coletam pólen e saem do figo

A vespa-do-figo e o figo compartilham um complexo mutualismo serviço-recurso em que a vespa presta o serviço de polinização e as figueiras fornecem um ambiente seguro para os ovos de vespa se desenvolverem.

Há ajuda mútua em muitas espécies.
Pierre-Joseph van Beneden
Zoólogo belga

---

teria meios para se defender. E se as acácias fossem removidas, as formigas não teriam lar.

Benefícios para todos

Há dois tipos fundamentais de mutualismo – relações serviço-recurso e serviço-serviço. Elas são definidas pela natureza da relação entre os organismos parceiros, seja a provisão de um serviço, seja a de um recurso – ambos costumam ser vitais para a sobrevivência. Relações serviço-recurso são comuns na natureza, sendo a fertilização, ou polinização, de flores por borboletas, mariposas, abelhas, moscas, vespas, besouros, morcegos ou pássaros o exemplo mais comum. O recurso (pólen) é fornecido pela flor, e o serviço (polinização), pelo animal. Estima-se que cerca de três quartos das angiospermas (por volta de 170 mil espécies) sejam polinizadas por 200 mil espécies de animais. Tipicamente, um inseto polinizador é atraído para uma flor por suas cores ou perfume para consumir néctar ou coletar o pólen, que se une a uma parte do corpo do inseto para ser carregado até a próxima flor, onde é depositado. A flor e seu polinizador evoluíram para tornar esse mecanismo eficiente.

Algumas plantas também desenvolveram uma relação serviço-recurso em que pássaros e mamíferos dispersam suas sementes, esporos ou frutas. As sementes podem grudar no pelo de um mamífero que passa pelas folhas das plantas; quando o mamífero perambula pelo ambiente, dispersa as sementes. O péssimo odor dos fungos *Phallus impudicus* atraem moscas, que lambem o muco do fungo e, assim, espalham seus esporos. Quando um pássaro engole uma fruta, ele carrega as sementes consigo; as sementes não digeríveis podem ser excretadas nas fezes a uma boa distância de onde foram ingeridas. Em todas essas situações, as plantas fornecem um recurso (alimento) e os mamíferos, moscas e pássaros prestam um serviço (transporte).

No entanto, nem todas as relações mutualistas envolvem plantas. Na África, pássaros de nome pica-boi-de-bico-vermelho e mamíferos herbívoros, como impalas e zebras, praticam outro tipo de mutualismo serviço-recurso. Esses pássaros apanham carrapatos do pelo dos mamíferos, removendo irritações e fontes de doença, e, ao mesmo tempo, fazem uma refeição. Os pica-bois também gritam quando pressentem perigo, alertando o mamífero hospedeiro e também outros pássaros.

No mundo dos insetos, algumas formigas e afídios participam de outro tipo de mutualismo serviço-recurso. Enquanto os afídios se alimentam de plantas, as formigas os protegem. Subsequentemente, as formigas consomem a melada que os afídios secretam, utilizando um processo de "ordenha" em seus parceiros menores ao acariciá-los com suas antenas.

Mutualismos serviço-serviço, no qual ambos os organismos oferecem

PROCESSOS ECOLÓGICOS

proteção um ao outro, são muito menos corriqueiros. Uma relação incomum acontece no oceano Pacífico, entre cerca de trinta espécies de peixe-palhaço e dez espécies de anêmona-do-mar venenosas. Os nematocistos, ou cápsulas, repletos de toxinas presentes nos tentáculos das anêmonas-do-mar matam a maioria dos peixes pequenos que chegam perto delas, mas não os peixes-palhaço. Sua grossa camada de muco protetor os deixa imunes às substâncias tóxicas, permitindo que vivam entre os tentáculos. Em troca da proteção oferecida pelos tentáculos venenosos da anêmona-do-mar, o peixe-palhaço intimida o predador peixe-borboleta, remove parasitas de seu hospedeiro e também fornece nutrientes por meio de sua matéria fecal.

O peixe-palhaço e a anêmona-do--mar poderiam sobreviver sem a proteção um do outro, mas o relacionamento mútuo lhes dá uma chance muito maior de sobrevivência.

Evolução cooperativa

As relações entre prestadores de serviços e provedores de recursos desenvolveram-se há milhões de anos em um processo chamado "coevolução" – a evolução de duas ou mais espécies que se afetam reciprocamente.

O termo "coevolução" foi cunhado pelos biólogos americanos Paul Ehrlich e Peter Raven em 1964, mas, um século antes da existência da palavra, os naturalistas Charles Darwin e Alfred Russel Wallace já conheciam o conceito, principalmente por meio da observação de orquídeas. Como muitas outras angiospermas, as orquídeas contam com insetos para polinizá-las. Algumas têm estruturas extraordinárias em que mantêm néctar e pólen. Para atrair os insetos polinizadores, as plantas lhes oferecem um pouco de néctar energizante. Isso fascinou Darwin, que havia recebido um espécime de orquídea de Madagascar em 1862. A flor armazena seu néctar em um esporão oco de quase trinta centímetros de comprimento. Darwin e Wallace especularam que apenas uma mariposa grande teria uma probóscide longa o bastante para alcançar o néctar – teoria que acabou sendo provada em 1997. Se o esporão da orquídea fosse mais curto, a mariposa poderia acessar o néctar sem coletar o pólen e assim não polinizaria a flor. Se fosse mais longo, a mariposa não a visitaria. ∎

BÚZIOS
SÃO COMO PEQUENOS
LOBOS
EM CÂMERA LENTA

ESPÉCIES-CHAVE

ESPÉCIES-CHAVE

EM CONTEXTO

PRINCIPAL NOME
Robert Paine (1933–2016)

ANTES
Déc. de 1950 No Quênia, o fazendeiro e conservacionista David Sheldrick introduz elefantes no Parque Nacional do Tsavo Oriental e isso resulta em grande aumento da biodiversidade.

1961 O trabalho do ecologista americano Joseph Connell nas praias rochosas da Escócia mostra que remover búzios predadores altera a distribuição das cracas, suas presas.

DEPOIS
1994 Nos EUA, um grupo de ecologistas liderado por Brian Miller explica em um ensaio o papel valioso dos cães-da-pradaria como espécies-chave.

2016 Um trabalho de campo leva a ecologista marinha Sarah Gravem a concluir que organismos podem não ser espécies-chave em todos os lugares.

Uma espécie-chave tem um papel crucial na forma como funciona um ecossistema, mesmo sendo, com frequência, uma pequena parte de sua biomassa total. Por exercer um efeito desproporcionalmente grande no ambiente em relação à sua biomassa, se uma espécie-chave desaparece de um ecossistema ele muda de maneira drástica. A importância de espécies-chave foi divulgada pelo biólogo americano Robert Paine – que derivou o termo da "chave de abóbada" no centro de um arco, que impede que ele desmorone – no artigo de 1969 "Nota sobre complexidade trófica e estabilidade de uma comunidade".

O conceito de chave
Na década de 1960, Paine passou vários anos estudando os animais da zona entremarés da Ilha Tatoosh, no litoral do estado de Washington. Ele removeu a estrela-do-mar *Pisaster ochraceus* e observou sua principal presa, um molusco cujos números eram mantidos sob controle pela estrela-do-mar, dominar a zona, substituindo outras espécies subordinadas. A retirada de uma única espécie-chave teve um impacto claro em muitas outras. Paine desenvolveu a ideia para incluir o conceito de "cascatas tróficas" – os efeitos fortes, de cima para baixo, que se propagam por um ecossistema e seus organismos. Desde o trabalho de Paine com estrelas-do-mar, vários estudos demonstraram que havia muitos outros organismos-chave, e cada um desempenha seu papel de formas diferentes.

Cães-da-pradaria-de-rabo-preto montam sentinela em sua toca em um campo nos EUA. O estudo dessa espécie revelou seu papel-chave na promoção da diversidade em seu habitat nativo.

Você quer um mecânico […] capaz de nomear, listar e contar todas as partes de seu motor ou que realmente entenda como cada parte interage com as outras para fazer o motor funcionar?
Robert Paine

PROCESSOS ECOLÓGICOS 63

Ver também: Equações predador-presa 44-49 ▪ Mutualismos 56-59 ▪ Ecologia animal 106-113 ▪ Cascatas tróficas 140-143 ▪ Estado evolutivamente estável 154-155

Robert Paine

Nascido em 1933, em Cambridge, Massachusetts, Robert Paine estudou em Harvard. Após um período no exército, onde foi jardineiro do batalhão, Paine concentrou sua pesquisa em invertebrados marinhos. Seu estudo da relação entre estrelas-do-mar e moluscos na costa do Pacífico o levou a propor o conceito de espécies-chave – o impacto desproporcional que uma única espécie pode ter sobre seu ecossistema. Paine passou a maior parte da carreira na Universidade de Washington, onde popularizou os experimentos de manipulação em campo, ou ecologia "mão na massa". Ele ganhou o Prêmio Internacional Cosmos da Academia Nacional de Ciências dos EUA em 2013, e morreu em 2016.

Obras importantes

1966 "Complexidade da teia alimentar e diversidade de espécies", *American Naturalist*
1969 "Nota sobre complexidade trófica e estabilidade de uma comunidade", *American Naturalist*
1994 *Marine Rocky Shores and Community Ecology: An Experimentalist's Perspective*

Engenheiros ecológicos

Cães-da-pradaria do meio-oeste dos EUA são um bom exemplo de uma espécie-chave cujo impacto é o resultado de suas atividades de "engenharia". Colônias enormes desses pequenos mamíferos escavam redes de túneis sob os campos da pradaria. Eles dormem e criam os filhotes nessas extensas tocas, convertendo os campos gramados em um habitat adequado.

A escavação constante dos cães-da-pradaria aumenta drasticamente a renovação do solo e permite que nutrientes e água da chuva penetrem mais fundo. O solo úmido e rico em nutrientes incentiva a diversidade de plantas, e pássaros como a batuíra-montesa se alimentam e fazem ninhos na grama curta. Predadores como o gavião-ferruginoso e a doninha-de-pata-preta são atraídos para a área para caçar presas, e as doninhas e salamandras-tigre usam as tocas como abrigo. Sabe-se que quase 150 espécies de plantas e animais se beneficiam das colônias de cães-da-pradaria. Embora haja "perdedores" – notavelmente vertebrados que preferem vegetação alta –, a presença dos cães-da-pradaria aumenta a diversidade como um todo. Quando colônias morrem, áreas de vegetação arbustiva substituem a grama curta, as batuíras abandonam o local e o número de predadores cai.

Limpadores de corais

O budião-princesa, no Caribe, é outra espécie-chave, dessa vez devido às consequências de sua alimentação. O peixe vive próximo a recifes de coral, onde os corais disputam luz, nutrientes e espaço. O budião limpa a superfície dos corais, removendo camadas de algas para comer. Se não fizer isso, conglomerados de algas crescem sobre os corais, sufocando e danificando quimicamente o recife. Se houvesse a sobrepesca do budião, ou se ele morresse devido a doenças, a saúde dos recifes logo seria deteriorada.

Paisagistas

Nos campos africanos, elefantes derrubam árvores pequenas e médias » para se alimentar, ajudando a manter a predominância da vegetação rasteira da savana e abrindo novas áreas que anteriormente eram ocupadas por florestas. Tal comportamento destrutivo ajuda a preservar o habitat de alimentação de animais de pasto como zebras, antílopes e gnus. Também ajuda indiretamente os predadores que caçam os animais de pasto – incluindo leões, guepardos e hienas – e os mamíferos menores que fazem tocas em solos de gramíneas. Sem os elefantes, esses animais logo desapareceriam. Elefantes também são importantes dispersadores de sementes. Sementes não digeridas passam por seu sistema digestório e são defecadas, germinando mais tarde. Mais de um terço das espécies de árvores sul-africanas depende dos elefantes para a dispersão de suas sementes. Os elefantes também escavam e mantêm poços de água que beneficiam muitas outras espécies.

Elefantes asiáticos habitantes de florestas têm um papel similar. No sudoeste da Ásia, eles passam por espaços e clareiras, abrindo buracos entre as copas das árvores. As novas plantas que crescem nessa área não sombreada enriquecem a diversidade de plantas e animais da floresta e também ajudam uma gama ampla de animais a prosperar no local.

Predadores-chave

A lontra-marinha é um mamífero que vive nas águas do Pacífico, na costa da América do Norte. Nos séculos XVIII e XIX, era um grande alvo de caça por sua pele. No início do século XX, as lontras-marinhas haviam sido exterminadas em muitas áreas, e sua população local devia ser de menos de 2 mil indivíduos. Desde 1911, a proteção legal levou a um lento aumento desse número.

As lontras-marinhas são importantes porque se alimentam de grandes quantidades de ouriços-do-mar. Esses invertebrados que vivem no fundo do mar comem as hastes das algas que crescem no leito oceânico, fazendo que fiquem à deriva e morram. Se as algas desaparecerem, no entanto, o mesmo aconteceria com muitos outros invertebrados marinhos que se

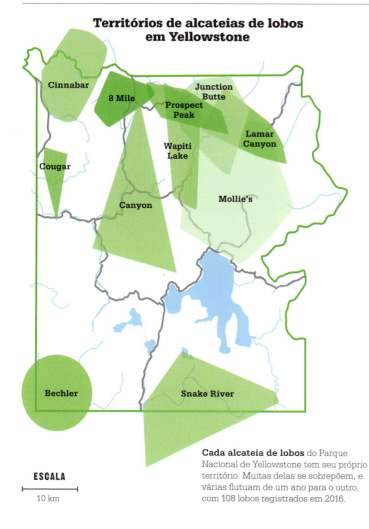

Cada alcateia de lobos do Parque Nacional de Yellowstone tem seu próprio território. Muitas delas se sobrepõem, e várias flutuam de um ano para o outro, com 108 lobos registrados em 2016.

Todas as espécies da zona costeira são influenciadas pelos efeitos ecológicos das lontras-marinhas.
James Estes
Biólogo marinho americano

PROCESSOS ECOLÓGICOS 65

Reintroduzindo castores no Reino Unido

Castores foram eliminados do Reino Unido há 400 anos, mas o papel benéfico desse mamífero-chave agora é mais bem compreendido. Os castores são engenheiros ecológicos, constroem barragens e canais, e sua presença amplia a biodiversidade.

Em 2009, onze castores foram reintroduzidos à floresta Knapdale, Escócia, e, em 2011, o Devon Wildlife Trust introduziu um casal em uma área cercada. Ambos os esquemas foram monitorados para testar seu impacto ao ambiente. Na floresta Knapdale, as barragens dos castores modificaram o nível da água de um lago, e os castores de Devon construíram várias barragens na nascente do rio Tamar, criando treze novas piscinas de água doce e tornando os arredores mais úmidos.

Em Devon, as zonas úmidas criadas pelos castores levaram a um aumento no número de espécies briófitas (musgos e hepáticas), e os invertebrados aquáticos passaram de 14 para 41 espécies. Números maiores de insetos voadores também aumentaram a diversidade de morcegos, tendo atraído para a área duas espécies raras no país. Mais esquemas de reintrodução de castores estão sendo planejados no Reino Unido.

---

alimentam delas. "Florestas" de algas também absorvem grandes quantidades de dióxido de carbono da atmosfera e, ao retardar o escoamento da água, ajudam a proteger as linhas costeiras de ondas de tempestade. A proteção que as lontras-marinhas oferecem às algas em trechos de litoral aberto é, portanto, particularmente significativa.

Diferente da lontra-marinha, outras espécies-chave são também superpredadores que estão no topo da cadeia alimentar, como o lobo-cinzento. Antes de 1995, o Parque Nacional de Yellowstone passou pelo menos setenta anos sem nenhum lobo-cinzento. Cervos uapiti eram comuns no parque, mas havia apenas uma colônia de castores. Naquele ano, 31 lobos foram introduzidos no parque e, por volta de 2001, já eram mais de cem, principalmente pela abundância de cervos para se alimentarem.

A presença de lobos no parque obrigou os cervos a se movimentarem mais. Em vez de se alimentarem em demasia de salgueiros e choupos em locais favorecidos, os cervos permaneciam em movimento, permitindo que as plantas se regenerassem e servissem de fonte de alimento para outros herbívoros, como castores. Em dez anos, o número de colônias de castores passou de um para nove. Suas barragens ajudaram a restaurar zonas úmidas, e a vida selvagem dessas zonas floresceu. O aumento de carcaças de cervos também beneficiou animais carniceiros – principalmente coiotes, raposas-vermelhas, ursos-cinzentos, águias-reais, corvos e pegas-rabudas –, assim como outros saprófagos menores.

Onças-pintadas são superpredadores nas florestas da América do Sul e Central, com mais de 85 espécies como presas. Embora haja poucas onças em qualquer área, seu impacto no número de outros predadores – como jacarés, cobras, peixes e aves maiores – e de herbívoros, como capivaras e veados, tem um significativo efeito propagador em seu ecossistema. Se não fossem controlados, os herbívoros devorariam a maior parte das plantas e destruiriam o habitat de que dependem tantas outras espécies.

Plantas-chave

Nem todas as espécies-chave são animais. Um exemplo é a figueira, que apresenta mais de 750 espécies, a maioria encontrada em florestas tropicais. Nesse habitat, grande parte das plantas com frutos carnosos compartilha um ou dois picos de amadurecimento por ano. As figueiras dão frutos o ano todo, sustentando muitos animais quando outras árvores não estão produzindo. Sabe-se que mais de 10% das espécies de aves do mundo e 6% dos mamíferos (um total de 1.274 espécies) comem figos, assim como um número pequeno de répteis e até peixes. As figueiras, portanto, são um mecanismo de apoio vital para as espécies frugívoras. Sem elas, morcegos frugívoros, aves e outras criaturas diminuiriam em número ou desapareceriam. ∎

Ao proteger uma espécie-chave, como o cão-da-pradaria, o público pode ser educado sobre o valor da conservação do ecossistema.
Brian Miller
Ecologista americano

A APTIDÃO DE UM ANIMAL FORRAGEADOR DEPENDE DE SUA EFICIÊNCIA
TEORIA DO FORRAGEAMENTO ÓTIMO

EM CONTEXTO

PRINCIPAIS NOMES
Ronald Pulliam (1945–),
Graham Pyke (1948–),
Eric Charnov (1947–)

ANTES
1966 John Merritt Emlen, Robert MacArthur e Eric Pianka delineiam o conceito de forrageamento ótimo em dois artigos publicados na revista *American Naturalist*.

DEPOIS
1984 O zoólogo argentino--britânico Alejandro Kacelnik pesquisa hábitos de forrageio de estorninhos para ilustrar o teorema do valor marginal (TVM).

1986 O ecologista belga Patrick Meire investiga a seleção de presas por ostraceiros.

1989 Os cientistas ambientais suíços T. J. Wolfe e Paul Schmid--Hempel examinam como o peso do néctar carregado pelas abelhas afeta seu comportamento de forrageio.

Cada planta e animal na Terra precisa de recursos para sobreviver. Plantas obtêm nutrientes e água do solo, e a luz solar fornece energia para a fotossíntese. Animais geralmente têm que se esforçar mais para encontrar comida – eles precisam se mover, e isso consome recursos extras. A teoria do forrageamento ótimo (TFO) propõe que os animais tentam obter recursos da forma mais eficiente para evitar o uso de energia adicional. Procurar comida e capturá-la custa energia e tempo. O animal precisa lograr o máximo benefício pelo mínimo esforço para atingir a aptidão ótima. A TFO ajuda a prever a melhor estratégia que um animal pode usar para alcançar essa meta.

Teorias de forrageamento
A primeira teoria sobre forrageamento por animais selvagens surgiu apenas em meados dos anos 1960, quando os americanos Robert MacArthur e Eric Pianka examinaram por que, tendo uma ampla gama de alimentos disponível, os animais geralmente se restringiam a alguns tipos de presa favoritos. Eles deduziram que a seleção natural favoreceu animais cujo comportamento maximizava o consumo líquido de energia por unidade de tempo gasta forrageando. O tempo de forrageamento de um animal inclui busca e abate da presa e o consumo do alimento (tempo de manuseio).

Essas ideias foram desenvolvidas pelos ecologistas americanos Ronald Pulliam e Eric Charnov e pelo australiano Graham Pyke. A TFO parece funcionar melhor para forrageadores móveis em busca de presas imóveis, e alguns pesquisadores creem que seja menos relevante quando as presas são móveis.

Escolhas-chave
Animais devem escolher quais tipos de alimento consumir, o que raramente é simples. Por exemplo, os ecologistas americanos Howard

A dieta deve ser ampla quando há poucas presas, mas restrita se a comida é farta.
Eric Pianka

PROCESSOS ECOLÓGICOS 67

Ver também: Evolução pela seleção natural 24-31 ▪ Equações predador-presa 44-49 ▪ Princípio da exclusão competitiva 52-53 ▪ Mutualismos 56-59

O comportamento esperado dos animais diante dos recursos disponíveis pode ser usado para prever… a estrutura biótica… das comunidades.
Ronald Pulliam

Richardson e Nicolaas Verbeek estudaram corvos que se alimentavam de mariscos na zona entremarés da Colúmbia Britânica. Os corvos se empenhavam bastante para desenterrar mariscos da lama, abrir suas conchas, e consumir o animal de dentro. Os ecologistas notaram que mariscos menores não eram abertos e concluíram que os corvos tiveram que fazer um balanço da energia gasta entre tempo de manuseio e alimento comestível. O tempo e a energia necessários para abrir mariscos pequenos eram mais bem gastos desenterrando outros, maiores. Um estudo similar com ostraceiros e mexilhões revelou que os mexilhões maiores eram preteridos – eles tinham conchas mais grossas e com cracas, então abri-los era mais difícil. Os ostraceiros se beneficiavam mais ao procurar mexilhões de conchas finas, apesar de seu tamanho menor.

Animais também têm de fazer escolhas sobre onde e quando comer. Quanto mais tempo um estorninho passar em um trecho de gramado, por exemplo, mais difícil será encontrar uma presa, então ele deve decidir quando abandonar aquele trecho e ir para outro – um exemplo do que é conhecido como "teorema do valor marginal". Animais forrageadores também precisam considerar uma gama de outros fatores, como a presença de predadores, o número de animais competindo pela mesma comida e o impacto da atividade humana. ▪

Ostraceiros, apesar de seu nome, dependem de berbigões e mexilhões como fonte primária de alimento. Sem esses moluscos, são forçados a forragear longe da costa.

Morcegos ecolocalizadores

Os avanços tecnológicos contribuíram bastante para o estudo das estratégias de caça dos animais. Morcegos insetívoros (ou microquirópteros) usam ecolocalização no escuro para encontrar e perseguir presas voadoras, como mariposas e maruins. Uma equipe de cientistas japoneses passou a estudar o comportamento alimentar dos morcegos usando medição com microfones e análise de modelos matemáticos. Eles registraram chamados de localização e trajetórias de voo dos morcegos e descobriram que muitas vezes eles apontavam seu sonar não apenas para a presa imediata, mas também para o alvo subsequente.

A equipe ainda encontrou evidências de que os morcegos escolheram trajetórias de voo que lhes permitiam planejar um passo à frente, como habilidosos enxadristas. Os animais não só maximizavam o ganho de energia ao ter múltiplas presas em vista, como minimizavam o gasto de energia ao reduzir a distância voada no encalço de insetos. Esse comportamento se encaixa bem na teoria do forrageamento ótimo.

PARASITAS E PATÓGENOS CONTROLAM POPULAÇÕES COMO PREDADORES

EPIDEMIOLOGIA ECOLÓGICA

EM CONTEXTO

PRINCIPAIS NOMES
Roy Anderson (1947–),
Robert May (1936–)

ANTES
1662 O estatístico inglês John Graunt classifica causas de morte em Londres em *Observações naturais e políticas sobre as listas de mortalidade*.

1927 Os cientistas escoceses Anderson Gray McKendrick e William Ogilvy Kermack criam um modelo epidêmico para indivíduos infectados, não infectados e imunes.

DEPOIS
1996 O epidemiologista americano James S. Koopman recomenda um maior uso de tecnologias computacionais para simular a geração e disseminação de doenças.

2018 Uma equipe global rastreia origens e disseminação de um fungo que destruía populações de sapos.

Epidemiologia é o estudo de como as doenças se disseminam em uma população. A aplicação inicial foi a doenças humanas, mas seus métodos foram reconhecidos como um meio efetivo de modelar populações de outros organismos também.

Há muito, ecologistas sabem que o tamanho da população de um animal ou planta e sua taxa de crescimento dependem da disponibilidade de alimento, espaço vital e níveis de predação. Nos anos 1970, o epidemiologista britânico Roy Anderson e o cientista australiano Robert May mostraram como parasitas e infecções de patógenos como bactérias e vírus limitavam o número

PROCESSOS ECOLÓGICOS

Ver também: O ambiente microbiológico 84-85 ▪ Microbiologia 102-103 ▪ A onipresença das micorrizas 104-105 ▪ Biodiversidade e função do ecossistema 156-157

Mapa de mortes por cólera em Londres, 1854

LEGENDA

 1–4 mortes

 5–9 mortes

 10–15 mortes

Bomba da Broad Street

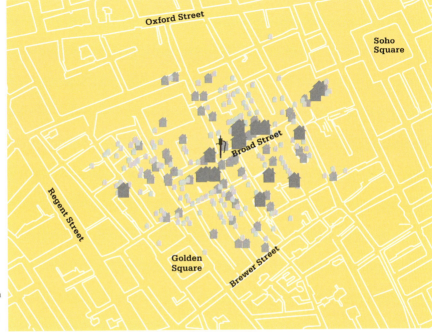

As fatalidades da epidemia de cólera em Londres, em 1854, tinham relação com a bomba central. Sua água havia sido contaminada pelo esgoto infectado de uma família afetada.

de uma população. Entre os carneiros selvagens, por exemplo, a principal causa de morte é o verme pulmonar, enquanto a maioria das aves selvagens morre de infecções virais.

Em ecologia, os efeitos das doenças têm implicações mais amplas. Até 40% das bactérias do oceano são mortas por dia por vírus. Isso causa uma "alça viral", uma vez que nutrientes que de outra forma subiriam pela cadeia alimentar voltam para a base dela.

Primórdios humanos

A epidemiologia se inicia no trabalho do médico John Snow, que testemunhou uma epidemia de cólera no Soho, Londres, em 1854. Na época, achava-se que a doença era causada por miasma – um tipo de vapor venenoso no ar – proveniente dos corpos dos mortos e moribundos. Snow não foi o primeiro a questionar essa teoria, mas ele ficou especialmente desconfiado dela no caso do cólera.

Em 1854, Snow localizou todos os casos de cólera em um mapa do Soho e descobriu que os lares afetados coletavam água de uma bomba na Broad Street (depois renomeada Broadwick). Ele fechou a bomba e a epidemia logo terminou. Isso mostrou »

O médico britânico John Snow combateu as crenças vigentes e convenceu as pessoas de que o cólera era transmitido pela água. Em 1866, o periódico médico *The Lancet* mostrou que ele tinha razão.

O papel da seca nas fitopatologias

Como outros agentes causadores de doenças, um fitopatógeno necessita de um suprimento de indivíduos suscetíveis para infectar. Períodos de estiagem diminuem a taxa de reprodução e crescimento das plantas, reduzindo assim a prevalência de doenças.

A aridez, no entanto, também enfraquece plantas e as torna suscetíveis a patógenos que prosperam em condições secas. Isso inclui várias formas de fungos que atacam as folhas das lavouras de cereais, leguminosas e frutas. Esses fungos são adaptados para sobreviver em estado dormente como corpos microscópicos no solo. Eles podem existir por muitos anos em solo seco, mas, quando o solo fica úmido, precisam encontrar um hospedeiro em poucas semanas, ou morrem. Eles não necessariamente matam o hospedeiro. Pesquisas recentes com grãos-de-bico sugerem que, embora infecções por esses fungos aumentem durante a seca, a taxa de mortalidade das plantas afetadas cai em tempos de estiagem.

Na estiagem de verão de plantas de cevada jovens apresentam crescimento esparso. A falta de umidade e calor extremo reduz sua resistência aos fungos que atacam suas raízes.

que o cólera era uma doença transmitida pela água, contraída por humanos por meio de alimentos e bebidas contaminados. Uma década depois, a "teoria microbiana", de Louis Pasteur, propôs que doenças, assim como a putrefação e decomposição em geral, eram obra de microrganismos.

Modelo de doença

Em seus estudos nos anos 1970, Anderson e May se concentraram primeiro em construir um modelo matemático para mostrar como um microrganismo pode afetar uma população. Isso levou a um conjunto de equações que pretendiam ajudar a explicar o impacto real de diferentes tipos de patógeno – de bactérias e vírus a vermes parasitas e larvas de insetos. Em seu modelo, ratos foram divididos em três grupos: suscetíveis (não infectados), infectados e aqueles que haviam sobrevivido à infecção e estavam imunes. Diferentemente de muitos modelos epidemiológicos anteriores, a população total não era um número fixo; ratos podiam ser acrescentados por reprodução ou por incorporações de outras populações. Alguns também morriam de causas naturais. Na ausência da doença, o total permaneceria mais ou menos o mesmo, com a taxa de ratos

Se usados com razão, modelos matemáticos são ferramentas para pensar sobre coisas de maneira precisa.
Roy Anderson e Robert May

Uma árvore destruída em North Yorkshire, Reino Unido, mostra os efeitos da grafiose, fungo espalhado pelo escolitíneo, besouro introduzido acidentalmente da Ásia na Europa e nos EUA.

adicionados equilibrando a de mortos.

Para facilitar, o modelo presumia que as doenças eram transmitidas por contato entre ratos infectados e não infectados. Nem todos os infectados morriam, então o modelo também incluía uma taxa de recuperação. Aqueles que se recuperavam ficavam imunes, pelo menos de início. A imunidade a vírus é mais ou menos vitalícia, mas é possível tornar-se suscetível novamente à mesma infecção bacteriana com o passar do tempo. Então, os cálculos também incluíam uma taxa de perda de imunidade.

Juntando tudo, Anderson e May produziram um conjunto de equações para prever a taxa de mudança populacional nos três grupos iniciais de ratos infectados, porém suscetíveis; infectados; e sobreviventes imunes. Essas equações podem ser somadas para fornecer a taxa de mudança para a população total de ratos.

Com base nos cálculos, eles deduziram que uma doença persistirá em uma população cujo ponto de

PROCESSOS ECOLÓGICOS 71

Doenças como sarampo e rubéola, com infecções curtas e imunidade prolongada, tendem a exibir padrões de epidemia.
Roy Anderson

equilíbrio (taxa de novas adições, balanceada pela taxa de mortes naturais) é maior que os efeitos combinados de mortalidade natural, mortes por doenças, recuperações e taxa de transmissão. Enquanto a doença estiver presente, esse ponto de equilíbrio será menor do que se a população estivesse livre da doença. Se, no entanto, o ponto de equilíbrio de uma população afetada por doença for mais baixo que os efeitos combinados de mortes, recuperações e taxa de transmissão, a doença desaparecerá. Quando uma população estiver livre da doença, seu ponto de equilíbrio retornará ao nível anterior.

Correspondendo ao mundo real

Anderson e May precisavam mostrar que seu modelo era um indicador preciso de uma população real. Para isso, usaram informações de um estudo com ratos de laboratório infectados com a doença bacteriana pasteurelose, as quais incluíam o impacto de acrescentar à população indivíduos em diferentes níveis. Os dados observados confirmaram suas previsões, de modo que os dois cientistas puderam considerar os efeitos de valores hipotéticos. Eles descobriram, por exemplo, que, quando a taxa de ratos adicionados era mais alta, a doença tinha maior impacto sobre os números populacionais. Isso sugere que espécies com taxas reprodutivas altas (introduzindo grandes números de descendentes não infectados) estão mais propensas a ter doenças endêmicas em sua população, e apresentam números mais baixos em comparação a espécies que se reproduzem mais lentamente. Eles também exploraram os efeitos divergentes sobre populações de doenças com diversas intensidades.

Diferentemente das doenças endêmicas, em que o nível de infecção da população permanece consistente, as epidemias aparecem quando a taxa de crescimento de todos os membros infectados e não infectados é baixa em comparação à taxa de morte causada pela doença. O número de infectados aumenta acentuadamente até um máximo e depois cai. Epidemias também ocorrem quando uma doença não é em particular fatal, mas desacelera o crescimento populacional. Isso aconteceu com doenças humanas como sarampo e catapora.

Aplicando a teoria

As características das doenças e seus efeitos em populações de animais e plantas têm cada vez mais importância ecológica. Produtores de alimentos, por exemplo, beneficiam-se de estudos sobre a natureza de parasitas e a dinâmica de doenças que podem afetar lavouras e animais. Os conservacionistas também empregam a epidemiologia para prever como doenças exóticas e parasitas invasivos podem afetar ecossistemas frágeis. ∎

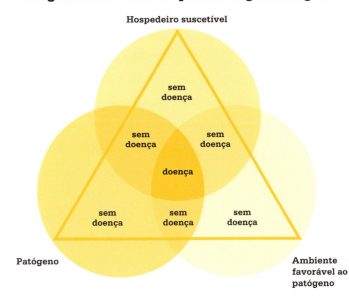

Diagrama de Venn da epidemiologia ecológica

Um patógeno ataca quando encontra um hospedeiro adequado em um ambiente que favorece a infecção, como mostrado na intersecção dos círculos. Por exemplo, doenças diarreicas disseminam-se rapidamente entre pessoas doentes em condições não sanitárias.

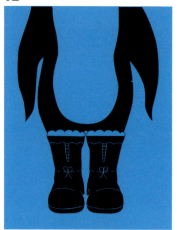

POR QUE PÉS DE PINGUINS NÃO CONGELAM?
ECOFISIOLOGIA

EM CONTEXTO

PRINCIPAL NOME
Knut Schmidt-Nielsen (1915–2007)

ANTES
1845 O explorador Alexander von Humboldt revela que plantas submetidas a fatores ecológicos similares têm muitos traços análogos.

1859 Charles Darwin aponta que organismos evoluem porque se adaptam a condições ecológicas alteradas.

DEPOIS
1966 Os bioquímicos australianos Marshall Hatch e Charles Slack explicam que as plantas mais abundantes são as que têm fotossíntese mais eficiente.

1984 Peter Wheeler, cientista britânico, sugere que o bipedismo humano – a habilidade de andar em duas pernas – evoluiu como uma adaptação termorregulatória que reduz a exposição do corpo à luz solar direta.

O princípio central da evolução darwiniana é que todos os organismos, das simples bactérias aos complexos mamíferos, adaptam-se por meio da seleção natural para sobreviver em um nicho e habitat específicos. A ecofisiologia – para a qual o livro de Knut Schmidt-Nielsen *Fisiologia animal* (1960) foi inspiração vital – é o estudo da anatomia de um organismo e da forma como ele funciona (sua fisiologia), e também de como essas características se relacionam com os desafios propostos por seu ambiente. Ela mostra como a anatomia de um animal ou planta está ligada à sua capacidade de sobrevivência, bem como à sua distribuição, abundância e fertilidade. A ecofisiologia agora desempenha papel importante auxiliando cientistas a entender como os estresses criados pelo aquecimento global afetam tanto ecossistemas selvagens quanto ambientes cultivados.

Gerenciando a temperatura

A ecofisiologia revelou várias adaptações específicas para diferentes ambientes. Por exemplo, animais que vivem em regiões mais frias tendem a ter corpos maiores e pernas, orelhas e caudas menores do que os de espécies relacionadas de climas mais quentes. Corpos maiores têm uma razão superfície/volume menor, e assim perdem calor mais devagar, enquanto apêndices menores reduzem a exposição a geladuras.

No frio mais extremo, pés de animais de sangue quente correm o risco de congelar no chão. Mamíferos das regiões árticas, como o boi-almiscarado e o urso-polar, são adaptados à vida sob essas condições, com uma densa pelagem protegendo suas patas.

Na Antártida, a sola dos pés dos pinguins é protegida por uma espessa camada de gordura. Pinguins também têm um mecanismo de troca de calor

Do ponto de vista fisiológico, água potável não é encontrada no mar com mais facilidade do que no deserto.
Knut Schmidt-Nielsen

PROCESSOS ECOLÓGICOS

Ver também: Evolução pela seleção natural 24-31 ▪ Nichos ecológicos 50-51 ▪ Princípio da exclusão competitiva 52-53 ▪ Estequiometria ecológica 74-75

(ou contracorrente) nas pernas. O sangue quente vindo do corpo é resfriado até cerca de 0 °C pelo sangue gelado vindo dos pés, que se aquece até a temperatura do corpo no processo.

Gazelas na África usam um sistema de contracorrente similar para baixar a temperatura do corpo. Elas são capazes de resfriar o sangue que flui para a cabeça, o que lhes dá uma vantagem sobre os predadores, que em geral superaquecem. Camelos têm um sistema de troca de calor na cavidade nasal que reduz a quantidade de água perdida na respiração. O ar quente e seco é inalado e se mistura à umidade dentro do nariz antes de ir para os pulmões.

O ar expirado é bem mais frio que o ar externo, então sua umidade se condensa no nariz. Isso cria a condição fria e úmida necessária para resfriar a inspiração seguinte.

Desafios futuros

Hoje, a ecofisiologia tem se concentrado cada vez mais em plantas, fungos e micróbios. Como os animais, eles precisam se adaptar para sobreviver – e estudá-los oferece a possibilidade de descobertas essenciais para fins comerciais e de preservação. ■

O pinguim-imperador sobrevive à temperatura glacial da Antártida graças, em parte, à forma como seu corpo evoluiu para se adaptar ao ambiente hostil.

Knut Schmidt-Nielsen

Knut Schmidt-Nielsen cresceu na cidade de Trondheim, Noruega. Seu interesse no modo como a fisiologia animal se relacionava com o habitat foi herdado do avô que, anos antes de seu nascimento, soltou milhares de alevinos de linguado (peixe marinho) em um lago de água doce. Embora tenham prosperado, os peixes eram incapazes de procriar, pois sua fisiologia reprodutiva era adaptada à vida na água salgada. Schmidt-Nielsen ingressou na Universidade Duke, na Carolina do Norte, em 1954. Construiu um espaço climatizado para manter animais do deserto, onde estudou a anatomia de camelos, gerbilos e outras espécies capazes de viver por longos períodos sem água. Também pesquisou o sistema respiratório de aves e a flutuabilidade de peixes. Seu livro *Fisiologia animal*, de 1960, ainda é uma obra clássica.

Principais obras

1960 *Fisiologia animal*
1964 *Desert Animals*
1972 *How Animals Work*
1984 *Scaling*
1998 *The Camel's Nose: Memoirs of a Curious Scientist*

TODA VIDA É QUÍMICA
ESTEQUIOMETRIA ECOLÓGICA

EM CONTEXTO

PRINCIPAIS NOMES
Robert Sterner (1958–)
James Elser (1959–)

ANTES
1840 O biólogo e químico alemão Justus von Liebig afirma que as limitações na produtividade agrícola são essencialmente químicas.

1934 O oceanógrafo americano Alfred Redfield mede a razão atômica de carbono, nitrogênio e fósforo (C:N:P) no plâncton e na água do mar, e descobre que ela é relativamente consistente em todos os oceanos. A razão de Redfield logo se torna parâmetro para pesquisas em todos os habitats.

DEPOIS
2015 Em "Estequiometria do oceano, carbono global e o clima", Robert Sterner destaca inconsistências nas razões C:N:P do fitoplâncton, que absorve mais carbono atmosférico em águas superficiais de oceanos de baixa latitude e poucos nutrientes, e ajusta suas proporções de acordo.

Todo organismo vivo – das diminutas algas marinhas à imponente sequoia – é composto de elementos químicos em proporções variáveis. A estequiometria ecológica avalia o equilíbrio entre tais elementos e a alteração de suas razões durante reações químicas. O estudo dessas razões esclarece como o mundo vivo funciona, revelando o modo como organismos obtêm, de fontes em seu próprio ambiente, nutrientes e outros elementos de que precisam para viver. O campo da estequiometria ecológica foi descrito com abrangência pela primeira vez pelos biólogos americanos Robert Sterner e James Elser. Em *Ecological Stoichiometry* (2002), eles usaram modelos matemáticos para demonstrar a aplicação em todos os níveis, de moléculas e células a plantas e animais individuais, populações, comunidades e ecossistemas.

Elementos-chave
Na pesquisa ecológica, os três principais elementos examinados são carbono (C), nitrogênio (N) e fósforo (P), porque cada um tem papel vital. O carbono é peça fundamental de toda forma de vida e parte importante de muitos processos químicos. O nitrogênio é o principal componente de todas as proteínas, enquanto o fósforo é crucial para o desenvolvimento celular e o armazenamento de energia.

A razão C:N:P de um organismo não é necessariamente consistente. Plantas têm razão variável: podem ajustar o equilíbrio de seus elementos de acordo com o ambiente. Por exemplo, a proporção de carbono em sua composição química pode crescer em um dia mais ensolarado porque ocorre maior fotossíntese – o processo pelo qual elas obtêm dióxido de carbono do ar e usam a energia solar para convertê-lo nos nutrientes de que precisam.

Organismos individuais também têm diferentes estequiometrias durante seu ciclo de vida. Organismos jovens podem ter composição diferente da dos mais velhos...
Robert Sterner e James Elser

PROCESSOS ECOLÓGICOS 75

Ver também: Ecofisiologia 72-73 ▪ A cadeia alimentar 132-133 ▪ Fluxo de energia nos ecossistemas 138-139 ▪ Fundamentos da ecologia vegetal 167

Controlando razões na estequiometria ecológica

O gafanhoto come grama, que pode ter seis vezes mais carbono do que ele precisa. Para atingir a proporção correta, excreta carbono ou o expira como CO_2. Gafanhotos são muito usados em pesquisas por serem fáceis de criar.

LEGENDA
■ Carbono   ■ Nitrogênio

GAFANHOTOS
5:1

GRAMA
33:1

Mais acima na cadeia alimentar, os animais têm, na maioria, razões C:N:P fixas; então, precisam usar vários mecanismos para lidar com qualquer desequilíbrio entre os elementos que entram em seus corpos. Se um inseto ou animal herbívoro obtém carbono demais em sua dieta, por exemplo, precisa ajustar suas enzimas digestivas e excretá-lo, armazená-lo como gordura ou aumentar sua taxa metabólica para queimá-lo, expirando o carbono em excesso como CO_2. O uso exagerado desses mecanismos para corrigir um grande desequilíbrio pode, porém, afetar aptidão física, crescimento e reprodução. Um animal que se alimenta de outros tem menos trabalho, pois a razão C:N:P de sua presa já é bastante adequada à sua. No entanto, o tamanho da população de presas ainda é determinado pelas plantas do ambiente, pois alimentos vegetais com alta proporção de carbono só são capazes de sustentar uma pequena cadeia de consumidores.

Entendendo nosso mundo

Cadeias alimentares são uma área de estudo; a estequiometria ecológica abrange praticamente tudo e um pouco mais. Ao descobrir como a composição química dos organismos molda sua ecologia, os cientistas também aprendem como cuidar melhor dos ambientes. Seus achados podem ter influência significativa no futuro da vida na Terra. ∎

O gafanhoto-do-deserto (*Schistocerca gregaria*) precisa comer grande quantidade de plantas ricas em carbono para ter nitrogênio e fósforo suficientes para manter sua razão C:N.

Hipótese da taxa de crescimento

A pesquisa sobre câncer é uma área em que se emprega a estequiometria hoje. Aumentam as evidências para uma teoria chamada hipótese da taxa de crescimento, que pode ajudar a explicar por que alguns tumores cancerosos crescem mais rápido do que o resto do corpo.

A hipótese propõe que organismos com razões C:P (carbono:fósforo) altas, como as drosófilas, têm mais ribossomos nas células, o que permite que cresçam e procriem mais depressa. Cerca de metade de todo o fósforo de um organismo tem a forma de RNA ribossômico (RNAr) e está presente em todas as células, criando proteínas para gerar novas células e fazer o corpo crescer. Aplicando a estequiometria biológica, James Elser e sua equipe mostraram que tumores de crescimento rápido contêm muito mais fósforo que o tecido comum. Tal pesquisa pode ajudar cientistas a entender como controlar o crescimento tumoral.

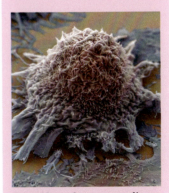

Os tecidos pulmonares malignos (vistos aqui) e cancerosos do cólon tiveram o maior teor de fósforo em pesquisa investigando as altas taxas de crescimento de tumores.

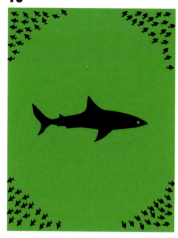

O MEDO, POR SI SÓ, É PODEROSO

EFEITOS NÃO LETAIS DE PREDADORES SOBRE SUAS PRESAS

EM CONTEXTO

PRINCIPAL NOME
Earl Werner (1944–)

ANTES
1966 O ecologista americano Robert Paine conduz uma série de experimentos de campo pioneiros para enfatizar os efeitos cruciais de um predador na comunidade em que vive.

1990 Os biólogos canadenses Steven Lima e Lawrence Dill analisam as tomadas de decisão de organismos com maior risco de se tornarem presas de outros seres.

DEPOIS
2008 O biólogo comportamental e ecologista americano John Orrock junta-se a Earl Werner e outros para produzir modelos matemáticos a fim de explicar os efeitos não letais de animais predadores.

Muitas descrições de ecossistemas focam as interações entre predadores e presas, em que predadores matam e presas são devoradas. No entanto, o ecologista Earl Werner e outros demonstraram que a mera presença de um predador afeta o comportamento da presa.

Além dos superpredadores, todos os animais devem equilibrar a necessidade de dormir, procriar e se alimentar com os riscos de serem devorados. O papel letal dos predadores é óbvio, mas o não letal pode ter um impacto ainda maior sobre um ecossistema. Presas em potencial são obrigadas a mudar seu modo de vida para evitar a morte.

Em 1990, Werner estudou os efeitos das larvas de libélulas sobre girinos. Ele notou que, quando as larvas

PROCESSOS ECOLÓGICOS

Ver também: Evolução pela seleção natural 24-31 ▪ Equações predador-presa 44-49 ▪ Nichos ecológicos 50-51 ▪ Princípio da exclusão competitiva 52-53 ▪ Mutualismos 56-59 ▪ Teoria do forrageamento ótimo 66-67

Libélula botando ovos em um lago. As larvas que nascem são predadores e influenciam o comportamento de sua presa, os girinos.

predadoras estavam no tanque, os girinos eram menos ativos, nadavam para outras partes do tanque e se metamorfoseavam em adultos quando eram menores. A mera presença do predador havia mudado a morfologia e o comportamento dos girinos.

Em 1991, Werner investigou o que acontecia quando havia mais de uma espécie de presa envolvida. Na ausência de um predador, girinos de rã-touro-americana e sapo-verde-americano cresceram em taxas praticamente idênticas. No entanto, quando as larvas de libélula predadoras foram introduzidas no tanque, ambas as espécies de presas ficaram menos ativas e escolheram lugares diferentes para nadar. Os girinos de rã-touro cresceram mais rapidamente do que no tanque livre de predador, mas os girinos de sapo-verde diminuíram a atividade alimentar e cresceram mais devagar. Werner concluiu que para espécies de presas havia um dilema entre a necessidade de crescer o mais depressa possível e o risco de predação. Crescer mais rápido exige mais alimentação, e isso, por sua vez, aumenta as chances de ser devorado por um predador. Como a presença das larvas alterou o comportamento das espécies de presas de maneiras diferentes, o novo comportamento da rã-touro lhe deu uma vantagem competitiva sobre o sapo-verde ao torná-la maior.

Animais terrestres

Os primeiros estudos dos efeitos não letais (ENL) diziam respeito a organismos aquáticos em condições de laboratório, mas novos trabalhos foram desenvolvidos na natureza com animais terrestres. Uma pesquisa de campo alemã publicada em 2018 concentrou-se no lince e em suas presas, as corças. Na presença do lince, descobriu-se que a corça evitava áreas que sabia ser de alto risco, tanto durante o dia quanto em noites de verão, quando a predação noturna é mais comum. A corça tratava algumas áreas de pasto como fora de seus limites, provavelmente devido ao medo de ser atacada por linces.

Onde quer que existam predadores, eles exercem ENLs. Também afetam algumas espécies sésseis (não móveis), assim como presas móveis. Isso pode acontecer quando certos competidores dominantes são desalojados por predadores e, em seus novos habitats, superam competitivamente os animais sésseis na alimentação. Pequenos peixes que são desalojados, por exemplo, consomem o alimento das esponjas. ■

… espécies reagem [a predadores] reduzindo atividades e alterando o uso do espaço.
Earl Werner

ORDENAN
MUNDO
NATURAL

80 INTRODUÇÃO

História dos animais, de **Aristóteles**, agrupa seres vivos de acordo com sua **espécie** em uma *scala naturae* que dispõe os organismos em onze níveis.

c. 350 a.C.

Uma coleção particular de curiosidades sobre história natural é exibida no Museu Ashmolean, da Universidade de Oxford, **primeiro museu público** do mundo.

1683

O **Museu de História Natural de Londres** abre as portas ao público, gratuitamente. Hoje em dia abriga 80 milhões de espécimes.

1881

1665 d.C.

Micrographia, livro ricamente ilustrado de **Robert Hooke**, revela **estruturas microscópicas** a um público mais amplo.

1758

A décima edição de *Systema Naturae*, de **Carlos Lineu**, classifica uma série de espécies de plantas e animais usando seu **sistema binomial**.

As pessoas sempre se admiraram com a variedade da vida, celebrando os presentes da natureza na arte rupestre pré-histórica que data de 30 mil anos ou mais. Na Grécia antiga, no século IV a.C., Aristóteles fez uma tentativa inicial de classificar os organismos vivos; sua *scala naturae* ("escada da vida") de onze níveis colocava humanos e mamíferos no topo e ia descendo para outros animais mais "primitivos", até plantas e depois minerais. Mil anos mais tarde, o mundo medieval ainda considerava válidas variações do sistema de Aristóteles. Havia diversas razões para isso. Sem microscópios, não se conheciam células e microrganismos. Sem os meios para explorar debaixo d'água, o saber científico sobre criaturas aquáticas era limitado, e muitas partes do mundo ainda eram desconhecidas aos cientistas ocidentais. Em conformidade com as ideias prevalecentes da Igreja Católica, o mundo natural era visto como estático e imutável.

Uma era de descobertas

A era das grandes expedições de descobrimentos revelou regiões previamente inexploradas e sua fauna e flora. No seu *Historia animalium* (1551–1558), o médico e naturalista suíço Conrad Gessner incluiu algumas das descobertas recentes do Novo Mundo e do Extremo Oriente, além de aspectos da literatura clássica. Publicada em cinco volumes, a obra refletiu sua divisão dos animais em mamíferos, répteis e anfíbios, aves, peixes e animais aquáticos, e cobras e escorpiões.

A invenção do microscópio também teve um importante impacto. O estudioso inglês Robert Hooke adotou rapidamente a nova tecnologia: seu livro *Micrographia* (1665) inspirou outros a fazerem o mesmo. Capaz de ver espécimes ampliados em cinquenta vezes seu tamanho real, ele fez desenhos meticulosos da vida microscópica, e cunhou o termo "célula" após examinar fibras de plantas. Hooke também sugeriu uma origem viva para fragmentos de fósseis encontrados em rochas.

Classificando a variedade

Historia plantarum (1686–1704), do padre inglês John Ray, foi o equivalente botânico à obra de Gessner, listando cerca de 18 mil espécies em três grandes volumes. Ray também produziu uma definição biológica de espécie, observando que "uma espécie nunca brota da semente de outra". O botânico sueco Carlos Lineu, "pai da taxonomia", publicou *Systema naturae*

ORDENANDO O MUNDO NATURAL   81

Carl Woese estabelece uma terceira, e nova, categoria de organismos – os **procariontes**.

1977

O conceito de **"hotspots de biodiversidade"**, de **Norman Myers**, identifica dez regiões onde atividades de conservação devem preservar espécies raras.

1988

1942

Ernst Mayr desenvolve o **conceito de espécie biológica**, que categoriza espécies com base em sua capacidade de procriar umas com as outras.

1988

Edward O. Wilson cunha o termo **"biodiversidade"** e mais tarde identifica as principais **ameaças humanas** à biodiversidade.

2018

A **Lista Vermelha da** UICN mostra que mais de **26 mil espécies** – mais de 27% de todas as avaliadas – estão em risco de **extinção**.

---

pela primeira vez em 1735, mas foi a décima edição, de 1758, que fundou o sistema moderno de nomenclatura zoológica. Dois volumes da obra de Lineu são dedicados a plantas e animais, que ele dividiu em classes, ordens, gêneros e espécies. O sistema binomial, em que cada espécie recebe um nome genérico seguido de um nome específico, ainda é usado atualmente. Lineu também escreveu um terceiro volume, este sobre rochas, minerais e fósseis.

Conceitos de espécie

Expandindo a teoria da evolução pela seleção natural de Darwin, o biólogo evolutivo germano-americano Ernst Mayr consolidou o conceito biológico de espécie em seu *Sistemática e a origem das espécies* (1942). Ele argumentou que uma espécie não é apenas um grupo de indivíduos morfologicamente similares, mas uma população que só pode se reproduzir entre si. Mayr foi adiante e explicou que, se grupos dentro de uma espécie ficassem isolados do restante da população, eles poderiam começar a se diferenciar e, com o tempo, por meio da deriva genética e da seleção natural, podiam se transformar em novas espécies.

Avanços tecnológicos modernos, incluindo a microscopia eletrônica e a análise de DNA mitocondrial, revelaram muitas informações – algumas delas surpreendentes – sobre o número de espécies e as relações entre elas. Em 1966, tentando refletir as complexidades da evolução, o entomologista alemão Willi Hennig propôs um novo sistema taxonômico de clados – grupos de organismos baseados em um ancestral comum. Nos anos 1970, o biólogo americano Carl Woese classificou toda a vida em três novos domínios. Desde 2018, cerca de 1,74 milhão de espécies de plantas e animais foram descritos, mas estima-se que o número total seja de 2 milhões a 1 trilhão.

A ameaça à diversidade

No fim do século XX, com o crescente conhecimento da dimensão e do papel crítico da biodiversidade – e de como a evolução pode destruir espécies, além de criá-las –, o ecologista Edward Wilson e outros mostraram ao mundo que a atividade humana era responsável por causar a rápida aceleração das taxas de extinção. Alguns até mesmo alertaram que a Terra poderia estar à beira de uma sexta extinção em massa. Muitas políticas estão sendo propostas atualmente para combater essa possibilidade, incluindo a proteção dos hotspots de biodiversidade. ■

EM TODAS AS COISAS DA NATUREZA EXISTE ALGO DE MARAVILHOSO
CLASSIFICAÇÃO DOS SERES VIVOS

EM CONTEXTO

PRINCIPAL NOME
Aristóteles (c. 384–322 a.C.)

ANTES
c. 1500 a.C. Diferentes propriedades das plantas são reconhecidas pelos egípcios.

DEPOIS
Séc. VIII e IX Estudiosos islâmicos das dinastias omíada e abássida traduzem várias obras de Aristóteles para o árabe.

1551–1558 *Historia animalium*, de Conrad Gessner, classifica os animais do mundo em cinco grupos básicos.

1682 John Ray publica *Historia plantarum*, que lista mais de 18 mil espécies.

1735 Carlos Lineu desenvolve um sistema binomial, primeira classificação consistente de organismos, segundo o qual ele nomeia todas as espécies listadas em seu *Systema naturae*.

Desde o início da história registrada, as pessoas tentam identificar organismos de acordo com seus usos. Murais egípcios em paredes de c. 1500 a.C. mostram, por exemplo, que as pessoas compreendiam as propriedades medicinais de muitas plantas. No texto *História dos animais*, escrito no século IV a.C., o filósofo grego Aristóteles fez a primeira tentativa séria de classificar organismos, estudando sua anatomia, seus ciclos de vida e seu comportamento.

Características da classificação

Aristóteles dividiu os seres vivos em plantas e animais. Depois, agrupou cerca de quinhentas espécies de animais de acordo com características anatômicas óbvias, se eram de "sangue quente" ou "sangue frio", por exemplo, se tinham quatro patas ou mais, se pariam ou botavam ovos. Ele também indicou se os animais viviam no mar, na terra ou se voavam. Mais significativamente, Aristóteles usou nomes para seus agrupamentos que depois foram traduzidos para as palavras em latim "genus" e "species" – termos usados pelos taxonomistas modernos até hoje.

Aristóteles posicionou animais em uma *scala naturae* (escada da vida) com onze níveis diferenciados por seu modo de nascimento. Os animais nos níveis mais altos pariam descendentes vivos, quentes, úmidos; os dos níveis mais baixos, botavam ovo frios e secos. Humanos estavam no nível mais alto da escada, seguidos de tetrápodes (criaturas de quatro patas) vivíparos, cetáceos, aves e tetrápodes ovíparos. Aristóteles colocou os minerais no último nível de sua escada, com plantas, vermes, esponjas, insetos e crustáceos logo acima.

Embora o sistema de classificação de Aristóteles fosse rudimentar, era amplamente baseado em observações

Se qualquer pessoa considera o estudo do resto do reino animal uma tarefa indigna, não deve ter em alta estima o estudo do homem.
Aristóteles

ORDENANDO O MUNDO NATURAL

Ver também: O ambiente microbiológico 84-85 ▪ Um sistema para identificar todos os organismos da natureza 86-87 ▪ Conceito de espécie biológica 88-89 ▪ Microbiologia 102-103 ▪ Comportamento animal 116-117 ▪ Biogeografia insular 144-149

Um polvo se mescla aos arredores. A capacidade dessas criaturas de mudar de cor foi uma das muitas observações precisas de Aristóteles.

diretas, muitas das quais feitas na ilha de Lesbos. Ele registrou coisas que mais ninguém havia descrito, incluindo que filhotes de cação-espinho cresciam dentro do corpo das mães, bagres machos protegiam os ovos e polvos podiam mudar de cor. A maior parte dessas observações estava correta – e algumas foram confirmadas apenas séculos mais tarde.

A grande cadeia do ser

Apesar de suas limitações, o método de classificação de Aristóteles influenciou fortemente todas as tentativas posteriores de agrupar animais e plantas até o século XVIII. A Cristandade medieval desenvolveu sua *scala naturae* como uma "grande cadeia do ser", com Deus no topo de uma hierarquia rígida, humanos e animais em seguida, e plantas abaixo. O médico suíço Conrad Gessner escreveu o primeiro registro moderno de animais – *Historia animalium* – em meados do século XVI. Essa monumental obra em cinco volumes foi baseada em fontes clássicas, mas incluiu espécies recém-descobertas da Ásia Oriental. Ela abrangia os principais grupos de animais, como Gessner os via: tetrápodes vivíparos (mamíferos), tetrápodes ovíparos (répteis e anfíbios), pássaros, peixes e animais aquáticos, e cobras e escorpiões. Em 1682, o naturalista inglês John Ray produziu o registro equivalente para a botânica com seu *Historia plantarum*. Em pouco mais de cinquenta anos, a classificação de seres vivos seria completamente transformada pelo *Systema naturae*, de Carlos Lineu. ■

Aristóteles

Aristóteles nasceu na Macedônia, antiga Grécia. Seus pais morreram quando era jovem, e ele foi criado por um tutor. Com dezessete ou dezoito anos, Aristóteles entrou para a Academia de Platão, em Atenas, onde estudou durante vinte anos, escrevendo sobre física, biologia, zoologia, política, economia, governo, poesia e música. Mais tarde, viajou a Lesbos com um aluno chamado Teofrasto para estudar a botânica e zoologia da ilha. Grande parte do seu *História dos animais* baseou-se em observações feitas lá. Aristóteles foi professor do futuro estudioso Ptolomeu e do rei Alexandre, o Grande. Em 335 a.C., ele estabeleceu sua própria escola no Liceu em Atenas. Depois da morte de Alexandre, em 322 a.C., Aristóteles saiu da cidade e morreu na ilha Eubeia, no mesmo ano.

Obras importantes

Séc. IV a.C
História dos animais
Sobre as partes dos animais
Sobre a geração dos animais
Sobre o movimento dos animais
Sobre a marcha dos animais

COM A AJUDA DE MICROSCÓPIOS, NADA ESCAPA AOS NOSSOS OLHOS
O AMBIENTE MICROBIOLÓGICO

EM CONTEXTO

PRINCIPAL NOME
Robert Hooke (1635–1703)

ANTES
1267 O filósofo inglês Roger Bacon discute o uso da ótica para observar "as menores partículas de pó" em seu *Opus majus*, volume v.

1661 Desenhos microscópicos do arquiteto inglês Christopher Wren impressionam Carlos II, que encomenda outros a Robert Hooke.

DEPOIS
1683 O cientista amador holandês Antonie van Leeuwenhoek usa um microscópio para observar bactérias e protozoários, e publica suas descobertas pela Royal Society of London.

1798 Edward Jenner, médico e cientista inglês, desenvolve a primeira vacina do mundo – para varíola – e publica *An Inquiry into the Causes and Effects of the Variolae Vaccinae*.

Folheando as páginas de *Micrographia*, um leitor do século XVII teria ficado perplexo. Ali, no seminal livro de 1665 do cientista inglês Robert Hooke, havia muitas ilustrações detalhadas de estruturas antes ocultas ao olho humano devido a seu minúsculo tamanho. O microscópio de Hooke ampliava as coisas em cinquenta vezes, mas a precisão de seus desenhos também deve muito à sua abordagem meticulosa. Hooke fazia vários esboços de muitos ângulos diferentes e os combinava em uma só imagem. Embora não se saiba ao certo quem desenvolveu os primeiros microscópios, eles seguramente já eram usados nos anos 1660. Os primeiros instrumentos não eram confiáveis – dada a dificuldade de se fazer as lentes –, e os cientistas precisavam ser criativos e contornar o problema. No início, Hooke quase não conseguia ver os espécimes com clareza; então criou uma fonte de luz aprimorada, chamada de "escotoscópio".

O livro de Hooke é mais do que apenas uma representação precisa do que o inglês viu por meio das lentes; ele também especula sobre o que as imagens revelam quanto ao funcionamento dos organismos estudados. Por exemplo, ao observar uma amostra finíssima de cortiça, Hooke viu um padrão de favo de mel, cujos elementos descreveu como "células" – termo usado até hoje.

Maravilhas microscópicas

Micrographia inspirou muitos outros cientistas a investigar o mundo microscópico. Seguindo notas e diagramas do livro de Hooke, o cientista holandês Antonie van Leeuwenhoek pôde construir seus próprios microscópios. Ele alcançou ampliações de mais de duzentas vezes o tamanho real. Van

... em cada pequena partícula [...] agora contemplamos uma variedade de Criaturas quase tão grande quanto a que antes estimávamos haver no universo inteiro.
Robert Hooke

ORDENANDO O MUNDO NATURAL   85

Ver também: Classificação dos seres vivos 82-83 ▪ Um sistema para identificar todos os organismos da natureza 86-87 ▪ Microbiologia 102-103 ▪ Termorregulação em insetos 126-127

Leeuwenhoek examinou amostras de água da chuva e água de uma lagoa e admirou-se com a profusão de vida que viu ali. Ele identificou protozoários unicelulares, a que deu o nome "animálculos", descobrindo a seguir as bactérias. Também fez muitas observações sobre anatomia humana e animal, incluindo células sanguíneas e esperma.

Enquanto Van Leeuwenhoek examinava amostras de água, o também holandês Jan Swammerdam colocava insetos sob seu microscópio. Ele publicou registros de todos os tipos de insetos retratados nos mínimos detalhes, e revelou muita coisa sobre sua anatomia. A obra mais influente de Swammerdam foi *Ephemeri vita* (1675), que registrava em minúcias o ciclo de vida da efemérida.

Na Inglaterra, Nehemiah Grew usou o microscópio para examinar uma ampla gama de plantas. Ele foi o primeiro a identificar as flores como o órgão sexual das plantas. Em *The Anatomy of Plants* (1682), Grew aponta o estame como órgão masculino e o pistilo como o feminino. Grew também identificou os grãos de pólen e notou que eram transportados pelas abelhas.

Desde os primeiros dias da microscopia, os equipamentos ficaram mais sofisticados. O microscópio eletrônico, utilizado pela primeira vez em 1931, usa feixes de elétrons – e não luz – para revelar objetos, permitindo aos cientistas ver ainda mais de perto. Microscópios eletrônicos ampliam em até 1 milhão de vezes – seiscentas vezes mais que a maioria dos microscópios óticos modernos. ▪

> [*Micrographia* é] o livro mais engenhoso que já li na vida.
> **Samuel Pepys**
> *Diarista inglês*

Olhos compostos e cérebro de uma abelha, em desenho de Jan Swammerdam publicado em *Bybel der Natuure* mostra o exterior do olho (esquerda) e o olho dissecado (direita) com o corte transversal do cérebro abaixo.

Robert Hooke

Nascido na Ilha de Wight, Inglaterra, Robert Hooke mostrou interesse precoce pela ciência. Uma pequena herança permitiu-lhe frequentar a prestigiosa Westminster School, onde sobressaiu, conquistando uma vaga na Universidade de Oxford. Lá, foi assistente dos filósofos naturais John Wilkins e Robert Boyle. Em 1662, Hooke se tornou o primeiro curador de experiências da Royal Society of London. Em 1665, tornou-se professor de física no Gresham College.

Como muitos cientistas de seu tempo, Hooke tinha uma vasta gama de interesses. Suas conquistas incluem algumas das primeiras ideias na teoria ondulatória da luz; a construção de alguns dos primeiros telescópios; e a formulação da Lei de Hooke. Ele também foi um respeitado arquiteto, atividade que o enriqueceu.

Obras importantes

1665 *Micrographia*
1674 *An Attempt to Prove the Motion of the Earth*
1676 *A Description of Helioscopes and Some Other Instruments*

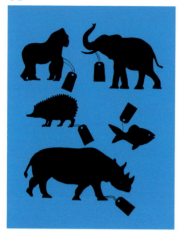

SE VOCÊ NÃO SABE OS NOMES DAS COISAS, SEU CONHECIMENTO SE PERDE

UM SISTEMA PARA IDENTIFICAR TODOS OS ORGANISMOS DA NATUREZA

EM CONTEXTO

PRINCIPAL NOME
Carlos Lineu (1707–1778)

ANTES
1682 John Ray, botânico inglês, propõe que o reino vegetal seja dividido em árvores e duas famílias de plantas herbáceas.

1694 O botânico francês Joseph Pitton de Tournefort publica *Eléments de Botanique*. O livro, belamente ilustrado, torna-se referência para a classificação botânica por meio século.

DEPOIS
1957 Sir Julian Huxley é o primeiro a usar o termo "clado" para descrever um ancestral comum e todos os seus descendentes.

1969 Robert H. Whittaker, ecologista americano, propõe uma categorização da vida em cinco reinos: Monera, Protista, Fungi, Plantae e Animalia.

Antes do século XVIII, não havia nenhum sistema de nomeação consistente para animais e vegetais. Botânicos e zoólogos com frequência não sabiam se estavam discutindo o mesmo organismo. Para resolver o problema, o botânico sueco Carlos Lineu inventou um sistema revolucionário, utilizado até hoje. Lineu é conhecido como "pai da taxonomia" – ciência que nomeia e classifica organismos.

Ele dividiu os reinos animal e vegetal em classes, ordens, gêneros e espécies. Organismos eram situados nesses níveis com base em características compartilhadas, como similaridade de partes do corpo, tamanho, forma e métodos de alimentação. Ele também adotou um nome preciso, com duas palavras (binomial) para cada espécie.

Primeiras ideias

Por volta de 1730, ainda estudante, Lineu começou a ver problemas no sistema de classificação de plantas desenvolvido por Joseph Pitton de Tournefort mais de trinta anos antes. Para Lineu, as características de espécies individuais precisavam ser analisadas mais atentamente para produzir um sistema taxonômico mais eficiente.

O trabalho colaborativo é crucial para o avanço do **conhecimento científico**.

Para **trabalharem juntos** à distância, cientistas precisam que as coisas sejam **nomeadas** com **precisão**.

Se você não sabe os nomes das coisas, seu conhecimento se perde.

Mal-entendidos causam **discrepâncias** no conhecimento científico.

ORDENANDO O MUNDO NATURAL

Ver também: Classificação dos seres vivos 82-83 ▪ Conceito de espécie biológica 88-89 ▪ Uma visão moderna da diversidade 90-91

> Nas ciências naturais, os princípios da verdade têm que ser confirmados pela observação.
> **Carlos Lineu**

Em 1732, Lineu participou de uma expedição à Lapônia, onde coletou cerca de cem espécies não identificadas. Elas foram a base de seu livro *Flora lapponica*, em que expôs suas ideias sobre classificação de plantas pela primeira vez.

Três anos depois, Lineu escreveu sobre sua ideia para uma nova classificação hierárquica de plantas em *Systema naturae*, e mais tarde no que pode ser considerada sua maior obra, *Species plantarum*, publicado em 1753, que abrangeu 7.300 espécies. Antes, as plantas eram conhecidas por nomes longos e pouco práticos – por exemplo, *Plantago foliis ovato-lanceolatis pubescentibus, spica cylindrica, scapo tereti*. Lineu chamou essa planta de *Plantago media*, suficiente para identificá-la. Além de ser conciso, o sistema de Lineu descreve as relações entre as espécies.

Desenvolvimentos posteriores

Lineu continuou expandindo o *Systema naturae*; em sua décima edição (1758), a obra se tornou o ponto de partida para a classificação animal moderna. Foi ele quem sugeriu que os humanos eram membros da família primata. Muito depois, auxiliados pela teoria da evolução pela seleção natural de Darwin, biólogos aceitaram que uma classificação deveria refletir o princípio da origem comum, que levou à metodologia conhecida como cladística. ■

Pensava-se que as baleias eram peixes, e elas foram classificadas dessa forma em edição anterior do *Systema naturae* de Lineu. Só depois se entendeu que eram, na verdade, mamíferos.

Carlos Lineu

Nascido no sul rural da Suécia, Carlos Lineu foi educado na Universidade de Uppsala, onde começou a lecionar botânica em 1730. Passou três anos na Holanda e, ao voltar à Suécia, dividia seu tempo entre aulas, escrita e expedições para coleta de plantas. Em Uppsala, dezessete de seus alunos embarcaram em expedições pelo mundo. Lineu era amigo de Anders Celsius, inventor da escala de temperatura. Após a morte do amigo, ele reverteu a escala para que o ponto de congelamento fosse 0 °C e o de ebulição, 100 °C. Lineu foi descrito como "príncipe dos botânicos", e o filósofo Rousseau disse sobre ele: "Não conheço maior homem na Terra". Lineu foi enterrado na Catedral de Uppsala; seus restos mortais constituem o tipo nomenclatural – espécime que representa uma espécie – utilizado para o *Homo sapiens*.

Obras importantes

1735 *Systema naturae*
1737 *Flora lapponica*
1751 *Philosophia botanica*
1753 *Species plantarum*

"REPRODUTIVAMENTE ISOLADO" SÃO AS PALAVRAS-CHAVE
CONCEITO DE ESPÉCIE BIOLÓGICA

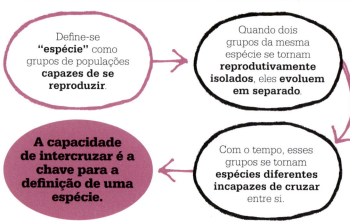

EM CONTEXTO

PRINCIPAL NOME
Ernst Mayr (1904–2005)

ANTES
1686 O naturalista John Ray define indivíduos de espécie animal ou vegetal como aqueles originados de um ancestral comum.

1859 *A origem das espécies*, de Charles Darwin, introduz a ideia de que espécies evoluem por meio da seleção natural.

DEPOIS
1976 *O gene egoísta*, de Richard Dawkins, populariza a evolução centrada no gene – seleção natural em nível genético.

1995 *O bico do tentilhão*, de Jonathan Weiner, segue o trabalho dos biólogos Peter e Rosemary Grant sobre as ilhas Galápagos.

2007 Massimo Pigliucci e Gerd B. Muller usam o termo "eco-evo-devo" para sugerir que a ecologia é um dos fatores que afetam a evolução.

No início do século XX, era aceito que múltiplas espécies pudessem evoluir de um ancestral comum. No entanto, não estava claro como esse processo de evolução realmente acontecia. Na verdade, havia algum debate sobre o que, precisamente, era "espécie". Em 1942, o biólogo evolutivo Ernst Mayr propôs uma nova definição: grupos de populações naturais intercruzantes "reprodutivamente isoladas de outros grupos semelhantes".

Isso significa que duas populações da mesma espécie vivendo na mesma área podem, em algum momento, ficar separadas pela geografia, seleção intersexual, estratégias de alimentação, ou outros meios, e então começar a mudar por meio da seleção natural ou deriva genética. No decorrer do tempo, como resultado dessa separação inicial, duas espécies distintas se desenvolvem, as quais não podem cruzar entre si. Esse tipo de especiação costuma acontecer em populações pequenas de criaturas em ilhas remotas.

Diferenças-chave
O conceito de espécie biológica é primariamente focado no potencial de

ORDENANDO O MUNDO NATURAL

Ver também: Evolução pela seleção natural 24-31 ▪ O papel do DNA 34-37 ▪ O gene egoísta 38-39 ▪ Princípio da exclusão competitiva 52-53

---

cruzamento entre organismos. Dois organismos podem parecer idênticos e viver no mesmo lugar, mas isso não significa que são da mesma espécie. Por exemplo, a cotovia-ocidental (*Sturnella neglecta*) e a cotovia-oriental (*Sturnella magna*) parecem similares, mas evoluíram para produzir cantos diferentes. Isso impede que acasalem uma com a outra, o que as torna duas espécies distintas.

Outro cenário é quando membros da mesma espécie parecem muito diferentes, mas, por poderem acasalar e se reproduzir, ainda são considerados parte da mesma espécie. O exemplo mais óbvio é o cão doméstico (*Canis familiaris*), uma espécie em que há grandes diferenças entre indivíduos. No entanto, como também é evidente, raças distintas são capazes de se reproduzir umas com as outras, portanto, pertencem à mesma espécie.

Permutas complexas

Segundo o conceito de espécie biológica, o potencial de

> Infinitas formas, tão belas e maravilhosas, evoluíram e continuam a evoluir.
> **Charles Darwin**

intercruzamento é a chave para a definição de uma espécie. Apenas as separações geográficas não evitam que espécies se reproduzam se forem reunidas. Divergências evolutivas – como os diferentes cantos de acasalamento da cotovia-ocidental e da cotovia-oriental – são o que evita o intercruzamento.

O conceito de espécie biológica não se aplica a organismos assexuados, como bactérias, ou criaturas assexuadas – por exemplo, espécies de lagartos do gênero *Aspidoscelis*. Às vezes, dois animais de espécies diferentes são capazes de acasalar e gerar prole, como é o caso da égua (*Equus ferus caballus*) e do asno (*Equus africanus asinus*), que juntos podem produzir um híbrido – a mula. No entanto, mulas são incapazes de se reproduzir, e assim éguas e asnos permanecem sendo espécies diferentes. Outro exemplo é o ligre, híbrido de tigresa e leão gerado em zoológico.

Tais anomalias enfatizam a complexidade em definir uma espécie. O conceito de espécie biológica continua sendo o mais popular, mas cientistas estão estudando a ideia de genes compartilhados, e utilizando análises de sequência de DNA. Até agora, ninguém chegou a uma definição única que cubra todas as espécies conhecidas, e parece improvável que isso aconteça. Na ausência de modelos melhores, o conceito de Ernst Mayr fornece um modo extremamente útil de pensar sobre espécie e evolução. ∎

Conceitos alternativos de espécie

Embora a ideia de Mayr sobre especiação biológica talvez seja a forma mais comum de definir espécies e explicar como evoluem, ela não é a única. Na verdade, há mais de vinte conceitos de espécie reconhecidos, organizados em dois amplos grupos – conceitos tipológicos e evolutivos. Conceitos tipológicos de espécie baseiam-se na ideia de que uma população de indivíduos do mesmo tipo – que partilham o mesmo conjunto de características – compõe uma espécie. As características podem ser genéticas, como sequências de bases de DNA ou RNA, ou estabelecidas por fenótipos, como o tamanho de certas partes do corpo ou marcadores específicos, como a disposição de manchas nas asas de insetos. O conceito evolutivo de espécie fundamenta-se em linhagens. Uma espécie é definida como o organismo que compartilha uma linhagem desde que a espécie se diferenciou até sua extinção, ou até que haja outra diferenciação e a criação de uma nova espécie.

Vaga-lumes machos são um exemplo de espécie tipológica. Eles piscam em determinado padrão para atrair fêmeas, que reconhecem o código da espécie e respondem caso queiram acasalar.

ORGANISMOS CLARAMENTE SE AGRUPAM EM VÁRIOS REINOS PRIMÁRIOS
UMA VISÃO MODERNA DA DIVERSIDADE

EM CONTEXTO

PRINCIPAL NOME
Carl Woese (1928–2012)

ANTES
1758 *Systema naturae* (décima edição), de Carlos Lineu, classifica a vida conhecida em dois reinos: animal e vegetal.

1937 O biólogo francês Edouard Chatton divide a vida em procariontes (bactérias) e eucariontes (organismos com células complexas).

1966 O biólogo alemão Willi Hennig estabelece um sistema de classificação baseado em clados – grupos de organismos com origem comum.

1969 O ecologista americano Robert Whittaker divide a vida em cinco reinos: bactérias, protistas, fungos, plantas e animais.

DEPOIS
2017 Um consenso entre biólogos aceita uma classificação da vida em sete reinos.

Antes de os biólogos terem os equipamentos e técnicas necessários para examinar a estrutura microscópica dos seres vivos, a diversidade biológica era dividida apenas em organismos semelhantes a animais ou a plantas. Então, no século XX, microscópios melhores começaram a revelar diferenças mais profundas, que não podiam ser vistas a olho nu. Na década de 1960, partindo de uma ideia proposta por Edouard Chatton nos anos 1930, surgiu a necessidade de uma nova divisão dos seres vivos, que era feita entre procariontes (bactérias, com células simples sem núcleo definido) e eucariontes (animais e vegetais com células maiores, mais complexas).

Na década de 1970, o biólogo americano Carl Woese alegou que mesmo esse sistema não contemplava a diversidade entre microrganismos – os menores seres vivos. Ele se concentrou nos ribossomos – grânulos minúsculos de que todas as células necessitam para produzir proteínas – e desenvolveu o

Archaea dependentes de enxofre prosperam nas quentes lagoas geotérmicas do Parque Nacional de Yellowstone, em condições que matariam a maioria dos outros organismos.

ORDENANDO O MUNDO NATURAL

Ver também: Primeiras teorias da evolução 20-21 ▪ Evolução pela seleção natural 24-31 ▪ O papel do DNA 34-37 ▪ Um sistema para identificar todos os organismos da natureza 86-87

Árvore dos três domínios de Carl Woese

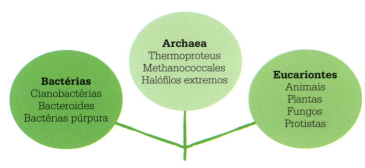

Segundo Carl Woese, todos os organismos podem ser separados em três categorias principais ou "domínios". As divisões são baseadas em semelhanças na estrutura ribossômica encontrada nas células dos grupos de organismos de cada domínio.

"sistema dos três domínios". Isso lhe deu uma nova perspectiva sobre os ramos da "árvore da vida" evolutiva de Darwin. Woese encontrou grandes diferenças na constituição química dos ribossomos entre minúsculos microrganismos, o que deixava um grupo de procariontes tão distante de outros quanto as bactérias estão dos humanos.

Revisando a árvore da vida

O terceiro domínio de organismos de Woese, conhecido como archaea, é superficialmente similar a bactérias, mas tem algumas propriedades estranhas. Muitos desses organismos prosperam em habitats extremos. Alguns – únicos entre os seres vivos – geram metano em locais desprovidos de oxigênio, como em sedimentos marinhos profundos ou dentro de cavidades digestivas quentes, entre as quais as dos mamíferos herbívoros ruminantes e flatulentos. Outros archaea habitam lagos dez vezes mais salgados que a água do mar, ou lagoas de água quente e ácida alimentadas por calor geotérmico que mataria qualquer outro ser.

Uma década antes de Woese propor sua teoria, Robert H. Whittaker havia reconhecido animais, plantas e fungos como reinos eucariontes distintos, colocando todos os outros eucariontes no reino protista, e as bactérias em um quinto reino. O reino protista de Whittaker abrangia organismos eucariontes, como amebas, que não se enquadravam nas outras categorias. Alguns protistas eram mais próximos de animais; outros, mais próximos de vegetais; e outros não eram próximos de nenhum dos dois. Eles não correspondiam ao modelo da árvore da vida, em que clados – grupos de organismos com origem comum – surgiam como ramos da bifurcação anterior.

Woese buscou um sistema de classificação que refletia a complexidade da evolução – com os ramos principais da árvore da vida dividindo-se em ramos menores, e galhos menores ainda que terminavam em folhas – as espécies individuais. No futuro, a intrincada árvore da vida pode revelar ainda mais categorias evolutivas. ■

Reino próprio

Durante a maior parte da história da biologia, os fungos foram considerados plantas. Até o grande classificador de organismos Carlos Lineu os incluiu no reino Plantae. Apenas com a invenção de microscópios mais poderosos as diferenças dos fungos começaram a ser mais bem compreendidas. Hoje, sabe-se que a quitina, um carboidrato complexo que compõe a parede celular dos fungos, não é encontrada em plantas. Os fungos também produzem o próprio alimento, digerindo matéria em decomposição, enquanto plantas fazem fotossíntese. Análises de DNA mostram que os fungos estão bem longe das plantas na árvore evolutiva da vida: estão, na verdade, geneticamente mais próximos ao ramo que dá origem aos animais. Os mesmos estudos mostram que certos bolores aquáticos – tradicionalmente classificados como fungos – não estão relacionados a eles, enquanto alguns microrganismos causadores de doenças são fungos que evoluíram e se tornaram parasitas microscópicos.

Fungos, como o fungo gelatinoso amarelo que cresce em uma árvore caída, não são mais considerados plantas. Estão mais próximos geneticamente dos animais.

SALVE A BIOSFERA E PODERÁ SALVAR O MUNDO

ATIVIDADE HUMANA E BIODIVERSIDADE

EM CONTEXTO

PRINCIPAL NOME
Edward O. Wilson (1929–)

ANTES
1993 A ONU proclama 29 de dezembro como Dia Internacional da Diversidade Biológica.

1996 *O canto do dodô*, do jornalista científico David Quammen, explora a natureza da evolução e extinção conforme os habitats ficam cada vez mais fragmentados.

DEPOIS
2014 *A sexta extinção*, da jornalista Elizabeth Kolbert, mostra como os humanos estão causando uma sexta extinção em massa de espécies.

2016 Em *Half-Earth*, Edward Wilson propõe que a Terra pode ser salva se metade dela for dedicada à natureza.

Biodiversidade é a variedade da vida na Terra – em todas as formas e níveis, dos genes aos microrganismos, humanos e todas as outras espécies, incluindo as ainda não descobertas. Os humanos contam com a biodiversidade para obter alimento e combustível, abrigo, medicamentos, beleza e prazer. Para as outras espécies, ela também proporciona nutrientes, dispersão de sementes, polinização e sucesso reprodutivo. Nenhum ser vivo poderia sobreviver sem biodiversidade.

Ecologistas identificaram crescentes ameaças à biodiversidade, muitas motivadas por ações humanas. Acredita-se que a taxa atual de espécies em extinção é até mil vezes

ORDENANDO O MUNDO NATURAL

Ver também: Hotspots de biodiversidade 96-97 ▪ Ecologia animal 106-113 ▪ Biogeografia insular 144-149 ▪ Biodiversidade e função do ecossistema 156-157 ▪ Biomas 206-209 ▪ Extinções em massa 218-223 ▪ Desmatamento 254-259 ▪ Sobrepesca 266-269

Efeitos da atividade humana na biodiversidade

As cinco atividades humanas que afetam mais severamente a biodiversidade na Terra podem ser representadas por HIPPO, acrônimo em inglês criado por Edward Wilson, com a gravidade relativa de cada um na ordem dos números.

1. Destruição de habitat
2. Espécies invasoras
3. Poluição
4. População humana
5. Exploração excessiva por meio de caça e pesca

maior do que antes de 1800, quando humanos começaram a dominar o planeta. O termo "biodiversidade" foi usado pela primeira vez em 1988 pelo biólogo americano Edward. O. Wilson, conhecido como "pai da biodiversidade". Mais tarde, ele enfatizou cinco importantes ameaças à biodiversidade, que, em inglês, formam o acrônimo HIPPO: destruição de habitats; espécies invasoras; poluição; população humana; e exploração excessiva por meio de caça e pesca.

Destruidores de habitat

A Lista Vermelha da União Internacional para a Conservação da Natureza (UICN) contempla mais de 25 mil espécies ameaçadas. Delas, 85% estão em risco pela perda de habitats que sustentavam determinadas espécies. Essa destruição pode ser decorrente de causas naturais, como incêndios ou inundações, ou, mais comumente, da expansão de terras agrícolas, exploração de madeira e aumento das extensas áreas de pasto para gado. O desmatamento contribuiu imensamente para a perda de habitat, com cerca de metade das florestas originais do mundo hoje derrubadas, sobretudo para uso do espaço na agricultura.

Alguns habitats não são destruídos, mas fragmentados ou divididos em unidades mais isoladas por intervenções humanas, como a construção de barragens ou outros tipos de desvio de águas. Essa fragmentação de habitats é perigosa para animais migratórios, uma vez que podem não conseguir encontrar locais para se alimentar ou descansar ao longo das rotas normais. Espécies nativas e ecossistemas também são afetados pela introdução, acidental ou deliberada, de novas espécies. As espécies invasoras podem ameaçar a oferta de alimentos ou outros recursos das nativas, transmitir doenças e se tornar uma ameaça predatória. A cobra-arbórea-marrom, por exemplo, foi levada acidentalmente para a ilha de Guam em um navio de carga e causou a extirpação (extinção de uma espécie em área específica) de dez das onze espécies de aves nativas da ilha.

Envenenamento do ar e da água

Qualquer tipo de poluição ameaça a biodiversidade, mas a do ar e a da água são particularmente nocivas. A queima de combustíveis fósseis, por exemplo, libera os gases tóxicos dióxido de enxofre e óxido de nitrogênio no ar; eles voltam como chuva ácida, causando a acidificação da água e do solo e afetando a saúde e a biodiversidade do ecossistema. Emissões de ozônio »

É dessa gama de biodiversidade que devemos cuidar – dela toda – e não apenas de uma ou duas estrelas.
David Attenborough
Naturalista e apresentador britânico

ATIVIDADE HUMANA E BIODIVERSIDADE

Edward O. Wilson

Nascido no Alabama, em 1929, Edward Osborne Wilson ficou cego de um olho após um acidente de pesca aos sete anos, abandonando a observação de pássaros e passando a se interessar por insetos – descobriu a primeira colônia de formigas-lava-pés nos EUA com apenas treze anos. Ele frequentou as universidades do Alabama e Harvard. O trabalho de Wilson concentrou-se inicialmente em formigas, mas estendeu-se ao estudo de ecossistemas isolados, conhecido como "biogeografia insular". Importante ambientalista, liderou as iniciativas para preservar a biodiversidade e educar as pessoas a esse respeito. Ganhou 150 prêmios, incluindo a Medalha Nacional de Ciências, o Prêmio Cosmo e dois Pulitzers por não ficção. Foi nomeado um dos ambientalistas do século pelas revistas *Time* e *Audubon*.

Obras importantes

1984 *Biophilia*
1998 *Consiliência: a unidade do conhecimento*
2014 *O sentido da existência humana*

Devemos considerar inestimável cada parcela de biodiversidade, enquanto aprendemos a usá-la e a entender o que significa para a humanidade.
Edward O. Wilson

também podem danificar membranas celulares de plantas, contendo seu crescimento e desenvolvimento.

A poluição da água é causada principalmente pelo esgoto ou por químicos absorvidos pela água que sai de terras agrícolas. Essa poluição reduz os níveis de oxigênio na água, tornando a sobrevivência mais difícil para algumas espécies, em especial quando combinada às temperaturas mais elevadas resultantes das mudanças climáticas. Em riachos usados por certas espécies de peixes para desova, por exemplo, a água doce pode se tornar inabitável devido à poluição.

Alguns organismos podem absorver substâncias, como agroquímicos, mais rapidamente do que as excretam, em um processo conhecimento como bioacumulação. Baixas concentrações de substâncias químicas podem não ser um problema inicialmente. Mas, à medida que se acumulam ao longo da cadeia alimentar – do fitoplâncton ao peixe, ao

Caça predatória, desmatamento e outras atividades humanas contribuíram para o status de espécie "criticamente ameaçada" do gorila-ocidental-das-terras-baixas africano.

mamífero, por exemplo –, podem atingir níveis que causam doenças congênitas e alteram níveis hormonais e sistemas imunológicos.

O rápido crescimento populacional promoveu danos ao ambiente. A população humana do mundo passou de menos de 1 bilhão em 1800 para mais de 7 bilhões, e espera-se que chegue perto dos 10 bilhões em 2050. Conforme a população aumenta, o mesmo acontece com outras ameaças à biodiversidade: um crescente número de espécies invasoras se espalha devido ao comércio e a viagens; o desenvolvimento urbano e a extração de recursos destroem habitats; mais poluição é gerada; e a terra é explorada em excesso. Será difícil conter os impactos do crescimento populacional humano, pois mais e mais pessoas necessitam de alimento e abrigo, e demandam ainda mais em uma sociedade de consumo cada dia mais global.

Acabando com o equilíbrio

O crescimento populacional também induz à exploração excessiva, última ameaça causada pelos humanos à biodiversidade no acrônimo HIPPO. Presente na silvicultura, pecuária e agricultura comercial, a exploração excessiva também pode vir de caça,

ORDENANDO O MUNDO NATURAL   95

A construção de ferrovias pelos EUA foi acompanhada por caçadores contratados para dizimar a população de bisões que sustentavam tribos de indígenas americanos. No fim do século XIX, apenas poucos bisões selvagens sobreviveram.

coleta e pesca, assim como da coleta não intencional, como de peixes descartados nas capturas. Quando a taxa de retirada excede a de reposição, seja por reprodução, seja por atividades humanas como o plantio de árvores, a retirada não é sustentável, e sem regulamentação pode resultar na extinção de espécies.

Um estudo de 2016 da Lista Vermelha da UICN mostrou que 72% das espécies listadas como ameaçadas ou quase ameaçadas são extraídas a uma taxa que significa que seus números não podem ser equilibrados pela reprodução natural ou rebrota. Cerca de 62% das espécies estão em risco apenas pela atividade agrícola, como criação de animais, derrubada de árvores e cultivo agrícola para produção de alimentos, combustível, fibras e forragem animal.

Protegendo a biodiversidade

Na realidade, as cinco ameaças HIPPO identificadas por Wilson estão inter-relacionadas, e geralmente não há uma única razão para uma espécie estar em risco. O desenvolvimento agrícola, por exemplo, pode não apenas destruir um habitat como também liberar gases do efeito estufa na atmosfera, contribuindo para a poluição do ar e mudança climática. Mais de 80% das espécies na Lista Vermelha da UICN são afetadas por mais de uma das cinco grandes ameaças à biodiversidade.

A biodiversidade mantém a saúde dos ecossistemas do planeta. Ecossistemas são um equilíbrio delicado de seres vivos – plantas e animais –, assim como o solo, o ar e a água em que vivem. Ecossistemas saudáveis fornecem recursos que sustentam humanos e todas as formas de vida, aprimoram a adaptabilidade contra desastres naturais e choques provocados por humanos, como mudanças climáticas, e fornecem recursos recreativos, medicinais e biológicos.

Embora as ameaças à biodiversidade advindas da atividade humana sejam sérias, estão sendo desenvolvidos meios de protegê-la. Acima de tudo está uma abordagem "sustentável" do extrativismo e da agricultura que permita que espécies – como peixes, árvores ou lavouras – sejam mantidas em níveis estáveis e até aumentem com o tempo. O status de proteção oficial para áreas de terra, água e gelo pode ajudar a apoiar espécies ameaçadas, enquanto acordos e negociações nacionais e internacionais podem mitigar o impacto do comércio legal e ilegal, como a caça predatória. A educação pública também ajuda as pessoas a compreender melhor seus impactos sobre a biodiversidade e como protegê-la para as gerações futuras. ∎

Biomas antropogênicos

A biosfera – todas as áreas da Terra e sua atmosfera que contém seres vivos – consiste em biomas, grandes ecossistemas baseados em um ambiente específico, como desertos ou florestas tropicais. O impacto de ações humanas na biodiversidade e a consequente reformulação de grande parte do planeta levaram ecologistas a reavaliar biomas e sugerir que uma designação de biomas antropogênicos seja necessária. Biomas antropogênicos são agrupados em seis categorias principais: áreas densamente povoadas, pequenas cidades, áreas de cultivo, pastagens, áreas florestadas e áreas selvagens. Diferentemente de outros biomas, que podem atravessar continentes, biomas antropogênicos são um mosaico de bolsões sobre a Terra. Segundo ecologistas, mais de 75% das terras livres de gelo do planeta foram afetadas por pelo menos uma forma de atividade humana, sobretudo em áreas densamente povoadas (urbanas), que englobam metade da população do mundo, e em pequenas cidades (densas áreas agrícolas).

ESTAMOS NA FASE INICIAL DE UMA EXTINÇÃO EM MASSA
HOTSPOTS DE BIODIVERSIDADE

EM CONTEXTO

PRINCIPAL NOME
Norman Myers (1934–)

ANTES
1950 Theodosius Dobzhansky estuda a diversidade vegetal nos trópicos.

DEPOIS
2000 Myers e colaboradores reavaliam a lista de hotspots e incluem vários novos, chegando ao total de 25.

2003 Artigo na *American Scientist* critica a concentração dos esforços de preservação em hotspots, dizendo que isso despreza "coldspots" menos ricos em espécies, mas ainda assim importantes.

2011 Equipe de pesquisadores confirma as florestas no leste da Austrália como o 35º hotspot.

2016 Confirma-se que a planície costeira da América do Norte preenche os critérios para hotspot de biodiversidade global, o que faz dela o 36º.

Um hotspot de biodiversidade é uma área com concentração excepcionalmente alta de espécies animais e vegetais. O termo foi cunhado em 1988 por Norman Myers, conservacionista britânico, para descrever áreas biologicamente ricas e fortemente ameaçadas. Voltando-se para o enorme e crescente desafio da extinção de espécies em massa causada pela destruição de habitats propícios, Myers sustentou que prioridades tinham que ser estabelecidas para definir onde concentrar recursos para preservar o máximo de formas de vida possível.

As exuberantes colinas e florestas de Arunachal Pradesh, Índia, são parte do hotspot da Indo-Birmânia. A área contém cerca de 40% das espécies vegetais e animais do país.

Definindo os hotspots

Inicialmente, Myers identificou dez hotspots cruciais para preservar espécies vegetais endêmicas (que não cresciam em nenhum outro lugar na Terra). Em 2000, ele já havia aprimorado o conceito para concentrar

ORDENANDO O MUNDO NATURAL

Ver também: Atividade humana e biodiversidade 92-95 ▪ O ecossistema 134-137 ▪ Desmatamento 254-259 ▪ Iniciativa Biosfera Sustentável 322-323

Nosso bem-estar é intimamente ligado ao bem-estar da vida selvagem [...] ao salvar a vida dessas espécies, podemos estar salvando a nossa.
Norman Myers

a atenção em regiões que atendessem a dois critérios: a área deveria conter ao menos 1.500 plantas vasculares (com raízes, caule e folhas) endêmicas, e ter perdido pelo menos 70% de sua vegetação primária (as plantas que originalmente cresciam na área). A Conservation International, agência ambiental que usa o conceito de Myers para guiar suas ações, agora lista 36 regiões do tipo. Embora representem apenas 2,3% da superfície terrestre, abrigam cerca de 60% das espécies de plantas, anfíbios, répteis, mamíferos e aves da Terra – e uma grande proporção dessas espécies vive apenas no respectivo hotspot.

A maioria dos hotspots está em trópicos ou subtrópicos. O que enfrenta o maior nível de ameaça é a área da Indo-Birmânia no Sudeste Asiático. Restam apenas 5% do habitat original, mas seus rios, zonas úmidas e florestas são vitais para a preservação de mamíferos, aves, tartarugas de água doce e peixes. Entre os animais exclusivos dessa área está o saola, mamífero florestal parente dos bois, mas que parece um antílope; foi visto pela primeira vez em 1992 nas montanhas Annamite, Vietnã.

O ameaçado golfinho-do-irrawady é encontrado ao longo do litoral do Sudeste Asiático e nas ilhas indonésias. Entre outros animais raros estão o cervo *Panolia eldii*, o gato-pescador e o íbis-gigante.

Medidas protetivas

As agências de conservação estipulam metas para cada hotspot. Elas listam as espécies ameaçadas e fazem planos para preservar e administrar as áreas com habitat adequado e populações viáveis de plantas e animais-alvo. Locais são classificados de acordo com o quanto são vulneráveis e insubstituíveis.

Os dois critérios de Myers foram criticados por pessoas que dizem que não levam em conta a mudança no uso da terra em regiões onde menos de 70% de habitat bom tenha sido destruído. A floresta Amazônica, por exemplo, não está em um hotspot, mas tem desaparecido mais rápido do que qualquer outro lugar na Terra. ▪

Estamos no estágio inicial de um holocausto biótico causado pelo homem – uma eliminação de espécies no atacado – que pode deixar o planeta estéril por pelo menos 5 milhões de anos.
Norman Myers

Norman Myers

Myers nasceu em 1934 e cresceu no norte da Inglaterra. Estudou na Universidade de Oxford antes de se mudar para o Quênia, onde trabalhou como administrador governamental e professor. Nos anos 1970, Myers estudou na Universidade da Califórnia, em Berkeley, onde seu interesse pelo meio ambiente cresceu. Ele levantou preocupações quanto ao desmatamento para atividade pecuária, que chamou de "conexão hambúrguer". Myers criou o conceito de hotspots de biodiversidade no artigo "Biotas ameaçadas: 'hotspots' em florestas tropicais", publicado na *The Environmentalist*, em 1988. Em seu primeiro livro, *Ultimate Security: The Environmental Basis of Political Stability*, sustentou que problemas ambientais levam a crises sociais e políticas. Em 2007, a revista *Time* aclamou Myers como herói do meio ambiente.

Obras importantes

1988 "Biotas ameaçadas: 'hotspots' em florestas tropicais"
1993 *Ultimate Security: The Environmental Basis of Political Stability*

A VARIED
DA VIDA

ADE

INTRODUÇÃO

Os fabricantes de lentes holandeses Hans e Zacharias Janssen inventam o **microscópio composto**.

1590

Louis Pasteur revela que o processo de fermentação do vinho é causado por **germes**; a descoberta incita o desenvolvimento da **teoria microbiana**.

1866

Charles Elton publica *Animal Ecology*, que estabelece muitos dos **princípios fundamentais** do comportamento animal.

1927

1676

Antonie van Leeuwenhoek identifica "animálculos", abrindo o campo da **microbiologia**.

1885

Albert Frank cunha o termo **"micorriza"**, em referência à **relação simbiótica** entre fungos e raízes das árvores.

Nosso entendimento sobre variedade, comportamento e interação de organismos avançou muito desde que Aristóteles descobriu que colônias de abelhas têm uma rainha e operárias. Enormes avanços em tecnologia, observações de campo e experimentos de laboratório aumentaram nosso conhecimento, e o estudo moderno do comportamento animal – etologia – continua a surpreender.

A vida sob o microscópio

Até o microscópio ser inventado, ninguém sabia que bactérias sequer existiam, muito menos o que faziam. Elas foram observadas pela primeira vez pelo microscopista holandês Antonie van Leeuwenhoek, em 1676, usando um instrumento construído por si mesmo. Ele chamou esses organismos minúsculos de "animálculos", mas pouco se soube sobre eles durante muitos anos. Na década de 1860, o químico francês Louis Pasteur e o microbiologista alemão Robert Koch desenvolveram a teoria microbiana das doenças, enfatizando o papel nocivo das bactérias. Pesquisa subsequente também enfatizou seus papéis positivos: facilitar a digestão, inibir o crescimento de outras bactérias patogênicas, "fixar" ou converter nitrogênio em moléculas que auxiliam o crescimento dos vegetais e decompor matéria orgânica morta, que libera nutrientes para a teia alimentar.

Outra descoberta possibilitada pela microscopia foi a relação mutualista entre fungos e árvores, publicada pelo fitopatologista alemão Albert Frank, em 1885. Estudando o que inicialmente presumiu ser uma infecção patológica, Frank descobriu que as árvores com fungos nas raízes eram mais saudáveis do que as outras. Os finos filamentos, ou hifas, dos fungos tornam as raízes mais eficientes na obtenção de nitrato e fosfato do solo. Em troca, os fungos ganham açúcar e carbono da árvore.

Vidas conectadas

Nenhum organismo vive isolado do restante de seu ecossistema. As interações comportamentais entre eles são complexas e muito ainda está se descobrindo sobre elas. Uma das maiores contribuições nesse campo foi feita pelo zoólogo britânico Charles Elton, cujo livro de 1927 *Animal Ecology* estabeleceu muitos princípios importantes do comportamento animal, incluindo teias e cadeias alimentares, tamanho de presas e o conceito de nichos ecológicos.

A etologia, que olha para o comportamento animal, sua base evolutiva e desenvolvimento, é um

A VARIEDADE DA VIDA

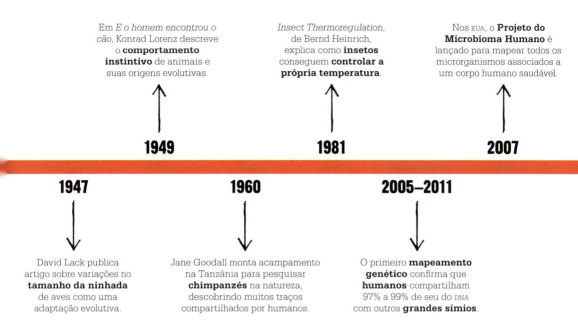

componente importante no estudo moderno dos organismos. Em 1837, o entomologista George Newport descobriu que mariposas e abelhas podiam elevar a temperatura de seu tórax vibrando os músculos. A partir da década de 1970, o entomologista germano-americano Bernd Heinrich descobriu mais adaptações termorreguladoras que ajudaram os insetos a prosperar. Como heterotérmicos, eles são capazes de manter diferentes temperaturas em diferentes partes do corpo.

A pesquisa moderna combina experimentos de laboratório, observações de campo e novas tecnologias, como termografia infravermelha, para entender o comportamento dos insetos de forma mais detalhada. Observações de campo são cruciais na pesquisa etológica. Nos anos 1940, o ornitólogo britânico David Lack investigou os fatores que controlavam o número de ovos que as aves botavam (tamanho da ninhada). Sua hipótese da limitação de alimento declara que o número de ovos botado por uma espécie evoluiu para se adequar ao alimento disponível. A pressão evolutiva criou uma correlação entre o tamanho da ninhada e a disponibilidade de alimento.

O zoólogo austríaco Konrad Lorenz e o biólogo holandês Nikolaas Tinbergen também estudaram animais na natureza para tentar compreender seu comportamento. A obra de Lorenz *E o homem encontrou o cão*, de 1949, explica a lealdade de um cão de estimação a seu dono em comparação à lealdade instintiva dos caninos ao líder de sua matilha na natureza. Os experimentos de campo de Tinbergen mostraram que filhotes de gaivota, que tocam em uma área vermelha no bico dos pais quando querem comida, também tocam marcas coloridas pintadas em um bico modelo.

Traços humanos

Assim como esses estudos de curto prazo, a primatóloga e etóloga Jane Goodall conduziu observações de campo por um período mais longo, estudando chimpanzés na Tanzânia de 1960 a 1975. Suas descobertas contestaram a visão de que o comportamento humano é totalmente singular no mundo animal e indicaram que os chimpanzés têm o comportamento mais próximo das pessoas do que se presumia. Ela notou, por exemplo, que eles exibem uma gama de expressões e outros tipos de linguagem corporal para indicar humores, fabricam e utilizam ferramentas, com frequência se comportam de maneira cooperativa e às vezes brigam com grupos rivais. ■

A ÚLTIMA PALAVRA SERÁ DOS MICRÓBIOS
MICROBIOLOGIA

EM CONTEXTO

PRINCIPAL NOME
Louis Pasteur (1822–1895)

ANTES
1683 O cientista amador holandês Antonie van Leeuwenhoek usa um microscópio para observar bactérias e protozoários.

1796 Edward Jenner realiza a primeira vacinação, usando o vírus da varíola bovina para proteger contra a doença.

DEPOIS
1926 O microbiologista americano Thomas Rivers faz a distinção entre vírus e bactérias.

1928 Ao pesquisar estafilococos, o bacteriologista escocês Alexander Fleming descobriu a penicilina.

2007 É feito um inventário de todos os micróbios associados a um corpo humano saudável.

Micróbios – bactérias, bolores, vírus, protozoários e algas – estão presentes em todos os ambientes: no solo, na água e no ar. Alguns causam doenças, mas a maioria é essencial para a vida. Entre outras coisas, eles decompõem matéria orgânica para que possa ser reciclada de volta ao ecossistema.

Trilhões de micróbios também vivem no corpo humano. Os mais comuns são bactérias benéficas, que auxiliam na digestão de alimentos, produção de vitaminas, e ajudam o sistema imunológico a localizar e atacar os micróbios nocivos. Os cientistas não compreendiam esses microrganismos até poderem enxergá-los. As primeiras observações iniciaram-se no século XVII, utilizando o recém-inventado microscópio. Esses estudos revelaram um mundo previamente desconhecido de vida microbiótica. Mais ou menos na mesma época, a palavra "germe", que em sua origem significava "semente", foi usada pela primeira vez para descrever aqueles microrganismos.

Combatendo doenças

Alguns cientistas dos séculos XVII e XVIII acreditavam que certos "germes" podiam causar doenças, mas predominava a visão de que as enfermidades eram resultado espontâneo de fraquezas inerentes a um organismo. Só após o meticuloso trabalho de laboratório de Louis Pasteur, químico francês do século XIX, a "teoria microbiana das doenças" foi comprovada.

Pasteur começou observando o processo de fermentação do álcool. Ele descobriu que a acidez do vinho era causada por agentes externos – micróbios, ou germes. Uma crise na indústria da seda francesa, causada por uma epidemia em bichos-da-seda, permitiu que Pasteur isolasse e identificasse os microrganismos que causavam aquela determinada doença. Ao estender a teoria

Micróbios são abelhas operárias que executam a maioria das funções importantes em seu corpo.
Robynne Chutkan
Especialista em microbioma e escritora

A VARIEDADE DA VIDA

Ver também: Classificação dos seres vivos 82-83 ▪ O ambiente microbiológico 84-85 ▪ O ecossistema 134-137

No que se refere à observação, o acaso só favorece a mente preparada.
Louis Pasteur

microbiana a doenças humanas, Pasteur propôs que germes invadiam o corpo e causavam enfermidades específicas. Edward Jenner, quase cem anos antes, havia mostrado que uma doença podia ser evitada com a aplicação de uma "vacina" – um vírus similar ao do micróbio causador da doença. Pasteur descobriu que, produzida em laboratório e injetada em humanos ou animais hospedeiros, uma forma atenuada, ou enfraquecida, do germe causador da doença era eficiente para capacitar o sistema imunológico do corpo a combater a doença. No início, Pasteur enfrentou forte oposição e temor diante daquela possibilidade, mas conseguiu desenvolver vacinas para antraz, cólera aviária e raiva – a última envolvendo seu primeiro teste em humanos.

Destruindo os germes

O foco depois passou à busca de agentes germicidas, ou antibióticos, como a penicilina – descoberta por Alexander Fleming. Uma estratégia para destruir micróbios é seguida desde então. Porém, essa abordagem de eliminação total tem suas desvantagens. Ela mata microrganismos benéficos, e não apenas os nocivos, e também promove uma resistência bacteriana que, com o tempo, pode tornar os antibióticos ineficientes. ∎

A bactéria *Enterococcus faecalis* é encontrada no intestino de humanos saudáveis. Se disseminada para outras regiões do corpo, no entanto, pode causar infecções sérias.

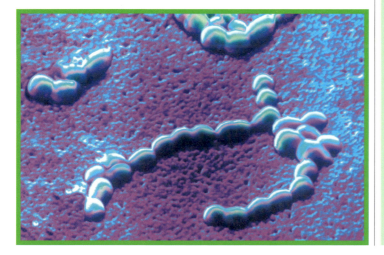

Louis Pasteur

Nascido em Dole, França, em 1822, Pasteur era filho de um humilde curtidor de couro. Foi aluno médio, mas esforçado, graduando-se em 1842 e obtendo o doutorado em ciências em 1847. Após lecionar em várias universidades, em 1867 ele se tornou professor de química na Sorbonne, em Paris. Seu principal interesse era pesquisar o processo de fermentação. Pasteur descobriu que a fermentação do vinho e da cerveja era causada por germes – micróbios. Também descobriu que eles podiam ser mortos por um tratamento curto com calor moderado – processo hoje chamado "pasteurização" em sua homenagem. Sua "teoria microbiana" levou ao amplo desenvolvimento de vacinas, que continuam sendo um método vital de controle de doenças. Em 1887, fundou o Instituto Pasteur, aberto em 1888, que até hoje ajuda a evitar e combater doenças.

Obras importantes

1870 *Etudes sur la maladie des vers à soie*
1878 *Les Microbes organisés, leur rôle dans la fermentation, la putréfaction et la contagion*
1886 *Traitement de la rage*

CERTAS ESPÉCIES DE ÁRVORES VIVEM EM SIMBIOSE COM FUNGOS
A ONIPRESENÇA DAS MICORRIZAS

EM CONTEXTO

PRINCIPAL NOME
Albert Frank (1839–1900)

ANTES
1840 O botânico alemão Theodor Hartig descobre uma rede de filamentos nas raízes de pinheiros.

1874 Hellmuth Bruchmann, biólogo alemão, nota que a "rede de Hartig" é feita de filamentos fúngicos.

DEPOIS
1937 A. B. Hatch, botânico americano, mostra um relacionamento benéfico entre pinheiros e fungos micorrízicos.

1950 Os botânicos suecos Elias Melin e Harald Nilsson mostram que raízes de plantas podem extrair mais nutrientes do solo com a ajuda de micorrizas.

1960 Outro botânico sueco, Erik Björkman, mostra que plantas transmitem carbono a fungos micorrízicos em troca de fosfato e nitrato.

Em 1885, um professor de fitopatologia da Academia Real de Agronomia de Berlim chamado Albert Frank foi o primeiro a ver uma conexão entre fungos que cresciam em raízes de árvores e a saúde delas. Frank notou que não eram infecções patológicas, mas parcerias subterrâneas: longe de sofrer, as árvores pareciam se beneficiar de uma melhor nutrição. Ele inventou um novo termo para a parceria – "micorriza", do grego *mykes*, fungo, e *rhiza*, raiz.

Micorrizas em ação

Falsas trufas são um exemplo do lado fúngico dessa parceria. Botânicos prussianos do século XIX notaram esses fungos sob abetos e observaram que cada raiz da árvore seguia na direção de uma trufa e que estava envolvida por uma camada fúngica. Embora não soubessem, os botânicos estavam testemunhando um fenômeno vital para muitos ecossistemas.

Fungos são tipicamente nutridos por matéria orgânica, de onde extraem alimento por meio de digestão externa. E para isso uma camada profunda de serapilheira é perfeita. Eles vertem enzimas digestivas em sua refeição e absorvem os compostos orgânicos solúveis produzidos por uma rede de

Micorrizas em raiz de pé de soja. Em micorrizas arbusculares, como estas, as pontas das hifas formam cachos dentro das células da raiz da planta, otimizando a troca de nutrientes.

filamentos microscópicos – hifas – chamados micélios.

As plantas contam com pelos radiculares para absorver água e minerais, como nitratos e fosfatos. Mas há um limite para a velocidade de crescimento de suas raízes e, assim, para a quantidade de nutrientes que podem absorver. As hifas de micorrizas podem cobrir uma área muito ampla, absorvendo uma quantidade bem maior de minerais.

A VARIEDADE DA VIDA

Ver também: Evolução pela seleção natural 24-31 ▪ Mutualismos 56-59 ▪ O ecossistema 134-137 ▪ Fluxo de energia nos ecossistemas 138-139

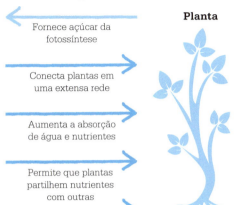

Trocas benéficas entre micorrizas e raízes de plantas

Micorriza → Planta
- Fornece açúcar da fotossíntese
- Conecta plantas em uma extensa rede
- Aumenta a absorção de água e nutrientes
- Permite que plantas partilhem nutrientes com outras
- Aumenta a proteção contra doenças do solo

A relação mutualista entre micorrizas e plantas é bem desenvolvida. Cerca de 90% de todas as espécies vegetais contam com fungos para obter nutrientes e proteção. Em troca, fornecem aos fungos uma fonte vital de alimento.

Quando as hifas fúngicas se ligam às raízes das plantas, elas expandem o sistema radicular, permitindo que mais nutrientes se infiltrem na planta.

Albert Frank notou que essa parceria era de mão dupla – uma combinação vantajosa para plantas e fungos. Em troca de transmitir uma parte de seus minerais, os fungos recebem açúcar da planta – feito pela fotossíntese nas folhas e transportado até as raízes por meio da seiva. Isso aumenta o abastecimento de nutrientes que o fungo retira de matéria orgânica morta.

Redes ancestrais

Fósseis e plantas que datam de 400 milhões de anos atrás – quando a vegetação começou a se espalhar pela terra seca – mostram rastros de filamentos fúngicos. Isso sugere que a parceria micorrízica foi essencial para a evolução da vida terrestre. Hoje, a maioria das espécies de plantas continua a contar com os fungos dessa forma. Árvores auxiliadas por micorrizas são mais resistentes a secas e doenças, e podem até comunicar sinais de alarme ao liberar substâncias químicas em resposta a ataques de herbívoros. A rede fúngica que conecta as árvores foi apelidada de "wood-wide web". ∎

[O fungo] desempenha função de 'ama de leite' e executa toda a nutrição da árvore a partir do solo.
Albert Frank

Micorrizas como indicadores de poluição

Fungos micorrízicos não são bons apenas para as plantas – também podem ser indicadores da saúde de todo o ambiente. Experimentos de laboratório mostraram que alguns não se desenvolvem bem com toxinas, ou seja, podem ser usados para detectar poluentes no ar ou no solo. Por exemplo, alguns fungos não crescem quando expostos a metais pesados, como chumbo ou cádmio, e como tipos diferentes de fungos reagem de formas distintas a mudanças ambientais, certas espécies podem identificar tipos específicos de poluição.

Micorrizas também são indicadores úteis da saúde de seu habitat nativo. Muitas crescem em raízes de árvores, mas são bem menores em solos poluídos. As próprias árvores também podem reagir à poluição com ramos mais fracos, mas a reação das micorrizas é mais precisa e é um valioso alerta precoce de um habitat em declínio.

O pouco crescimento do *Russula mustelina*, fungo micorrízico das florestas de abeto europeias e norte-americanas, pode ser um indicador precoce de poluição do ar.

ALIMENTO É A PRINCIPAL QUESTÃO

ECOLOGIA ANIMAL

108 ECONOMIA ANIMAL

EM CONTEXTO

PRINCIPAIS NOMES
Charles Elton (1900–1991),
George Evelyn Hutchinson (1903–1991)

ANTES
Séc. XIX O escritor árabe Al-Jahiz introduz o conceito de cadeia alimentar em *Kitab al-Hayawan* (Livro dos animais), concluindo que "todo animal fraco devora aqueles mais fracos que ele".

1917 O biólogo americano Joseph Grinnell descreve pela primeira vez um nicho ecológico em seu ensaio "As relações de nicho do *Toxostoma redivivum*".

DEPOIS
1960 O ecologista e filósofo americano Garrett Hardin publica um ensaio na revista *Science* em que declara que "cada instância de uma coexistência aparente deve ser considerada".

1973 O ecologista australiano Robert May publica *Stability and Complexity in Model Ecosystems*, em que usa modelos matemáticos para demonstrar que ecossistemas modernos não necessariamente levam à estabilidade.

O conceito de cadeias alimentares – a ideia de que todos os seres vivos estão ligados por meio da dependência de outras espécies para se alimentar – vem de muitos séculos, mas foi só no início do século XX que cientistas desenvolveram o conceito de cadeias alimentares formando uma teia alimentar.

O pioneiro nesse pensamento foi o zoólogo britânico Charles Elton, cujo livro *Animal Ecology* (1927) descreve o que ele chamou de "ciclo alimentar". Mais tarde, ele desenvolveu teorias que abrangem interações mais complexas entre os animais e o meio ambiente – ideias que formam a base da ecologia animal moderna. Elton comparou nosso conhecimento de espécies individuais de plantas e animais às células de uma colmeia – cada "célula" de conhecimento é importante por si só, mas reunindo todas elas cria-se algo muito maior do que a soma das partes – a "colmeia" da ecologia.

Hoje em dia, o estudo da ecologia animal concentra-se no modo como os animais interagem com seu ambiente, nos papéis desempenhados por diferentes espécies, no motivo do aumento e declínio populacional, nas alterações ocasionais no comportamento dos animais e no impacto das mudanças ambientais sobre eles. O princípio subjacente ao trabalho dos ecologistas que estudam animais é que geralmente existe um

Teia alimentar

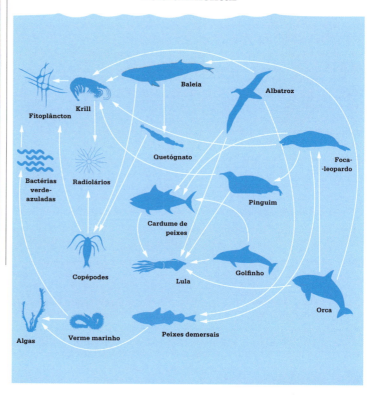

Uma teia alimentar é uma descrição gráfica das conexões alimentarem entre diferentes espécies dentro de uma comunidade ecológica. Esse exemplo ilustra as relações em um ecossistema marinho, no qual orcas são os superpredadores e fitoplânctons são os produtores primários.

A VARIEDADE DA VIDA

Ver também: Espécies-chave 60-65 ▪ A cadeia alimentar 132-133 ▪ O ecossistema 134-137 ▪ Fluxo de energia nos ecossistemas 138-139 ▪ Cascatas tróficas 140-143

equilíbrio na natureza; portanto, se a população de uma dada espécie crescer muito, ela será regulada, na maioria das vezes pela falta de alimento. No entanto, as relações entre os organismos e seu ambiente mudam de um lugar para outro e ao longo do tempo.

Cadeia de dependência

Em *Animal Ecology*, Elton delineou os princípios-chave do estudo de comunidades animais: cadeias e teias alimentares, tamanho do alimento e nichos ecológicos. Cada cadeia e teia alimentar, ele afirmou, depende de produtores: plantas e algas que sustentam os consumidores herbívoros. Esses herbívoros, por sua vez, sustentam um ou mais níveis de carnívoros. Carnívoros grandes em geral comem animais menores, mas, como os animais pequenos se reproduzem mais rapidamente, seus números são capazes de sustentar os predadores maiores.

A competição por alimentos é muito acirrada perto do topo de uma teia alimentar. Embora superpredadores (no topo), como grandes felinos e grandes aves de rapina, não tenham predadores naturais, isso costuma significar que

Cada animal tem uma ligação próxima com inúmeros outros animais à sua volta – e essas relações são alimentares.
Charles Elton

Aranha captura uma donzelinha, demonstrando que o princípio do tamanho do alimento pode ser modificado pela agressão comparativa e força do predador e de sua presa.

eles têm que defender seus territórios contra rivais da própria espécie para garantir que haja alimento suficiente para eles e seus filhotes.

Tamanho do alimento

Um dos argumentos mais importantes de Elton foi a noção de que as cadeias alimentares existem sobretudo por causa do princípio do tamanho do alimento. Ele explicou que todo animal carnívoro come presas que se encaixam dentro de um limite superior e inferior. Os predadores são fisicamente incapazes de capturar e consumir animais acima de determinado tamanho porque não são grandes, fortes ou hábeis o suficiente. Isso não quer dizer que os predadores não possam matar e comer animais maiores do que eles; uma doninha pode facilmente matar um coelho maior do que ela, pois é mais agressiva. No entanto, uma leoa adulta, um dos principais predadores do mundo, não é capaz de matar um elefante africano adulto saudável. Da mesma forma, uma larva de libélula no fundo de um lago pode conseguir atacar um pequeno »

Prevendo os efeitos da mudança climática

Ecologistas analisam alterações nas populações e na distribuição de animais e aplicam modelos de mudanças climáticas para prever como podem variar no futuro, ao longo de cinco, dez, cinquenta ou mais anos. No Ártico, por exemplo, onde as temperaturas médias estão subindo mais rapidamente do que em qualquer outro lugar, as banquisas estão se contraindo. Como resultado, os ursos-polares precisam se deslocar mais em busca de gelo onde possam capturar focas, descansar e acasalar. Quanto mais nadam, mais energia gastam. Com a diminuição das banquisas, os ursos-polares passam fome. Cientistas monitoram seus números e movimentação e comparam esses dados com as mudanças nas banquisas. O urso-polar tem um papel vital na ecologia do Ártico. Como superpredador e espécie-chave, deve ter acesso a focas, que compõem quase exclusivamente sua dieta. O número de focas regula a densidade de ursos-polares, enquanto a predação dos ursos-polares, por sua vez, regula a densidade e o sucesso reprodutivo das focas.

Um urso-polar solitário observa o mar de um pequeno bloco de gelo à deriva no Ártico. O encolhimento das banquisas na região ameaça a sobrevivência de sua espécie.

Ciclos populacionais de lebre e lince

Na taiga canadense, a presa preferida dos linces são lebres-americanas. Charles Elton examinou a relação entre as populações das duas espécies usando dados referentes ao período de 1854–1925. Quando há muitas lebres, elas são praticamente a única presa dos linces. Quando a população atinge seu pico de densidade, elas lutam para encontrar vegetais para se alimentarem. Algumas morrem de fome, e outras ficam fracas e são facilmente capturadas por predadores, incluindo o lince, que se alimenta muito bem por um tempo. Se o número de lebres continua a cair, os linces são afetados. Eles são obrigados a caçar presas menos nutritivas, como ratos e tetrazes.

Quando lutam para encontrar o bastante para se alimentar, os linces produzem ninhadas menores ou até mesmo param de procriar. Alguns morrem de fome. Um declínio na população de linces acontece um ou dois anos após a população de lebres ter chegado a níveis mínimos, um ciclo que se repete a cada oito a onze anos.

Um lince-do-canadá captura uma lebre-americana, sua presa preferida. Quando há muitas lebres, o lince come duas a cada três dias.

girino, mas não seria capaz de comer um sapo adulto.

Os animais podem ser capazes de matar presas muito menores, mas simplesmente não vale o esforço. Lobos caçam mamíferos de tamanho médio ou grande, como cervos. Se esses mamíferos desaparecessem do ambiente, eles teriam dificuldade para capturar um número suficiente de animais menores, como ratos, para sustentá-los; a energia que usam para encontrar presas pequenas é maior do que a energia que ganham ao consumi-las.

As plantas não podem fugir ou revidar; portanto, considerações diferentes se aplicam aos herbívoros quando se trata de tamanho de alimento. Há um tamanho máximo de semente que cabe no bico de um determinado tentilhão, por exemplo, de modo que tentilhões maiores têm uma vantagem sobre espécies menores. Da mesma forma, certas espécies de beija-flor podem beber néctar apenas de flores até determinado tamanho, dependendo do comprimento de seu bico.

O beija-flor-bico-de-espada, nativo da América do Sul, tem um bico longo que lhe permite sugar néctar de flores longas de *Passiflora mixta*, espécie de passiflora. Ao se alimentar, ele dispersa o pólen da planta.

Nichos ecológicos

O nicho de um animal ou planta é seu papel ecológico ou modo de vida. Para o zoólogo americano Joseph Grinnell, nas primeiras décadas do século XX, o nicho de um organismo foi definido como seu habitat. Na Califórnia, ele estudou pássaros chamados *Toxostoma redivivum* e observou como eles se alimentavam, se aninhavam e se escondiam de predadores na densa vegetação arbustiva do chaparral. No entanto, um nicho é algo mais complexo do que apenas o lugar em que vive um organismo. Pica-bois e bisões compartilham exatamente o mesmo habitat – campos abertos –, mas suas necessidades de sobrevivência são muito diferentes: os bisões pastam grama, enquanto os pica-bois se alimentam dos carrapatos que tiram dos bisões.

Elton explorou o conceito de nichos ecológicos com mais profundidade. Para ele, o alimento era o fator primário na definição do nicho de um animal. O que comia e por quem era comido era crucial.

A observação de espécies na natureza me convence de que a existência e a persistência de espécies estão vitalmente ligadas ao ambiente.
Joseph Grinnell

A VARIEDADE DA VIDA

Diferentes espécies se agrupam, como bolhas de sabão, aglomerando-se até que uma espécie ganha [...] certa vantagem sobre a outra.
George E. Hutchinson

A depender do habitat, um nicho específico pode ser preenchido por um animal diferente. Elton citou o exemplo de um nicho preenchido por aves de rapina que caçavam pequenos animais terrestres, como camundongos e ratos-do-mato. Em um carvalho europeu, esse nicho seria preenchido por corujas-do-mato, enquanto em campos abertos francelhos fariam esse papel.

Elton também argumentou que um animal não apenas podia tolerar certo conjunto de condições ambientais, mas também poderia alterá-lo. A atividade de derrubada de árvores e represamento de riachos dos castores é um dos exemplos mais drásticos, criando habitats para peixes em piscinas represadas, pica-paus em árvores mortas e libélulas nas margens de lagos.

Nichos e competição

O zoólogo britânico George E. Hutchinson, trabalhando na Universidade Yale dos anos 1950 a 1970, analisou todos os processos físicos, químicos e geológicos em ação nos ecossistemas e propôs que o papel de qualquer organismo em seu nicho inclui como ele se alimenta, se reproduz, encontra abrigo e interage com outros organismos e com o ambiente. Por exemplo, cada espécie de truta – e outros peixes – tem uma zona de salinidade, acidez e temperatura da água que é capaz tolerar, além de uma variedade de presas e condições de leitos de rios ou lagos. Isso torna alguns melhores competidores que outros, dependendo das condições do habitat em que vivem. Considerado o pai da ecologia moderna, Hutchinson inspirou outros cientistas a explorar como animais competidores usam seu ambiente de maneiras diferentes.

O tamanho do nicho de um animal ou planta compreende toda a gama de fatores necessários para permitir que ela prospere. Ratos-marrons, guaxinins e estorninhos são exemplos de animais com larga amplitude de nicho, uma vez que são capazes de sobreviver em variadas condições. Tais espécies são chamadas generalistas. Outros animais têm necessidades limitadas. Por exemplo, os coalas dependem quase inteiramente de folhas de eucalipto, e as araras-azuis-grandes da região do Pantanal brasileiro não comem quase nada além dos frutos duros de duas espécies de palmeiras – esses são especialistas.

Os animais raramente ocupam todo o seu nicho devido à competição entre espécies. Parte das necessidades de habitat dos pássaros *Sialia sialis* são as árvores mortas, com velhos buracos feitos por pica-paus nos quais botam seus ovos e criam seus filhotes. Embora buracos sejam algo comum em muitas florestas, os *Sialia sialis* não podem ocupar todos eles porque costumam ser superados competitivamente por estorninhos mais agressivos. Portanto, seu nicho realizado – locais que de fato ocupam – não é tão amplo quanto seu nicho potencial (ou fundamental). »

Um verdadeiro especialista, o coala precisa de um quilo de folhas de eucalipto por dia. A espécie é encontrada na natureza apenas na Austrália, onde o eucalipto é comum.

Os três principais tipos de pirâmide ecológica

Pirâmide de números
- 1 Águia-pescadora
- 10 Lúcio
- 100 Perca
- 1 mil Alburno
- 10 mil Camarão-d'água-doce

Pirâmide de biomassa
- Lobo 400 kg/km²
- Raposa-vermelha 2 mil kg/km²
- Lebre-americana 20 mil kg/km²
- Grama 21 milhões de kg/km²

Pirâmide de energia
- Superpredadores 0,01%
- Carnívoros secundários 0,1%
- Carnívoros 1%
- Herbívoros 10%
- Produtores 100%

Pirâmides ecológicas representam dados quantificáveis em um ecossistema. Números mostram o tamanho populacional de uma espécie em um nível trófico; biomassa, sua presença relativa; e energia, quem come o quê e em qual quantidade.

Muitos animais compartilham alguns aspectos de seu nicho, mas não outros. Isso se chama sobreposição de nicho. Se espécies diferentes vivem no mesmo habitat e têm estilos de vida semelhantes, estarão em competição, mas poderão viver em estreita proximidade se alguns aspectos de seu comportamento ou dieta forem diferentes. Essa disposição é conhecida como diferenciação de nicho. Por exemplo, vários lagartos anólis em Porto Rico ocupam com sucesso as mesmas áreas porque selecionam locais para se posicionar em diferentes partes das árvores.

Existem limites para a sobreposição de nicho. Quando dois animais com nichos idênticos vivem no mesmo local, um leva o outro à extinção. Esse conceito – o princípio da exclusão competitiva – foi traçado por Joseph Grinnell em 1904 e desenvolvido em um artigo publicado pelo ecologista russo Georgy Gause em 1934, ficando conhecido como Lei de Gause.

Pirâmide de números

Charles Elton usou uma pirâmide para representar graficamente os diferentes níveis em uma cadeia alimentar, com os produtores na base, os consumidores primários um nível acima e assim por diante. Com frequência, os consumidores primários – insetos, em particular – superam em número os produtores, mas os consumidores em níveis mais altos vão ficando menos numerosos conforme se aproximam do topo da pirâmide. O sistema não leva em conta parasitas; pulgas e carrapatos em mamíferos e aves superam em muito o número total de todos os vertebrados em um ecossistema.

Organismos microscópicos como as diatomáceas compõem parte significativa de todas as pirâmides ecológicas. Seus altos números e sua reprodução rápida fornecem massa e energia para as espécies mais acima na pirâmide.

O processo básico na dinâmica trófica é a transferência de energia de uma parte do ecossistema a outra.
Raymond Lindeman

Em 1938, o ecologista especializado em animais Frederick Bodenheimer modificou a pirâmide de números de Elton e produziu uma pirâmide de biomassa, que representava a quantidade de matéria viva em determinada área a cada nível. Ela levava em conta o fato de alguns organismos serem muito maiores que outros, mas, por mostrar biomassas comparativas em um ponto fixo no tempo, produzia anomalias. Por exemplo, em um lago, a massa do produtor fitoplâncton (organismos microscópicos que são a base da teia alimentar aquática) pode não ser tão grande quanto a massa de consumidores peixes em um ponto específico no tempo, então a pirâmide ficará invertida. No entanto,

A VARIEDADE DA VIDA

fitoplânctons se reproduzem rapidamente quando as condições, como luz do sol e nutrientes, são adequadas. Com o tempo, a massa de fitoplânctons superará a de peixes.

Pirâmides tróficas

O ecologista americano Raymond Lindeman propôs uma pirâmide de energia, chamada pirâmide trófica, mostrando a medida com que a energia é transferida de um nível a outro conforme herbívoros comem plantas, e predadores comem herbívoros. O nível trófico de um organismo é a posição que ele ocupa em uma cadeia alimentar. Plantas e algas estão no nível trófico 1, herbívoros no nível 2, e o primeiro nível de predadores é o 3. É raro que existam mais de cinco níveis. Plantas convertem a energia do sol em compostos de carbono armazenado, e quando um vegetal é comido por um herbívoro, parte da energia se transfere ao animal. Quando um predador come o herbívoro, ele recebe uma quantidade menor daquela energia, e assim por diante.

Publicada em 1942, a Lei dos 10% de Lindeman explica que, quando organismos são consumidos, apenas 10% da energia transferida deles é armazenada como carne do corpo no nível trófico seguinte. O modelo de energia cria uma imagem mais realista da condição de um ecossistema. Por exemplo, se a biomassa de algas e peixes de um lago é a mesma, mas as algas se reproduzem duas vezes mais rápido que os peixes, a energia das algas será mostrada como duas vezes maior. Além disso, não há pirâmides invertidas – sempre há mais energia nos níveis tróficos mais baixos. Para

A tenca se alimenta de caramujos, que comem perifíton – mistura de organismos microbianos que adere às plantas. Reduzindo os caramujos, a tenca amplia a biomassa de perifítons.

avaliar a transferência de energia, no entanto, é preciso muita informação sobre entrada e energia, assim como o número e a massa dos organismos.

Pensamento futuro

Relações entre organismos e seu ambiente mudam de um lugar para o outro e no decorrer do tempo. A mudança climática global é um exemplo de fatores ambientais que afetam cada vez mais comunidades de animais. Algumas mudanças já ocorreram, mas um dos desafios do pensamento ecológico no futuro é prever outras. ∎

AVES PÕEM A QUANTIDADE DE OVOS QUE GERA UMA PROLE DE TAMANHO IDEAL
CONTROLE DA NINHADA

EM CONTEXTO

PRINCIPAL NOME
David Lack (1910–1973)

ANTES
1930 O geneticista britânico Ronald Fisher combina o trabalho de Gregor Mendel em genética à teoria da seleção natural de Charles Darwin, e sustenta que o esforço gasto na reprodução deve valer seu custo.

DEPOIS
1948 David Lack estende sua teoria do tamanho ideal de ninhada de aves para abranger os mamíferos.

1954 Lack aprimora sua hipótese da limitação de alimento em *The Natural Regulation of Animal Numbers*, incluindo aves, mamíferos e algumas espécies de insetos.

1982 Tore Slagsvold propõe a hipótese da predação de ninhos, que dispõe que o tamanho da ninhada está relacionado à probabilidade de o ninho ser atacado.

Por que algumas aves põem mais ovos que outras? Por exemplo, em média, chapins-azuis põem nove ovos, tordos, seis, e melros, quatro. Nos anos 1940, o ornitólogo e ecologista evolutivo David Lack propôs uma explicação que rapidamente ganhou apoio. Ele concluiu que o tamanho da ninhada (número de ovos postos) não era controlado pela capacidade das fêmeas de botar ovos, já que aves podem pôr muito mais ovos do que normalmente põem. Esse fato pode ser demonstrado por experimentos de reposição, em que ovos são removidos de um ninho; a ave então os repõe repetidamente para compensar a perda.

Em vez disso, Lack disse, o número de ovos postos por qualquer espécie evoluiu para se ajustar à oferta de alimento disponível. Em outras palavras, a natureza favorece tamanhos de ninhada adequados ao número máximo

Ninhos de chapim-azul têm em média nove ovos, embora as fêmeas possam pôr mais. David Lack propôs que o tamanho da ninhada é determinado pela provável quantidade de alimento disponível.

Ver também: Ecologia animal 106-113 ▪ Comportamento animal 116-117 ▪ A cadeia alimentar 132-133 ▪ O ecossistema 134-137 ▪ Resiliência ecológica 150-151

Cainismo e o atobá-de-pé-azul

Atobás-de-pé-azul são aves marinhas nativas do oceano Pacífico. Elas obtêm alimento do oceano, mas vão aos penhascos da costa para procriar. As fêmeas põem dois ovos, com cerca de cinco dias de intervalo, de modo que, quando o segundo filhote nasce, o primeiro já cresceu consideravelmente. Quando a comida é abundante, os pais encontram o bastante para alimentar ambos até deixarem o ninho. Porém, quando é escassa, o filhote maior mata o menor a bicadas. O mais velho pode então conseguir mais comida, e é mais provável que atinja a maturidade. Se não matar seu irmão, ambos podem morrer de fome. Esse comportamento, baseado apenas na disponibilidade de comida, é chamado de "cainismo facultativo". Por sua vez, os atobás-grandes praticam "cainismo obrigatório" – o primeiro a eclodir quase sempre mata o outro, não importando a quantidade de comida disponível.

de jovens que os pais talvez sejam capazes de sustentar. Então, se um casal de aves só consegue encontrar comida o bastante para alimentar seis filhotes, mas a fêmea pôs doze ovos, esses jovens passarão fome e podem morrer. Se ela pôs apenas um ovo, apesar de o filhote ser criado com sucesso, a maior parte do alimento disponível não será usada. Então, nem o cenário de doze ovos nem o de um são boas estratégias reprodutivas; em vez disso, pôr seis ovos dá a melhor chance de criar uma maior prole.

Essa teoria ficou conhecida como a hipótese da limitação do alimento, ou princípio de Lack, e mais tarde foi ampliada por ele e outros para abranger o tamanho da ninhada de mamíferos, peixes e invertebrados.

A "tendência latitudinal"

A hipótese de Lack também sugeriu uma resposta para outro enigma: por que a maioria das espécies de aves tem ninhadas maiores em latitudes mais altas. Em média, aves próximas do equador põem cerca de metade do número de ovos postos pela mesma espécie no extremo norte. Essa "tendência latitudinal" pode ser

A ninhada aumenta com latitude e duração do dia maiores porque [...] o dia mais longo permite aos pais encontrar mais comida.
David Lack

Pôr uma ninhada que resultará em prole menor do que [...] se pode alimentar e cuidar com sucesso [...] traz vantagens.
Tore Slagsvold

explicada pela maior disponibilidade de alimentos durante os longos dias de verão, comparados aos dias mais curtos dos trópicos.

Porém, outros fatores também podem se aplicar. Taxas de mortalidade maiores em latitudes mais altas – onde os invernos são rigorosos – podem ter levado à evolução de ninhadas maiores. Isso porque as chances de sobrevivência até a temporada reprodutiva seguinte são baixas, e a população reduzida resulta em mais comida disponível para os sobreviventes na próxima temporada.

Em 1982, o ecologista evolutivo norueguês Tore Slagsvold sugeriu a hipótese de predação de ninhos, que propõe que altas taxas de predação do ninho resultam em ninhadas menores. Se um ninho com muitos filhotes é encontrado por um predador, mais trabalho terá sido desperdiçado pelos pais do que se a quantidade fosse menor. Também é mais provável que pais criando uma ninhada grande sejam vistos por predadores, por causa da atividade extra. Alguns ecologistas afirmam que a relativa abundância de predadores nos trópicos foi mais importante do que a disponibilidade de comida na evolução de ninhadas pequenas em baixas latitudes. ■

Atobás-de-pé-azul são levados ao cainismo por fatores genéticos. O assassinato de um irmão pode beneficiar o assassino e ainda garantir a sobrevivência de toda a espécie.

O VÍNCULO COM UM CÃO FIEL É O MAIS DURADOURO DOS LAÇOS
COMPORTAMENTO ANIMAL

EM CONTEXTO

PRINCIPAIS NOMES
Konrad Lorenz (1903–1989),
Nikolaas Tinbergen (1907–1988)

ANTES
1872 *A expressão das emoções no homem e nos animais*, de Charles Darwin, postula que o comportamento é instintivo e tem base genética.

1951 *The Study of Instinct*, de Nikolaas Tinbergen, traça os fundamentos e a teoria por trás da etologia, o estudo do comportamento animal.

DEPOIS
1967 Desmond Morris, zoólogo britânico, aplica a etologia ao comportamento humano em seu popular livro *O macaco nu*.

1976 O biólogo evolutivo britânico Richard Dawkins publica *O gene egoísta*, descrevendo como muito do comportamento de um animal é projetado para transmitir seus genes.

Qualquer dono de cachorro descreverá a relação amigável e leal que tem com seu animal de estimação. O zóologo austríaco Konrad Lorenz se propôs a explicar tal comportamento em *E o homem encontrou o cão* (1949). Ele descreve o comportamento de cães e outros animais de estimação como uma "atividade instintiva" essencialmente inata, ao contrário do aprendido por condicionamento. Lorenz sugere que esse comportamento arraigado ajudou o animal a sobreviver como espécie. Por exemplo, a lealdade de um cão doméstico a seu mestre humano tem origem no comportamento natural de seus ancestrais selvagens, que eram leais ao líder da matilha porque isso trazia benefícios em termos de sucesso na caça e segurança.

Experimentos de campo
Lorenz não estava sozinho em suas teorias. Entre outros biólogos que trabalhavam no campo estavam o também austríaco Karl von Frisch e o holandês Nikolaas Tinbergen, que estudavam animais em seus ambientes naturais. Até então, a maioria dos estudos sobre comportamento animal havia acontecido em laboratórios ou cenários artificiais; portanto, o comportamento observado não era totalmente natural.

O *imprinting* em patinhos é um exemplo de comportamento instintivo que pode ser manipulado – para que sigam humanos ou até objetos inanimados.

Estudar animais na natureza trazia seus próprios desafios, em particular ao se criar experimentos de campo rigorosos que pudessem ser repetidos, para que as descobertas fossem reconhecidas como fatos, e não anedotas. O termo "etologia" foi cunhado pelo entomologista americano William Morton Wheeler em 1902 para designar o estudo científico do comportamento animal. Etólogos estudam animais em seus habitats, combinando trabalhos de laboratório e de campo para descrever o comportamento de um animal em relação à sua ecologia, evolução e genética.

Etólogos descobriram que, em certas situações, um animal tem uma resposta comportamental previsível.

A VARIEDADE DA VIDA

Ver também: O gene egoísta 38-39 ▪ Experimentos de campo 54-55 ▪ Espécies-chave 60-65 ▪ Ecologia animal 106-113 ▪ Controle da ninhada 114-115 ▪ Usando modelos animais para entender o comportamento humano 118-125 ▪ Termorregulação em insetos 126-127

Isso foi chamado de "padrão fixo de ação" (PFA). Um PFA tem características definidas. É espécie-específico; repetido da mesma forma todas as vezes, não é afetado por experiências. Os gatilhos do comportamento ("estímulos-sinal") são bastante específicos e podem envolver uma cor, padrão ou som. Por exemplo, os esgana-gatas machos reagem com agressividade quando outro macho entra em seu território. Etólogos sugerem que isso é provocado ao ver a barriga vermelha do macho.

Nikolaas Tinbergen descobriu que às vezes um estímulo-sinal artificial funciona melhor que o real. Ele investigou o comportamento de súplica de filhotes de gaivota-prateada, que bicam um ponto vermelho no bico dos pais para que estes regurgitem comida. Ele descobriu que os filhotes também bicavam um modelo do bico da gaivota, e quando era oferecido um lápis vermelho com três linhas brancas na ponta, eles bicavam com entusiasmo ainda maior. Tinbergen chamou isso de "estímulo supernormal", mostrando que o comportamento animal instintivo pode ser manipulado artificialmente. ∎

Quatro elementos da experimentação etológica

- **Causa** — O que provocou o comportamento, em primeiro lugar?
- **Desenvolvimento** — Em que estágio do ciclo de vida está o animal? O comportamento muda conforme ele se desenvolve?
- **Evolução** — Como o comportamento se relaciona à evolução ou à origem do animal?
- **Função** — Como o comportamento aumenta a chance de sobrevivência ou sucesso reprodutivo do animal?

Ao estudar comportamento animal, cientistas avaliam esses quatro elementos

Konrad Lorenz

Nascido em Viena, Áustria, Lorenz era fascinado por animais desde pequeno e tinha peixes, aves, gatos e cães. Filho de um cirurgião ortopédico, estudou medicina na Universidade de Viena, formando-se em 1928, e concluiu seu doutorado em zoologia em 1933. Seus diversos animais de estimação foram seu primeiro objeto de estudo. Lorenz talvez seja mais conhecido por descobrir o fenômeno chamado de *"imprinting"*. É quando um filhote recém-nascido cria vínculos com a primeira coisa que vê (em geral, sua mãe) e passa a segui-la. O comportamento, visto em patos e outras aves, bem como em mamíferos, é instintivo e ocorre pouco após o nascimento. Lorenz demonstrou a teoria grasnando como um pato para patinhos recém-eclodidos. Ele logo tinha uma tribo de patinhos o seguindo por todo lugar.

Obras importantes

1949 *Ele falava com os mamíferos, as aves e os peixes*
1949 *E o homem encontrou o cão*
1963 *A agressão*
1981 *Os fundamentos da etologia*

PRECISAMOS REDEFINIR FERRAMENTA, REDEFINIR HOMEM, OU ACEITAR OS CHIMPANZÉS COMO HUMANOS

USANDO MODELOS ANIMAIS PARA ENTENDER O COMPORTAMENTO HUMANO

120 USANDO MODELOS ANIMAIS PARA ENTENDER O COMPORTAMENTO HUMANO

EM CONTEXTO

PRINCIPAL NOME
Jane Goodall (1934–)

ANTES
1758 Carlos Lineu, pai da taxonomia, classifica humanos dentro do restante da natureza, chamando-nos de *Homo sapiens* ("homem sábio").

1859 A teoria da evolução de Charles Darwin contesta a visão estabelecida de que o homem é diferente do reino animal.

DEPOIS
1963 Konrad Lorenz publica *A agressão*, propondo que o comportamento belicoso nos humanos é inato.

1967 Desmond Morri, zoólogo e etólogo britânico, publica *O macaco nu: um trabalho do animal humano*, importante trabalho que descreve o comportamento humano no contexto do reino animal.

Na verdade, somos *Pan narrans*, o chimpanzé narrador.
Terry Pratchett
Autor de fantasia britânico

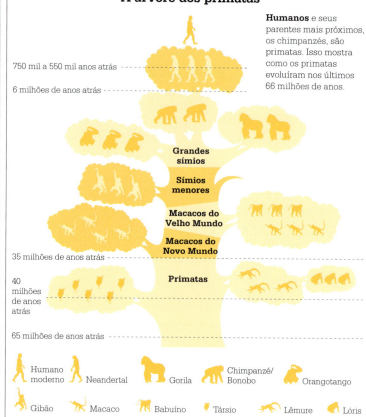

A árvore dos primatas

Humanos e seus parentes mais próximos, os chimpanzés, são primatas. Isso mostra como os primatas evoluíram nos últimos 66 milhões de anos.

E studos moleculares modernos de mapeamento de genomas de humanos e outros animais confirmaram uma teoria sugerida por Charles Darwin em meados do século XIX – que compartilhamos um ancestral comum com os grandes símios. Hoje, poucos cientistas contestam que o chimpanzé comum (*Pan troglodytes*) e o bonobo ou chimpanzé-pigmeu (*Pan paniscus*) são nossos parentes vivos mais próximos. O estudo desses animais, portanto, oferece uma chance única de aprendermos sobre nós mesmos e as origens de nosso comportamento. Ainda assim, por muitos anos a comunidade científica esteve convencida de que os humanos diferiam do resto da natureza.

Foi em grande parte o trabalho da primatóloga britânica Jane Goodall que abriu nossos olhos para as semelhanças entre chimpanzés e homem. Em 1961, em uma empolgada troca de mensagens com seu mentor, Louis Leakey, Goodall anunciou uma observação que abalaria o *establishment* científico: ela havia visto um chimpanzé usando uma ferramenta. Foi a primeira vez que esse comportamento foi documentado, e isso desafiaria a concepção do que significa ser humano.

A VARIEDADE DA VIDA

Ver também: Evolução pela seleção natural 24-31 ▪ Um sistema para identificar todos os organismos da natureza 86-87 ▪ Ecologia animal 106-113 ▪ Comportamento animal 116-117

O conhecimento de Goodall sobre história natural impressionou Leakey em seu primeiro contato em 1957, e ele lhe ofereceu um trabalho para estudar o comportamento dos chimpanzés. Como antropólogo e paleontólogo, Leakey acreditava na teoria da evolução, que propunha que os humanos e os grandes símios – chimpanzés, bonobos, gorilas e orangotangos – da família Hominidae (Grandes símios) compartilham um ancestral comum.

Fazendo conexões

O trabalho de campo de Leakey se concentrava em procurar o "elo perdido" – fósseis de formas de transição entre esse ancestral comum e os seres humanos. Os chimpanzés não haviam sido pesquisados seriamente na natureza, e esse estudo, segundo ele, poderia esclarecer a evolução dos primeiros seres humanos. Goodall, observadora atenta e sem laços acadêmicos, foi a escolha ideal para o trabalho. Como Leakey esperava, ela ofereceu uma nova perspectiva sobre a teoria e teve a coragem de dizer que chimpanzés e humanos eram mais parecidos do que se supunha. Até então, o consenso científico e popular era que a capacidade de criar e fabricar ferramentas distinguia os seres humanos como superiores ao resto do reino animal. As descobertas de Goodall obrigaram os cientistas a repensar.

O acampamento de Goodall ficava no Parque Nacional de Gombe Stream, na Tanzânia, onde ela estudou uma comunidade de chimpanzés na margem leste do lago Tanganyika. Ao optar por viver entre os chimpanzés para testemunhar seu verdadeiro

Chimpanzé usa um galho sem folhas – "ferramenta" modificada – para pegar cupins para consumo. Goodall registrou pela primeira vez sua aptidão para inventar tecnologias simples em Gombe.

comportamento livre, Goodall foi uma das primeiras a trabalhar no campo da etologia, em que biólogos monitoram os animais em seus ambientes naturais e tentam entender seus comportamentos naturais. Nos primeiros meses que passou no »

Jane Goodall

Nascida em Londres, em 1934, o primeiro contato de Jane Goodall com um chimpanzé foi um bicho de pelúcia que seu pai nomeou Jubilee. Desde cedo, interessou-se por comportamento animal – uma vez, passou horas em um galinheiro para ver uma galinha botar um ovo. Saiu da escola aos dezoito anos e teve vários empregos antes de ir para o Quênia, em 1957, e conhecer o paleontólogo Louis Leakey. Com seu apoio, em 1960 Goodall montou uma base de pesquisa em Gombe, Tanzânia, onde estudou chimpanzés até 1975. Seu trabalhou transformou radicalmente nossa compreensão sobre os chimpanzés e contestou a percepção vigente sobre nosso lugar no mundo natural. Em 1965, conquistou um doutorado em etologia pela Universidade de Cambridge. Entre seus muitos prêmios está a Ordem Nacional da Legião de Honra, recebido em 2006.

Obras importantes

1969 *My Friends the Wild Chimpanzees*
1986 *The Chimpanzees of Gombe: Patterns of Behaviour*
2009 *Hope for Animals and Their World*

USANDO MODELOS ANIMAIS PARA ENTENDER O COMPORTAMENTO HUMANO

Jane Goodall trabalhando, caderno na mão, no Parque Nacional de Gombe, em 2006. A primatóloga pioneira mantém seu compromisso permanente de proteger chimpanzés ameaçados.

acampamento, os chimpanzés fugiam dela, mas depois começaram a esquecer que ela estava lá.

Goodall ficou por muitas horas observando os chimpanzés, mantendo distância e fazendo anotações de campo. Uma manhã, em novembro de 1961, notou um chimpanzé chamado David Greybeard sentado sobre um cupinzeiro. Ele estava enfiando folhas de grama no monte, puxando-as para fora e depois colocando-as na boca. Ela observou por algum tempo até o chimpanzé sair. Ao chegar ao lugar onde o chimpanzé estava sentado, Goodall viu hastes de grama descartadas no chão. Pegando uma e enfiando-a no cupinzeiro, descobriu que os cupins agitados mordiam o caule. Ela percebeu que o chimpanzé estava "pescando" cupins com as hastes e levando-os até a boca.

Nas conversas com Leakey, Goodall soube que se tratava de uma grande descoberta. Ela também viu chimpanzés modificando galhos finos, tirando suas folhas e então utilizando-os em cupinzeiros; os chimpanzés não estavam apenas usando ferramentas, mas as fabricando.

Tecnologia chimpanzé

Goodall testemunhou nove ferramentas diferentes sendo usadas por chimpanzés na comunidade em Gombe. Ao mesmo tempo, cientistas questionaram seus métodos e a ridicularizaram por dar nomes, e não números, aos chimpanzés, sugerindo

Eu via o homem não como um anjo caído, mas como um símio que se levantou.
Desmond Morris
Zoólogo britânico

que seu trabalho de campo não era muito rigoroso. Porém, desde então, muitos outros estudos no mundo todo corroboraram suas descobertas: chimpanzés do Congo foram observados desfolhando galhos para usar em cupinzeiros; no Gabão, foram vistos entrando na floresta com um "kit de ferramentas" com cinco peças, que incluía um graveto pesado para abrir colmeias e pedaços de tronco de árvore para recolher o mel. No Senegal, grupos de chimpanzés caçadores foram vistos excursionando com gravetos que mastigavam até formar uma ponta afiada e depois utilizavam como lanças para matar gálagos.

Mais parecidos que diferentes

Os etólogos utilizaram comportamentos estudados em várias

A VARIEDADE DA VIDA 123

Admitimos que somos parecidos com macacos, mas raramente nos damos conta de que somos macacos.
Richard Dawkins
Biólogo evolutivo britânico

espécies para formular generalizações aplicáveis a muitas espécies. A ideia de que o comportamento animal poderia ser um modelo para o comportamento humano arraigou-se no trabalho de etólogos nas décadas de 1950 e 1960, como Konrad Lorenz, Nikolaas Tinbergen e Karl von Frisch. Estudando animais em seus habitats naturais, eles viram como a vida dos animais era complexa. Começaram a entender as interações sociais provenientes tanto do instinto quanto de comportamentos aprendidos. Os estudos com animais refletiam o comportamento humano.

A crença persistente de que os seres humanos são totalmente diferentes de outras espécies foi firmemente refutada com o advento do mapeamento genético. Quando o genoma do chimpanzé foi mapeado, em 2005 – seguido pelos de outros grandes símios – e comparado com o genoma humano, os resultados eram nítidos. Os seres humanos compartilham 98,8% de seu DNA com chimpanzés, 98,4% com gorilas e 97% com orangotangos. Humanos e grandes símios são mais parecidos do que diferentes. Ainda assim, vale a pena notar que essas porcentagens são baseadas em genes que instruem o corpo a produzir proteínas, que compõem uma parte muito pequena do genoma humano (cerca de 2%). É provável que aquilo que torna os humanos diferentes dos chimpanzés possa ser encontrado nas regiões do DNA chamadas "DNA lixo", porque antes se acreditava que eram redundantes. Hoje, entende-se que esse DNA lixo contém informações vitais sobre como e quando os genes são expressos. De qualquer modo, as semelhanças entre o DNA dos humanos e o dos grandes símios são impressionantes.

Caçadores carnívoros

Durante seus estudos, Goodall também testemunhou chimpanzés comendo carne e caçando. Como ocorria com a fabricação de ferramentas, a ideia de que chimpanzés eram predadores carnívoros ia contra todo o entendimento aceito. A princípio, cientistas alegaram se tratar de um comportamento aberrante, mas com a continuidade da pesquisa, e mais testemunhos, tornou-se um fato estabelecido. O consumo de carne foi relatado em praticamente todas as áreas em que chimpanzés foram estudados, dos parques nacionais de »

A linguagem corporal de um macho alfa diz "afaste-se" para chimpanzés suplicantes que querem parte de sua presa em Gombe. A principal presa dos chimpanzés é o macaco cólobo.

Evidência cromossômica

Fortes evidências a favor de um ancestral comum são vistas por meio da comparação de cromossomos. Chimpanzés (e gorilas) têm 24 pares de cromossomos. Humanos têm apenas 23. Cientistas evolutivos acreditam que, quando divergimos de um ancestral comum, dois cromossomos se fundiram nos humanos, e por esse motivo temos um par a menos que os símios. Nas pontas de cada cromossomo há marcadores genéticos – ou sequências de DNA – chamados telômeros. No meio de cada cromossomo há uma sequência diferente, conhecida como centrômero. Se dois cromossomos se fundiram, deveria ser possível ver regiões parecidas com telômeros no meio do cromossomo e também em cada ponta. Além disso, o cromossomo fundido teria dois centrômeros. Os cientistas encontraram exatamente isso. O cromossomo humano 2 parece ser a fusão dos cromossomos 2a e 2b do chimpanzé. Praticamente não restam dúvidas de que temos um ancestral comum com os chimpanzés, bonobos e gorilas.

USANDO MODELOS ANIMAIS PARA ENTENDER O COMPORTAMENTO HUMANO

Chimpanzés-órfãos – suas mães foram mortas por caçadores atrás de carne de animais selvagens – caminham por uma trilha de terra com seu cuidador em uma área de proteção no oeste da África.

Conservação dos chimpanzés

Segundo o Instituto Jane Goodall, na Tanzânia, o número de chimpanzés que viviam na natureza caiu muito no último século. Estima-se que em 1900 havia 1 milhão de chimpanzés na África; hoje, há menos de 300 mil. A perda de habitat devido ao aumento da população humana teve um grande impacto, além de indústrias como a madeireira e mineradora, que destroem o habitat e fragmentam comunidades de chimpanzés quando estradas são construídas no meio de seus territórios. Estradas também estimulam outra atividade danosa – a busca por carne de caça, produto que é altamente valorizado na África e inclui os grandes símios. Estradas permitem que caçadores de outras cidades cheguem diretamente às áreas selvagens. A proteção dos chimpanzés concentra-se na conservação das terras e na conscientização local e mundial.

Gombe e Mahale, Tanzânia, ao Parque Nacional de Tai, na Costa do Marfim.

Tal comportamento tem implicações para a evolução humana. A ciência questiona há tempos por que e quando os humanos começaram a comer carne. Com base em ferramentas de pedra pré-históricas e marcas em ossos, paleontólogos sabem que os primeiros hominídeos usavam ferramentas de pedra para separar carne de ossos de animais há 2,5 milhões de anos, mas não se sabe o que comiam entre aquela data e 7 milhões de anos atrás, quando acredita-se que viveu o ancestral comum de chimpanzés e humanos.

É provável que aqueles primeiros hominídeos caçassem. Embora não tivessem dentes caninos grandes como os dos chimpanzés, eles não eram necessários para caçar e matar presas pequenas. Biólogos observaram que, ao caçar macacos cólobos, os chimpanzés os agarram nas árvores e os matam batendo seus corpos repetidamente no chão. Os antigos hominídeos podem ter caçado e matado de forma similar muito antes das primeiras ferramentas conhecidas.

Comportamento cooperativo

Outro aspecto do comportamento de caça do chimpanzé que se assemelha ao dos humanos é o elemento social. Embora os chimpanzés às vezes cacem sozinhos, a caça tende a ser uma atividade em grupo. Eles coordenam suas posições na floresta e cercam a presa. Após a caçada, o alimento é compartilhado. Isso mostra como os primeiros ancestrais dos humanos podem ter desenvolvido o comportamento cooperativo, fator que pode ter contribuído para seu sucesso evolutivo.

Guerra de chimpanzés

Uma revelação chocante que saiu do acampamento de Gombe foi que os chimpanzés são capazes de violência, assassinato e, em particular, guerra – que antes se acreditava ser algo restrito aos humanos. Entre 1974 e 1978, Jane Goodall viu sua comunidade pacífica de chimpanzés dividida em dois grupos rivais em guerra selvagem. Goodall ficou profundamente aborrecida com a atividade dos chimpanzés, que incluía emboscadas, sequestros e assassinatos sangrentos. O que desencadeou a

Chimpanzés podem brigar por território para adquirir mais recursos ou pares. Alguns primatólogos, contudo, alegam que tal agressão não é natural, mas provocada pelo impacto humano em seu habitat.

guerra não ficou claro; alguns pesquisadores culparam as estações de alimentação que Goodall havia montado na região, que podem ter encorajado uma congregação não natural de indivíduos. A resposta ao mistério veio em março de 2018, quando uma equipe de pesquisadores da Universidade Duke e da Universidade do Estado do Arizona digitalizou as meticulosas planilhas e anotações de campo de Goodall, de 1967 a 1972, para analisar em computador as redes sociais e alianças de todos os chimpanzés machos. Suas descobertas revelaram que o rompimento na comunidade ocorreu dois anos antes da guerra, quando o macho alfa que Goodall chamou de Humphrey assumiu o grupo, alienando dois outros machos de alta hierarquia,

A VARIEDADE DA VIDA 125

Estou determinada a proporcionar que meus netos encontrem grandes símios selvagens na África.
Jane Goodall

Charlie e Hugh, e fazendo com que se separassem e fossem viver com outros chimpanzés ao sul. Os dois grupos ficaram cada vez mais afastados, alimentando-se em partes diferentes da floresta. A princípio, houve uma estranha e agressiva briga, e a guerra estourou. Durante quatro anos, Humphrey e seu grupo mataram todos os machos do grupo do sul e assumiram seu território, além de três das fêmeas sobreviventes. Acredita-se que o principal motivo da guerra tenha sido a falta de fêmeas adultas no grupo do norte. Lutas de poder e brigas por fêmeas parecem coisas muito humanas.

Briga por recursos

A prolongada guerra testemunhada por Goodall é o único conflito totalmente documentado, mas violência em comunidades de chimpanzés foi registrada muitas vezes. Eles foram observados roubando e matando bebês de sua espécie e atacando machos alfa de que desgostavam. Em comunidades estudadas em Uganda, machos espancavam rotineiramente as fêmeas com que acasalavam. Acredita-se que o traço violento dos chimpanzés pode estar associado a recursos alimentares e consumo de carne. Quando o alimento é limitado, eles se tornam mais violentos para obter os recursos necessários. Chimpanzés são conhecidos por comer mais carne quando as frutas estão escassas.

Primos próximos

A ligação entre escassez de alimentos e agressão no chimpanzé-comum pode explicar por que nosso outro primo evolutivo no mundo dos primatas, o bonobo (chimpanzé-pigmeu), é pacífico. Esses chimpanzés pequenos e plácidos são onívoros, mas vivem em um ambiente onde há abundância de frutas na maior parte do tempo. Eles forrageiam em grupos e tendem a usar o sexo para aliviar tensões em situações sociais. O conflito é raro em sociedades de bonobos, que são matriarcais, diferentemente das comunidades dos chimpanzés, dominadas por machos.

Um experimento realizado por pesquisadores da Universidade Duke, Carolina do Norte, em 2017, mostrou que bonobos também são altruístas. Dois bonobos (que não se conheciam) foram colocados em cômodos adjacentes (A e B) com uma cerca entre eles e uma fruta pendurada sobre um dos cômodos (B). O bonobo do cômodo A era capaz de soltar a fruta, mas não de pegá-la. Os pesquisadores descobriram que esse bonobo soltava a fruta consistentemente, de modo que o outro conseguia alcançá-la, ajudando um estranho, sem recompensa para si.

Pesquisadores também observaram que ver um bonobo desconhecido bocejando em um filme desencadearia um bocejo em resposta em bonobos que assistissem a ele, sugerindo uma capacidade de empatia. Outros estudos mostraram que bonobos confortam uns aos outros quando sofrem. Ao contrário do comportamento "negativo" que os humanos compartilham com os chimpanzés, essas características refletem traços humanos mais louváveis, como compaixão. Compreender tais comportamentos em bonobos pode esclarecer como nosso comportamento social humano se desenvolveu. ■

Bonobos são primatas muito sociais. Sua capacidade de empatia os torna menos agressivos e pode aproximá-los mais de seus primos humanos do que o chimpanzé-comum.

TODA ATIVIDADE CORPORAL DEPENDE DA TEMPERATURA
TERMORREGULAÇÃO EM INSETOS

EM CONTEXTO

PRINCIPAL NOME
Bernd Heinrich (1940–)

ANTES
1837 No Reino Unido, George Newport observa que insetos voadores podem elevar sua temperatura corporal acima da temperatura ambiente.

1941 Os dinamarqueses August Krogh e Eric Zeuthen concluem que a temperatura dos músculos de voo de um inseto logo antes da decolagem determina o índice de trabalho muscular durante o voo.

DEPOIS
1991 O biólogo alemão Herald Esch descreve o papel do "aquecimento" muscular na incubação de ovos, defesa de colônias e preparação para voo.

2012 Usando termografia infravermelha, o zoólogo espanhol José R. Verdu mostra como espécies de escaravelho aquecem ou resfriam o tórax para melhorar a performance de voo.

Insetos costumam ser descritos como ectotérmicos (de "sangue frio"). Diferentemente dos mamíferos e outros endotérmicos (de "sangue quente"), animais que mantêm a temperatura corporal em um nível mais ou menos constante, os insetos têm uma temperatura corporal variável que muda com o ambiente.

No início do século XIX, no entanto, o entomologista britânico George Newport descobriu que algumas mariposas e abelhas elevam a temperatura do tórax (parte central do corpo, onde ficam asas e membros) acima daquela do ar que as cerca ao flexionar rapidamente os músculos. Hoje, sabe-se que muitos insetos são heterotérmicos, mantendo temperaturas diferentes em partes do corpo diferentes, e às vezes estão muito mais quentes que a temperatura ambiente.

A temperatura certa

O principal desafio dos insetos é como ficar aquecido o suficiente para voar, mas resfriado o bastante para não superaquecer. Em 1974, o entomologista germano-americano Bernd Heinrich explicou como mariposas, abelhas e besouros podiam continuar a agir controlando a própria temperatura. Ele notou que as adaptações térmicas dos insetos não diferiam tanto das dos vertebrados quanto se pensava.

A maioria dos insetos voadores tem índices metabólicos mais altos do que outros animais, mas seus corpos pequenos fazem com que percam calor rapidamente, de modo que não podem manter a temperatura constante o tempo todo. A temperatura mínima que permite a um inseto voar varia de espécie para espécie, mas a máxima fica entre 40 °C e 45 °C. Para evitar o superaquecimento, insetos podem transferir calor do tórax ao abdômen.

Muitos insetos voadores maiores permaneceriam em terra se não conseguissem elevar a temperatura de seus músculos de voo. Esses insetos "agitam" os músculos que controlam o

Em insetos [...] os músculos de voo ativos [...] são, metabolicamente, os tecidos mais ativos que conhecemos.
Bernd Heinrich

A VARIEDADE DA VIDA

Ver também: Evolução pela seleção natural 24-31 ▪ Ecofisiologia 72-73 ▪ Ecologia animal 106-113 ▪ Organismos e seu ambiente 166

Borboleta se alimenta sobre dente-de-leão. A maioria das borboletas pode angular as asas para cima para se resfriar, em um processo chamado termorregulação comportamental.

batimento das asas para gerar calor antes de alçar voo. Quando estão voando, os músculos usam grandes quantidades de energia química, mas apenas parte dela é usada para bater as asas; o restante transforma-se em mais calor. Isso, combinado ao calor da luz solar direta, significa que um inseto voador corre risco de superaquecimento.

Para resolver o problema, muitas espécies têm mecanismos de troca de calor que transferem excesso de calor do tórax ao abdômen, permitindo que o inseto mantenha uma temperatura estável no tórax.

Gama de técnicas

Ao mudar o ângulo das asas, borboletas controlam sua temperatura corporal. Quando estão tentando se aquecer, manter as asas abertas maximiza a quantidade de luz do sol que recai sobre elas. Quando estão tentando se resfriar, vão para a sombra ou angulam as asas para cima, para que menos luz direta incida sobre sua superfície.

Outros insetos usam métodos ainda mais notáveis para regular sua temperatura corporal. Quando um mosquito suga o sangue quente de mamíferos, sua temperatura se eleva. Para compensar, ele produz gotículas de fluido que são mantidas no fim do abdômen; o resfriamento evaporativo dessas gotículas abaixa a temperatura do inseto. Besouros-do-esterco constroem bolas de excremento na qual as fêmeas botam seus ovos. Alguns besouros são capazes de elevar a temperatura de seu tórax para mover bolas mais pesadas.

A gama de técnicas de termorregulação mostra como formas de vida evoluem para melhor se adequar ao ambiente. Elas também podem inspirar a tecnologia: painéis solares posicionados em determinado ângulo captam quantidades máximas de radiação do sol – como as asas das borboletas. ▪

Regulação de calor

Abelhas são conhecidas por controlar a temperatura da colmeia. Quando fica quente demais, elas a ventilam usando as asas para expulsar o ar quente. Quando fica fria demais, as abelhas geram calor metabólico contraindo e relaxando rapidamente os músculos de voo. Elas também utilizam o calor como mecanismo de defesa. Vespas-mandarinas gigantes são predadores brutais das abelhas. Capazes de matar grandes contingentes com rapidez, elas são uma séria ameaça às colmeias. As vespas iniciam o ataque por abelhas individuais na entrada da colmeia. No entanto, as abelhas se defendem com calor autogerado. Se uma vespa gigante as ataca, elas a cercam, vibrando as asas para aumentar a temperatura coletiva. Como a vespa não tolera temperaturas acima dos 46 °C, ela acaba morrendo.

Esta vespa-mandarina gigante está atacando alvéolos que funcionam como berçário em uma colmeia no Japão. A intenção é devorar as larvas de abelha.

ECOSSIS

TEMAS

130 INTRODUÇÃO

Richard Bradley descreve como as plantas, insetos polinizadores e insetívoros dependem uns dos outros em uma **cadeia alimentar**.

1718

Charles Elton desenvolve a ideia da cadeia alimentar em *Animal Ecology* e introduz o conceito de **nicho ecológico**.

1927

O periódico *Ecology* publica postumamente o artigo "O aspecto trófico-dinâmico da ecologia", de Raymond Lindeman.

1942

A **"hipótese do mundo verde"**, de Nelson Hairston, Frederick Smith e Lawrence Slobodkin afirma que o **equilíbrio predador-presa** é vital para ecossistemas prósperos.

1960

1859

Charles Darwin descreve **teias alimentares** em *A origem das espécies*.

1935

Arthur G. Tansley cunha o termo **"ecossistema"**, alegando que um ambiente e seus organismos vivos devem ser vistos como um **todo único e interativo**.

1957

George E. Hutchinson estabelece o conceito de **amplitude de nicho** no Simpósio de Cold Spring Harbor sobre Biologia Quantitativa.

Quando Aristóteles escreveu sobre espécies de plantas que existiam para o bem de outros, demonstrou um conhecimento básico de cadeias alimentares – como outros tantos observadores do mundo natural desde os gregos antigos. O estudioso árabe Al-Jahiz descreveu uma cadeia alimentar de três níveis no século IX, assim como o microscopista holandês Antonie van Leeuwenhoek em 1717. O naturalista britânico Richard Bradley publicou descobertas mais detalhadas sobre cadeias alimentares em 1718, e, em 1859, Darwin descreveu uma "teia de relações complexas" no ambiente natural em *A origem das espécies*. O conceito de teia alimentar, com muitas interações predador-presa, depois foi mais bem desenvolvido por Charles Elton em seu clássico *Animal Ecology* (1927).

O conceito de ecossistema ("uma entidade autocontida reconhecível") veio logo em seguida, quando, em 1935, o botânico britânico Arthur Tansley escreveu que organismos e seu ambiente deviam ser considerados um sistema físico. Em sua tese de doutorado, o ecologista americano Raymond Lindeman ampliou o trabalho de Tansley, afirmando que ecossistemas são compostos de processos físicos, químicos e biológicos "ativos dentro de uma unidade espaço-tempo de qualquer magnitude".

Lindeman também concebeu a ideia de níveis de alimentação, ou níveis tróficos, cada um dos quais dependente daquele que o precedia para sua sobrevivência. Em 1960, os americanos Nelson Hairston, Frederick Smith e Lawrence Slobodkin publicaram descobertas sobre os fatores que controlam animais em diferentes níveis tróficos. Eles identificaram tanto as pressões de cima para baixo, exercidas pelos predadores, quanto as de baixo para cima, exercidas pelas limitações da oferta de alimentos. Vinte anos depois, o ecologista americano Robert Paine escreveu sobre o efeito de cascata trófica – o modo com que um sistema muda com a remoção de uma espécie-chave. Ele descreveu mudanças na teia alimentar após a remoção experimental da *Pisaster ochraceus* de uma zona entremarés. Essa estrela-do-mar predatória provou-se uma espécie-chave, desempenhando papel crucial em seu ecossistema.

Isolamento insular

A fragmentação de habitat é atualmente um grande problema na maioria dos ambientes terrestres porque deixa organismos especialistas isolados. Por isso, pesquisas sobre a biogeografia insular – das ilhas cercadas por oceano,

ECOSSISTEMAS

John Maynard Smith define sua teoria da **Estratégia Evolutivamente Estável** (EEE) em *On Evolution*.

Hal Caswell propõe uma teoria **"neutra"** da biodiversidade, sugerindo que competidores são, com frequência, iguais, e que **o acaso tem papel decisivo** no que prospera ou não.

Cientistas na **Conferência sobre Biodiversidade e Função do Ecossistema** em **Paris** analisam o impacto da perda de espécies nos ecossistemas.

1972 **1976** **2000**

1967 **1973** **1980** **2015**

Robert MacArthur examina a **biodiversidade de comunidades isoladas** em *The Theory of Island Biogeography*.

Crawford Stanley Holling usa o termo **"resiliência ecológica"** para mostrar como sistemas ecológicos sobrevivem a mudanças.

Robert Paine cunha o termo **"cascata trófica"** após seus experimentos de campo mostrarem o efeito da remoção de uma **espécie-chave** sobre um ecossistema.

Um estudo de gramíneas sugere que a **biodiversidade** aumenta a **resistência** de um ecossistema durante eventos climáticos e sua **resiliência** depois deles.

---

mas também de "ilhas" de habitat distinto cercadas por um ambiente muito diferente – são tão importantes na ecologia. Na década de 1960, nos EUA, Edward O. Wilson e Robert MacArthur descobriram fatores-chave para a diversidade de espécies, imigração e extinção em ilhas. Mais tarde, James Brown desenvolveu trabalho similar sobre populações de animais em trechos isolados de floresta na Califórnia. Tal trabalho mostrou como identificar espécies que mais corriam risco de extinção devido ao isolamento.

Estabilidade e resiliência

Uma importante contribuição para o entendimento da dinâmica de ecossistemas foi o conceito de estado evolutivamente estável. Na década de 1970, o biólogo britânico John Maynard Smith usou o termo "estratégia evolutivamente estável" (EEE) para descrever a melhor estratégia comportamental para um animal em competição com outros que vivem nos arredores. Essa estratégia depende de como os outros animais se comportam e é determinada pelo sucesso genético do animal – se ele tomar a decisão errada, não terá vida longa e não passará seus genes adiante. O equilíbrio geral entre as estratégias evolutivamente estáveis de todos os animais em um ecossistema é chamado de estado evolutivamente estável.

O ecologista canadense Crawford Stanley Holling introduziu a ideia de resiliência – como ecossistemas persistem após mudanças turbulentas, como incêndios, inundações ou desmatamento. A resiliência de um sistema pode ser vista em sua capacidade de absorver a desordem ou no tempo que leva para retornar a um estado de equilíbrio após um trauma. Ecologistas atualmente entendem que ecossistemas podem ter mais de um estado estável, e que sistemas de resiliência nem sempre são bons para a biodiversidade.

Quando as populações de muitas espécies estão em queda, ou se tornando localmente extintas, os ecologistas mais uma vez concentram sua atenção na resiliência do ecossistema. Muitos, incluindo o francês Michel Loreau, acreditam que, se a diversidade de um ecossistema é reduzida, todo o sistema tem menos probabilidade de resistir a grandes impactos, como os efeitos das mudanças climáticas. Hoje, Loreau e outros estão trabalhando para encontrar uma nova teoria geral que possa explicar a relação entre biodiversidade e resiliência do ecossistema, para entender e combater os efeitos dos desafios ambientais atuais. ∎

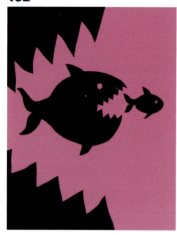

CADA PARTE DA NATUREZA É NECESSÁRIA PARA O SUSTENTO DO RESTO
A CADEIA ALIMENTAR

EM CONTEXTO

PRINCIPAL NOME
Richard Bradley (1688–1732)

ANTES
Séc. IX O árabe Al-Jahiz descreve uma cadeia alimentar de três níveis com matéria vegetal, ratos, cobras e aves.

1717 O holandês Antonie van Leeuwenhoek observa que os hadoques comem camarões e os bacalhaus comem hadoques.

DEPOIS
1749 O taxonomista sueco Carlos Lineu introduz a ideia de competição.

1768 John Bruckner, naturalista holandês, introduz a ideia de teias alimentares.

1859 Charles Darwin escreve sobre teias alimentares em *A origem das espécies*.

1927 *Animal Ecology*, do zoólogo britânico Charles Elton, delineia princípios do comportamento animal, incluindo cadeias alimentares.

A cadeia alimentar

Superpredador

Predador maior
(consumidor terciário)

Carnívoro
(consumidor secundário)

Herbívoro
(consumidor primário)

Produtor (autótrofo)

Todos os animais precisam comer outros seres vivos para receber os nutrientes de que necessitam para crescer e viver. Uma cadeia alimentar mostra a hierarquia de alimentação de diferentes animais em um habitat. Por exemplo, a cadeia mostraria que raposas comem coelhos, mas coelhos nunca comem raposas. Embora houvesse noções anteriores de hierarquia de animais ligados uns aos outros em uma cadeia alimentar, o naturalista britânico Richard Bradley somou mais detalhes a essa ideia em seu livro *New Improvements in Planting and Gardening* (1718). Ele notou que cada planta servia a um grupo particular de insetos, e propôs que os insetos, por sua vez, recebiam atenções de outros organismos de "mais baixa hierarquia" que se alimentavam deles. Dessa forma, acreditava que todos os animais dependiam uns dos outros em uma cadeia que se autoperpetuava.

Produtores e consumidores

O conceito moderno de cadeia alimentar explica que alguns organismos produzem seu próprio alimento. Eles são conhecidos como produtores, ou autótrofos. Plantas e a maioria das algas estão nessa categoria, normalmente usando a energia da luz do sol para converter

ECOSSISTEMAS

Ver também: Equações predador-presa 44-49 ▪ Mutualismos 56-59 ▪ Espécies-chave 60-65 ▪ Teoria do forrageamento ótimo 66-67 ▪ Ecologia animal 106-113 ▪ O ecossistema 134-137 ▪ Cascatas tróficas 140-143 ▪ Resiliência ecológica 150-151

Cada espécie tem uma posição específica na natureza, na geografia e na cadeia alimentar.
Carlos Lineu

água e dióxido de carbono em glicose, ao mesmo tempo que liberam oxigênio. Esse processo, a fotossíntese, é o primeiro passo para a criação de alimento. Em lugares onde não há luz do sol, organismos que produzem o próprio alimento são chamados quimiotróficos. Aqueles que ficam no fundo do oceano, por exemplo, tiram a energia de que precisam de químicos liberados por fontes hidrotermais.

Animais que comem produtores e criaturas que comem outros animais são chamados consumidores, ou heterótrofos.

Podem existir dois, três ou mais níveis deles em qualquer parte da cadeia alimentar, mas sempre há um produtor na base, e todos os níveis acima são compostos de consumidores. Animais que só comem plantas são herbívoros, ou consumidores primários, e entre eles estão gado, coelhos, borboletas e elefantes. Aqueles que comem apenas outros animais são carnívoros, ou consumidores secundários; entre eles estão sabiás, libélulas e porcos-espinhos. Por sua vez, consumidores secundários podem ser comidos por

Um superpredador, como o tubarão-baleeiro, não tem predadores naturais. Nas águas oceânicas temperadas da África do Sul, o tubarão encontra vasta quantidade de sardinhas para comer.

predadores maiores, ou consumidores terciários, como raposas, pequenos felinos e aves de rapina. Os animais no topo de sua cadeia alimentar são superpredadores. Entre eles, tigres, orcas, e águias-reais, que não são presas de outros animais.

A cadeia alimentar não se rompe quando plantas e animais morrem. Os detritívoros se alimentam dos restos mortais, reciclando nutrientes e energia para a geração seguinte de produtores.

Teias alimentares

Depois de Bradley, observadores sugeriram que animais não eram apenas parte de uma cadeia alimentar, mas de uma maior e mais complexa "teia alimentar" que engloba todas as cadeias alimentares de uma região. Essa ideia foi proposta pelo naturalista holandês John Bruckner, em 1768, e depois retomada por Darwin, que chamou a variedade de relações de alimentação interligadas entre espécies de uma "teia de relações complexas". ▪

Richard Bradley

Nascido por volta de 1688, o botânico britânico Richard Bradley ganhou defensores após escrever *Treatise of Succulent Plants* aos 22 anos. Mesmo sem formação universitária, foi eleito membro da Real Sociedade, e mais tarde tornou-se o primeiro professor de botânica de Cambridge.

Os interesses de Bradley em pesquisa eram amplos, incluindo germinação de esporos de fungos e polinização de plantas. Em alguns casos, Bradley esteve à frente de seu tempo; ele argumentou, por exemplo, que infecções eram causadas por minúsculos organismos, visíveis apenas com um microscópio. Suas investigações sobre a produtividade de coelheiras e lagos de peixes levaram a suas teorias sobre relações predador-presa. Ele morreu em 1732.

Obras importantes

1716–1727 *The History of Succulent Plants*
1718 *New Improvements in Planting and Gardening*
1721 *A Philosophical Account of the Works of Nature*

TODOS OS ORGANISMOS SÃO POTENCIAIS FONTES DE ALIMENTO PARA OUTROS ORGANISMOS
O ECOSSISTEMA

EM CONTEXTO

PRINCIPAL NOME
Arthur Tansley (1871–1955)

ANTES
1864 George Perkins Marsh, conservacionista americano, publica *Man and Nature*, que sugere o conceito de ecossistemas.

1875 O geólogo austríaco Eduard Suess propõe o termo "biosfera".

DEPOIS
1953 Os ecologistas americanos Howard e Eugene Odum desenvolvem uma "abordagem sistêmica" para o estudo do fluxo de energia nos ecossistemas.

1956 O ecologista americano Paul Sears enfatiza o papel dos ecossistemas na reciclagem de nutrientes.

1970 Paul Ehrlich e Rosa Weigert alertam sobre a potencialmente destrutiva interferência humana nos ecossistemas.

O biólogo britânico Arthur Tansley foi o primeiro a insistir que comunidades de organismos em uma área específica tinham que ser vistas em um contexto mais amplo, incluindo os elementos não vivos. Tansley argumentou que, em uma dada região, todos os organismos vivos e seu ambiente geofísico formam, juntos, uma entidade singular e interativa. Pegando emprestado um conceito da engenharia, ele viu a rede de interações como um sistema físico, dinâmico. Por sugestão de seu colega Arthur Clapham, ele cunhou a palavra "ecossistema" para descrevê-la.

ECOSSISTEMAS

Ver também: Ecologia animal 106-113 ▪ A cadeia alimentar 132-133 ▪ Fluxo de energia nos ecossistemas 138-139 ▪ A biosfera 204-205 ▪ A teoria de Gaia 214-217 ▪ Loops de feedback ambiental 224-225 ▪ Serviços ecossistêmicos 328-329

Recifes de coral tropicais estão entre os ecossistemas mais diversos, repletos de peixes, tartarugas, crustáceos, moluscos e esponjas, além dos corais.

Essa ideia estava sendo desenvolvida muito antes de Tansley publicar seu influente ensaio sobre o tema em 1935. Já em 1864, o conservacionista George Perkins Marsh, em seu livro *Man and Nature*, havia identificado "as florestas", "as águas" e "as areias" como diferentes tipos de habitat. Marsh analisou como a relação entre eles e os animais e plantas que viviam ali poderia ser prejudicada pela atividade humana.

Sistemas interconectados

No século xx, havia se estabelecido a ideia de que esses e outros ambientes poderiam ser compreendidos como entidades individuais, com interações distintas entre os elementos vivos e inertes dentro deles. Em 1916, o ecologista americano Frederic Clements ampliou essa ideia em seu trabalho sobre sucessão ecológica de plantas, referindo-se a uma "comunidade" de vegetação como uma unidade singular, e usando o termo "bioma" para descrever todo o complexo de organismos que habitava uma região.

Tansley contemplou ecossistemas como compostos de elementos bióticos (vivos) e abióticos (não vivos) como energia, água, nitrogênio, e minerais do solo, essenciais para o funcionamento dos sistemas como um todo. Os componentes bióticos em um ecossistema não interagem apenas uns com os outros, mas também com as partes abióticas. Assim, em qualquer ecossistema, os organismos se adaptam aos aspectos tanto biológicos quanto físicos do ambiente. »

Arthur G. Tansley

Livre-pensador, socialista fabiano e ateu, Arthur G. Tansley foi um dos ecologistas mais influentes do século xx. Nascido em Londres, em 1871, estudou biologia na University College London, onde passou a lecionar. Em 1902, fundou o periódico *New Phytologist* e depois estabeleceu a British Ecological Society, tornando-se editor-fundador de seu *Journal of Ecology*. Em 1923, parou de lecionar para estudar psicologia com Sigmund Freud em Viena. Mais tarde, foi professor catedrático de botânica na Universidade de Oxford.

Tansley aposentou-se em 1937, mas manteve interesse especial pela conservação. Em 1950, foi nomeado o primeiro presidente da Nature Conservancy, do Reino Unido, cinco anos antes de sua morte.

Obras importantes

1922 *Types of British Vegetation*
1922 *Elements of Plant Ecology*
1923 *Practical Plant Ecology*
1935 "The use and abuse of vegetational terms and concepts", *Ecology*
1939 *The British Islands and Their Vegetation*

O ECOSSISTEMA

Os diferentes tipos de ecossistemas podem ser definidos por seus ambientes físicos. Há quatro categorias de ecossistemas: terrestre, de água doce, marinho e atmosférico. Eles podem ser subdivididos em vários tipos, de acordo com diferentes ambientes físicos e com a biodiversidade dentro deles. Ecossistemas terrestres, por exemplo, podem ser subdivididos em desertos, florestas, savanas, taigas e tundras.

Feedback dinâmico

A percepção mais importante de Tansley foi que essas comunidades distintas de componentes vivos e não vivos formam sistemas dinâmicos. Em um ecossistema terrestre, por exemplo, os organismos interagem para reciclar matéria: plantas absorvem dióxido de carbono (CO_2) da atmosfera e nutrientes do solo para crescer. Essas plantas liberam oxigênio na atmosfera e servem de alimento para animais. Os excrementos e matéria morta dos animais liberam carbono e fornecem material a ser decomposto por bactérias e fungos, provendo, em troca, nutrientes no solo para plantas.

Tansley também argumentou que esses processos internos dentro de um ecossistema correspondem ao que ele descreveu como "a grande lei universal do equilíbrio". Autorreguladores, esses processos têm uma tendência natural à estabilidade. Os ciclos em um ecossistema contêm *loops* de feedback que corrigem qualquer flutuação em relação a um estado de equilíbrio.

Cada ecossistema está localizado em uma área em particular, com características singulares a seu ambiente, e comporta-se como um sistema autocontido e autorregulado. Juntas, as áreas de ecossistema de todo o mundo formam o que o austríaco Eduard Suess chamou de biosfera – a soma de todos os ecossistemas.

Um pequeno lago glacial na Região dos Lagos, na Inglaterra. Cada lago tem um ecossistema que varia segundo diversos fatores, incluindo grau de nutrientes na água.

Fatores externos

Vários fatores externos, como o clima e a formação geológica do ambiente que o cerca, podem afetar um ecossistema. Uma constante força externa que afeta todos os ecossistemas é a luz do sol. Sua energia permite a fotossíntese e a captura de CO_2 da atmosfera; parte dessa energia é distribuída pelo ecossistema e pela cadeia alimentar. No processo, outra parte se dissipa como calor. Outros fatores externos, no entanto, podem surgir inesperadamente e criar pressão sobre os ecossistemas. Todos os ecossistemas estão sujeitos a interferências externas e devem, depois, passar por um processo de recuperação. Essas interferências incluem tempestades, terremotos, inundações, secas e outros fenômenos naturais, mas cada vez mais são resultados de atividade humana – por meio da destruição de habitats naturais por desmatamento,

A transferência dinâmica de energia

Neste ecossistema, plantas usam a energia do sol para fotossíntese. Como mostram as setas mais claras, a energia é passada adiante – a herbívoros, que comem plantas; a predadores, que comem herbívoros; e a saprófitas, que tiram energia de restos em decomposição e transferem nutrientes ao solo. A cada estágio, parte da energia se perde como calor.

ECOSSISTEMAS

Não há resíduos em ecossistemas em funcionamento. Todos os organismos, vivos ou mortos, são fontes em potencial de alimento para outros organismos.
G. Tyler Miller
Autor de ciências

urbanização, poluição e efeitos cumulativos da mudança climática antropogênica (induzida pelo homem). Os humanos também podem ser responsáveis pela introdução de espécies invasoras. Sem esses fatores externos, um ecossistema se manteria em estado de equilíbrio e conservaria uma identidade estável.

Resistência e resiliência
Ecossistemas costumam ser fortes o bastante para resistir a algumas interferências externas naturais e manter o equilíbrio. Alguns são mais resistentes que outros, e adaptaram-se às interferências normalmente associadas a seu ambiente. Em certos ecossistemas de floresta, por exemplo, os incêndios periódicos causados por tempestades elétricas geram apenas um pequeno desequilíbrio no ecossistema.

Mesmo quando as interferências externas são graves, alguns ecossistemas têm uma resiliência que permite sua recuperação. No entanto, outros apresentam uma fragilidade maior, e quando são abalados, podem nunca mais conseguir retomar o equilíbrio.

Geralmente, acredita-se que a resistência e a resiliência de um ecossistema estão relacionadas à sua biodiversidade. Se, por exemplo, houver apenas uma espécie de planta desempenhando determinada função no sistema, e essa espécie não for resistente a geadas, um inverno anormalmente frio poderia acabar com ela a ponto de causar grande impacto no sistema como um todo. Em contraste, se houver várias espécies com o mesmo papel no sistema, é mais provável que uma seja resistente ao distúrbio.

O fator humano
Algumas interferências podem ser graves o bastante para serem catastróficas para um ecossistema, prejudicando-o além do ponto de recuperação e causando uma mudança permanente em sua identidade, ou até mesmo seu fim. O medo é que grande parte das interferências causadas pela atividade humana tem o potencial de causar danos permanentes, em particular quando se trata da destruição substancial de um habitat e da consequente eliminação de sua biodiversidade. Além disso, algumas pessoas sugeriram que a influência humana criou uma nova categoria de sistemas ecológicos, apelidada de "tecnoecossistemas". Por exemplo, lagos de resfriamento são lagos feitos pelo homem para resfriar usinas de energia nuclear, mas tornaram-se ecossistemas para organismos aquáticos.

A relação entre humanos e ecossistemas naturais não é toda negativa. Nos últimos anos, dados científicos ampliaram a consciência pública a respeito dos benefícios que os ecossistemas proporcionam à humanidade, incluindo a provisão de alimentos, água, nutrientes e ar puro, assim como a administração de doenças e até do clima. Hoje, há um grande comprometimento de muitos governos do mundo todo para o uso desses benefícios de maneira responsável e sustentável. ∎

O Projeto Éden, na Cornualha, simula ecossistemas de florestas tropicais em uma de suas estufas gigantes. Os painéis dos domos são inclinados para absorver muita luz e energia térmica.

A VIDA É SUSTENTADA POR UMA AMPLA REDE DE PROCESSOS
FLUXO DE ENERGIA NOS ECOSSISTEMAS

EM CONTEXTO

PRINCIPAL NOME
Raymond Lindeman
(1915–1942)

ANTES
1913 O zoólogo americano Victor Shelford produz as primeiras teias alimentares ilustradas.

1920 Frederic Clements descreve como grupos de espécies de plantas se associam em comunidades.

1926 O geoquímico Vladimir Vernadsky vê que substâncias químicas são recicladas entre seres vivos e não vivos.

1935 Arthur Tansley desenvolve o conceito de ecossistema.

DEPOIS
1957 O ecologista Eugene Odum usa elementos radioativos para mapear as cadeias alimentares.

1962 Rachel Carson alerta para o acúmulo de agrotóxicos nas cadeias alimentares no livro *Primavera silenciosa*.

Em 1941, um estudante americano chamado Raymond Lindeman enviou o último capítulo de sua tese de doutorado para publicação no respeitado periódico *Ecology*. Chamado "O aspecto trófico-dinâmico da ecologia", tratava da relação entre cadeias alimentares e as mudanças, com o tempo, em uma comunidade de espécies.

Lindeman havia passado cinco anos estudando as formas de vida de um lago em Cedar Creek Bog, Minnesota, e estava especialmente interessado nas mudanças no lago conforme, ano após ano, o habitat aquático era tomado pelo terrestre. Ele concluiu o doutorado, mas seu ensaio foi de início rejeitado pelo periódico *Ecology* por ser muito teórico.

Lindeman havia, meticulosamente, recolhido amostras de tudo no lago, das plantas aquáticas e algas microscópicas a vermes, insetos, crustáceos e peixes que se alimentavam uns dos outros e dependiam uns dos outros para existir. Ele enfatizou que a comunidade de organismos não poderia ser compreendida de forma adequada sozinha; deveria ser examinada em um contexto mais amplo. Os organismos

Produtores (plantas e algas) dependem da **energia** coletada do **sol** e de nutrientes de **matéria orgânica decomposta**.

→ **Consumidores primários** dependem de uma **abundância de plantas** e **algas** para comer.

↓

A vida é sustentada por uma ampla rede de processos.

← **Consumidores secundários** contam com uma abundância de **consumidores primários** como fonte de alimento.

ECOSSISTEMAS 139

Ver também: Nichos ecológicos 50-51 ▪ Efeitos não letais de predadores sobre suas presas 76-77 ▪ A cadeia alimentar 132-133 ▪ O ecossistema 134-137

vivos (bióticos) e os componentes (ar, água, solo, minerais) não vivos (abióticos) ligavam-se por ciclos de nutrientes e fluxos de energia. Todo o sistema – o ecossistema – era a unidade ecológica central.

Produtores e consumidores

A pesquisa de Lindeman mostrou como um ecossistema é movimentado por um fluxo de energia de um organismo ao outro. Eles podem estar agrupados em "níveis tróficos" distintos – de produtores (plantas e algas), que absorvem energia do sol para produzir alimento, a consumidores (animais). "Consumidores primários" são os herbívoros que comem as plantas; "consumidores secundários" são animais que comem os herbívoros. Cada nível trófico depende do anterior para sua sobrevivência. Ao mesmo tempo, a matéria morta que se acumula a cada estágio é transformada por decompositores, como bactérias e fungos, e materiais em forma de nutrientes são reciclados para alimentar novamente plantas e algas.

Vermes-zumbis são criaturas do fundo do mar que se alimentam de restos de animais como baleias. Eles criam "raízes" para decompor os ossos, reciclando assim nutrientes da matéria morta.

Lindeman também demonstrou que parte da energia de cada nível trófico se perde em forma de dejetos ou se converte em calor quando os organismos respiram. Ao combinar os resultados de seu próprio estudo com dados de uma ampla gama de outras fontes, ele foi capaz de construir uma imagem de seu sistema do modo como funcionava em Cedar Creek Bog.

O ecologista britânico George E. Hutchinson, considerado um dos fundadores da ecologia moderna, foi mentor de Lindeman na Universidade Yale. Ele reconheceu a importância do trabalho de seu aluno no desenvolvimento futuro da ecologia, e intercedeu para que seu ensaio fosse aceito. Lindeman, que sempre teve problemas de saúde, morreu em 1942, de cirrose, aos 27 anos, apenas quatro meses antes de seu ensaio sobre dinâmica trófica – hoje tido como um clássico em seu campo – ser finalmente publicado. ∎

… comunidades biológicas podem ser expressas como redes ou canais por meio dos quais energia está fluindo e sendo dissipada…
George E. Hutchinson

Calculando produtividade

A teoria da dinâmica trófica de Lindeman ajudou a esclarecer a ideia de produtividade do ecossistema, que ecologistas haviam previamente definido em termos um tanto quanto vagos. A produtividade de uma planta ou animal é medida por seu crescimento em material orgânico, ou biomassa. Ela nunca é igual à entrada de energia de um organismo, porque a conversão de energia solar em folha, no caso das plantas, ou de alimento em carne do corpo, no caso dos animais, nunca é 100% eficiente. Parte da energia é liberada como calor, a maior parte perde-se na respiração – aspecto essencial do metabolismo de todos os seres vivos. Animais de sangue quente perdem muito calor quando sua temperatura corporal é bem mais alta do que a do ambiente. Todos os animais também perdem energia quando excretam urina. Além disso, nem toda a matéria de que o animal se alimenta pode ser digerida, e o material expelido como fezes representa energia química não utilizada.

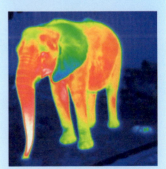

Esta imagem de um elefante mostra como parte do calor do animal se perde. Tanto sua temperatura corporal quanto seu estrume são mais quentes que o ambiente.

O MUNDO É VERDE
CASCATAS TRÓFICAS

EM CONTEXTO

PRINCIPAL NOME
Nelson Hairston (1917–2008)

ANTES
1949 Aldo Leopold publicou *Almanaque de um condado arenoso*, alertando para o impacto ecológico da caça de lobos na vida vegetal da montanha.

DEPOIS
1961 Lawrence Slobodkin, ecologista marinho americano, publica *The Growth and Regulation of Animal Populations*, livro vital para a ecologia.

1980 Robert Paine descreve o "efeito de cascata trófica", quando predadores são removidos de um ecossistema entremarés.

1995 A reintrodução dos lobos-cinzentos no Parque Nacional de Yellowstone dá início a uma série de mudanças no ecossistema.

Logo depois do fim da Segunda Guerra Mundial, Aldo Leopold, ecologista e um dos principais especialistas em gestão de vida selvagem nos EUA, contestou a visão de que os lobos deveriam ser erradicados porque ameaçavam o gado. Em *Almanaque de um condado arenoso*, ele escreveu sobre o efeito destrutivo que a remoção desse superpredador teria no restante do ecossistema. Em especial, isso levaria ao sobrepastejo nas montanhas por parte dos cervos. A visão de Leopold foi uma expressão precoce da ideia de cascatas tróficas, embora ele próprio não tenha usado esse termo.

Os predadores ajudam a manter o equilíbrio na cadeia alimentar, regulando as populações de outros

ECOSSISTEMAS

Ver também: Equações predador-presa 44-49 ▪ A cadeia alimentar 132-133 ▪ Fluxo de energia nos ecossistemas 138-139 ▪ Estado evolutivamente estável 154-155 ▪ Biodiversidade e função do ecossistema 156-157

A estrela-do-mar *Pisaster ochraceus* come moluscos. Em um famoso experimento, Robert Paine as removeu das poças de maré para observar o efeito no restante da teia alimentar.

animais. Quando atacam e comem presas, impactam o número e o comportamento delas – uma vez que se afastam na presença de predadores. O impacto de um predador pode se estender até o próximo nível de alimentação (nível trófico), afetando a população da própria fonte de alimento da presa. Em essência, ao controlar a densidade populacional e o comportamento de suas presas, os predadores indiretamente se beneficiam e aumentam a abundância de presas das suas próprias presas.

A interação indireta que ocorre por meio dos níveis de alimentação é descrita pelos ecologistas como uma cascata trófica. Por definição, as cascatas tróficas devem atravessar pelo menos três níveis de alimentação. Existem também cascatas tróficas de quatro e cinco níveis, mas são menos comuns.

Fatores de controle

Em 1960, o ecologista americano Nelson Hairston e seus colegas Frederick Smith e Lawrence Slobodkin publicaram um artigo vital intitulado "Estrutura da comunidade, controle populacional e competição", analisando os fatores que controlam populações de animais em diferentes níveis tróficos. Eles concluíram que as populações de produtores, carnívoros e decompositores são limitadas por seus respectivos recursos. A competição ocorre entre as espécies em cada um desses três níveis tróficos. Eles também descobriram que as populações de herbívoros raramente são limitadas pela oferta de plantas, mas são limitadas por predadores; portanto, é improvável que compitam com outros herbívoros por recursos em comum. O ensaio enfatizou o importante papel das forças de cima para baixo (predação) em ecossistemas e das forças de baixo para cima (oferta de alimentos).

O ecologista americano Robert Paine foi o primeiro a usar o termo "cascata trófica", quando, em 1980, descreveu mudanças nas teias alimentares causadas pela remoção experimental de estrelas-do-mar predadoras da zona entremarés no estado de Washington. O conceito de cascatas tróficas é amplamente aceito hoje, embora ainda haja debate sobre seu alcance.

Cascatas de cima para baixo

Esse tipo de cascata é nitidamente demonstrado quando uma cadeia alimentar é interrompida pela remoção de um superpredador. O ecossistema pode continuar funcionando apesar da mudança na composição das espécies; »

alternativamente, a remoção de uma espécie pode levar ao colapso do ecossistema. Nos EUA, acredita-se que uma cascata trófica na costa sul da Nova Inglaterra tenha sido responsável pela extinção do habitat de sapal. Os pescadores recreativos reduziram o número de peixes predadores a um ponto que a população de caranguejos herbívoros cresceu demais. O consequente aumento no consumo de vegetação teve um efeito indireto em outras espécies que dependem dela.

As cascatas tróficas também podem ser abaladas pela introdução e disseminação de uma espécie não nativa, como aconteceu quando o onívoro caranguejo-de-mangue, nativo das águas da costa leste da América do Norte e do México, tornou-se comum no mar Báltico, na década de 1990. Os caranguejos, que são espécies-chave em muitas teias alimentares costeiras, alimentam-se de comunidades bentônicas (do fundo do mar) – bivalves, gastrópodes e outros pequenos invertebrados – com enorme eficiência, criando uma forte cascata de cima para baixo. O aumento do número de caranguejos no mar Báltico, onde não existem predadores equivalentes, resultou em um grande declínio na variedade de espécies de invertebrados bentônicos. Isso levou a um aumento dos nutrientes flutuantes, o que acabou impulsionando o fitoplâncton em vez de espécies do fundo do mar. O efeito final da chegada dos caranguejos foi transferir nutrientes do fundo do mar para a coluna de água – água entre o sedimento e a superfície – e degradar o ecossistema.

Cascatas de baixo para cima

Se uma planta – produtor primário – é removida de um ecossistema, pode resultar em uma cascata de baixo para cima. Por exemplo, se uma doença fúngica extermina um tipo de erva, a população de coelhos que depende dela entra em colapso. Assim, os predadores que comem coelhos morrerão de fome ou serão forçados a se deslocar, e todo o ecossistema pode ruir. Inversamente, se iniciativas de conservação aumentarem a diversidade de vida vegetal, mais herbívoros (incluindo os polinizadores que ajudam as plantas a se reproduzirem e disseminarem) serão atraídos e, com eles, mais predadores. No modelo de baixo para cima, as reações de herbívoros e seus predadores ao aumento da variedade de plantas seguem na mesma direção:

> Assim como um bando de cervos vive com medo mortal dos lobos, uma montanha vive com medo mortal dos cervos.
> **Aldo Leopold**
> *Ecologista americano*

mais plantas sustentam mais herbívoros e mais predadores. É o contrário das cascatas de cima para baixo, em que mais predadores levam a menos presas herbívoras e a uma maior variedade de plantas.

Besouros, formigas e mariposas

Investigar cascatas tróficas em sistemas de quatro níveis é mais difícil, porque os predadores no nível superior podem comer predadores no nível inferior e também os herbívoros abaixo deles, de modo que as relações se tornam muito complexas. Em 1999, pesquisadores que estudavam cascatas tróficas na floresta tropical da Costa Rica contornaram o problema estudando um sistema de três níveis tróficos de invertebrados, nos quais o predador superior – um besouro clerídeo – comia formigas predadoras no nível abaixo dele, mas não os herbívoros no nível inferior. Quando o número de besouros predadores na área estudada aumentou, a população de formigas predadoras caiu drasticamente. Isso reduziu a pressão

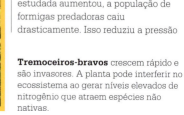

Tremoceiros-bravos crescem rápido e são invasores. A planta pode interferir no ecossistema ao gerar níveis elevados de nitrogênio que atraem espécies não nativas.

ECOSSISTEMAS 143

A vaca-marinha-de-steller foi um sirênio gigante descoberto pelo naturalista Georg Steller em 1741. Sua extinção gera debate: foi caçado até a morte ou sua fonte de alimento desapareceu?

sobre dezenas de espécies de herbívoros invertebrados que, assim, consumiram mais vegetação. Logo, a área foliar das plantas no estudo foi reduzida pela metade.

Nem todos os "participantes" das cascatas tróficas são óbvios ou visíveis. Alguns são minúsculos e vivem sob a terra. Por exemplo, tremoceiros-bravos – plantas da costa da Califórnia – são consumidos pelas lagartas da mariposa *Hepialus humuli*, que comem suas raízes. Por sua vez, invertebrados semelhantes a vermes chamados nematoides parasitam as lagartas. Se esses nematoides estiverem presentes no solo, eles limitarão a população de lagartas e menos raízes de tremoceiros serão afetadas.

Eventos de extinção

Em casos extremos, uma cascata trófica pode levar à extinção de espécies – como no caso das vacas-marinhas-de-steller, um mamífero que vivia no Estreito de Bering, declarado extinto em 1768. Recentemente, argumentou-se que tal extinção foi causada por uma cascata trófica calamitosa, desencadeada pela caça até a quase extinção das lontras-marinhas para comércio de pele. A exploração excessiva das lontras permitiu que a população de ouriços-do-mar, sua presa usual, ultrapassasse um limiar crítico. Os ouriços comem algas, e o crescimento de sua população levou a um colapso na extensão das florestas de algas – fonte de alimento da vaca-marinha. Embora as vacas-marinhas não estivessem sendo caçadas, logo foram extintas. A compreensão de que tais intervenções, e a introdução de espécies não nativas, podem causar danos às cascatas tróficas é vital na criação das medidas de conservação atuais. ∎

Costuma-se esperar que herbívoros estejam bem alimentados e carnívoros estejam famintos.
Lawrence Slobodkin

Primeiros humanos e megafauna

Nos últimos 60 mil anos, incluindo o fim da última era glacial, cerca de 51 gêneros de grandes mamíferos foram extintos na América do Norte. A maioria era herbívoro, como preguiças-gigantes, mastodontes e gliptodontes, mas muitos eram carnívoros, como megaleões, guepardos-americanos, tigres-dentes-de-sabre e ursos-de-cara-achatada.

Grande parte das extinções ocorreu entre 11,5 mil e 10 mil anos atrás, logo depois da chegada e dispersão do povo de Clóvis, de caçadores. Uma das teorias mais convincentes sobre o ocorrido é a "hipótese da predação de segunda ordem", que sugere que os humanos desencadearam uma cascata trófica. O povo matou os grandes carnívoros, que competiam com eles por presas. Como resultado, o número de predadores foi reduzido e o de presas cresceu desproporcionalmente, resultando em sobrepastejo. A vegetação não era mais capaz de sustentar os herbívoros, e com isso muitos morreram de fome.

Pinturas rupestres em Altamira mostram a importância do bisão para os primeiros humanos. A população selvagem extinguiu-se em 1927, mas rebanhos cativos foram reintroduzidos.

ILHAS SÃO SISTEMAS ECOLÓGICOS

BIOGEOGRAFIA INSULAR

146 BIOGEOGRAFIA INSULAR

EM CONTEXTO

PRINCIPAIS NOMES
Robert H. MacArthur (1930–1972), **Edward O. Wilson** (1929–)

ANTES
1948 O lepidopterologista Eugene Munroe sugere uma correlação entre o tamanho da ilha e a diversidade de borboletas no Caribe.

DEPOIS
1971–1978 Nos EUA, o biólogo James H. Brown estuda variedades de espécies de mamíferos e aves em "ilhas" de florestas na Grande Bacia da Califórnia e de Utah.

2006 Os biólogos canadenses Attila Kalmar e David Currie estudam populações de aves em 346 ilhas oceânicas e descobrem que a variedade de espécies depende do clima, além da área e do isolamento.

A menos que preservemos o resto da vida, como dever sagrado, estaremos nos colocando em risco ao destruir o lar em que nos desenvolvemos.
Edward O. Wilson

A biogeografia insular, ou de ilhas, analisa os fatores que afetam a riqueza de espécies de comunidades naturais isoladas. Charles Darwin, Alfred Russel Wallace e outros naturalistas escreveram sobre flora e fauna de ilhas no século XIX. Seus estudos foram conduzidos em ilhas propriamente ditas, no oceano, mas os mesmos métodos podem ser utilizados para analisar qualquer área de habitat adequado, cercada por ambiente não favorável que limite a dispersão dos indivíduos. Exemplos incluem oásis no deserto, sistemas de cavernas, parques municipais em ambiente urbano, lagoas de água doce

Ilhas cercadas por mangues em Florida Keys – agora protegidas por sua ampla gama de vida marinha e terrestre – foram foco de pesquisa para testar a teoria da biogeografia insular.

em paisagem árida ou fragmentos de florestas de montanhas entre vales não arborizados.

Em meados do século XX, ecologistas iniciaram estudos mais intensos sobre distribuição de espécies em diferentes ilhas, e como e por que elas variavam. Nos EUA, os biólogos Edward Wilson e Robert MacArthur construíram o primeiro modelo matemático dos fatores em jogo em

ECOSSISTEMAS 147

Ver também: Evolução pela seleção natural 24-31 ▪ Equações predador-presa 44-49 ▪ Experimentos de campo 54-55 ▪ O ecossistema 134-137

Difusão aleatória de organismos até as ilhas

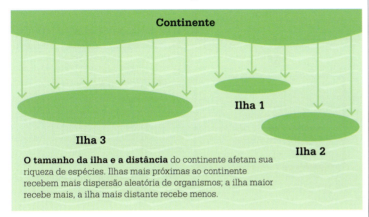

O tamanho da ilha e a distância do continente afetam sua riqueza de espécies. Ilhas mais próximas ao continente recebem mais dispersão aleatória de organismos; a ilha maior recebe mais, a ilha mais distante recebe menos.

Robert H. MacArthur

Nascido em Toronto, Canadá, em 1930, e depois mudando-se para Vermont, EUA, Robert MacArthur estudou originalmente matemática. Em 1957, recebeu o título de doutor da Universidade Yale por sua tese explorando nichos ecológicos ocupados por espécies de aves canoras em florestas de coníferas. A ênfase de MacArthur na importância de testar hipóteses ajudou a transformar a ecologia de um campo exclusivo da observação a um que também empregava modelos experimentais. Essa metodologia se reflete em *The Theory of Island Biogeography*, que escreveu com Edward O. Wilson. MacArthur recebeu prêmios durante a carreira e foi eleito para a Academia Nacional de Ciências dos EUA em 1969. Em 1972, morreu de câncer renal. A Ecological Society of America oferece um prêmio bienal em seu nome.

Obras importantes

1967 *The Theory of Island Biogeography*
1971 *Geographical Ecology: Patterns in the Distribution of Species*

---

ecossistemas insulares e, em 1967, delinearam uma nova teoria sobre biogeografia insular.

Sua teoria propunha que cada ilha refletia um equilíbrio entre a taxa de novas espécies que chegavam a ela e a taxa com que as espécies existentes se extinguiam. Por exemplo, uma ilha habitável, mas relativamente vazia, teria uma baixa taxa de extinção, uma vez que há menos espécies a serem extintas. Quando mais espécies chegam, a competição por recursos limitados se eleva. Em certo momento, populações menores serão superadas, e a taxa de extinção de espécies aumentará. Um ponto de equilíbrio ocorre quando a taxa de imigração e a taxa de extinção das espécies são iguais; isso pode permanecer constante até que ocorra uma mudança em qualquer uma das taxas.

A teoria também propõe que a taxa de imigração depende da distância do continente, ou de outra ilha, e diminui com o aumento da distância. A área de uma ilha é outro fator. Quanto maior, menor a sua taxa de extinção, porque se as espécies nativas são expulsas do habitat principal por novos imigrantes, elas têm mais chances de encontrar um habitat alternativo, embora imperfeito ("subótimo"). Também é provável que as ilhas maiores tenham uma variedade maior de habitats ou micro-habitats para acomodar novos imigrantes. Uma combinação de variedade e taxas mais baixas de extinção produz uma mistura de espécies maior do que em uma pequena ilha – o "efeito espécie-área". As próprias espécies da mistura mudarão com o tempo, como resultado da colonização e extinção, mas permanecerão relativamente diversas.

Monitorando mangues

Em 1969, Wilson e seu aluno Daniel Simberloff conduziram um experimento de campo que testou a teoria em seis pequenas ilhas de mangue em Florida Keys, nos EUA. Eles registraram as espécies que viviam ali, depois fumigaram o mangue para remover todos os artrópodes, como insetos, aracnídeos e crustáceos. Nos dois anos seguintes, contaram as espécies que retornavam para observar sua »

BIOGEOGRAFIA INSULAR

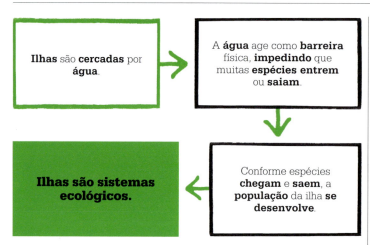

recolonização. Os experimentos de Florida Keys mostram que a distância de fato desempenha um importante papel: quanto mais distante uma ilha estava do continente, menos invertebrados retornavam para colonizar a área.

Novas ondas de imigração podem, no entanto, salvar da extinção até mesmo espécies de ilhas muito distantes. É mais provável que isso aconteça com certas espécies de pássaros – capazes de percorrer longas distâncias rapidamente – do que, por exemplo, com pequenos mamíferos. Há também o chamado efeito alvo, em que algumas ilhas são destinos mais favorecidos devido ao habitat que proporcionam. Se oferecida a escolha de uma ilha sem árvores e outra com área de floresta, um pássaro que faz ninho em árvores naturalmente optará por elas.

Impacto humano

Os principais fatores que influenciam a mistura de espécies em uma ilha oceânica são seu grau e tempo de isolamento, seu tamanho, a adequabilidade de seu habitat, sua localização em relação às correntes oceânicas, e chegadas ocasionais (por exemplo, organismos lavados em tapetes de vegetação flutuante). A maioria desses fatores se aplica a quaisquer habitats isolados semelhantes, não apenas ilhas propriamente ditas.

O impacto dos humanos – que começaram a visitar ilhas isoladas no Pacífico há pelo menos 3 mil anos – algumas vezes foi drástico. Em séculos recentes, as pessoas levaram cães, gatos, cabras e porcos ao colonizar ilhas do Pacífico, e outras. Sem saber, também levaram ratos nos barcos. Em muitas ilhas, ratos comiam os ovos de aves marinhas e sementes de plantas endêmicas, algumas das quais não cresciam em nenhum outro lugar. Nas ilhas Galápagos, cães comiam ovos de tartarugas, iguanas nativas e até de pinguins. As cabras competiam com tartarugas terrestres por alimentos e eliminaram cinco espécies de plantas nas Ilhas de Santiago.

A chegada dos humanos, no entanto, nem sempre reduziu a riqueza de espécies nas ilhas. Pesquisadores descobriram o importante papel da colonização assistida por navios nas ilhas do Caribe. Apesar de seu tamanho relativamente pequeno, Trinidad, por exemplo, tem mais espécies de lagartos anólis do que a ilha de Cuba, muito maior, porque as sanções econômicas desde a década de 1960 significaram menos barcos (e seus lagartos clandestinos).

Habitats insulares

No início da década de 1970, o biólogo americano James H. Brown aplicou o modelo Wilson-MacArthur a "ilhas" de florestas de coníferas em dezenove cordilheiras na Grande Bacia, na Califórnia e em Utah. As cadeias de montanhas são separadas umas das outras por um vasto deserto. Brown descobriu que a diversidade e distribuição de pequenos mamíferos (excluindo morcegos) nas florestas isoladas não podiam ser explicadas em termos de equilíbrio entre colonização e extinção. Algumas espécies haviam se extinguido, mas nenhuma espécie nova tinha chegado durante milhões de anos, então Brown apelidou os mamíferos de "relíquias". Alguns anos depois, sua análise das populações de aves residentes nas cordilheiras revelou que novas espécies de aves haviam chegado de florestas maiores e semelhantes nas Montanhas Rochosas, a leste, e na Serra Nevada, a oeste. Brown concluiu que certos grupos de espécies – especialmente as que voam – têm maior probabilidade de serem imigrantes de sucesso do que outros.

Destruir florestas para ganhos econômicos é como queimar uma pintura renascentista para cozinhar.
Edward O. Wilson

ECOSSISTEMAS 149

Os ecologistas também estudaram a diversidade de besouros e moscas em nove parques de diferentes tamanhos em Cincinnati, Ohio. A área foi o melhor indicador de riqueza de espécies, mas, quando os ecologistas combinaram suas descobertas aos dados sobre tamanhos populacionais, calcularam que a área maior do parque servia primariamente para reduzir as taxas de extinção, e não fornecer habitats para novas espécies.

Práticas de conservação

Logo após a teoria sobre biogeografia insular ser desenvolvida, ecologistas começaram a aplicá-la à conservação. Reservas naturais e parques nacionais eram vistos como "ilhas" em paisagens alteradas pela atividade humana. Ao criarem áreas protegidas, ecologistas debatiam o melhor tamanho: uma reserva grande seria melhor do que várias menores? Como mostra a teoria insular, a biodiversidade depende de uma série de fatores, e diferentes espécies beneficiam-se de diferentes cenários. Um mamífero de tamanho considerável não sobreviverá em uma reserva pequena, mas muitos

O Central Park, em Manhattan, Nova York, é uma "ilha" em ambiente urbano. Nele vivem 134 espécies de aves, 197 de insetos, nove de mamíferos, cinco de répteis, 59 de fungos e 441 de plantas.

organismos pequenos prosperarão nela. Em locais sob a pressão da atividade humana, a teoria insular também encorajou a criação de corredores ecológicos. Eles ligam áreas de habitat adequado, o que ajuda a manter os processos ecológicos – por exemplo, propiciando o movimento de animais e permitindo que populações viáveis sobrevivam – sem demandar grandes extensões de área protegida. ∎

Defendo que cada fragmento de diversidade biológica é inestimável...
Edward O. Wilson

O renascimento de Krakatoa

Em 1883, erupções vulcânicas devastaram a ilha indonésia de Krakatoa, exterminando sua flora e fauna e também as das ilhas vizinhas Sertung e Panjang. Por volta de 1886, musgos, algas, angiospermas e samambaias haviam retornado a Krakatoa, carregadas pelo vento ou, como sementes, pelas ondas. As primeiras mudas de árvores surgiram em 1887; várias espécies de insetos, e uma de lagarto, foram descobertas em 1889. Pesquisa recente sugere que o nível de imigração a Krakatoa e suas vizinhas atingiu o ápice durante o período de formação da floresta, de 1908 a 1921, mas as extinções aumentaram quando a densa cobertura das árvores passou a impedir a chegada da luz do sol ao solo, entre 1921–1933. Embora a imigração de aves terrestres e répteis tenha quase cessado, novas espécies de moluscos e muitos grupos de insetos ainda estão chegando de Sumatra e Java, ambas a pouco menos de 45 km de distância.

A erupção fatal do Krakatoa lançou uma nuvem de cinzas de 80 km de altura que alterou os padrões do clima global e causou queda de temperatura de 1,2 °C por cinco anos.

A CONSTÂNCIA DOS NÚMEROS É O QUE IMPORTA
RESILIÊNCIA ECOLÓGICA

EM CONTEXTO

PRINCIPAL NOME
Crawford Stanley Holling
(1930–)

ANTES
1859 Charles Darwin descreve a interdependência entre espécies como um "ambiente complexo".

1955 Nos EUA, Robert MacArthur propõe uma medida da estabilidade do ecossistema que aumenta conforme o número de interações entre espécies se multiplica.

1972 Ao contrário de MacArthur, o ecologista australiano Robert May defende que comunidades mais diversas com relações mais complexas podem ser menos capazes de manter um equilíbrio estável entre espécies.

DEPOIS
2003 O ecologista australiano Brian Walker trabalha com Crawford Holling para aprimorar a definição de resiliência.

A capacidade de um ecossistema se recuperar após um distúrbio – como um grande incêndio, enchentes, furacões, poluição grave, desmatamento ou a introdução de uma nova espécie "exótica" – é chamada de resiliência ecológica. Qualquer um desses impactos pode interferir em teias alimentares, muitas vezes de forma drástica, e a atividade humana é responsável por um número crescente deles.

Permanecendo resiliente
O ecologista canadense Crawford Stanley Holling propôs a ideia de resiliência ecológica para descrever a persistência dos sistemas naturais ante mudanças disruptivas. Holling defendia que sistemas naturais exigem estabilidade e resiliência, mas – ao contrário do que ecologistas anteriores presumiam – essas qualidades nem sempre são as mesmas.

Um sistema estável resiste à mudança para manter o *status quo*, mas resiliência envolve inovação e adaptação. Holling escreveu que sistemas naturais imperturbados são propensos a permanecer em um estado transitório, com populações de algumas espécies aumentando e outras diminuindo. No entanto, essas mudanças populacionais não são tão importantes quanto uma alteração radical no sistema como um todo. A resiliência de um sistema pode ser definida pelo tempo que ele leva para retomar o equilíbrio após um grande choque ou por sua capacidade de absorver uma interferência.

Um exemplo estudado por Holling foi a indústria pesqueira dos Grandes Lagos da América do Norte. Uma grande tonelagem de esturjões, arenques e outros peixes foi extraída nas primeiras décadas do século XX, mas a sobrepesca reduziu drasticamente as capturas. Apesar do subsequente controle da pesca, as populações não se recuperaram. Holling sugeriu que a pesca intensa

Ecossistemas são dinâmicos – mudam constantemente e são incertos por natureza, com múltiplos futuros potenciais...
Crawford Stanley Holling

ECOSSISTEMAS

Ver também: A cadeia alimentar 132-133 ■ O ecossistema 134-137 ■ Fluxo de energia nos ecossistemas 138-139 ■ Cascatas tróficas 140-143

havia reduzido progressivamente a resiliência do ecossistema.

Holling afirmou que a resiliência ecológica nem sempre é positiva. Se um lago de água doce recebe uma grande quantidade de nutrientes de fertilizantes agrícolas, por exemplo, ele se tornará eutrófico: algas vicejarão, esgotando o oxigênio do lago e tornando-o impróprio para peixes. Um lago assim será resiliente, mas menos biodiverso. Holling afirmou que três fatores críticos determinam a resiliência: o máximo que um sistema pode ser mudado antes de cruzar o limite que torna impossível uma recuperação total; a facilidade ou dificuldade de se causar uma grande mudança no sistema; e quanto o sistema está, no momento, próximo do limite.

Estados mutáveis

Conforme a visão de Holling, a resiliência em nível ecossistêmico é reforçada se suas populações não são rígidas demais – o que significa que os componentes do ecossistema podem mudar. Um exemplo é o

Densa escuma verde de algas cobre parte do lago Lonar, em Maharashtra, Índia. Algas prosperam em ambientes com alto teor de nutrientes, mas algas em decomposição consomem oxigênio. Este, quando em níveis ínfimos, permite que menos peixes sobrevivam.

desaparecimento da maioria das castanheiras-americanas das florestas do leste da América do Norte, que foi em grande medida compensado pela expansão de carvalhos e nogueiras. Para Holling, isso contava como resiliência, pois, embora a combinação exata de espécies de árvores tenha mudado, a floresta de latifoliadas ainda existia.

Ecologistas hoje entendem que ecossistemas podem ter mais de um estado estável. Na Austrália, por exemplo, terrenos com predomínio de *Acacia aneura* podem existir em um ambiente rico em gramíneas que permite a ovinocultura, ou em outro, com prevalência de arbustos, totalmente impróprio para ovelhas. ■

O papel das larvas

Larvas de mariposa do gênero *Choristoneura* devastaram florestas de abeto-balsâmico na América do Norte seis vezes desde o século XVIII. Holling descreveu esse processo em dois estados muito diferentes: um, com árvores jovens crescendo rápido e poucas larvas; outro, com árvores maduras e número enorme de larvas.

Entre os surtos de larvas, jovens abetos-balsâmicos crescem ao lado de píceas e bétulas. Com o tempo, o abeto se torna dominante. A combinação dessa dominância com uma sequência de anos muito secos estimula um grande aumento na população de larvas. O abeto maduro é destruído, dando à pícea e à bétula oportunidade de se regenerar. Ao manter o abeto-balsâmico sob controle, a larva também preserva píceas e bétulas. Sem ela, os abetos suplantariam as demais árvores. Assim, o sistema é instável, mas ao mesmo tempo resiliente.

Larvas de *Choristoneura* sp. em Quebec, Canadá, devoram abetos e píceas com voracidade até a pupação. Mariposas surgem cerca de um mês depois, prontas para acasalar.

POPULAÇÕES SÃO SUJEITAS A FORÇAS IMPREVISÍVEIS
A TEORIA NEUTRA DA BIODIVERSIDADE

EM CONTEXTO

PRINCIPAIS NOMES
Hal Caswell (1949–), **Stephen P. Hubbell** (1942–)

ANTES
1920 Frederic Clements descreve como espécies vegetais associam-se umas às outras em comunidades.

1926 Henry Gleason propõe que comunidades ecológicas são organizadas mais ao acaso.

1967 Richard Root introduz o conceito de guilda ecológica – um grupo de espécies que exploram recursos de maneira similar.

DEPOIS
2018 Revisão conduzida pelo ecologista holandês Marten Scheffer sugere que, apesar de espécies que usam os mesmos recursos serem competitivamente equivalentes, elas também podem diferir de acordo com sua reação a fatores de estresse, como seca ou doenças.

A biodiversidade é moldada no mundo todo pelo surgimento de novas espécies e pela extinção de outras. A ecologia de comunidades tradicionalmente defendia que interações entre espécies tinham papel vital na determinação desse processo. Se duas espécies competem por recursos similares, por exemplo, ou a mais forte força a mais fraca à extinção, ou ambas são levadas a um nicho mais restrito de especialização.

Em 1976, no entanto, o ecologista americano Hal Caswell propôs uma teoria "neutra" da biodiversidade. Ela propunha que espécies ecologicamente similares são equivalentes competitivas, e qual delas se tornará comum ou rara depende de processos aleatórios.

O modelo "nulo"
No início dos anos 2000, o ecologista americano Stephen P. Hubbell desenvolveu um modelo matemático conhecido como hipótese "nula" e publicado em *The Unified Theory of Biodiversity and Geography* (2001), que confirmou a teoria de Caswell. Ele testou o modelo estudando

Caswell fez uma tentativa ousada de criar uma teoria neutra de organização de comunidades.
Stephen P. Hubbell

comunidades reais. Teorias neutras da biodiversidade têm dominado a ecologia de comunidades nos últimos anos. No entanto, um estudo australiano sobre recifes de coral, publicado em 2014, com foco em espécies outrora dominantes que quase foram perdidas para a sobrepesca, refutou a teoria. De acordo com Hubbell, espécies são intercambiáveis, então outras deveriam ter aumentado para tomar seu lugar. O fato de isso não ter acontecido nesse caso sugere que há falhas na teoria neutra. A dúvida sobre o que mantém a diversidade permanece em aberto. ∎

Ver também: Atividade humana e biodiversidade 92-95 ▪ Biogeografia insular 144-149 ▪ Comunidade clímax 172-173 ▪ Teoria da comunidade aberta 174-175

ECOSSISTEMAS 153

APENAS UMA COMUNIDADE DE PESQUISADORES TEM CHANCE DE REVELAR O INTRINCADO TODO
BIG ECOLOGY

EM CONTEXTO

PRINCIPAL ORGANIZAÇÃO
Fundação Nacional de Ciência dos EUA (1950–)

ANTES
1926 O geoquímico e mineralogista russo Vladimir Vernadsky formula a teoria da biosfera, segundo a qual tudo na Terra vive.

1935 O ecologista britânico pioneiro Arthur Tansley define que um ecossistema abrange todas as interações entre um grupo de criaturas vivas e seu ambiente.

DEPOIS
1992 Na conferência ECO-92, no Rio de Janeiro, há consenso internacional sobre a importância de proteger a biosfera.

1997 O Protocolo de Kyoto para redução da emissão de gases do efeito estufa é assinado por 192 países.

Compreender a fundo os ecossistemas requer estudos de longo prazo. Em 1980, a Fundação Nacional de Ciência dos EUA estabeleceu seis sítios de Pesquisa Ecológica de Longa Duração (PELD) para estudar fenômenos ecológicos de longo prazo e em larga escala. Hoje há 28 sítios, cinco dos quais em atividade desde 1980. Ecologistas reúnem conjuntos de dados que permitirão que conhecimento aprofundado seja compartilhado.

Um ecossistema florestal
Um dos seis sítios de pesquisa originais é a floresta Andrews, no Oregon. Ele oferece um bom exemplo de bosque temperado, com invernos amenos e úmidos e verões frescos e secos. Com 40% de floresta primária de coníferas, há alto grau de biodiversidade em seus ecossistemas de floresta, riacho e prado. Ecologistas registraram milhares de espécies de insetos, 83 de aves, dezenove de coníferas e nove de peixes. Projetos visam observar de que modo o uso do solo (como na silvicultura) e fenômenos naturais (incêndios, inundações, clima) afetam a hidrologia, a biodiversidade e a dinâmica de carbono – maneira como carbono e nutrientes se movem pelo ecossistema. Há muitos outros sítios de pesquisa de longa duração pelo mundo com pesquisadores registrando dados sobre ecossistemas. Com acesso livre à informação, a pesquisa pode ser disseminada pelo globo com facilidade. ■

Decomposição de troncos é estudada pelo período de duzentos anos em seis sítios de floresta primária na floresta Andrews, Oregon. O experimento começou em 1985.

Ver também: O ecossistema 134-137 ▪ A biosfera 204-205 ▪ Iniciativa Biosfera Sustentável 322-323 ▪ Serviços ecossistêmicos 328-329

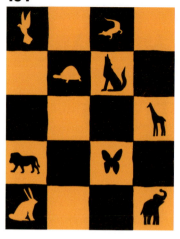

A MELHOR ESTRATÉGIA DEPENDE DO QUE OS OUTROS ESTÃO FAZENDO
ESTADO EVOLUTIVAMENTE ESTÁVEL

EM CONTEXTO

PRINCIPAL NOME
John Maynard Smith (1920–2004)

ANTES
1944 O matemático John von Neumann e o economista Oskar Morgenstern usam uma estratégia da teoria dos jogos para criar uma teoria matemática da organização econômica e social.

1964 O biólogo britânico W. D. Hamilton aplica a teoria dos jogos à evolução do comportamento social em animais.

1965 Hamilton usa a teoria dos jogos para descrever as consequências ecológicas da seleção natural.

1976 Richard Dawkins populariza a ideia de estratégia evolutivamente estável.

DEPOIS
1982 John Maynard Smith aplica a teoria à evolução, à biologia sexual e aos ciclos da vida.

Animais entram em **conflito** uns com os outros por **comida**, **território** e **seleção de parceiros**.

↓

Eles evoluíram para **reagir** ao comportamento de outros animais de certas **formas pré-programadas**.

↓

A melhor estratégia depende do que os outros estão fazendo.

O campo da ecologia comportamental procura explicar como o comportamento de animais – o que comem, como socializam etc. – evoluiu para se adequar a seu ambiente. A força motriz é a seleção natural, uma vez que o ambiente favorece indivíduos com certos genes – alguns genes são "melhores" para certas situações e não para outras – que então são passados para os descendentes. Por ser influenciado por genes, o comportamento animal também deve ser influenciado pela seleção natural.

Comportamento adaptativo
Em 1972, o biólogo evolutivo John Maynard Smith introduziu uma teoria conhecida como estratégia evolutivamente estável (EEE), que ajudou a explicar como estratégias comportamentais surgem por seleção natural. Da mesma forma que fatores como alimento e temperatura podem afetar os animais, afetam o comportamento de outras espécies. Maynard Smith sugere que uma EEE adapta-se ao comportamento de outros animais, e não pode ser superada por estratégias concorrentes, dando a eles a melhor chance de passar seus genes adiante. Ele argumentou que apenas a seleção natural poderia interferir nesse

ECOSSISTEMAS

Ver também: Evolução pela seleção natural 24-31 ▪ O gene egoísta 38-39 ▪ Equações predador-presa 44-49 ▪ Nichos ecológicos 50-51 ▪ Cascatas tróficas 140-143 ▪ Biodiversidade e função do ecossistema 156-157

Comportamento derivado de conflitos por espaço e território pode surgir como estratégia evolutivamente estável. Morcegos frugívoros disputam espaço nas árvores; os machos alfa obrigam os mais fracos a ficar em galhos mais baixos.

equilíbrio – daí o motivo de a EEE ser "estável" – e que esses padrões de comportamento são geneticamente pré-programados.

A EEE tem suas raízes na teoria dos jogos: uma forma matemática de descobrir a melhor estratégia em um jogo. Muitos exemplos de como os animais se comportam são tidos como estratégias evolutivamente estáveis, como o comportamento territorial e hierarquias. Por exemplo, as "regras" geneticamente pré-programadas "se residente, lutar e defender" ou "se visitante, ceder e recuar", que ajudariam os animais a manter seu território, combinam-se para tornar o comportamento territorial uma EEE.

Estratégias de equilíbrio

O ganho que um animal tem – ou o preço que arrisca pagar – ao demonstrar um comportamento específico pode ser quantificado, de modo que os biólogos conseguem concluir quais estratégias podem ser as mais estáveis por meio de modelos matemáticos (veja o quadro). Se o modelo não corresponde ao comportamento de animais no mundo real, ele sugere que a estabilidade não se desenvolveu.

Em ecossistemas reais, e não hipotéticos, não é uma estratégia única que é estável, mas o equilíbrio entre duas ou mais delas dentro do sistema como um todo. O equilíbrio geral, então, recebe um nome melhor: estado evolutivamente estável, e não estratégia. Tal equilíbrio surge quando todos os indivíduos têm a mesma aptidão: passam seus genes adiante em igual medida. O estado permanece estável, ainda que haja pequenas mudanças no ambiente do animal. ■

O "jogo" falcão-pombo

A demonstração mais simples da estratégia evolutivamente estável (EEE) de John Maynard Smith envolve uma reação hipotética a agressão conhecida como "jogo" falcão-pombo. Nele, os indivíduos podem agir como falcões e lutar até ficarem com ferimentos graves, ou como pombos e ameaçar, mas recuar. Os falcões superam os pombos, mas podem se machucar seriamente em uma briga com outro falcão. Pombos costumam escapar de lesões, mas perdem tempo ameaçando. Qual estratégia seria melhor para passar genes adiante? Maynard Smith e seus colaboradores criaram um modelo matemático para dar a resposta e – nesse caso – ser mais falcão do que pombo se provou EEE. Ele prediz uma razão de sete falcões a cada cinco pombos, o que equivale a qualquer indivíduo sendo falcão 7/12 do tempo e pombo 5/12 do tempo.

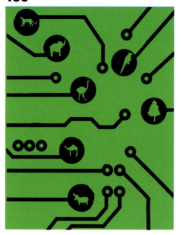

AS ESPÉCIES MANTÊM O FUNCIONAMENTO E A ESTABILIDADE DOS ECOSSISTEMAS

BIODIVERSIDADE E FUNÇÃO DO ECOSSISTEMA

EM CONTEXTO

PRINCIPAL NOME
Michel Loreau (1954–)

ANTES
1949 No Instituto de Tecnologia da Califórnia, o primeiro fitotron (estufa de pesquisa) é construído para que se estude como um ecossistema artificial pode ser manipulado.

1991 No Reino Unido, um Ecotron, conjunto de ecossistemas experimentais em unidades controladas por computador, é criado no Imperial College, em Londres.

DEPOIS
2014 Importantes ecologistas dos EUA dizem que o efeito da perda de diversidade em ecossistemas é pelo menos tão grande quanto o de incêndios, seca ou outros fatores de mudança ambiental, senão maior.

2015 Ensaio publicado na *Nature* traz evidências de que a biodiversidade aumenta a resiliência de um ecossistema em uma ampla gama de eventos climáticos.

Em uma era em que as atividades humanas estão rapidamente destruindo a complexa mistura de espécies em diferentes habitats, ecologistas concentram-se cada vez mais em como a perda de biodiversidade afeta o modo como os ecossistemas funcionam. Se espécies são substituídas ou perdidas, um ecossistema pode permanecer intacto, ou isso avaria seu funcionamento?

Tais questões foram o foco da conferência sobre Biodiversidade e Função do Ecossistema (BFE) realizada

Um fitotron construído em 1968, nos EUA, atualmente inclui sessenta câmaras de crescimento, quatro estufas e uma instalação com ambiente controlado para estudar doenças de plantas e insetos.

em Paris, em 2000. Mais de sessenta ecologistas internacionais, incluindo Michel Loreau, diretor do Centro de Teoria e Modelagem da Biodiversidade em Moulis, França, apresentaram pesquisas diversas; algumas olhavam mais atentamente para espécies, outras para o que faz um ecossistema funcionar. Loreau afirma que uma nova

ECOSSISTEMAS 157

Ver também: Mutualismos 56-59 ▪ Espécies-chave 60-65 ▪ O ecossistema 134-137 ▪ Organismos e seu ambiente 166 ▪ Espécies invasoras 270-273

É provável que a perda de biodiversidade diminua a capacidade dos ecossistemas de resistir aos efeitos das mudanças climáticas.
Michel Loreau

teoria ecológica unificada é necessária para combater desafios ambientais extremos. Isso demanda a integração da ecologia de comunidade (estudo de como as espécies interagem nos ecossistemas) com a ecologia de ecossistema (pesquisa dos processos físicos, químicos e biológicos que conectam organismos e seu ambiente).

Ciclos complexos

Cientistas de ambas as disciplinas acreditam firmemente que a biodiversidade, sobretudo de espécies e diversidade genética, é um importante motor para o funcionamento do ecossistema. Ecossistemas são impulsionados pela entrada de energia e reciclagem de nutrientes: plantas e animais crescem, morrem e se decompõem, devolvendo nutrientes ao solo e reiniciando o ciclo. Esses processos dependem das espécies nos ecossistemas, que, por sua vez, dependem umas das outras conforme interagem – como predadores e presas, por exemplo. Muitos ecologistas defendem que uma grande variedade de espécies complementares é necessária para manter um ecossistema funcional e resiliente a mudanças. Outros dizem que poucas

espécies-chave podem ser mais importantes para impedir que eles entrem em colapso.

Ao pesquisar tais questões, ecologistas costumam usar tanto o trabalho de observação de campo tradicional quanto modelos matemáticos sofisticados. Mais recentemente, a pesquisa começou a incorporar a manipulação de ecossistemas de uma maneira mais controlada, em lotes de terra, por exemplo, ou dentro de sistemas fechados abrigados em estufas enormes chamadas fitotrons. Os experimentos ajudam a estabelecer quais fatores – como números de espécies, ou tipo de espécie e dominância – afetam ecossistemas em longo prazo. Suas descobertas mostram que os efeitos da biodiversidade nas funções do ecossistema são complexos. Enquanto os ecossistemas mais diversos tendem a ser mais produtivos, seu sucesso também depende do clima e da fertilidade do solo.

Há mais a ser aprendido sobre como a diversidade de plantas afeta os processos do solo, o papel da biodiversidade microbiana no solo e os efeitos de espécies mutualistas, como angiospermas e insetos polinizadores, e a teoria unificadora que Loreau está buscando ainda precisa ser criada. ∎

Uma das características distintas e fascinantes dos sistemas ecológicos é sua extraordinária complexidade.
Michel Loreau

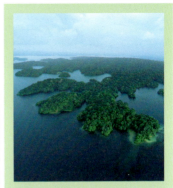

Fragmentação de habitat

A ilha de Barro Colorado, no Canal do Panamá, formou-se em 1914, quando a floresta tropical úmida foi inundada por barragens, criando um fragmento isolado de floresta cercado de água. Desde 1946, a área tem sido estudada em detalhes por biólogos do Smithsonian Institution, e outros para determinar os efeitos dessa fragmentação de habitat: a diversidade de espécies na ilha diminuiu, e grandes predadores estão entre as espécies mais vulneráveis. Nos EUA, estudos sobre fragmentação de habitat e seus efeitos sobre a diversidade em Florida Keys resultaram em *Theory of Island Biogeography* (1967), de Robert MacArthur e Edward O. Wilson.

Com esses ambientes, planejadores aprenderam importantes lições sobre como conservar espécies em habitats isolados – às vezes no meio de cidades – que são mantidos como reservas. Barro Colorado e lugares semelhantes também propiciaram oportunidades vitais para estudo, onde ecologistas podem explorar como a mudança na diversidade de espécies afeta o funcionamento de um ecossistema em todos os níveis.

ORGANIS
UM AMBI
MUTÁVEL

MOS EM
ENTE

INTRODUÇÃO

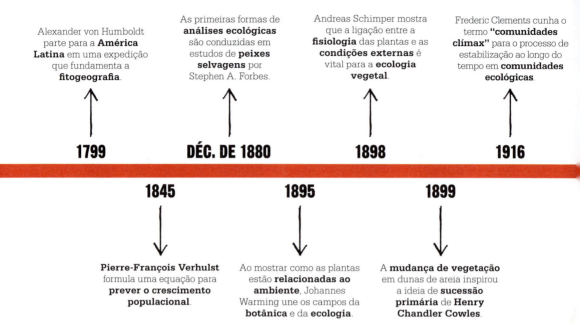

A distribuição de organismos no espaço e no tempo é um interesse fundamental da ecologia. No início do século XIX, o explorador prussiano Alexander von Humboldt, um dos fundadores da ecologia, fez estudos detalhados sobre fitogeografia na América Latina. Philip Sclater descreveu a distribuição global de espécies de aves, e Alfred Russel Wallace fez o mesmo com outros vertebrados, propondo seis regiões zoogeográficas ainda amplamente em uso.

Comunidades

O trabalho de campo inicial concentrou-se na distribuição e abundância de organismos, mas no fim do século XIX os cientistas reconheceram cada vez mais que os dados de pesquisa também poderiam esclarecer as interações entre espécies. De certo modo, isso representou o verdadeiro nascimento do campo da ecologia. Entre os pioneiros estavam o naturalista americano Stephen A. Forbes, que estudou populações de peixes selvagens nos anos 1880, e o botânico dinamarquês Johannes Warming, que examinou a interação entre plantas e seu ambiente e introduziu a ideia de comunidades vegetais.

A ligação entre clima e tipo de vegetação dominante de uma região foi estabelecida pelo botânico alemão Andreas Schimper, que produziu uma classificação mundial de zonas de vegetação em 1898. No início do século XX, os ecologistas dedicaram mais atenção à inter-relação de todos os organismos dentro um ecossistema, exemplificado pelo conceito de biosfera do cientista russo Vladimir Vernadsky.

Enquanto estudava a vegetação que crescia nas dunas de areia ao longo da costa do lago Michigan, na década de 1890, o botânico americano Henry Chandler Cowles percebeu que havia uma sucessão de espécies vegetais, em que plantas "pioneiras" eram substituídas por outras, que por sua vez eram igualmente substituídas. O também americano Frederic Clements usou o termo "comunidade clímax" para descrever o ponto final dessa sucessão. Em 1916, ele propôs que os padrões globais de vegetação poderiam ser vistos como "formações", ou grandes comunidades de plantas – e dos organismos que dependiam delas –, as quais refletiam o clima regional. Em regiões temperadas relativamente úmidas, por exemplo, a floresta decídua pode dominar, mas as gramíneas tendem a prevalecer em áreas mais secas, temperadas. Clements argumentou que essas comunidades clímax estavam ligadas e poderiam ser

ORGANISMOS EM UM AMBIENTE MUTÁVEL

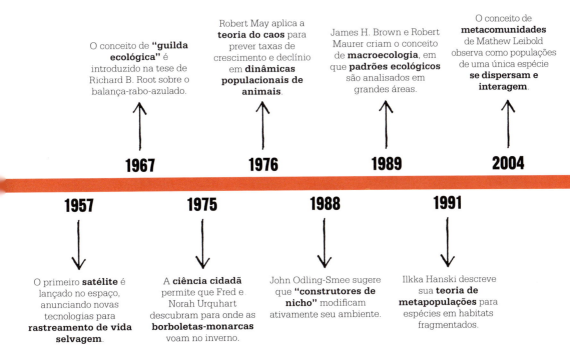

consideradas organismos únicos e complexos.

Clements foi logo contestado pelo botânico americano Henry Gleason, que concordou que as comunidades vegetais poderiam ser mapeadas, mas defendia que, como espécies de plantas individuais não têm um objetivo comum, a ideia de comunidades integradas era inválida. Sua visão foi apoiada na década de 1950 pelos estudos de campo de Robert Whittaker e pela pesquisa numérica de John Curtis.

Em 1967, o ecologista americano Richard Root propôs a ideia de "guilda", um grupo de organismos – intimamente relacionados ou não – que exploram os mesmos recursos. Mais tarde, os ecologistas James MacMahon e Charles Hawkins refinaram a definição de guilda para espécies que "exploram a mesma classe de recursos ambientais", independentemente da forma.

Novas ideias

Muitas novas ideias enriqueceram o estudo da ecologia no fim do século XX e início do XXI. O conceito de metapopulação foi modernizado pelo finlandês Ilkka Hanski, que argumentou que a população de uma espécie é composta de elementos dinâmicos diferentes. Uma parte da população pode se extinguir, enquanto outra prospera. O elemento bem-sucedido pode depois ajudar a restabelecer a população que morreu.

No processo, declarou o ecologista britânico John Odling-Smee, as chamadas espécies de "construtores de nichos" criam um ambiente mais favorável para si mesmas – como visto em inúmeros exemplos, de antigas cianobactérias produtoras de oxigênio que alteravam a composição da atmosfera em tempos pré-históricos a castores criando zonas úmidas.

Métodos modernos

Tradicionalmente, a tarefa de monitorar as mudanças ambientais tem sido de responsabilidade de acadêmicos e ecologistas profissionais, mas, hoje em dia, milhões de amadores interessados fornecem enormes quantidades de dados brutos sobre tudo, de datas de florescimento a números de borboletas, do estado dos recifes de coral até as populações reprodutoras de aves. Com a capacidade dos computadores de processar grandes quantidades de dados em alta velocidade e com a ecologia da Terra mudando mais rápido do que nunca, essa "ciência cidadã" deve se tornar um recurso inestimável para a ecologia. ∎

O ESTUDO FILOSÓFICO DA NATUREZA CONECTA O PRESENTE AO PASSADO
A DISTRIBUIÇÃO DE ESPÉCIES NO ESPAÇO E NO TEMPO

EM CONTEXTO

PRINCIPAL NOME
Alexander von Humboldt
(1769–1859)

ANTES
1750 Carlos Lineu explica que a distribuição de plantas é determinada pelo clima.

DEPOIS
1831–1836 Darwin faz observações sobre a viagem no *Beagle*, confirmando que muitos animais que vivem em uma área não são encontrados em habitats semelhantes em outros lugares.

1874 O zoólogo britânico Philip Sclater produz uma descrição da zoogeografia (a distribuição geográfica de animais) das aves do mundo.

1876 Alfred Russel Wallace publica o livro em dois volumes *The Geographical Distribution of Animals*, que se torna o principal texto sobre biogeografia nos oitenta anos seguintes.

Espécies estão **distribuídas** pelo **mundo**.

Plantas e **animais** deslocam-se com o **tempo**, conforme a **Terra** e seus habitats **mudam**.

Cientistas estudam **onde** e **como as espécies** vivem **hoje**, mas também onde estavam **antes**, e o que **mudou**.

O estudo filosófico da natureza conecta o presente ao passado.

A distribuição, ou alcance, de comunidades e espécies biológicas varia segundo uma séries de fatores – incluindo latitude, clima, altitude, habitat, isolamento e características das espécies. O estudo da distribuição de espécies é chamado biogeografia. Ele também aborda como e por que os padrões de distribuição mudam com o tempo.

Os primeiros zoólogos e botânicos, como Carlos Lineu, conheciam bem as variações geográficas na distribuição das espécies, mas o primeiro a realizar estudos detalhados desse aspecto da zoologia foi o polímata prussiano Alexander von Humboldt, que viajou para a América Latina com o botânico francês Aimé Bonpland em 1799. Sua expedição de cinco anos serviu como base para a fitogeografia. Humboldt acreditava que a observação *in loco* era essencial, e usou instrumentos sofisticados para fazer registros meticulosos de espécies de plantas e animais, observando todos os fatores que poderiam influenciar os dados. Essa abordagem holística é mais bem

ORGANISMOS EM UM AMBIENTE MUTÁVEL

Ver também: Uma visão moderna da diversidade 90-91 ▪ Ecologia animal 106-113 ▪ Biogeografia insular 144-149 ▪ Big ecology 153 ▪ Clima e vegetação 168-169

> *A unidade da natureza significa a inter-relação de todas as ciências físicas.*
> **Alexander von Humboldt**

ilustrada em seu detalhado mapa e corte transversal do monte Chimborazo, no Equador.

Contribuição de Wallace

Muitos naturalistas do século XIX contribuíram para o conhecimento biogeográfico, mas um dos mais importantes foi o naturalista britânico Alfred Russel Wallace. Depois de ler o relato de Philip Sclater sobre a distribuição global de espécies de aves, Wallace resolveu fazer o mesmo com outros animais. Ele analisou todos os fatores considerados relevantes na época, incluindo mudanças nas pontes terrestres e os efeitos das glaciações. Ele produziu mapas para ilustrar como a vegetação influenciava o alcance dos animais e sintetizou a distribuição de todas as famílias conhecidas de vertebrados.

Wallace então propôs seis regiões zoogeográficas, que ainda hoje são amplamente utilizadas: Neoártica (América do Norte), Neotropical (América do Sul), Paleártica (Europa, norte da África e maior parte da Ásia), Afrotropical (sul do Saara), Indomalaia (sul e sudeste da Ásia) e Australásia (Austrália, Nova Guiné e Nova Zelândia). A linha divisória entre essas duas últimas regiões, que atravessa a Indonésia, ainda é conhecida como "Linha de Wallace".

Placas tectônicas

Wallace também fez algumas descobertas notáveis com base no registro fóssil. Por exemplo, esclareceu que os primeiros roedores haviam evoluído no hemisfério norte, passando via Eurásia para a América do Sul. Depois, em 1915, o geólogo alemão Alfred Wegener propôs a ideia radical de que os continentes da América do Sul e da África já haviam estado conectados, o que permitiu a propagação de antas e outras espécies. Wegener entendeu que a distribuição das espécies era, em parte, um registro da história geológica. As espécies colonizam novas áreas conforme as condições mudam e, com o tempo, foram separadas por barreiras, como novos oceanos ou cadeias de montanhas. Hoje, à medida que as mudanças provocadas pelo homem no clima e no meio ambiente aceleram – criando barreiras adicionais, esse entendimento vem assumindo uma nova e vital importância. ∎

Antas surgiram na América do Norte há pelo menos 50 milhões de anos. Dispersaram-se e hoje vivem na América do Sul e Central e no sudeste da Ásia, mas extinguiram-se na América do Norte.

Alexander von Humboldt

Conhecido como o "fundador da fitogeografia", Humboldt também fez contribuições valiosas para a geologia, meteorologia e zoologia. Nascido em Berlim, em 1769, ele começou a colecionar plantas, conchas e insetos na infância. Sua expedição para a América Latina, de 1799 a 1804, abrangeu México, Cuba, Venezuela, Colômbia e Equador, e sua equipe bateu o recorde mundial de altitude ao escalar 5.879 metros no Chimborazo.

Humboldt também especulou que vulcões resultam de profundas fissuras subterrâneas, investigou a queda de temperatura com a altitude e descobriu que a força do campo magnético da Terra é maior perto dos polos. A obra de 23 volumes que detalha sua expedição estabeleceu um novo padrão para a escrita científica, consolidando sua fama.

Obras importantes

1807 *Essai sur la géographie des plantes*
1805–1829 *Voyage aux régions équinoxiales du Nouveau Continent, fait en 1799–1804*

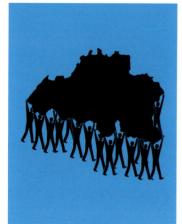

O AUMENTO POTENCIAL DA POPULAÇÃO É LIMITADO PELA FERTILIDADE DO PAÍS
EQUAÇÃO DE VERHULST

EM CONTEXTO

PRINCIPAIS NOMES
Thomas Malthus (1766–1834),
Pierre-François Verhulst
(1804–1849)

ANTES
1798 Thomas Malthus defende que a população aumenta exponencialmente, enquanto a oferta de alimentos cresce mais devagar em nível constante, levando a possíveis déficits de alimentos.

1835 O estatístico belga Adolphe Quetelet sugere que o crescimento populacional tende a desacelerar com o aumento da densidade populacional.

DEPOIS
1911 Anderson McKendrick, quando médico do exército, aplica a equação de Verhulst a populações de bactérias.

1920 O biólogo americano Raymond Pearl propõe a equação de Verhulst como uma "lei" do crescimento populacional.

Pierre-François Verhulst era um matemático belga que, após ler *Ensaio sobre o princípio da população*, de Thomas Malthus, ficou fascinado pelo crescimento da população humana. Em 1845, publicou seu próprio modelo de dinâmica populacional, depois chamado de equação de Verhulst.

Apesar de influenciado pelas ideias de Malthus, Verhulst percebeu que havia uma falha importante em suas previsões. Malthus alegava que a população humana tende a aumentar geometricamente, dobrando em intervalos regulares. Verhulst achou simplista demais, avaliando que o modelo de Malthus não considerava a dificuldade de uma população maior em encontrar alimento. Ele defendeu que "a população se aproxima cada vez mais de um estado estacionário", no qual a taxa de reprodução é proporcional à população existente e à quantidade de alimento disponível. No modelo de Verhulst, após o ponto de crescimento populacional máximo – "ponto de inflexão" – a taxa de crescimento se torna progressivamente mais lenta, nivelando-se de modo gradual para alcançar a "capacidade de carga" de uma área – número de indivíduos que ela pode sustentar. Quando visualizado, o modelo de Verhulst produz uma curva em S, depois chamada de curva logística.

Demonstrações práticas

O modelo de Verhulst foi ignorado por décadas, em parte porque ele próprio não estava totalmente convencido. No entanto, em 1911, o médico e epidemiologista do exército escocês Anderson McKendrick usou a equação logística para prever o crescimento em populações de bactérias. Em 1920, a equação de Verhulst foi adotada e promovida nos EUA por Raymond Pearl, que conduziu experimentos com drosófilas e galinhas. Ele dava uma quantidade constante de alimento para

A hipótese da progressão geométrica se sustenta apenas em circunstâncias muito especiais.
Pierre-François Verhulst

Ver também: A distribuição de espécies no espaço e no tempo 162-163 ▪ Metapopulações 186-187 ▪ Metacomunidades 190-193 ▪ Superpopulação 250-251

Hoje, os biólogos não correm risco de ostracismo quando se aventuram a estudar problemas humanos.
Raymond Pearl

as drosófilas mantidas em um frasco. Inicialmente, sua taxa de fertilidade aumentou. Mas, conforme a densidade populacional crescia, a competição por recursos aumentava e, por fim, chegou a um gargalo. Depois disso, a taxa de fertilidade das moscas caiu; seus números continuaram a aumentar, mas lentamente, e em geral o nível da população se estabilizou.

Da mesma forma, Pearl descobriu que, quando o número de galinhas em um galinheiro aumentava, as aves lutavam para encontrar comida suficiente. À medida que o espaço entre elas se reduzia, as galinhas punham menos ovos e, conforme a taxa de fertilidade diminuía, a taxa de crescimento da população lentamente se estabilizava.

Estratégias variáveis

As duas variáveis principais na equação de Verhulst são a capacidade máxima de uma espécie para se reproduzir (r) e a capacidade de carga da área (K). Os organismos são r-estrategistas ou K-estrategistas. Os r-estrategistas, como bactérias, ratos e pequenas aves, reproduzem-se rápido, amadurecem cedo e têm uma vida relativamente curta. Os K-estrategistas, como humanos, elefantes e sequoias gigantes, têm uma taxa de reprodução mais lenta, levam mais tempo para amadurecer e tendem a viver mais. Os ecologistas estudam r-estrategistas, que costumam ser encontrados em ambientes instáveis, para avaliar os riscos para os altos níveis de reprodução necessários e estudam K-estrategistas em ambientes mais previsíveis, para garantir a sobrevivência em longo prazo das espécies. ▪

Drosófilas são moscas pequenas e comuns, atraídas por frutas e vegetais maduros. São populares para estudos de laboratório porque se reproduzem muito rapidamente e são fáceis de criar.

Thomas Malthus

Thomas Malthus nasceu em Surrey, Reino Unido, em 1766, sétimo filho de uma família abastada. Após estudar idiomas e matemática na Universidade de Cambridge, ele assumiu o cargo de sacerdote em uma igreja rural. Em 1798, publicou um ensaio afirmando que a taxa de crescimento da população humana ultrapassava os aumentos mais estáveis da produção de alimentos, levando à fome inevitável. Ele publicou mais seis edições do ensaio, e fez inúmeras visitas à Europa para coletar dados sobre a população. Em 1805, foi nomeado professor de história e economia política em uma faculdade da Companhia das Índias Orientais, em Hertfordshire. Envolveu-se cada vez mais no debate sobre política econômica e criticou as Leis dos Pobres por causarem inflação e não melhorarem a vida dos menos favorecidos. Malthus morreu em 1834.

Obras importantes

1798 *Ensaio sobre o princípio da população*
1820 *Princípios de economia política*
1827 *Definições em economia política*

O PRIMEIRO REQUISITO É UM CONHECIMENTO PROFUNDO DA ORDEM NATURAL
ORGANISMOS E SEU AMBIENTE

EM CONTEXTO

PRINCIPAL NOME
Stephen A. Forbes (1844–1930)

ANTES
1799–1804 Alexander von Humboldt desbrava o campo da biogeografia em suas viagens pela América Latina.

1866 O naturalista alemão Ernst Haeckel cunha o termo "ecologia" para descrever o estudo dos organismos em relação a seus ambientes.

1876 Após viajar extensivamente, o naturalista britânico Alfred Russel Wallace publica *The Geographical Distribution of Animals*.

DEPOIS
Déc. de 1890 Frederic Clements propõe a noção de comunidades ecológicas.

1895 Em *Plantesamfund*, Johannes Warming descreve o impacto do ambiente na distribuição vegetal.

O conceito de naturalista – alguém que estuda organismos no mundo natural – vem desde a Grécia antiga. Aristóteles fez muitas observações sobre a vida selvagem, e seu trabalho serviu como base para naturalistas posteriores. Só no século XIX, no entanto, o potencial de tais análises foi realmente compreendido.

O novo estudo da ecologia

Quando os naturalistas passaram a fazer viagens de campo mais longas, a distribuição global de espécies tornou-se mais aparente, e o conceito de ecologia como ciência ganhou força.

Um dos primeiros cientistas a empregar métodos ecológicos foi o biólogo americano Stephen A. Forbes. Nos anos 1880, enquanto estudava peixes de um lago em Wisconsin, ele notou que dados de análise podiam ser interpretados para formar uma imagem das interações entre diferentes espécies – e não apenas sua quantidade. Forbes ampliou o escopo da pesquisa convencional, combinando o trabalho de campo prático com análises teóricas e experimentos.

Essas análises ecológicas criaram uma imagem da ordem natural dentro de um ambiente. Ao lançar luz sobre os efeitos inter-relacionados de sua vida vegetal e animal, elas podiam também ajudar a explicar a distribuição de espécies e sua variação ao longo do tempo. ■

Por imagens de satélite, ecologistas observam mudanças em larga escala com facilidade. Essas áreas verdes do mar Cáspio são evidências do crescimento de algas – produto da concentração de matéria orgânica.

Ver também: Classificação dos seres vivos 82-83 ▪ Ecologia animal 106-113 ▪ Biodiversidade e função do ecossistema 156-157

ORGANISMOS EM UM AMBIENTE MUTÁVEL 167

AS PLANTAS VIVEM EM UMA ESCALA DE TEMPO DIFERENTE
FUNDAMENTOS DA ECOLOGIA VEGETAL

EM CONTEXTO

PRINCIPAL NOME
Johannes Eugenius Warming
(1841–1924)

ANTES
1859 As descrições detalhadas de Charles Darwin sobre plantas e animais em seu ambiente natural marcam o início de uma apreciação do que depois foi chamado "ecologia".

DEPOIS
1935 O botânico britânico Arthur Tansley publica um artigo no periódico *Ecology* em que define o termo "ecossistema".

1938 Os botânicos americanos John Weaver e Frederic Clements desenvolvem os conceitos de comunidades vegetais e sucessão.

1995 O documentário para TV de David Attenborough *A vida privada das plantas* mostra plantas como influenciadoras dinâmicas de seu ambiente.

A ecologia vegetal examina como plantas interagem entre si e com seu ambiente. O botânico dinamarquês Johannes Eugenius Warming juntou pela primeira vez botânica e ecologia em seu livro *Plantesamfund*, em 1895. Ele descreveu como as plantas reagem a seus arredores e como seus ciclos de vida e estruturas se relacionam com o local onde crescem. A obra introduziu o conceito de comunidades vegetais e expôs como um grupo de espécies interage e se desenvolve em resposta às mesmas condições locais.

Plantas e ecossistemas
Por muitos anos, ecologias vegetal e animal foram estudadas separadamente, mas no início do século XX surgiu uma perspectiva mais conectada. Importantes teorias sobre comunidades vegetais e sucessão – processo pelo qual uma comunidade ecológica muda com o tempo – foram estabelecidas nesse período. Em 1926, o geoquímico Vladimir Vernadsky introduziu a ideia de biosfera da Terra, partes da superfície e atmosfera onde todos os organismos vivos existiam e interagiam.

Plantas são barômetros sensíveis de mudança em um ambiente. O estudo de sua anatomia, fisiologia, distribuição e abundância, assim como de suas interações com outros organismos e reação a fatores ambientais, como condições do solo, hidrologia e poluição, pode fornecer informações inestimáveis sobre todo o ecossistema. ■

A Terra ser uma comunidade é um conceito básico da ecologia.
Aldo Leopold

Ver também: Clima e vegetação 168-169 ▪ Sucessão ecológica 170-171 ▪ A biosfera 204-205 ▪ Habitats ameaçados 236-239 ▪ Desmatamento 254-259

AS CAUSAS DAS DIFERENÇAS ENTRE PLANTAS
CLIMA E VEGETAÇÃO

EM CONTEXTO

PRINCIPAL NOME
Andreas Schimper (1856–1901)

ANTES
1737 *Flora lapponica*, de Carlos Lineu, inclui detalhes da distribuição geográfica das plantas da Lapônia.

1807 Alexander von Humboldt publica seu seminal *Essai sur la géographie des plantes*.

DEPOIS
1916 Em *Plant Succession: An Analysis of the Development of Vegetation*, Frederic Clements descreve como comunidades de espécies são indicadoras do clima em que se desenvolveram.

1968 "O papel do clima na distribuição da vegetação", dos geógrafos americanos John Mather e Gary Yoshioka, explica que apenas temperatura e chuvas não são suficientes para definir a distribuição vegetal.

Provavelmente, era de conhecimento geral que plantas diferentes se desenvolvem em climas diferentes desde o surgimento da agricultura; muitas culturas comercializam plantas há milhares de anos. No entanto, a relação clara entre o tipo de vegetação dominante de uma região e o clima não foi descrita de maneira decisiva até o botânico alemão Andreas Schimper publicar suas ideias sobre fitogeografia, em 1898.

Botânicos como Carlos Lineu e Alexander von Humboldt haviam escrito sobre a distribuição vegetal nos séculos XVIII e XIX. O viajado Humboldt entendia que o clima era um dos principais fatores que ditavam onde plantas cresciam e não cresciam.

Schimper deu um passo além de Humboldt, explicando que tipos de vegetação semelhantes surgem em condições climáticas parecidas, em diferentes partes do mundo. Ele então produziu uma classificação global de zonas de vegetação que refletia essa observação. Seu livro *Pflanzengeographie auf physiologische Grundlage*, de 1898, chegou a 870 páginas e é uma das maiores monografias de ecologia escritas por um único autor. Uma síntese da geografia e fisiologia (funcionamento)

"Plantas-pedra" (*Lithops*) são nativas da África do Sul. Suas folhas grossas e carnudas são adaptadas a condições secas e rochosas. Espécies relacionadas ocorrem em habitats áridos similares na Austrália.

das plantas, tornou-se a base do estudo da ecologia vegetal. Schimper explicou que a conexão entre as estruturas das plantas e as condições externas que enfrentavam em diferentes lugares era a chave para o que ele descreveu como "fitogeografia ecológica". A vegetação foi dividida em zonas tropical, temperada, ártica, montanhosa e aquática, e posteriormente subdividida, de acordo com o clima predominante. Por

ORGANISMOS EM UM AMBIENTE MUTÁVEL

Ver também: Evolução pela seleção natural 24-31 ▪ Ecofisiologia 72-73 ▪ O ecossistema 134-137 ▪ Fundamentos da ecologia vegetal 167 ▪ Biogeografia 200-201 ▪ Biomas 206-209

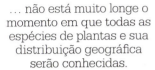

… não está muito longe o momento em que todas as espécies de plantas e sua distribuição geográfica serão conhecidas.
Andreas Schimper

exemplo, a vegetação tropical foi dividida em savana, floresta espinhosa, bosque, floresta tropical úmida ou bosque com uma estação seca pronunciada. De acordo com o clima, era úmida durante todo o ano, sazonalmente úmida ou predominantemente seca.

Adaptações para extremos

Schimper fez um estudo atento da fisiologia vegetal – as estruturas das plantas e o modo como se adaptaram às condições variáveis de temperatura e umidade. Estava particularmente interessado em plantas que cresciam em condições climáticas extremas. Ambientes salgados, por exemplo, exigem que as plantas sobrevivam a altos níveis de salinidade do solo e da água. Schimper descobriu que a vegetação que cresce nos mangues costeiros do Brasil, nas praias do Caribe e do Sri Lanka e nas crateras vulcânicas que emitem enxofre em Java era igualmente tolerante ao sal.

Ele também estudou como as plantas se comportavam nas condições desafiadoras de ambientes áridos. Descobriu que as plantas que crescem em locais quentes e secos haviam desenvolvido "vários artifícios para regular a passagem da água". Para ilustrar, escolheu um tipo de vegetação com folhas duras, internódios (distâncias entre as folhas ao longo de um caule) curtos e orientação foliar paralela ou oblíqua à luz solar direta. Esse tipo crescia em várias partes do mundo, onde condições áridas significavam que a água era escassa. O nome que Schimper deu a essas plantas – esclerófilas, das palavras gregas *skleros* ("duro") e *phullon* ("folha") – é usado até hoje.

Epífitas, plantas que crescem na superfície de outras plantas e tiram sua umidade e nutrientes do ar ou da chuva, também fascinavam Schimper. Ele observou epífitas, como barba-de-velho, crescendo no sul dos EUA e nas ilhas do Caribe, e espécies similares na América do Sul, e no sul e sudeste da Ásia. Notou haver conexões entre elas: temperaturas quentes e umidade durante todo o ano – características do que ele chamou de floresta tropical úmida.

Embora as amplas divisões geográficas criadas por Schimper ainda sejam verdadeiras, existe agora uma melhor compreensão de como a vegetação se desenvolve em reação a muitos estímulos diferentes além de simples diferenças climáticas. Por exemplo, medidas de possível evaporação da água na atmosfera, excesso e déficit de água, que podem ser combinados em um índice de umidade, são determinantes mais úteis da distribuição vegetal do que simples valores de temperatura e precipitação. ∎

Como outras epífitas, a barba-de-velho vive sobre outras espécies, mas retira água e nutrientes do ar, e não de seu hospedeiro. Ela prospera em ambientes tropicais e subtropicais.

TENHO MUITA FÉ NA SEMENTE
SUCESSÃO ECOLÓGICA

EM CONTEXTO

PRINCIPAL NOME
Henry Chandler Cowles
(1869–1939)

ANTES
1825 Adolphe Dureau de la Malle cunha o termo "sucessão" ao descrever novo crescimento em florestas devastadas.

1863 O botânico austríaco Anton Kerner publica estudo sobre sucessão ecológica de plantas na bacia do Danúbio.

DEPOIS
1916 Frederic Clements sugere que comunidades se acomodam em um clímax, ou equilíbrio estável, no fim de um período de sucessão.

1977 Os ecologistas Joseph Connell e Ralph Slatyer defendem que a sucessão ocorre de diversas formas, destacando facilitação (preparação do caminho para espécies que virão), tolerância (a menos recursos) e inibição (competidores resistentes).

As dunas de Indiana abrangem uma área de areia sujeita a movimentação pela ação do vento ao sul do lago Michigan, EUA. Em 1896, o botânico americano Henry Chandler Cowles viu essa dunas pela primeira vez e iniciou sua carreira no campo emergente da ecologia. Dunas estão entre os acidentes geográficos menos estáveis do planeta, de forma que mudanças em sua ecologia ocorrem relativamente rápido. Conforme caminhava entre as dunas, Cowles notou que, quando certas plantas morriam, sua matéria em

Há 15 mil anos, devia haver apenas areia ao redor do lago Michigan. A vegetação se desenvolveu em um gradiente físico, com areia mais perto da água e florestas mais afastadas.

decomposição criava condições favoráveis a outras plantas. Quando essas novas plantas morriam, outras mais podiam crescer.

Com base em suas observações, Cowles desenvolveu a ideia de sucessão ecológica, embora os alicerces para o conceito tivessm sido estabelecidos por naturalistas mais antigos. Em 1860, em

ORGANISMOS EM UM AMBIENTE MUTÁVEL 171

Ver também: Experimentos de campo 54-55 ▪ O ecossistema 134-137 ▪ Comunidade clímax 172-173 ▪ Teoria da comunidade aberta 174-175 ▪ Biomas 206-209 ▪ Romantismo, conservação e ecologia 298

Sucessão primária

O processo de sucessão primária começa em ambientes áridos, como rochas. Espécies rústicas, em geral liquens, aparecem primeiro e então dão espaço a comunidades clímax estáveis de formas de vida mais complexas e diversas por centenas de anos.

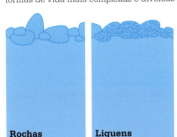

Rochas | Liquens | Plantas anuais pequenas e liquens | Gramíneas e plantas perenes | Gramíneas, arbustos e árvores intolerantes à sombra | Árvores tolerantes à sombra

Centenas de anos

Espécies pioneiras → Espécies intermediárias → Comunidade clímax

uma palestra para membros da Middlesex Agricultural Society, Massachusetts, Henry David Thoreau afirmou: "Embora eu não acredite que uma planta possa brotar onde não haja semente, tenho muita fé na semente".

Crescimento de um ecossistema

O geógrafo Adolphe Dureau de la Malle é considerado o primeiro a usar o termo "sucessão" com referência à ecologia, ao testemunhar a progressão de comunidades vegetais depois que todas as árvores foram removidas de uma floresta. Cowles forneceu uma articulação mais formal de sua teoria de sucessão ecológica em *The Ecological Relations of the Vegetation on the Sand Dunes of Lake Michigan*, publicado em 1899. No ensaio, ele propôs a ideia de uma sucessão primária – o crescimento gradual de um ecossistema originalmente desprovido de vida vegetal. Os estágios da sucessão primária incluem plantas pioneiras (com frequência líquens e musgos), seguidas de gramíneas, pequenos arbustos e árvores.

Vida após abalo

A sucessão secundária ocorre após um abalo que destrói a vida vegetal, como uma inundação ou incêndio. A vida vegetal se restabelece e se desenvolve em um ecossistema similar ao que existia antes. Os estágios da sucessão secundária são semelhantes aos da sucessão primária, embora o ecossistema possa começar em pontos diferentes do processo, dependendo do nível dos danos causados pelo gatilho.

Um exemplo comum de sucessão secundária ocorre após um incêndio em florestas de carvalho e nogueira. Nutrientes de animais e plantas queimados fornecem condições para o crescimento de plantas anuais. Gramíneas pioneiras logo surgem. Após vários anos, devido, em parte, às mudanças ambientais e do solo resultantes das espécies pioneiras, arbustos e carvalhos, pinheiros e nogueiras começam a crescer. Conforme as árvores ficam mais altas, sombreando mais a vegetação rasteira, as gramíneas são substituídas por plantas capazes de sobreviver com pouca luz do sol e, depois de cerca de 150 anos, a floresta volta a se parecer com a comunidade pré-incêndio. ■

Encontrei evidências incontestáveis de que (a) a floresta sucedeu a pradaria, e (b) a pradaria sucedeu a floresta.
Henry Allan Gleason
Ecologista americano

A COMUNIDADE SURGE, CRESCE, AMADURECE E MORRE
COMUNIDADE CLÍMAX

EM CONTEXTO

PRINCIPAL NOME
Frederic Clements (1874–1945)

ANTES
1872 O botânico alemão August Grisebach classifica os padrões de vegetação do mundo em relação ao clima.

1874 O filósofo britânico Herbert Spencer sugere que a população humana pode ser vista como um enorme organismo.

1899 Nos EUA, Henry Cowles propõe que a vegetação se desenvolve em estágios, processo chamado sucessão.

DEPOIS
1926 O ecologista americano Henry Gleason defende que uma comunidade clímax é um grupo fortuito de indivíduos.

1939 O botânico britânico Arthur Tansley sugere que não há uma única comunidade clímax, mas "policlímax" que respondem a vários fatores.

Em todas as regiões, **plantas crescem e se desenvolvem** por meio de **uma série de sucessões**.

A cada estágio, elas se tornam **maiores**, mais **complexas** e **interconectadas**.

Com o tempo, a **vegetação assume a forma interconectada** mais complicada que o **clima** permite.

Quando uma comunidade atinge esse "clímax", a vegetação para de mudar.

O termo "comunidade clímax" foi proposto em 1916 pelo botânico americano Frederic Clements. Ele o usou para descrever uma comunidade ecológica resistente que havia chegado a um estado estável, como uma floresta naturalmente estável de árvores primárias que não sofreu ou foi submetida a nenhuma mudança não natural, como exploração madeireira.

Comunidades regionais

No século XIX, os botânicos alemães August Grisebach e Oscar Drude estavam entre os que reconheciam que padrões de vegetação ao redor do mundo refletiam fatores como variações climáticas. Estava claro, por exemplo, que a vegetação típica em um clima úmido, tropical, era muito diferente daquela em um clima seco, temperado. Então, em um trabalho memorável de 1899, o botânico americano Henry Cowles descreveu como plantas colonizavam dunas de areia ao redor do lago Michigan em estágios – ou "sucessões" – de crescente tamanho e complexidade.

Em seu livro *Plant Succession* (1916), Frederic Clements desenvolveu a ideia de Cowles, que combinou ao pensamento geográfico dos dois botânicos alemães para produzir uma

ORGANISMOS EM UM AMBIENTE MUTÁVEL 173

Ver também: O ecossistema 134-137 ▪ A distribuição de espécies no espaço e no tempo 162-163 ▪ Sucessão ecológica 170-171 ▪ Teoria da comunidade aberta 174-175 ▪ A guilda ecológica 176-177 ▪ Biomas 206-209

O deserto de Sonora é frequentemente visto como exemplo de comunidade clímax. Tem chuvas no inverno e no verão, então suas plantas singulares, incluindo o cacto saguaro, costumam ser viçosas.

teoria sobre o desenvolvimento de comunidades naturais.

Clements sugeriu que para compreender padrões de vegetação pelo mundo era preciso pensar em termos de "formações". Uma formação é uma comunidade grande e natural de plantas dominadas por uma gama de formas de vida que refletem o clima regional. Em cada região, elas passam por estágios de sucessão até atingir a mais complexa e desenvolvida forma possível. Assim que atinge o clímax, a comunidade se estabiliza, o que mais tarde foi chamado de "estado estável", e para de mudar.

Clements, então, propôs que comunidades clímax estão unidas. Embora uma comunidade ecológica seja feita de uma profusão de plantas em diferentes estágios de crescimento, ele argumentou que ela pode ser considerada um organismo único e complexo. Uma comunidade cresce na direção do clímax da mesma forma que um indivíduo se desenvolve nos estágios da vida. Clements ampliou a ideia para abranger todos os organismos em um "bioma" que compreendia "todas as espécies de plantas e animais que vivem em um habitat específico". A partir daí, a ideia de ecossistema como um "superorganismo" se desenvolveu.

Um processo flutuante

As ideias de Clements foram contestadas desde o início, embora a ideia de um "estado estável" tivesse se provado influente e dominado o pensamento sobre ecossistemas até os anos 1960. No entanto, cientistas notaram que comunidades mudam constantemente em resposta às condições, e é quase impossível observar uma comunidade clímax de verdade. Um prêmio de 10 mil dólares por identificar tal comunidade, oferecido pelo botânico americano Frank Egler na década de 1950, nunca foi reivindicado. Apesar das dificuldades, os ecologistas continuaram a usar a teoria de uma comunidade clímax para decidir como reagir a espécies invasoras que ameaçavam interferir em uma comunidade nativa estabelecida, e, em décadas recentes, as ideias de Clements voltaram a ganhar apoio.

A sucessão continua sendo um princípio central da ecologia. Em geral, as primeiras fases consistem em espécies de crescimento rápido e boa dispersão, que são substituídas por outras mais competitivas. Inicialmente, ecologistas pensavam que a sucessão ecológica acabava no que descreveram como fase clímax, quando o ecossistema atingia um equilíbrio estável. Porém, hoje aceita-se que a sucessão ecológica é um processo dinâmico em fluxo constante. ∎

Para Clements, climas são como genomas, e vegetação é como um organismo cujas características são determinadas pelo genoma.
Christopher Elliott
Filósofo de ciências

UMA ASSOCIAÇÃO NÃO É UM ORGANISMO, MAS UMA COINCIDÊNCIA
TEORIA DA COMUNIDADE ABERTA

Plantas **crescem** de acordo com suas **necessidades individuais**. → **Não há evidências** de um **desenvolvimento integrado** entre plantas. → Elas **crescem aleatoriamente**, influenciadas apenas por condições ambientais. → **Uma comunidade ecológica não é um organismo.**

EM CONTEXTO

PRINCIPAL NOME
Henry Allan Gleason (1882–1975)

ANTES
1793 Alexander von Humboldt usa a palavra "associação" para resumir a gama de tipos de plantas em um dado habitat.

1899 Henry Cowles afirma que a vegetação se desenvolve em estágios, processo que chama de sucessão ecológica de plantas.

1916 Frederic Clements expõe a ideia de uma comunidade clímax como organismo único.

DEPOIS
1935 Arthur Tansley cunha o termo "ecossistema".

1947 Robert H. Whittaker inicia estudos de campo que refutarão a ideia holística de Clements sobre comunidades vegetais.

1959 John Curtis fomenta a reputação de Henry Gleason com estudos numéricos sobre comunidades vegetais de pradaria.

Quando o ecologista americano Frederic Clements propôs a ideia de comunidades clímax, em 1916, imaginou a comunidade como um superorganismo em que plantas e animais interagiam para desenvolvê-la. Um ano depois, o ecologista americano Henry Gleason descartou a ideia; ele argumentou que espécies vegetais não têm objetivos em comum, apenas suprem as próprias necessidades individuais. A hipótese de Gleason ficou conhecida como teoria da comunidade aberta. A contestação deu início a um debate que ainda existe nos círculos ecológicos atuais.

Gleason não negou que comunidades vegetais poderiam ser mapeadas e suas interações, identificadas, mas não conseguia ver a integração proposta por Clements. Pelo contrário, Gleason acreditava que grupos de plantas eram compostos de indivíduos e espécies aleatórios reagindo a condições locais.

Necessidades individuais

Gleason defendia que as mudanças que ocorriam durante a sucessão ecológica de plantas, conforme a composição de uma comunidade evolui, não são estágios integrados como no desenvolvimento de um único organismo. Em vez disso, são uma combinação de reações de espécies individuais que buscam suprir as próprias necessidades dentro de uma localidade. "Cada espécie de planta", Gleason argumentou, "é sua própria lei".

ORGANISMOS EM UM AMBIENTE MUTÁVEL 175

Ver também: O ecossistema 134-137 ▪ A distribuição de espécies no espaço e no tempo 162-163 ▪ Sucessão ecológica 170-171 ▪ Comunidade clímax 172-173 ▪ A guilda ecológica 176-177 ▪ Biomas 206-209

Doenças como a murcha das castanheiras desafiam a ideia de comunidades clímax totalmente integradas, já que a perda de espécies de árvores dominantes deveria causar o colapso de todo o ecossistema.

ecologia durante os anos 1930, conforme o holismo passou a ser cada vez mais sustentado pela ideia do "ecossistema" interativo.

Todavia, à medida que os ecologistas continuaram a estudar o mundo, descobriram mais falhas na teoria de Clements. Na década de 1950, o trabalho dos ecologistas americanos Robert H. Whittaker e John Curtis mostrou que era impossível identificar comunidades como as unidades puras da teoria holística, e que o mundo real tinha mais nuances e complexidade. Quando se trata do estudo de ecossistemas em campo, as ideias de Gleason parecem mais adequadas.

Nas décadas seguintes, enquanto ambientalistas continuavam a defender ideias holísticas, ecologistas incorporaram cada vez mais os conceitos de Gleason. Hoje, ele é considerado uma das figuras mais significativas da ecologia do século xx. ■

Ele também negou que houvesse qualquer ponto-final ou comunidade clímax; acreditava que as comunidades estavam sempre em mutação.

Mudando opiniões

A discussão de Gleason com Clements causou certo tumulto na época. Clements parecia estar criando uma visão geral em que padrões naturais de vegetação eram determinados por regras claras, da mesma forma que, na ciência newtoniana, o movimento dos planetas é ditado por leis incontestáveis. Clements e seus apoiadores foram capazes de enxergar o quadro geral, enquanto Gleason foi considerado reducionista, alguém com uma visão míope e apegada a detalhes, desafiando toda a ideia da ecologia como uma ciência controlada por leis.

Gleason parecia estar dizendo que não existem padrões na natureza: tudo é aleatório. Pior ainda, foi acusado por alguns de justificar a exploração agrícola, já que suas ideias pareciam sugerir que o homem não precisava se preocupar muito em interferir no equilíbrio do ambiente natural – porque não havia equilíbrio. As ideias de Gleason foram, portanto, esquecidas no entusiasmo de se desenvolver a ecologia como ciência. Ele ficou tão frustrado que desistiu da

Henry Allan Gleason

Nascido em 1882, Henry Gleason estudou biologia na Universidade de Illinois. Ocupou cargos na faculdade e conduziu aclamadas pesquisas ecológicas em Sand Ridge State Forest, Illinois. Na década de 1920, sua teoria de comunidades vegetais individualistas – e não holísticas – não foi aceita pelos ecologistas. A rejeição o levou a abandonar a ecologia nos anos 1930. Ocupou cargos no Jardim Botânico de Nova York e ficou famoso por seu trabalho de classificação vegetal.

Em coautoria com o botânico Arthur Cronquist, escreveu um importante guia de plantas do nordeste dos EUA. Aposentou-se em 1950, mas continuou a escrever e estudar. Morreu em 1975.

Obras importantes

1922 "On the relation between species and area"
1926 "The individualistic concept of the plant association"

UM GRUPO DE ESPÉCIES QUE EXPLORA SEU AMBIENTE DE MANEIRA SIMILAR
A GUILDA ECOLÓGICA

EM CONTEXTO

PRINCIPAL NOME
Richard B. Root (1936–2013)

ANTES
1793 Alexander von Humboldt usa a palavra "associação" para descrever a mistura de tipos de plantas em um dado habitat.

1917 Nos EUA, Joseph Grinnell cunha o termo "nicho" para descrever como uma espécie se encaixa em seu ambiente.

1935 O botânico britânico Arthur Tansley identifica ecossistemas – comunidades bióticas integradas – como unidades fundamentais da ecologia.

DEPOIS
1989 Nos EUA, James MacMahon sugere que não importa como membros de guildas ecológicas usam recursos.

2001 Os ecologistas argentinos Sandra Diaz e Marcelo Cabido propõem agrupar espécies que têm efeito similar no ambiente.

Ecologistas sempre buscaram entender como espécies de uma comunidade interagem para explorar recursos. Um conceito-chave para a explicação dessa interação é a ideia de guildas, desenvolvida pelo biólogo e ecologista americano Richard B. Root, em 1967.

Root havia pesquisado, em sua tese de doutorado, como o balança-rabo-azulado explora seu nicho ecológico. O conceito de nichos ecológicos vem de 1917, quando o biólogo americano Joseph Grinnell usou o termo para descrever como o pássaro *Toxostoma redivivum* se encaixava no ambiente de chaparral, seco e arbustivo. O "nicho" desse pássaro descreve os aspectos de seu habitat, onde está adequadamente adaptado.

Root observou que o balança-rabo-azulado se alimenta de insetos que vivem em folhas de carvalho. Ao analisar o conteúdo de seus estômagos, mostrou que várias outras aves também consomem os mesmos

O balança-rabo-azulado é membro de uma guilda de pequenos pássaros que comem insetos de folhas de carvalho. Entre outros membros estão a juruviara-de-hutton e o *Baeolophus inornatus*.

ORGANISMOS EM UM AMBIENTE MUTÁVEL

Ver também: Evolução pela seleção natural 24-31 ▪ Equações predador-presa 44-49 ▪ Teoria do forrageamento ótimo 66-67 ▪ Ecologia animal 106-113 ▪ Teoria da comunidade aberta 174-175 ▪ Construção de nicho 188-189 ▪ Metacomunidades 190-193

insetos, e propôs que elas poderiam ser agrupadas em uma "guilda" – a "guilda de coletores em folhas de carvalho" – porque exploram o mesmo recurso.

Recursos compartilhados

Root definiu uma guilda como um grupo de espécies que "exploram a mesma classe de recursos ambientais de maneira similar". Não importa se as espécies em uma guilda estão relacionadas – o que importa é como utilizam seu ambiente. Elas nem precisam ocupar o mesmo nicho; apenas usar os mesmos recursos.

Guildas são tipicamente identificadas pelo recurso alimentar que têm em comum, embora possam compartilhar outro recursos. Por compartilharem recursos, os membros da guilda com frequência competem uns com os outros, mas não estão necessariamente em constante competição. Por exemplo, embora possam competir por alimento, em outras ocasiões podem cooperar para lidar com predadores.

O conceito de guilda foi um importante avanço no pensamento

> … importa se uma espécie de inseto é capturada pela teia de uma aranha ou pelo bico de um pássaro?
> **Charles Hawkins e James MacMahon**

Diferentes espécies podem **explorar** o mesmo recurso. → Essas espécies estão **ligadas** pelos **recursos compartilhados**. → **Espécies que compartilham um recurso podem ser agrupadas em uma guilda.**

sobre conexões entre organismos em ecossistemas. A teoria implicava que todo o funcionamento de um ecossistema poderia ser compreendido por meio da identificação das guildas existentes nele. Embora fosse potencialmente uma grande incumbência, hoje os ecologistas já conseguiram identificar muito mais guildas que confirmam ligações entre espécies. Por exemplo, as aves da América do Norte podem ser agrupadas em guildas de coletoras, escavadoras, rapineiras, caçadoras aéreas e saprófagas.

Associações amplas

Na pressa para identificar guildas, houve certa confusão a respeito do que, exatamente, o termo significava. Por volta de 1980, os ecologistas americanos Charles Hawkins e James MacMahon sentiram necessidade de redefinir o termo. Argumentaram que as palavras "de maneira similar" deviam ser retiradas da definição original de Root. Não importa, afirmaram, se um organismo remove a folha de uma árvore para construir um ninho ou para comer. É o recurso – folha de árvore – que importa, independentemente da forma como é empregado. De qualquer modo, os utilizadores de folhas pertencem à mesma guilda por explorarem o mesmo recurso. ■

Richard B. Root

O biólogo e ecologista americano Richard Root nasceu em Dearborn, Michigan, em 1936. Cresceu em uma fazenda, explorando a natureza e desejando saber "como funcionava a floresta". Quando terminou o doutorado na Universidade de Michigan, ele já era um ecologista versado. Sua tese, de 1967, sobre o balança-rabo-azulado, em que introduziu o conceito-chave de guilda, concretizou sua reputação. Root foi convidado para lecionar biologia e ecologia na Universidade Cornell. Lá, pesquisou a relação entre artrópodes (grande grupo de invertebrados, incluindo insetos e aracnídeos) e flores vara-de-ouro. Root recebeu muitos prêmios durante a carreira, entre eles o prêmio de Eminente Ecologista da Ecological Society of America (ESA), em 2003, e o prêmio Odum, em 2004.

Obra importante

1967 "The niche exploitation pattern of the blue-gray gnatcatcher"

A REDE CIDADÃ DEPENDE DE VOLUNTÁRIOS

CIÊNCIA CIDADÃ

CIÊNCIA CIDADÃ

EM CONTEXTO

PRINCIPAIS NOMES
Fred Urquhart (1911–2002),
Norah Urquhart (1918–2009)

ANTES
1883 O programa de registro Bird Migration and Distribution é instituído nos EUA.

1966 O North American Breeding Birds Survey, conduzido por voluntários, tem início em Maryland.

DEPOIS
2007 A Plataforma Global de Informação sobre Biodiversidade (GBIF, na sigla em inglês) lança um portal on-line para coletar dados sobre plantas e animais fornecidos por cidadãos e profissionais.

2010 O projeto on-line eBird, criado nos EUA em 2002 pelo Laboratório de Ornitologia de Cornell para voluntários relatarem descobertas de aves em tempo real, torna-se mundial.

Borboletas – milhões delas [...] cobriam o chão em miríades flamejantes na encosta dessa montanha mexicana.
Fred Urquhart

Rotas de migração norte-americanas

LEGENDA
- Rota migratória do Pacífico
- Rota migratória Central
- Rota migratória do Mississippi
- Rota migratória do Atlântico

Aves migratórias na América do Norte usam rotas de voo que podem ser divididas em quatro zonas norte-sul – Pacífico, Central, Mississippi e Atlântico. Estatísticas independentes podem ter papel-chave no registro das aves, quando param para se alimentar ou descansar no caminho, em voos para o norte na primavera e para o sul no outono.

A ciência cidadã é a pesquisa e observação realizadas por indivíduos, equipes ou rede de voluntários amadores, muitas vezes em parceria com cientistas profissionais. Baseia-se na noção de que a comunidade científica deveria ser receptiva às preocupações ambientais da sociedade como um todo, e no entendimento de que cidadãos podem produzir evidências científicas confiáveis que levam a um maior conhecimento científico. O envolvimento de pessoas comuns permite que corpos de pesquisa realizem projetos que, de outro modo, seriam muito mais caros ou demorados.

Primeiros entusiastas

Embora o termo "ciência cidadã" seja relativamente novo, dos anos 1980, o conceito e a prática de usar o público para observar o mundo natural e registrar dados vêm de longa data. Na década de 1870, pequenos grupos de ornitólogos na Alemanha e na Escócia começaram a coletar relatos sobre migrações de aves no outono, e os entusiastas escoceses utilizaram faróis na costa como postos de observação. Então, no início dos anos 1880, a ideia de observação coletiva foi estendida à escala nacional pelo ornitólogo americano Well Cooke, que iniciou um projeto para mostrar datas de chegada de aves migratórias norte-americanas e fornecer evidências de rotas de migração. O projeto de Cooke vigorou até a Segunda Guerra Mundial, reunindo 6 milhões de cartões de dados sobre mais de oitocentas espécies de aves e utilizando 3 mil voluntários em seu ápice. Em 2009, o North American Bird Phenology Program começou a digitalizar os dados dos cartões, que forneciam evidências valiosas sobre alterações nas datas e rotas de migração de aves, resultantes da mudança climática global.

A mais duradoura pesquisa envolvendo ciência cidadã do mundo é a Contagem Natalina de Aves (CBC, na sigla em inglês), feita todo ano nos EUA. No Natal, a caça de aves era popular em muitos distritos rurais dos EUA no século XIX, independentemente de as aves serem para consumo. Em 1900,

ORGANISMOS EM UM AMBIENTE MUTÁVEL 181

Ver também: Um sistema para identificar todos os organismos da natureza 86-87 ▪ Big ecology 153 ▪ A distribuição de espécies no espaço e no tempo 162-163

Frank Chapman, funcionário da Audubon Society – nomeada em homenagem ao ornitólogo e pintor americano John James Audubon –, propôs que as pessoas contassem pássaros em vez de atirar neles. Ele encorajou 27 observadores a participar do primeiro evento, e as contagens foram crescendo a cada ano. Em 2016 e 2017, 73.153 observadores submeteram contagens de 2.536 locais diferentes da América do Norte e Latina, Pacífico e Caribe. Os dados sobre distribuição e número de aves forneceram um enorme conjunto de informações aos ecologistas, permitindo comparações ao longo do tempo e entre habitats.

Em busca da monarca

Talvez o ato mais celebrado da ciência cidadã seja o que se propôs a solucionar o mistério do destino da borboleta-monarca no inverno. Em 1952, os zoólogos canadenses Fred e Norah Urquhart, que há tempos eram fascinados pela borboleta, iniciaram um esquema de etiquetagem na tentativa de descobrir onde o inseto terminava sua jornada após partir do sul do Canadá e dos estados do norte dos EUA no outono. Eles contaram com a ajuda de um pequeno grupo de "cidadãos cientistas" para etiquetar as asas das borboletas e relatar seu aparecimento. De cerca de uma dúzia de ajudantes, sua Associação de Migração de Insetos, como ficou conhecida, chegou a ter centenas de voluntários que persistiram por anos, etiquetando centenas de milhares de monarcas com a mensagem "Enviar para Zoologia, Universidade de Toronto".

Apesar do empenho dos Urquhart, o rastro esfriou no Texas. Finalmente, em janeiro de 1975, os naturalistas amadores Ken Brugger e Catalina Aguado descobriram o refúgio de inverno das borboletas em uma floresta montanhosa no norte da Cidade do México. No entanto, nenhuma monarca etiquetada foi encontrada, e só em »

A observação de pássaros registrada por "cientistas cidadãos" em parques e jardins pode fornecer aos ecologistas dados vitais sobre muitas espécies, como o pintassilgo-europeu.

Fred e Norah Urquhart

Nascido em 1911, Fred Urquhart cresceu perto de uma ferrovia nos limites de Toronto, Canadá, e ficou intrigado com as borboletas-monarcas, que botavam ovos perto dos trilhos. Em 1937, após se graduar e fazer mestrado em biologia pela Universidade de Toronto, ele começou a pesquisar a borboleta. Tendo lecionado meteorologia a pilotos durante a Segunda Guerra Mundial, voltou à universidade como professor de zoologia e se casou com Norah Roden Patterson, graduada na mesma universidade, que se juntou à sua jornada para encontrar o refúgio de inverno da monarca. Fred Urquhart também trabalhou na curadoria de insetos e atuou como diretor de zoologia e paleontologia no Museu Real de Ontário. Em 1998, Fred e Norah Urquhart receberam o maior prêmio civil do país, a Ordem do Canadá.

Obras importantes

1960 *The Monarch Butterfly*
1987 *The Monarch Butterfly: International Traveller*

CIÊNCIA CIDADÃ

Borboletas-monarcas formam penca para se aquecer durante a migração. Etiquetas coladas por voluntários revelaram suas rotas migratórias, ação que se repete no programa anual Bird Watch.

A ciência devia ser dominada pelo amadorismo e não por burocratas técnicos movidos a dinheiro.
Erwin Chargaff
Bioquímico austro-húngaro

janeiro do ano seguinte os Urquhart encontraram uma – etiquetada por dois estudantes de Minnesota em agosto. A ciência cidadã havia fornecido provas concretas de que as borboletas migravam da América do Norte para o México. Hoje, sabe-se onde milhões de monarcas passam o inverno, e a ênfase passou a ser o rastreamento de seus movimentos a cada primavera e outono. Milhares de pessoas no México, EUA e Canadá estão ajudando a construir uma imagem ainda mais clara das rotas que as monarcas seguem e de como lidam com as mudanças no padrão do clima.

Cidadãos, avante!
Mais projetos baseados em voluntários foram lançados durante as décadas de 1960 e 1970, incluindo o North American Breeding Birds Survey, o projeto British Nest Records Card e um levantamento sobre a postura de ovos de tartarugas marinhas no Japão. Em 1979, a Sociedade Real para Proteção das Aves (RSPB, na sigla em inglês) lançou o Big Garden Birdwatch, no Reino Unido, que não exige nem que as pessoas saiam de casa, bastando registrar o que viram em seus jardins, quintais ou ruas. Em 2018, mais de 500 mil pessoas estavam participando, registrando 7 milhões de aves. Os dados reunidos agora podem ser comparados aos de anos anteriores, desde 1979. Sem o auxílio público, isso simplesmente não seria possível.

Em 1989, o termo "ciência cidadã" apareceu impresso pela primeira vez, no periódico *American Birds*. Foi usado para descrever um projeto patrocinado pela Audubon Society, que recolhia amostras de chuva para testar sua acidez. O objetivo do projeto era a conscientização a respeito da acidificação de rios e lagos, que matava peixes e invertebrados, e, indiretamente, as aves que se alimentavam deles. Também foi projetado para pressionar o governo dos EUA, que logo depois introduziu a Lei do Ar Limpo de 1990.

A ciência cidadã também provou seu valor para a conservação marinha. Nas Bahamas, um relatório de 2012 sobre o declínio do número de conchas-rainhas, um grande caramujo, levou à "Conchservation", campanha que incentiva os habitantes locais a etiquetarem conchas. Outro projeto, iniciado nos EUA em 2010, na Universidade da Georgia, usa o aplicativo Marine Debris Tracker para registrar o lixo avistado no oceano. A compreensão dos padrões de acúmulo

ORGANISMOS EM UM AMBIENTE MUTÁVEL

de lixo nos mares do mundo ajuda os cientistas a rastrear como é levado pelas correntes e onde concentrar as iniciativas de retirada para obter o máximo efeito.

As novas tecnologias levaram a uma proliferação de projetos de ciência cidadã. Com os sistemas on-line, pessoas podem registrar qualquer coisa, de besouros lucanos a flores silvestres ou aves migratórias. No Reino Unido, por exemplo, o site Greenspace Information for Greater London (GIGL), criado pela Rede Nacional de Biodiversidade, permite que pessoas enviem registros on-line ou por telefone, alimentando um banco de dados usado por cientistas que trabalham para conservar espécies e habitats.

Limitações e potencial

Alguns projetos de pesquisa em ecologia estão fora do alcance de amadores não treinados por exigirem alto grau de habilidade ou tecnologia muito complexa ou custosa. Pessoas não familiarizadas com os métodos científicos também podem introduzir uma distorção nos registros, como pela omissão de uma espécie que não pode ser identificada, por exemplo.

Jovens voluntárias em Siyeh Pass, Montana, EUA, registram cabras-das-rochosas avistadas para projeto de ciência cidadã no Parque Nacional Glacier.

A maioria das tarefas simples da ciência cidadã, porém, não requer treinamento, e outros procedimentos mais complexos podem ser encarados após instruções básicas. As pessoas em geral são atraídas para a ciência cidadã justamente porque adquirem novas habilidades no processo. O aumento da pressão sobre os ambientes e recursos naturais da Terra cria uma necessidade cada vez maior de dados que registrem presença, ausência e mudança em espécies, habitats e ecossistemas mais amplos. Projetos como o Zooniverse, maior plataforma de ciência cidadã do mundo, ajudam a suprir essa necessidade, acumulando dados de cerca de 1,7 milhão de voluntários em todo o mundo. Tais projetos serão um recurso inestimável para organizações de conservação, instituições de pesquisa, agências não governamentais e governos nos próximos anos. ■

Olhando o cenário completo

Cientistas independentes são hoje os maiores fornecedores globais de dados sobre a ocorrência de organismos vivos. Está mais fácil do que nunca enviar dados, e algoritmos de inteligência artificial podem processar em minutos o que antes levaria semanas. Por exemplo, se uma pessoa registra pássaros se alimentando no comedouro de um jardim e envia, do celular, um relatório para o site eBird, da Universidade de Cornell, a informação é comparada a dados prévios de fatores como números populacionais e rotas migratórias. Mais de 390 mil pessoas enviaram milhões de registros de pássaros ao eBird, de quase 5 milhões de localidades ao redor do mundo. Os dados vão para Plataforma Global de Informação sobre Biodiversidade (coordenada na Dinamarca), que coleta informações sobre plantas, animais, fungos e bactérias. Há mais de 1 milhão de observações na plataforma, e o número cresce diariamente.

A DINÂMICA POPULACIONAL TORNA-SE CAÓTICA QUANDO A TAXA DE REPRODUÇÃO SOBE
MUDANÇA POPULACIONAL CAÓTICA

EM CONTEXTO

PRINCIPAL NOME
Robert May (1936–)

ANTES
1798 Thomas Malthus diz que as populações humanas crescerão em ritmo ainda mais acelerado, causando inevitável sofrimento.

1845 O demógrafo belga Verhulst defende que o controle do crescimento populacional aumentará de acordo com o próprio crescimento populacional.

DEPOIS
1987 Per Bak, Chao Tang e Kurt Wiesenfeld, equipe de pesquisa de Nova York, descrevem a "criticalidade auto-organizada" – elementos em um sistema que interagem espontaneamente para produzir mudança.

2014 O ecologista japonês George Sugihara usa uma abordagem da teoria do caos, a modelagem dinâmica empírica, para gerar estimativas mais precisas dos números de salmão no rio Fraser, Canadá.

A teoria do caos – ideia de que previsões são limitadas pelo tempo e pela natureza não linear do comportamento – consolidou-se nos anos 1960. O meteorologista americano Edward Lorenz observou o efeito em padrões climáticos e o descreveu em 1961. Desde então, a teoria tem sido aplicada a muitas ciências, incluindo dinâmica populacional.

Populações caóticas
Nos anos 1970, o cientista australiano Robert May interessou-se por dinâmica populacional de animais e desenvolveu um modelo para prever crescimento ou declínio no decorrer do tempo. Isso o levou à equação logística. Criada pelo matemático belga Pierre-François Verhulst, a equação produz uma curva em S em um gráfico – mostrando a população aumentando devagar no início, depois rapidamente, e então diminuindo até chegar a um estado de equilíbrio. May fez experimentos com a fórmula de Verhulst até criar o "mapa logístico", que mostrava as tendências da população em um gráfico. Embora criasse padrões previsíveis nas menores taxas de crescimento, May descobriu que a equação logística produzia resultados erráticos quando a taxa de crescimento era igual ou superior a 3,9. Em vez de produzir padrões de repetição, o mapa traçava trajetórias que pareciam completamente aleatórias. O trabalho de May mostrou como uma equação simples, constante, podia produzir comportamento caótico. Seu mapa logístico hoje é usado por demógrafos para acompanhar e prever crescimento populacional. ∎

Caos: quando o presente determina o futuro, mas o presente aproximado não determina aproximadamente o futuro.
Edward Lorenz

Ver também: Equações predador-presa 44–49 ▪ Efeitos não letais de predadores sobre suas presas 76–77 ▪ Equação de Verhulst 164–165 ▪ Metapopulações 186–187

ORGANISMOS EM UM AMBIENTE MUTÁVEL **185**

PARA VISUALIZAR O QUADRO GERAL, OLHE DE LONGE
MACROECOLOGIA

EM CONTEXTO

PRINCIPAL NOME
James H. Brown (1942–)

ANTES
1920 O ecologista sueco Olof Arrhenius produz uma fórmula matemática para a relação entre área e diversidade de espécies.

1964 O entomologista C. B. Williams documenta padrões de abundância de espécies, distribuição e diversidade em seu livro *Patterns in the Balance of Nature*.

DEPOIS
2002 Os ecologistas britânicos Tim Blackburn e Kevin Gaston defendem que a macroecologia deveria ser tratada como disciplina distinta da biogeografia.

2018 Uma equipe de cientistas usa métodos macroecológicos práticos para mostrar que espécies de aves que vivem em ilhas têm cérebros relativamente maiores do que as continentais.

Cientistas buscando formas mais rápidas de analisar e combater ameaças às populações vegetal e animal recorrem cada vez mais à macroecologia. O termo, cunhado pelos americanos James Brown e Brian Maurer em 1989, descreve estudos que examinam relações entre organismos e seu ambiente em grandes áreas para explicar padrões de abundância, diversidade, distribuição e mudança.

Brown havia experimentado e testado essa metodologia nos anos 1970, ao estudar os potenciais efeitos do aquecimento global em espécies de habitats frios e úmidos de florestas e prados em dezenove cordilheiras isoladas da Grande Bacia, na Califórnia e em Utah. Ele levaria anos para coletar dados suficientes. Assim, usou descobertas existentes para chegar a novas conclusões. Primeiro, previu que habitats no topo das montanhas teriam sua área reduzida com um suposto aumento de temperatura. Com dados conhecidos sobre a área mínima necessária para suportar uma população de cada espécie de pequenos mamíferos, inferiu o risco de extinção em cada cordilheira conforme as temperaturas subissem, e sugeriu prioridades de conservação.

Trabalho de campo aprimorado

A macroecologia costuma suplementar o trabalho de campo e leva a grandes descobertas. Em Madagascar, usaram dados de satélite para desenvolver modelos para espécies de camaleão e prever sua presença e em áreas além de seu alcance conhecido. Como resultado, cientistas encontraram várias novas espécies-irmãs nessas áreas. ■

Ao comparar estudos de comunidade realizados em desertos do mundo, macroecologistas podem determinar as maiores ameaças a espécies de deserto, como este rato-canguru.

Ver também: Experimentos de campo 54-55 ■ Ecologia animal 106-113 ■ Biogeografia insular 144-149 ■ Big ecology 153 ■ Habitats ameaçados 236-239

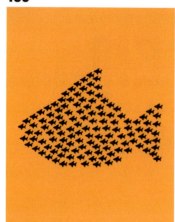

UMA POPULAÇÃO DE POPULAÇÕES
METAPOPULAÇÕES

EM CONTEXTO

PRINCIPAL NOME
Ilkka Hanski (1953–2016)

ANTES
1931 Nos EUA, o geneticista Sewall Wright explora a influência de fatores genéticos sobre a população das espécies.

1933 Na Austrália, o ecologista Alexander Nicholson e o físico Victor Bailey criam um modelo de dinâmica populacional para descrever a relação hospedeiro-parasita.

1954 Em *The Distribution and Abundance of Animals*, os ecologistas australianos Herbert Andrewartha e Charles Birch contestam a ideia de que populações de espécies são controladas só pela densidade.

DEPOIS
2007 O ecologista americano James Petranka liga a teoria da metapopulação aos estágios de metamorfose dos anfíbios.

Uma **espécie se extingue** em uma mancha de habitat.

Uma **espécie coloniza** uma mancha de habitat **vazia**.

Extinção e colonização são processos dinâmicos.

Uma extinção local não indica a extinção da espécie.

Uma metapopulação é uma combinação de populações locais separadas da mesma espécie. O termo foi cunhado pelo ecologista americano Richard Levins, em 1969, para descrever como as populações de pragas de insetos aumentam e declinam em campos agrícolas. Desde então, seu uso se expandiu para abranger qualquer espécie dividida em populações locais em habitats fragmentados, tanto em terra quanto nos oceanos.

Determinada espécie de ave, por exemplo, pode ser encontrada em populações separadas em uma floresta de planície, em florestas de altitude e vários outros lugares. A espécie é como uma família cujos membros se mudaram para diferentes cidades, mas ainda estão relacionados. O efeito combinado de muitas populações pode impulsionar a sobrevivência da espécie em longo prazo.

Separados, mas juntos

Um aspecto crucial da teoria da metapopulação é o nível de interação entre as populações locais separadas. Se o nível é alto, não são consideradas uma metapopulação – todos os grupos locais fazem parte de uma grande população. Em uma metapopulação, o contato entre

ORGANISMOS EM UM AMBIENTE MUTÁVEL

Ver também: Ecologia animal 106-113 ▪ Controle da ninhada 114-115 ▪ Biogeografia insular 144-149 ▪ Metacomunidades 190-193

os vários grupos locais é limitado, e eles permanecem parcialmente isolados em seu próprio habitat local ou "mancha". Porém, é preciso haver pelo menos alguma interação. Pode ser um único membro corajoso ou pária de um grupo que entre em outra mancha e acasale com a população local por lá. O isolamento por muito tempo afasta as populações locais a ponto de não poderem mais acasalar umas com as outras, e com o tempo se tornam espécies distintas ou subespécies.

Na década de 1990, o ecologista finlandês Ilkka Hanski mostrou que no centro da teoria da metapopulação está a noção de que as populações locais são instáveis. A metapopulação como um todo pode ser estável, mas as populações locais provavelmente aumentarão e declinarão em suas manchas individuais em resposta a influências internas e externas. Alguns membros da mancha podem emigrar e se juntar a uma população muito reduzida em perigo de extinção, dando-lhe força renovada – uma característica de metapopulação conhecida como "efeito resgate". Outros grupos podem desaparecer completamente, deixando manchas vagas para outra população recolonizar. Hanski afirmou que há um equilíbrio persistente entre "mortes" (extinções locais) e "nascimentos" (criação de novas populações em lugares desocupados). Ele comparou esse equilíbrio à propagação de doenças, com os suscetíveis e os infectados representando "manchas" vazias e ocupadas, respectivamente, para parasitas transmissores de doenças.

Os ecologistas consideram o conceito de metapopulações cada vez mais importante para compreender como as espécies sobreviverão, em especial perante a influência humana sobre os habitats. A teoria os ajuda a analisar como as populações aumentam e diminuem, usando modelos matemáticos para simular interações, e permite que prevejam quanta fragmentação de habitat uma espécie pode suportar antes de ser levada à extinção. ▪

A metapopulação de borboletas *Melitaea cinxia*, em seus habitats fragmentados nas ilhas de Aland, Finlândia, é ideal para os estudos de Ilkka Hanski sobre manchas de espécies.

Ilkka Hanski

Reconhecido como o pai da teoria da metapopulação, Ilkka Hanski nasceu em Lempäälä, Finlândia, em 1953. Quando criança, colecionava borboletas e, após encontrar uma espécie rara, dedicou a vida à ecologia, estudando nas universidades de Helsinki e Oxford.

Na época, os ecologistas davam pouca atenção à distribuição de populações locais de espécies, mas Hanski notou que era algo crucial e passou grande parte de sua carreira testando sua teoria da metapopulação ao mapear e registrar mais de 4 mil manchas de habitat da borboleta *Melitaea cinxia* nas ilhas de Aland. Esse trabalho lhe rendeu fama global e permitiu que estabelecesse o Centro de Pesquisa de Metapopulações em Helsinki, que se tornou um dos principais focos de pesquisa em ecologia do mundo. Hanski morreu de câncer em maio de 2016.

Obras importantes

1991 *Metapopulation Dynamics*
1999 *Metapopulation Ecology*
2016 *Messages from Islands*

ORGANISMOS MUDAM E CONSTROEM O MUNDO EM QUE VIVEM
CONSTRUÇÃO DE NICHO

EM CONTEXTO

PRINCIPAL NOME
F. John Odling-Smee (1935–)

ANTES
1969 O biólogo britânico Conrad Waddington escreve sobre as formas com que animais mudam seu ambiente, chamando isso de "sistema explorador".

1983 Richard Lewontin, biólogo americano, argumenta que os organismos são construtores ativos de seus ambientes em *A tripla hélice: gene, organismo e ambiente*.

DEPOIS
2014 O ecologista canadense Blake Matthews traça critérios para decidir se um organismo é um construtor de nicho.

Todos os organismos alteram o ambiente para satisfazer suas próprias necessidades. Animais cavam tocas, fazem ninhos, criam sombra para se proteger do sol e abrigo para o vento a fim de gerar um ambiente mais seguro, enquanto plantas alteram a química do solo e fazem ciclagem de nutrientes. Quando organismos modificam seu próprio lugar no ambiente, isso é chamado de "construção de nicho" – termo cunhado pelo biólogo evolutivo F. John Odling-Smee, em 1988.

O biólogo evolutivo americano Richard Lewontin havia sugerido anteriormente que animais não são vítimas passivas da seleção natural.

Lebres não ficam por aí construindo linces! Mas, no sentido mais importante, ficam.
Richard Lewontin

Ele argumentou que eles constroem e modificam ativamente seu ambiente, e afetam sua própria evolução no processo: o lince e a lebre, por exemplo, moldam a evolução um do outro e seu ambiente compartilhado ao lutarem para se superar. Odling-Smee também defendeu que construção de nicho e "herança ecológica" – quando recursos e condições herdados, como a química do solo alterada, são passados aos descendentes – deviam ser vistas como processos evolutivos.

Níveis de construção

Alguns exemplos comuns de construção de nicho são óbvios, enquanto outros operam em escala microscópica. Castores constroem barragens impressionantes, criando lagos e alterando o curso dos rios. Isso modifica a composição da água e os materiais carregados pela corrente, cria novos habitats aproveitados por outros organismos, e também muda a composição das comunidades vegetal e animal do rio. O biólogo britânico Kevin Laland sugeriu que, embora uma barragem de castores seja nitidamente de grande importância evolutiva e ecológica, o impacto de seu excremento também pode ser significativo.

ORGANISMOS EM UM AMBIENTE MUTÁVEL

Ver também: Nichos ecológicos 50-51 ▪ O ecossistema 134-137 ▪ Organismos e seu ambiente 166 ▪ A guilda ecológica 176-177

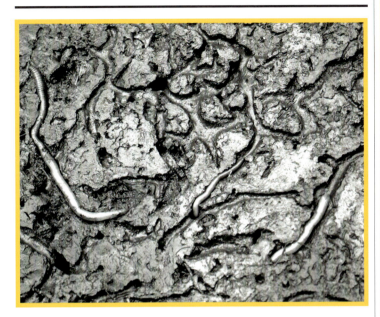

Minhocas excretam húmus, o que as torna valiosos fertilizantes naturais. Não só transformam o solo para si mesmas como ajudam as plantas a crescer.

Minhocas são construtores de nicho muito eficientes, transformando o tempo todo o solo em que vivem. Elas decompõem matéria vegetal e mineral em partículas pequenas o bastante para as plantas absorverem. O húmus que excretam é cinco vezes mais rico em nitrogênio utilizável, tem concentração de fosfatos sete vezes maior e é cerca de onze vezes mais rico em potássio do que o solo adjacente.

Da mesma forma, diatomáceas microscópicas que vivem em sedimentos do leito oceânico excretam químicos que unem e estabilizam a areia. Na Baía de Fundy, Canadá, por exemplo, as mudanças que as diatomáceas provocam no estado físico do leito oceânico permitem que organismos o colonizem. Os biólogos britânicos Nancy Harrison e Michael Whitehouse também sugeriram que quando aves formam bandos com espécies mistas – como muitas fazem fora da temporada de reprodução – estão alterando sua relação com competidores para obter mais alimentos e proteção contra predadores. O complexo ambiente social que criam modifica sua própria ecologia e comportamento. Na explicação sobre construção de nicho, Odling-Smee apontou para as antigas cianobactérias, que produziam oxigênio como subproduto de fotossíntese há mais de 2 bilhões de anos. Isso foi um fator-chave no Grande Evento de Oxigenação, que mudou a composição da atmosfera e dos oceanos da Terra, alterando em larga medida o ambiente do planeta. O incremento de oxigênio ajudou a criar as condições para a evolução de formas de vida muito mais complexas – incluindo humanos. ∎

Engenheiros do ecossistema

Construtores de nicho foram descritos como "engenheiros do ecossistema", termo cunhado em 1994 pelos cientistas Clive Jones, John Lawton e Moshe Shachak. Eles destacaram dois tipos de engenheiros. Os de ecossistemas alogênicos transformam matéria física. Por exemplo, castores construindo barragens, pica-paus escavando buracos para ninhos e pessoas extraindo minérios; atividades que modificam a disponibilidade de recursos para outras espécies. Quando os pica-paus abandonam os buracos, pequenas aves e outros animais os ocupam. Se cascalheiras são inundadas, patos e libélulas podem colonizá-las. Outros engenheiros do ecossistema são autogênicos, ou seja, basta crescerem para fornecerem novos habitats para plantas e animais. Um carvalho adulto, por exemplo, é um bom ambiente para uma gama maior de insetos, aves e pequenos mamíferos do que uma muda da planta. Da mesma forma, um recife de coral é lar de mais peixes e crustáceos à medida que fica maior.

Um estorninho no Arizona, EUA, aproveita um buraco abandonado por um pica-pau para fazer seu próprio ninho.

COMUNIDADES LOCAIS QUE TROCAM DE COLONOS
METACOMUNIDADES

EM CONTEXTO

PRINCIPAL NOME
Mathew Leibold (1956–)

ANTES
1917 Arthur Tansley nota que duas espécies do gênero *Galium* crescem distintamente em diferentes trechos de solo.

1934 Georgy Gause cria o princípio da exclusão competitiva e diz que duas espécies que competem pelo mesmo recurso-chave não podem coexistir por muito tempo.

2001 A "teoria neutra", de Stephen Hubbell, defende que a biodiversidade surge ao acaso.

DEPOIS
2006 Os ecologistas americanos Mathew Leibold e Marcel Holyoak refinam e desenvolvem a teoria das metacomunidades.

Uma das limitações da ecologia de comunidades tradicional era que tendia a olhar para as comunidades apenas localmente, sem levar muito em conta o que acontece em diferentes escalas ou em diferentes lugares. Então, nas últimas décadas, ecologistas desenvolveram teorias de "meta" comunidades; o conceito foi resumido em 2004 em um importante ensaio encabeçado pelo ecologista americano Mathew Leibold.

A ideia de metacomunidades está relacionada à de metapopulações. Enquanto estudos sobre metapopulações examinam as diferentes partes onde populações da mesma espécie coexistem, na teoria da metacomunidade as diferentes partes consistem em

ORGANISMOS EM UM AMBIENTE MUTÁVEL

Ver também: Princípio da exclusão competitiva 52-53 ▪ O ecossistema 134-137 ▪ A teoria neutra da biodiversidade 152 ▪ Metapopulações 186-187

Cabras-das-rochosas, no Colorado, EUA, vivem em uma metacomunidade de espécies nas Montanhas Rochosas, mas dentro de uma população de cabras em um único pico.

comunidades inteiras que incluem inúmeras espécies que interagem.

O que é uma metacomunidade?

Metacomunidades são essencialmente grupos ou conjuntos de comunidades. As comunidades que formam uma metacomunidade estão separadas no espaço, mas não são completamente isoladas e independentes. Elas interagem, uma vez que várias espécies se deslocam entre elas. Por exemplo, uma metacomunidade pode consistir em um conjunto de comunidades florestais separadas, espalhadas por uma região. As várias espécies dentro de cada mancha de habitat florestal interagem como uma comunidade independente. No entanto, certas espécies, incluindo cervos ou coelhos, podem migrar ou se dispersar para outra comunidade na metacomunidade, deslocando-se para outras áreas da floresta em busca de melhores oportunidades de alimentação, abrigo ou procriação. Diferentes tipos de habitats influenciarão esse equilíbrio entre o desenvolvimento interligado e interdependente. A teoria das metacomunidades fornece uma estrutura para o estudo de como e por que variações se desenvolvem e seu impacto sobre a diversidade e as flutuações de população.

Local × regional

Uma grande vantagem de olhar para comunidades dessa maneira espacial é a possibilidade de resolver uma série de observações aparentemente contraditórias. Um estudo de ecologistas, por exemplo, pode olhar para a forma como espécies vivem e interagem juntas em uma pequena comunidade local. Esse estudo estreitamente focado nota que a competição entre espécies por recursos é um fator crucial nos trabalhos da comunidade. Outro estudo pode olhar para esse quadro em uma comunidade maior. Esse macroestudo descobre que a competição praticamente não tem papel algum. Então que resultado está certo? »

Travessia de animais

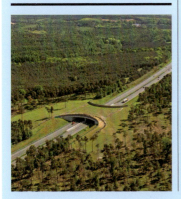

Muitas espécies atravessam naturalmente de uma mancha de habitat a outra. Esse movimento pode ser sazonal, como migrações anuais; estimulado por desastres naturais, como incêndios ou inundações; ou decorrente de longos períodos. Isso cria conexões que costumam ser vitais para a saúde e sobrevivência de espécies e comunidades, proporcionando renovação ou recursos adicionais em momentos primordiais. Cada vez mais, no entanto, barreiras humanas, como derrubadas de árvores para fins agrícolas, construção de estradas e ferrovias e expansão urbana, interrompem esse interfluxo natural de um habitat a outro. A ideia de propiciar passagens para animais não é nova. Escadas para peixes atravessarem barragens datam de séculos atrás. Estruturas para travessia de animais – de pontes para ursos no Canadá a túneis para tartarugas no deserto da Califórnia – se tornam comuns em projetos de construção. Milhares de estruturas, como pontes, viadutos e passagens subterrâneas – com frequência acompanhadas de vegetação –, foram construídas para conservar habitats e evitar colisões fatais entre animais e veículos.

192 METACOMUNIDADES

A resposta pode ser que ambos estão certos, e a diferença depende apenas da escala. O benefício da teoria da metacomunidade é permitir que os ecologistas reconciliem essas diferenças. Ela lhes possibilita procurar explicações em escala tanto local quanto regional.

Uma metacomunidade pode ser um conjunto de meia dúzia de árvores decíduas em um parque, sendo cada árvore uma comunidade individual. No entanto, poderia igualmente ser toda a floresta decídua em zonas temperadas do mundo. O que a teoria da metacomunidade faz é permitir que os ecologistas trabalhem em qualquer escala, pelo menos em teoria.

Estrutura de guarda-chuva

Segundo Mathew Leibold, o estudo de metacomunidades articula muitos ramos aparentemente díspares da ecologia e teorias um tanto quanto conflitantes. Pode tornar mais fácil, por exemplo, resolver o debate centenário entre a ecologia de comunidades, "determinista", baseada em nichos, em que a diversidade de espécies é determinada pelo nicho ecológico de cada espécie, e a teoria "estocástica" (aleatória), que enfatiza a importância da colonização ocasional e da deriva ecológica (flutuação aleatória do tamanho de populações).

A teoria da metacomunidade fornece uma estrutura de guarda-chuva por ver como os processos determinista e estocástico podem interagir para formar comunidades naturais. Ela permite aos ecologistas declarar que padrões de biodiversidade são determinados tanto por características biológicas locais, como o equilíbrio de sol e sombra em poças de maré ou variações da qualidade da água em riachos, quanto por processos estocásticos regionais, como a disseminação de uma espécie devido a tempestades extremas ou sua morte por conta de uma epidemia. Ela também reconhece que mudanças regionais podem ser causadas pelo efeito combinado das mudanças locais.

Encontrando metacomunidades

Um dos problemas com o conceito de Leibold é que na prática não é tão simples identificar os variados componentes de uma metacomunidade. Para peixes e outras criaturas aquáticas em diferentes lagos adjacentes, por exemplo, cada lago pode nitidamente ser uma comunidade distinta. Porém, para as aves capazes de voar entre os lagos em minutos, os diferentes lagos são partes de uma única comunidade. Isso pode explicar por que muito do contínuo trabalho e de pesquisa sobre

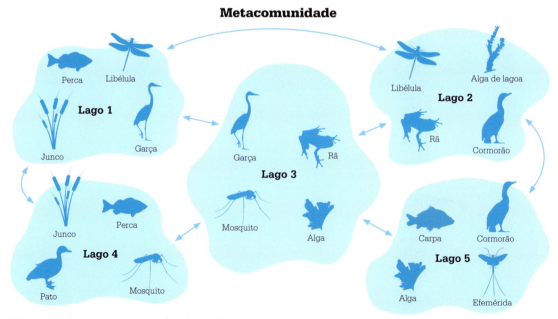

Metacomunidade

Nesse exemplo de metacomunidade, setas indicam como espécies se movem entre lagos para se alimentar ou procriar. Os esporos de algas e as sementes são dispersados pelo vento.

ORGANISMOS EM UM AMBIENTE MUTÁVEL

Poças de maré em uma plataforma compõem uma metacomunidade em Eysturoy, nas ilhas Faroé. As poças de maré ficam separadas quando a maré baixa, mas unem-se quando ela sobe.

árvores que se enchem de água por um período de tempo após uma tempestade, manchas de corpos de frutificação de fungos que vivem apenas alguns dias ou semanas e mesmo plantas carnívoras que, depois de orvalho ou chuva, oferecem um efêmero lar aquático para bactérias e insetos.

Comunidades indistintas

O ensaio de Leibold de 2004 reconheceu que as metacomunidades com limites indistintos deviam ser as mais difíceis de definir. Recifes de coral, por exemplo, podiam parecer separados, mas muitas das espécies que vivem entre eles nadam livremente e reagem a diversas influências externas, como mudanças nas correntes do oceano.

Uma vez que a maior parte da vida no mundo existe dentro de manchas vagamente definidas, os teóricos tentaram esclarecer melhor. Leibold e seus colegas sugeriram duas formas diferentes de identificar metacomunidades para estudo: comunidades distintas embutidas em um habitat "matriz", como clareiras em uma floresta rica em recursos; e manchas de amostragem arbitrárias em um habitat contínuo, como um círculo aleatório de árvores em uma floresta.

O trabalho ainda está no início. O mundo está entrando em uma crise de biodiversidade, e inúmeras espécies e comunidades parecem ameaçadas pelos efeitos da atividade humana. A teoria da metacomunidade pode, com o tempo, ajudar a fornecer um melhor entendimento de como comunidades naturais reagirão, e de como mudanças locais em habitats podem repercutir em uma região, de maneira adversa ou positiva. ∎

metacomunidades é teórico e abstrato e não baseado em trabalho de campo. Algumas metacomunidades são fáceis de identificar, como ilhas em um arquipélago, ou poças de maré, separadas quando a maré baixa, mas unidas quando ela sobe. No trabalho de 2004, Leibold e seus colegas reconheceram que as comunidades locais, ou manchas, nem sempre tinham limites claros que as tornassem visivelmente separadas, e que diferentes espécies podiam responder a coisas que aconteciam em diferentes escalas. Eles identificaram três tipos de metacomunidades: manchas marcadamente separadas; manchas distintas, porém efêmeras que aparecem em um habitat de tempos em tempos, em tamanhos variados, e manchas permanentes com limites vagos ou "indefinidos".

Manchas distintas

As manchas mais nitidamente separadas são ilhas no oceano. Elas são objetos de estudo convenientes, e há vasta literatura sobre a biogeografia insular, incluindo o famoso estudo de Darwin sobre a variação entre tentilhões nas ilhas Galápagos. Manchas bem separadas são bom objeto de estudo, e, por isso, populares entre ecologistas de comunidade. Mas, é claro, pássaros e muitos outros organismos carregados pelo vento ou pelo mar garantem que mesmo as comunidades insulares não sejam completamente isoladas. É por isso que alguns estudos sobre metacomunidades concentram-se no espaço entre as comunidades, mesmo quando as manchas são distintas, como no caso de lagoas e lagos, e analisam como as espécies se movimentam entre elas.

Manchas distintas, porém efêmeras podem ser muito mais difíceis de identificar, simplesmente devido à sua natureza passageira. Todavia, ecologistas fizeram estudos de metacomunidade sobre buracos em

A TERRA

VIVA

INTRODUÇÃO

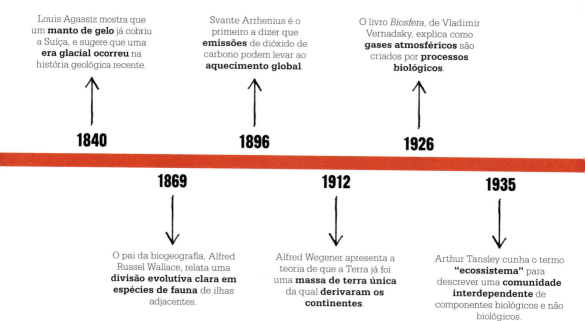

Durante séculos, cientistas do mundo ocidental tentaram conciliar as descobertas de geólogos e caçadores de fósseis com interpretações literais de histórias bíblicas sobre a Criação e o Grande Dilúvio. Em 1654, por exemplo, o arcebispo Ussher estimou que a criação da Terra tivesse ocorrido em 22 de outubro de 4004 a.C. Inúmeras descobertas contestaram essa narrativa e levaram a novas ideias sobre a história dinâmica da vida na Terra.

Evidência nas rochas

Dois geólogos escoceses – James Hutton e Charles Lyell – atualizaram nossa compreensão sobre a idade da Terra. Em *Teoria da Terra* (1795), Hutton defendeu que os repetidos ciclos de sedimentação e erosão necessários para criar milhares de metros de estratos geológicos deviam indicar que o planeta tinha uma origem muito mais antiga – ideia que Lyell desenvolveu melhor nos anos 1830. Logo depois, o geólogo suíço-americano Louis Agassiz propôs que a topografia de algumas regiões havia sido formada por glaciações. Hutton e Lyell também notaram que fósseis de animais e plantas desapareciam do registro geológico. Lyell acreditava que se tratava de evidência de extinção, contestando a crença vigente de que as espécies eram imutáveis.

Fósseis também ofereceram indícios sobre os movimentos dos continentes da Terra. O meteorologista Alfred Wegener notou que fósseis similares poderiam ser encontrados em ambos os lados do Atlântico Sul, mesmo separados por milhares de quilômetros. Em sua teoria da deriva continental, de 1912, Wegener citou o fato como evidência de que os continentes já foram unidos. Só na década de 1960 foi encontrado um mecanismo para tal movimento. Os geofísicos descobriram padrões de anomalias magnéticas correndo em faixas paralelas dos dois lados da dorsal oceânica e identificaram o processo de expansão do fundo oceânico – magma quente borbulhando por rachaduras na crosta oceânica e formando uma nova crosta conforme esfria e se move. Esse processo gradual movimenta e forma os continentes.

O nascimento da biogeografia

Na Era dos Descobrimentos, a partir do século XVI, cientistas começaram a estudar a distribuição geográfica de plantas e animais. Nos anos 1860, Alfred Russel Wallace viu esses padrões, claramente definidos por barreiras físicas como montanhas e mares, como uma chave para o

A TERRA VIVA

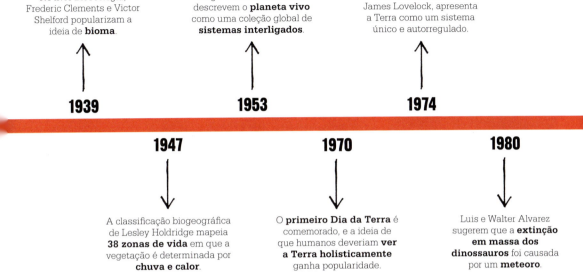

argumento da evolução. Wallace notou, por exemplo, os estreitos no oceano que produziam uma divisão acentuada entre a flora e a fauna da Australásia e do Sudeste Asiático.

Com uma melhor compreensão da biogeografia da Terra, os ecologistas do século xx dividiram o planeta em biomas – amplas comunidades de flora e fauna que interagem em diferentes habitats, como florestas tropicais, desertos ou tundras. O botânico Leslie Holdridge refinou o conceito em 1947 com sua classificação de zonas de vida, em que mapeou zonas com base em duas influências cruciais sobre a vegetação: temperaturas e precipitação.

Uma abordagem da "Terra unificada"

A palavra "biosfera" foi cunhada pelo geólogo austríaco Edward Suess em 1875 para se referir a todas as áreas na superfície da Terra, ou próximas dela, em que possa existir vida. Em 1926, o geoquímico russo Vladimir Vernadsky explicou a estreita interação da biosfera com rochas (litosfera), água (hidrosfera) e ar (atmosfera) do planeta. Isso, por sua vez, levou o biólogo americano Eugene Odum a defender uma abordagem holística da ecologia. Odum argumentou que não era possível compreender um único organismo, ou um grupo de organismos, sem estudar o ecossistema em que vive. Ele descreveu essa visão como "a nova ecologia".

Em 1974, o cientista britânico James Lovelock apresentou a teoria de Gaia, segundo a qual a interação de elementos vivos e não vivos na biosfera revela que a Terra é um sistema complexo e autorregulado que perpetua as condições para a vida. Quase dois séculos antes, Hutton havia articulado uma ideia similar – de que os processos biológico e geológico estão interligados e a Terra pode ser vista como um superorganismo. Nas palavras de Hutton: "O globo terrestre não é só uma máquina, mas também um corpo organizado, pois tem poder regenerativo".

Caminhando para a extinção?

A vida sobreviveu na Terra por bilhões de anos, apesar da devastação de cinco extinções em massa. No entanto, ambientalistas questionam se ela sobreviveria a mais uma. Na verdade, alguns sustentam que uma sexta extinção em massa já começou, como resultado da atividade humana. Ainda assim, se a teoria de Gaia de Lovelock estiver correta, é provável que o planeta resista – mesmo que humanos e muitas outras formas de vida não resistirem. ∎

O GLACIAR FOI O GRANDE ARADO DE DEUS
ERAS GLACIAIS ANTIGAS

EM CONTEXTO

PRINCIPAL NOME
Louis Agassiz (1807–1873)

ANTES
1795 O geólogo escocês James Hutton defende que blocos erráticos (fragmentos de rocha distintos das rochas subjacentes) nos Alpes foram transportados por glaciares em movimento.

1818 Na Suécia, o naturalista Göran Wahlenburg publica sua teoria de que a Escandinávia já foi coberta por gelo.

1824 O mineralogista Jens Esmark teoriza que as geleiras já foram maiores e mais espessas e cobriram grande parte da Noruega e do leito oceânico adjacente.

DEPOIS
1938 O matemático sérvio Milutin Milankovic publica teoria para explicar a recorrência de eras glaciais com base em mudanças na órbita da Terra ao redor do Sol.

No início do século XIX, havia explicações contraditórias para o desenvolvimento dos acidentes geográficos, plantas e animais da Terra. Defensores do catastrofismo argumentavam que uma série de abalos destrutivos, como o Grande Dilúvio da Bíblia, tinham alterado a superfície do planeta muitas vezes, reformulando montanhas, lagos e rios existentes e exterminando várias espécies de plantas e animais. Em contraste, seguidores do uniformitarismo afirmavam que as características da Terra eram resultado de processos de erosão natural contínuos e uniformes, sedimentação (depósito de partículas carregadas pelo fluxo de fluidos) e vulcanismo.

Estudos geológicos detalhados mostraram que nenhum dos dois campos estava certo. Eles estabeleceram que a história da Terra tem sido um processo de mudanças lentas, pontuado por eventos catastróficos. O estudo de glaciares, e dos acidentes geográficos que criam, corroborou essas ideias. Após observar estrias paralelas em rochas nos Alpes suíços, o geólogo germano-suíço Jean de Charpentier (ou Johann von Charpentier) postulou que os glaciares nos Alpes haviam sido mais extensos e causado as ranhuras conforme se moviam e seus sedimentos arranhavam as rochas. O geólogo Jens Esmark chegou a conclusões similares na Noruega.

Movimentos dos glaciares

O zoólogo suíço Louis Agassiz desenvolveu as ideias de Charpentier e Esmark. Em 1837, propôs que enormes mantos de gelo haviam coberto grande parte do hemisfério norte, do Polo Norte às costas do Mediterrâneo e do Cáspio. Agassiz também conduziu estudos detalhados sobre o movimento dos glaciares na Suíça e publicou *Études sur*

Animais entram na arca de Noé em uma representação do Grande Dilúvio bíblico. Catastrofistas acreditavam que o Grande Dilúvio havia sido um dos abalos formativos que moldaram a geologia da Terra.

Ver também: Evolução pela seleção natural 24-31 ▪ Aquecimento global 202-203 ▪ A Curva de Keeling 240-241 ▪ Redução da camada de ozônio 260-261 ▪ Antecipação da primavera 274-279

Recuo dos glaciares e migração de aves

Quando começou o último período glacial, há cerca de 26.500 anos, a Terra era muito mais fria do que é hoje. Grande parte da América do Norte e norte da Eurásia era coberta por mantos de gelo. O ambiente era tão hostil que a maioria das aves vivia em regiões tropicais e subtropicais, onde havia mais alimento. Quando as temperaturas começaram a subir, os mantos de gelo encolheram, revelando uma nova paisagem. Solo livre de gelo e verões curtos e úmidos eram ideais para insetos, e aves começaram a surgir também, para aproveitar essa fonte de alimento. No outono, quando os dias eram mais curtos, algumas aves permaneciam até o inverno, mas outras voltavam para o sul. As distâncias percorridas pelas aves que voltavam aos lares ficaram mais longas à medida que os mantos de gelo recuavam, dando origem, com o tempo, às migrações de longa distância de primavera e outono entre as latitudes dos trópicos e do norte. Entre as aves que fazem essa viagem estão andorinhas, mariquitas e cucos.

Corrupião-de-baltimore macho em samambaia na Costa Rica. A espécie voa para o norte em março e retorna aos trópicos em agosto ou setembro.

les glaciers em 1840. No mesmo ano, visitou o geólogo William Buckland na Escócia para investigar atributos dos glaciares de lá, estimulando o glaciologista James Forbes a iniciar pesquisa similar nos Alpes franceses.

Alguns setores, como a Igreja Católica, ainda defendiam que as estrias glaciais tinham sido causadas por uma grande inundação ou que imensos depósitos de lama e rochas haviam sido transportados por icebergs carregados pela inundação. A partir dos anos 1860, no entanto, cresceu o apoio à teoria glacial de Agassiz e à ideia de que os glaciares dos Alpes suíços e da Noruega já tinham sido muito mais extensos. Foi também aceito que o manto de gelo um dia havia se estendido pela Europa, e ao sul do Ártico por grande parte da América do Norte, com implicações catastróficas para plantas e animais.

No fim dos anos 1800 e início de 1900, à medida que foram feitas mais expedições à Groenlândia e à Antártida, ficou comprovado que ambas as áreas ainda estavam cobertas de gelo. Aerofotogrametrias das décadas de 1920 e 1930 confirmaram a extensão dos vastos mantos de gelo – atualmente definidos como áreas de gelo com mais de 50 mil km^2; calotas polares, como a de Vatnajökull, Islândia, são menores.

Outras evidências revelaram que não havia existido apenas uma, mas pelo menos cinco grandes eras glaciais na história da Terra. A mais recente, a do Quaternário, teve início há 2,58 milhões de anos e está em andamento. Nos últimos 750 mil anos, houve oito avanços (períodos glaciais) e recuos (períodos interglaciais) das geleiras. Durante o último período glacial, que terminou entre 10 mil e 15 mil anos atrás, os mantos de gelo tinham até 4 km de espessura, e o nível do mar estava 120 metros mais baixo. ∎

Glaciares convergem em Piz Argient, montanha nos Alpes suíços. Como outros nos Alpes, esses glaciares já foram muito maiores do que são agora, e continuam a encolher.

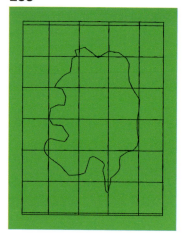

NÃO HÁ NADA NO MAPA PARA MARCAR A LINHA DE FRONTEIRA
BIOGEOGRAFIA

EM CONTEXTO

PRINCIPAL NOME
Alfred Russel Wallace
(1823–1913)

ANTES
1831–1836 Os estudos de Darwin sobre a viagem do *Beagle* confirmam que muitos animais que vivem em uma área não são encontrados em habitats semelhantes em outros lugares.

DEPOIS
1874 O zoólogo britânico Philip Sclater categoriza aves por regiões zoogeográficas.

1876 Alfred Russel Wallace publica *The Geographical Distribution of Animals* – primeira obra extensiva sobre biogeografia.

1975 O biogeógrafo húngaro Miklos Udvardy propõe dividir ecozonas em províncias biogeográficas.

2015 O biólogo evolutivo mexicano J. J. Morrone propõe um Código Internacional de Nomenclatura de Área para biogeografia.

Os lugares em que vivem plantas e animais costumam variar regularmente de acordo com gradientes geográficos de latitude, elevação e tipo de habitat. O estudo dessa variação é conhecido como biogeografia. Um ramo (fitogeografia) examina a distribuição vegetal, enquanto outro (zoogeografia) analisa a distribuição animal. O naturalista e biólogo britânico Alfred Russel Wallace é considerado o "pai da biogeografia".

No século XVIII, enquanto exploradores registravam as plantas e animais que viam, um panorama da mudança geográfica começou a surgir. Na grande expedição do HMS *Beagle*, de 1831 a 1836, Charles Darwin observou espécies de aves nas ilhas Malvinas que não viviam no continente sul-americano, tartarugas-gigantes exclusivas de Galápagos e marsupiais como os cangurus australianos. Novas peças do quebra-cabeça biogeográfico estavam se encaixando.

A partir de 1848, Wallace conduziu anos de trabalho de campo na

Regiões zoogeográficas do mundo

As seis regiões zoogeográficas de Wallace nasceram com a linha que ele propôs em 1859 para marcar a divisão da fauna entre o sudeste da Ásia e a Australásia.

Ver também: Evolução pela seleção natural 24-31 ▪ Biogeografia insular 144-149 ▪ A distribuição de espécies no espaço e no tempo 162-163 ▪ Biomas 206-209

Alfred Russel Wallace

O explorador, naturalista, biólogo, geógrafo e reformador social Alfred Russel Wallace deixou a escola aos catorze anos e formou-se agrimensor em Londres antes de tornar-se professor. Ficou fascinado por insetos após conhecer o entomologista Henry Bates. A dupla aventurou-se pela Bacia do Amazonas, em 1848, em uma expedição de coleta de quatro anos. Viagens ao rio Orinoco e ao Arquipélago Malaio vieram depois. Wallace chegou à mesma conclusão que Charles Darwin sobre a origem das espécies por seleção natural, e eles apresentaram seus trabalhos juntos em 1858. Autoridade mundial sobre distribuição de fauna, Wallace também chamou atenção para problemas causados pelo impacto humano no ambiente.

Obras importantes

1869 *Viagem ao Arquipélago Malaio*
1870 *Contributions to the Theory of Natural Selection*
1876 *The Geographical Distribution of Animals*
1878 *Tropical Nature, and Other Essays*
1880 *Island Life*

América do Sul e no sudeste da Ásia. Ele pesquisou os padrões de alimentação e procriação e os hábitos migratórios de milhares de espécies, dando atenção especial à distribuição animal comparada à presença ou ausência de barreiras geográficas, como mares entre ilhas. Ele concluiu que o número de organismos que viviam em uma comunidade dependia do alimento disponível naquele habitat específico.

Linha de Wallace

Durante sua expedição ao Arquipélago Malaio, de 1854 a 1862, Wallace coletou 126 mil espécimes, muitos de espécies desconhecidas pela ciência ocidental, incluindo 2% das espécies de aves do mundo. Ele considerou a biogeografia como suporte para a teoria da evolução pela seleção natural. Uma das descobertas importantes de Wallace foi a notável diferença entre espécies de aves de cada um dos lados do que ficou conhecido como Linha de Wallace, que passa pelo Estreito de Makassar (entre as ilhas de Bornéu e Celebes) e pelo Estreito de Lombok (entre Bali e Lombok) e separa a fauna da Ásia e da Australásia. Ele descobriu que

Toda a Sibéria está na região Paleártica, e as bétulas siberianas retratadas aqui fazem parte de uma subdivisão chamada taiga siberiana oriental.

mamíferos maiores e a maior parte das aves não cruzavam a linha. Por exemplo, tigres e rinocerontes viviam apenas do lado asiático; babirrussas, marsupiais e cacatuas-de-crista--amarela, apenas do outro lado. Ele também enfatizou as acentuadas diferenças entre animais da América do Norte e do Sul.

Em 1876, Wallace propôs seis regiões zoogeográficas distintas: Neoártica (América do Norte), Neotropical (América do Sul), Paleártica (Europa, África – norte do deserto do Saara, e norte, leste e centro da Ásia), Afrotropical (África – sul do deserto do Saara), Indo-malaia (sul e sudeste da Ásia) e Australásia (Austrália, Nova Guiné e Nova Zelândia). Hoje, as regiões de Wallace, com a adição da Oceania (ilhas do Pacífico) e Antártida, são conhecidas como ecozonas. ∎

O AQUECIMENTO GLOBAL NÃO É UMA PREVISÃO. ESTÁ ACONTECENDO
AQUECIMENTO GLOBAL

EM CONTEXTO

PRINCIPAL NOME
Svante Arrhenius (1859–1927)

ANTES
1824 O físico francês Joseph Fourier sugere que a atmosfera da Terra aprisiona o calor do sol como uma estufa.

1859 O físico irlandês John Tyndall fornece evidências que sustentam hipóteses anteriores de que os gases atmosféricos absorvem radiação térmica.

DEPOIS
1976 O cientista americano Charles Keeling prova que, entre 1959 e 1971, os níveis de dióxido de carbono na atmosfera aumentaram cerca de 3,4% ao ano.

2006 Em *Planeta Terra em perigo*, a jornalista Elizabeth Kolbert conta histórias de pessoas e lugares impactados pela mudança climática.

Em 1896, o químico suíço Svante Arrhenius foi a primeira pessoa a argumentar que as emissões de dióxido de carbono (CO_2) causadas por humanos poderiam levar ao aquecimento global. Arrhenius achava que a temperatura média do solo podia ser influenciada pelo dióxido de carbono e outros "gases do efeito estufa", como agora são chamados, e acreditava que o aumento dos níveis de CO_2 elevaria a temperatura da Terra. Mais especificamente, estimou que, se o CO_2 aumentasse de 2,5 a três vezes, as regiões árticas do mundo veriam um aumento de temperatura de 8 °C a 9 °C.

O efeito estufa

Vapor d'água e outros gases da atmosfera terrestre, como dióxido de carbono e metano, aprisionam calor do sol e radiação infravermelha da Terra, elevando a temperatura do planeta.

Ver também: Loops de feedback ambiental 224-225 ■ Energia renovável 300-305 ■ O movimento verde 308-309 ■ Contenção da mudança climática 316-321

Arrhenius estava ampliando o trabalho dos cientistas Joseph Fourier e John Tyndall, do início do século XIX. Fourier havia se perguntado por que a Terra não era um deserto congelado, já que o Sol estava longe demais para aquecê-la à temperatura que apresentava. Ele sabia que superfícies aquecidas – como a da Terra – emitiam energia térmica, e que a reirradiação dessa energia ao espaço deveria resultar em temperaturas mais frias na Terra. Havia algo regulando a temperatura, e Fourier teorizou que a atmosfera, composta de vários gases, agia como uma caixa de vidro, contendo o ar e mantendo-o aquecido. A hipótese de Fourier, embora simplista, levou à teoria do "efeito estufa" de regulação térmica da Terra.

John Tyndall foi o primeiro a provar a hipótese do efeito estufa de Fourier. Seus experimentos demonstraram que, quando a Terra resfria à noite – liberando o calor absorvido do Sol durante o dia –, gases atmosféricos, principalmente vapor d'água, absorvem o calor (radiação) e causam o efeito estufa. Isso mantém a temperatura da Terra em uma média de 15 °C, embora nas últimas décadas as atividades humanas que liberam gases do efeito

Se o planeta fosse um paciente, teria sido tratado há muito tempo.
Príncipe Charles

A atmosfera pode agir como o vidro de uma estufa [...] [elevando] a temperatura média da superfície terrestre.
Nils Ekholm
Meteorologista sueco

estufa tenham empurrado esse número para cima. Por exemplo, os dez anos mais quentes já registrados ocorreram desde 1998.

Abastecendo um mundo em aquecimento

Por volta de 1904, Arrhenius preocupava-se com o drástico aumento de CO_2 devido às ações humanas – primeiramente pela queima de combustíveis fósseis, como carvão e petróleo. Ele previu corretamente a influência que as emissões de CO_2 teriam na temperatura global, mas acabou chegando à conclusão de que esse aumento poderia ter efeito benéfico para o cultivo de plantas e a produção de alimentos.

A queima de combustíveis fósseis, na verdade, aumentou os níveis de CO_2 mais rapidamente do que Arrhenius esperava, embora o planeta tenha se aquecido menos do que ele previa. Hoje, os cientistas entendem que o aquecimento global está tendo efeitos nocivos sobre as pessoas e o ambiente, e isso continuará enquanto as emissões não pararem de crescer. ■

A TERRA VIVA 203

Os efeitos do aquecimento global

Desde o fim do século XIX, o dióxido de carbono (CO_2) na atmosfera aumentou cerca de 25% e a temperatura global média, por volta de 0,5 °C. Evidências científicas provam que essas mudanças contribuíram para o derretimento de glaciares e banquisas, seguido do aumento dos níveis do mar – cerca de 20 cm desde 1880 – e de danos aos recifes de coral. Entre outros fenômenos, estão temporadas de incêndios florestais mais longas, clima mais extremo e mudanças na variedade de animais e vegetais, levando a doenças, extinção e déficit de alimentos.

Quanto as temperaturas globais aumentarão depende da diminuição das emissões de carbono (e da velocidade dessa diminuição). Cientistas preveem que, no ritmo atual, esse aumento seja de 0,3 °C a 4,6 °C até 2100, sendo provável que o maior aquecimento ocorra nas regiões árticas.

O glaciar Perito Moreno, na Patagônia, é um dos poucos ainda em crescimento. A maioria está derretendo lentamente, causando o aumento dos níveis do mar no mundo.

MATÉRIA VIVA É A FORÇA GEOLÓGICA MAIS PODEROSA
A BIOSFERA

EM CONTEXTO

PRINCIPAL NOME
Vladimir Vernadsky
(1863–1945)

ANTES
1785 O geólogo escocês James Hutton propõe que, para se entender a Terra, todas as suas interações devem ser estudadas.

1875 O geólogo austríaco Eduard Suess usa pela primeira vez o termo "biosfera" para descrever "onde mora a vida na superfície terrestre".

DEPOIS
1928 Em *Methodology of Systematics*, o zoólogo russo Vladimir Beklemishev alerta que o futuro da humanidade está irreversivelmente ligado à preservação da biosfera.

1974 O cientista britânico James Lovelock e a bióloga americana Lynn Margulis publicam pela primeira vez a teoria de Gaia – a Terra como entidade viva.

A Terra tem quatro subsistemas interativos: litosfera, camada externa, rígida e rochosa da Terra; hidrosfera, que abrange toda a água da superfície do planeta; atmosfera, formada por camadas de gases do ambiente; e biosfera – qualquer parte que sustente vida, das profundezas do oceano ao topo das montanhas mais altas.

As origens da biosfera são antigas: fósseis ou microrganismos unicelulares que datam de 4,28 bilhões de anos sugerem que ela é quase tão antiga quanto a própria Terra. A biosfera se estende a todos os ambientes com terra e água, e chega a habitats extremos, como as quentíssimas águas ricas em minerais das fontes hidrotermais. Ela costuma ser dividida em "biomas" – grandes habitats comuns, como desertos, pradarias, oceanos, tundra e florestas tropicais.

Terra, o superorganismo
Ideias sobre a biosfera começaram a surgir no século XVIII, quando o geólogo escocês James Hutton descreveu a Terra como um superorganismo – uma entidade única e viva. Um século depois, Eduard Suess introduziu o conceito de biosfera em *Das Antlitz der Erde*. Suess explicou que a vida é limitada a uma zona na superfície terrestre e que as plantas são um bom exemplo das interações entre a biosfera e outras zonas – elas crescem no solo da litosfera, mas suas folhas respiram na atmosfera.

Em *Biosfera* (1926), o geoquímico russo Vladimir Vernadsky, que havia conhecido Suess em 1911, definiu o conceito em muito mais detalhes, descrevendo sua visão da vida como uma grande força geológica. Vernadsky foi um dos primeiros a reconhecer que o oxigênio, o nitrogênio e o dióxido de carbono atmosféricos resultam de processos biológicos, como a respiração de plantas e animais. Ele

O homem está se tornando uma força geológica cada vez mais forte, e a mudança de sua posição no planeta coincidiu com esse processo.
Vladimir Vernadsky

A TERRA VIVA 205

Ver também: O ecossistema 134-137 ▪ Biodiversidade e função do ecossistema 156-157 ▪ Uma visão holística da Terra 210-211 ▪ A teoria de Gaia 214-217

Durante bilhões de anos, camadas de cianobactérias fossilizaram-se e formaram estromatólitos – montes de rocha sedimentar, como estes de Hamelin Pool, Shark Bay, Austrália.

defendeu que organismos vivos reformulam o planeta tanto quanto forças físicas como ondas, vento e chuva. Ele também introduziu a ideia dos três estágios de desenvolvimento da Terra: primeiro, o nascimento do planeta com a geosfera, em que existia apenas matéria inanimada; segundo, o surgimento da vida na biosfera; e, por fim, a época em que a atividade humana mudou o planeta para sempre – a noosfera.

Interações entre esferas

Cientistas acreditam que a biosfera vem mudando constantemente. Os níveis de oxigênio na atmosfera começaram a subir há pelo menos 2,7 milhões de anos, quando microrganismos chamados cianobactérias se multiplicaram. Com o aumento do oxigênio, desenvolveram-se formas de vida mais complexas, que moldariam a Terra de diferentes maneiras, erodindo e remodelando sua superfície e alterando sua composição química.

Aos poucos, elementos da biosfera tornaram-se parte da litosfera. Por milênios, corais mortos criaram recifes em oceanos tropicais rasos. Do mesmo modo, os esqueletos de calcita de trilhões de organismos marinhos desceram para o leito oceânico, fossilizados, e formaram o calcário. ■

Olho para o futuro com grande otimismo. Vivemos em uma transição para a noosfera.
Vladimir Vernadsky

Vladimir Vernadsky

Nascido em 1863, Vladimir Vernadsky graduou-se pela Universidade Estadual de São Petersburgo aos 22 anos e fez pós-graduação na Itália e na Alemanha, onde estudou as propriedades óticas, elásticas, magnéticas, térmicas e elétricas dos cristais. Depois da Revolução Russa de 1917, Vernadsky tornou-se secretário da educação do governo provisório. No ano seguinte, fundou a Academia Ucraniana de Ciência, em Kiev. Embora seu livro *Biosfera* não tenha sido levado a sério por cientistas de fora da Rússia por muitos anos, depois virou um dos documentos fundadores da teoria de Gaia.

Na década de 1930, Vernadsky defendeu o uso de energia nuclear e foi consultor no desenvolvimento do projeto da bomba atômica soviética. Morreu em 1945.

Obras importantes

1924 *Geochemistry*
1926 *Biosfera*
1943 "A biosfera e a noosfera"
1944 "Problemas de bioquímica"

O SISTEMA DA NATUREZA
BIOMAS

EM CONTEXTO

PRINCIPAIS NOMES
Frederic Clements (1874–1945),
Victor Shelford (1877–1968)

ANTES
1793 Alexander von Humboldt cunha o termo "associação" para se referir à combinação de tipos vegetais que ocorre em um habitat.

1866 Ernst Haeckel propõe a ideia de biótopo, espaço em que vive uma gama de plantas e animais.

DEPOIS
1966 Leslie Holdridge promove a ideia de zonas de vida com base nos efeitos biológicos das variações de temperatura e precipitação.

1973 O botânico germano-russo Heinrich Walter cria um sistema de biomas que considera variações sazonais.

Diferentes partes do mundo têm padrões variados de vida vegetal e animal, mas geralmente há semelhanças em vastas áreas. Elas são chamadas biomas, e cada uma é uma grande região geográfica com sua própria comunidade e ecossistema vegetal e animal. A ideia de bioma foi popularizada pela primeira vez pelo ecologista Frederic Clements e pelo zoólogo Victor Shelford, nos EUA, em seu importante livro *Bioecologia* (1939), embora suas origens sejam anteriores.

O conceito de bioma tomou forma à medida que as ideias de sucessão ecológica de plantas e ecologia de comunidade se desenvolviam. Clements identificou "formações",

Ver também: A distribuição de espécies no espaço e no tempo 162-163 ▪ Comunidade clímax 172-173 ▪ Teoria da comunidade aberta 174-175 ▪ Biogeografia 200-201

grandes comunidades vegetais, o que levou à sua ideia de comunidades clímax, em 1916. No mesmo ano, Clements usou o termo "bioma" para descrever comunidades bióticas – todos os organismos que interagem dentro de um habitat específico.

Pensadores com ideias afins

Clements não foi o único a pensar dessa maneira. O zoólogo Victor Shelford estava chegando à mesma ideia. A dupla passou a se reunir durante os vinte anos seguintes, enquanto realizavam suas próprias pesquisas, para ver como podiam combinar o mundo vegetal e o animal. Clements estudou biomas vegetais no Colorado com sua esposa, a ilustre botânica Edith Clements. Enquanto isso, Shelford compilou o *Naturalist's Guide to the Americas* (1926) – primeiro grande resumo geográfico da vida selvagem nas Américas, no qual falou sobre "biota". O livro pavimentou grande parte do caminho para descobertas posteriores. »

A estepe mongol pertence ao mesmo bioma que as pradarias da América do Norte. Apesar de estarem em continentes diferentes, estão ligadas por seu clima, animais e plantas.

A **expansão geográfica** de plantas é **determinada** sobretudo **pelo clima**.

Diferentes plantas florescem em cada **região climática**.

Os **principais tipos** de planta de cada região são compatíveis com os **padrões de precipitação e temperatura**.

Os principais tipos vegetais podem ser usados para dividir o mundo em amplas zonas naturais chamadas biomas, que refletem variações no clima.

Biomas de recifes de coral ameaçados

Recifes de coral são habitats tão abundantes que costumam ser considerados as florestas tropicais do mar. Eles auxiliam um quarto de todas as espécies marinhas e fornecem sustento para meio bilhão de pessoas. Mas estão enfrentando uma catástrofe: metade deles se perdeu nos últimos trinta anos, e especialistas estimam que 90% serão exterminados nos próximos trinta anos. As principais ameaças são a acidificação dos oceanos e o aquecimento global. Enquanto os mares esquentam, corais enfraquecidos expulsam as algas de que se alimentam. Param de crescer, perdem a cor e geralmente morrem do chamado fenômeno de branqueamento. Tais eventos se tornam cada vez mais frequentes. Há, também, ameaças locais, como a sobrepesca, tanto para consumo quanto para aquários. Fato mais grave, na captura de peixes para aquários, coloca-se cianeto de sódio na água para imobilizar temporariamente o peixe, o que mata os corais. Mais radical ainda, peixes para alimentação costumam ser pescados com dinamite na água. A explosão os mata, facilitando sua retirada em grandes quantidades, mas também destrói os recifes de coral.

BIOMAS

O modo como vemos as interações nas comunidades ecológicas avançou muito quando o botânico britânico Arthur Tansley introduziu o termo "ecossistema", em 1935. Quando Clements e Shelford publicaram os resultados de sua colaboração, em 1939, não estavam fazendo um avanço repentino – mas uma consolidação de ideias que vinham se formando havia muito tempo. A colaboração entre botânica e zoologia foi crucial. Somente olhando a totalidade do mundo natural com suas interações dinâmicas, os cientistas esperavam ter uma visão geral, e Clements definiu bioma como "uma unidade orgânica que compreende todas as espécies de plantas e animais que vivem em um habitat específico". Mesmo assim, os biomas passaram a ser definidos principalmente pelo tipo de vegetação.

O atributo mais importante dos biomas é que eles relacionam vegetação e comunidades vegetais de todo o mundo. Existem florestas tropicais, por exemplo, em todos os continentes, mas a maioria das espécies de árvores aparece apenas em um continente. Portanto, a variedade de árvores dentro da floresta Amazônica é completamente diferente da variedade de árvores nas florestas da Indonésia. Ainda assim, ambas as áreas são identificáveis como floresta tropical, porque as árvores têm características em comum.

Desde o surgimento de *Bioecologia*, houve inúmeras tentativas de definir o que é um bioma e muitas maneiras diferentes de classificá-los. Os biomas fornecem uma forma simples de entender padrões de vegetação globais, mas, quando analisados com atenção, apresentam uma maneira bruta de agrupar ecossistemas. Não existe um único sistema de classificação aceito, e a única divisão com que todos parecem concordar é entre biomas terrestres e aquáticos. Muitos dos mesmos biomas afloram na maioria dos sistemas, como os biomas polar, tundra, floresta tropical, pradarias e desertos, mas não existe uma definição unânime e há variações marcantes.

O fator climático

O único fator comum em todas as classificações de biomas tem sido o clima, embora outros fatores "abióticos" também possam ter seu papel. O clima determina a forma vegetal mais adequada a uma região, e as plantas que crescem de certa maneira são restritas a climas específicos. As folhas das árvores decíduas são largas, com uma superfície grande para absorção de luz, mas com pouca resistência ao ressecamento ou ao gelo. As agulhas das árvores coníferas, por outro lado, são estreitas e podem sobreviver às geadas mais severas. Os arbustos do deserto geralmente têm folhas muito finas, ou nenhuma folha, para resistir ao ressecamento. Os biogeógrafos reconhecem o importante papel do

Biomas terrestres do mundo

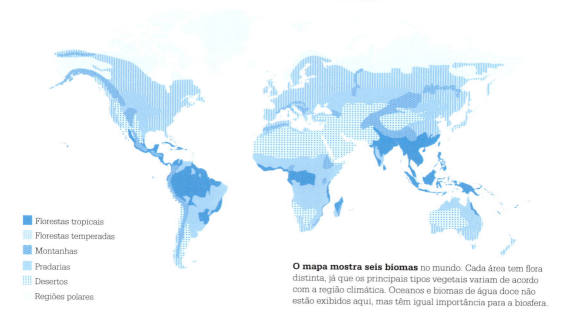

- Florestas tropicais
- Florestas temperadas
- Montanhas
- Pradarias
- Desertos
- Regiões polares

O mapa mostra seis biomas no mundo. Cada área tem flora distinta, já que os principais tipos vegetais variam de acordo com a região climática. Oceanos e biomas de água doce não estão exibidos aqui, mas têm igual importância para a biosfera.

A floresta tropical é o bioma mais quente e úmido, e cobre 7% da superfície da Terra. Um dos biomas mais antigos, também contém mais animais e espécies de plantas do que qualquer outro.

clima quando falam sobre florestas "tropicais" e pradarias "temperadas".

Pouquíssimas espécies têm necessidades climáticas idênticas. Mesmo entre variedades das mesmas plantas, há diferenças. O bordo-açucareiro do leste da América do Norte, por exemplo, é um pouco mais tolerante ao frio do inverno do que seu primo, o bordo-prateado. Embora as áreas onde ambas as árvores crescem se sobreponham, o bordo-açucareiro pode ser visto muito além da fronteira com o Canadá, enquanto o bordo-prateado floresce no sul do Texas. Como os biomas dão apenas um panorama aproximado da distribuição vegetal e animal, os ecologistas estão constantemente desenvolvendo novos sistemas de classificação.

Chuva, calor e evolução

Um dos sistemas de classificação mais reconhecidos é o sistema de zonas de vida concebido pelo botânico americano Leslie Holdridge em 1947 e atualizado em 1967. O sistema baseia-se no pressuposto de que chuva e calor determinam o tipo de vegetação em cada região. Ele criou uma representação gráfica piramidal de 38 zonas de vida. Os três lados da pirâmide representam três eixos: chuva, temperatura e evapotranspiração (que depende da chuva e da temperatura). Usando esses eixos, ele pôde traçar hexágonos mostrando regiões que também refletiam umidade, latitude e altitude.

O ecologista americano Robert Whittaker criou um gráfico muito mais simples, com temperatura média em um eixo e precipitação anual no outro, e dividiu o gráfico em nove biomas – da floresta tropical (mais quente e úmida) até a tundra (mais fria e seca). A base de todos esses sistemas é a ideia de evolução convergente, segundo a qual as espécies desenvolvem características similares à medida que se adaptam a ambientes similares. Insetos, pássaros, morcegos e pterossauros desenvolveram asas independentemente para ocupar o espaço aéreo. Supõe-se, assim, que diferentes biomas geram formas de vida correspondentes em resposta a condições ambientais semelhantes. Mas, nas últimas décadas, notou-se que espécies podem evoluir diversamente no mesmo bioma, e também que diferentes biomas estáveis podem se desenvolver em um clima idêntico. Embora centrais para entender a vida, os biomas continuam sendo um conceito complexo e ilusório. ∎

Ecozonas

Biomas são meios de identificar as formas similares que a vida assume em resposta a condições regionais particulares, como clima, solo e topografia. No entanto, há outros métodos de dividir o mundo em termos ecológicos. Em 1973, o biólogo húngaro Miklos Udvardy criou o conceito de zonas ecológicas; esse sistema foi mais bem desenvolvido em um esquema pela World Wildlife Fund. A BBC depois substituiu o termo "zona ecológica" por "ecozona". Zonas ecológicas dividem o planeta segundo o histórico evolutivo de plantas e animais. A forma como os continentes se dividiram e derivaram significa que as espécies se desenvolveram de maneira variada em diferentes partes do mundo. Ecozonas são, portanto, baseadas na identificação dessa diversificação. A Australásia, por exemplo, é uma ecozona única, pois marsupiais se desenvolveram ali isolados dos mamíferos do restante do mundo.

A equidna-de-focinho-curto é um dos mamíferos nativos mais comuns na ecozona australasiana. Ela vive em uma série de habitats, de desertos a florestas tropicais.

NÃO DAMOS O DEVIDO VALOR AOS SERVIÇOS DA NATUREZA PORQUE NÃO PAGAMOS POR ELES
UMA VISÃO HOLÍSTICA DA TERRA

EM CONTEXTO

PRINCIPAL NOME
Eugene Odum (1913–2002)

ANTES
1905 Em *Research Methods in Ecology*, o botânico americano Frederic Clements escreve sobre comunidades vegetais e a forma como elas mudam com o tempo.

1935 Arthur Tansley, botânico britânico, propõe o termo "ecossistema" para descrever uma comunidade de plantas, animais, solo, água e ar.

DEPOIS
1954 O estudo de Eugene e Howard Odum sobre o coral Eniwetok, no oceano Pacífico, aplica os princípios da ecologia holística.

1974 O ambientalista britânico James Lovelock e a bióloga americana Lynn Margulis publicam a teoria de Gaia, segundo a qual a Terra é um sistema autorregulado que mantém as condições necessárias para a vida em nosso planeta.

O ecologista americano Eugene Odum não foi o primeiro cientista a escrever sobre ecologia, mas, nos anos 1950, propôs que ela merecia ser uma disciplina independente. Até então, a ecologia era vista como uma subdivisão insignificante das ciências biológicas – a pobre relação entre biologia, zoologia e botânica. No entanto, Odum acreditava que estudar espécies vegetais e animais em isolamento nunca levaria a um entendimento

Sapais, como esses próximos a Porthmadog, Gales, formam seu próprio ecossistema. A água do mar e seus nutrientes fornecem um habitat singular para a vida selvagem.

completo do mundo vivo. Ele defendia que era mais importante estudar os locais das especies e os papéis que desempenhavam em sua comunidade do que apenas saber mais sobre o que eram. A nova abordagem de Odum ao assunto – exposta pela primeira vez em

Ver também: O ecossistema 134-137 ▪ Macroecologia 185 ▪ A coexistência pacífica entre humanidade e natureza 297 ▪ O movimento verde 308-309

seu livro de 1953, *Fundamentos de ecologia* – revolucionou o propósito e a influência da pesquisa ecológica.

A "nova ecologia"

A visão holística da Terra envolve estudar os sistemas de organismos como um todo. Conforme explicou Odum, um organismo, ou qualquer grupo de organismos, não pode ser entendido sem se estudar o ecossistema em que vive. A abordagem holística examina todos os papéis desempenhados por cada membro de um ecossistema, e como esse sistema interage com outros. Clima, geologia, insumo mineral e de água, e atividades humanas afetam – e são afetados por – uma série de comunidades vivas.

Odum escrevia nos anos 1950 e 1960, quando houve uma crescente conscientização sobre a destruição ambiental atribuída ao homem. O papel das pessoas era parte crucial da "ecologia de sistemas", como chamou sua ideia. Ele queria que os humanos fossem aliados empáticos do mundo natural – colaboradores, e não manipuladores –, e suas visões de uma ecologia superabrangente serviu de inspiração para o primeiro Dia da Terra, comemorado em 1970.

O conceito holístico da "nova ecologia" de Odum trata a Terra como um todo, unindo física, química, botânica, zoologia, geologia e meteorologia. As concepções fundamentais da ecologia são que o ecossistema é uma unidade básica da natureza, que diversidade biológica aumenta a capacidade de ecossistemas sobreviverem, e que o todo é maior que a soma de suas partes. Sistemas no mundo natural – sejam grupos de células no corpo de um animal, seja o animal inteiro ou o ecossistema em que ele vive – são capazes de se autorregular e gerar estabilidade.

… a ecologia tem sido mal apresentada e separada em muitas subdivisões antagônicas.
Eugene Odum

Investigação integrada

Um estudo holístico de um ecossistema lêntico envolveria olhar para todas as entradas no lago e suas margens, além das saídas, incluindo energia, água, minerais e nutrientes. Consideraria, também, qualquer inserção humana. O estudo examinaria os papéis desempenhados tanto por organismos produtores, como plantas e algas, quanto por consumidores, como herbívoros e carnívoros. Além disso, a abordagem holística examina mudanças no decorrer do tempo, em que desenvolvimentos que beneficiam alguns organismos em curto prazo podem levar à falta de diversidade no futuro. Por exemplo, embora trutas prosperem em águas mornas e alcalinas, se essas águas ficarem muito quentes ou ácidas devido a mudanças ecológicas, elas não conseguem mais procriar.

A abordagem holística de Odum deixa o legado de uma apreciação muito mais detalhada do que está acontecendo em um ecossistema do que uma série de estudos de espécies individuais. ■

Dia da Terra

Após testemunhar um terrível derramamento de petróleo em Santa Bárbara, Califórnia, em 1969, o senador americano Gaylord Nelson decidiu enfocar as crescentes preocupações com poluição durante um fórum nacional sobre o ambiente. Ele não podia imaginar o tamanho do movimento que inspiraria. Em 22 de abril de 1970, 20 milhões de americanos participaram do primeiro Dia da Terra, com manifestações, passeatas e palestras em todo o país. Tais foram os efeitos dos protestos que, no mesmo ano, as leis do Ar Limpo, da Água Limpa e das Espécies Ameaçadas entraram em vigor, e a Agência de Proteção Ambiental (EPA), na sigla em inglês, foi criada nos EUA em dezembro. O Dia da Terra tornou-se um fenômeno mundial, com participação de 200 milhões de pessoas em 141 países em 1990 – e deu força para a ECO-92, no Rio de Janeiro. As comemorações do Dia da Terra acontecem em abril, com um tema diferente a cada ano. Em 2018, o foco foi o fim da poluição plástica.

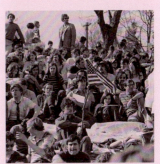

O primeiro Dia da Terra, em 22 de abril de 1970, viu multidões como esta na Filadélfia, Pensilvânia, protestarem em todos os EUA contra a poluição e o uso de agrotóxicos.

PLACAS TECTÔNICAS NÃO SÃO SÓ CAOS E DESTRUIÇÃO

CONTINENTES EM MOVIMENTO E EVOLUÇÃO

EM CONTEXTO

PRINCIPAL NOME
Alfred Wegener (1880–1930)

ANTES
1596 Abraham Ortelius, estudioso holandês, é um dos primeiros geógrafos a observar que os dois lados do Atlântico parecem se "encaixar".

DEPOIS
1929 O geólogo britânico Arthur Holmes propõe que a convecção mantélica induz a deriva continental.

1943 George Gaylord Simpson descarta as evidências fósseis para a deriva continental e defende "continentes estáveis".

1962 O geólogo americano Harry Hess explica como o fundo oceânico se expande, pela ascensão de magma derretido.

2015 Um grupo de cientistas australianos propõe que períodos de evolução rápida nos oceanos foram desencadeados por colisões entre placas tectônicas.

A superfície da Terra move-se de maneira constante, e muito lenta, há mais de 3 bilhões de anos. A litosfera (crosta terrestre e manto superior) divide-se em sete grandes partes e várias outras menores, chamadas placas tectônicas. Quando as placas se encontram, o tipo de movimento determina a natureza da formação. Onde as placas se empurram, novas montanhas são criadas. Se placas se separam, uma nova crosta se forma no leito oceânico.

As primeiras insinuações de que os continentes podiam não ter estado sempre nas posições atuais vieram no fim do século XVI. Exploradores europeus que viajavam às Américas viram em seus recém-criados mapas que a costa dos dois lados do Atlântico eram espelhadas. Mais tarde, geólogos descobriram fortes semelhanças estruturais e geológicas entre as montanhas da era caledoniana no Norte da Europa e os Apalaches, na América do Norte.

Fósseis parecidos

Há vários exemplos de descobertas fósseis transpondo diferentes continentes que só podem ser explicadas pelo movimento continental – uma vez que tais animais ou plantas não seriam capazes de atravessar o

Essa cabeça fossilizada do extinto réptil cinognato foi encontrada no sul da África. Fósseis do mesmo animal ocorrem na América do Sul, evidencia de que os dois continentes já foram um.

oceano. Entre eles, o cinognato, réptil semelhante a um mamífero que viveu há mais de 200 milhões de anos no sul da África e leste da América do Sul. A *Glossopteris*, um gênero de árvore lenhosa, crescia na América do Sul, África do Sul, Austrália, Índia e Antártida, mas em nenhum outro lugar, há 300 milhões de anos.

Para o geofísico alemão Alfred Wegener, tais padrões de fóssil indicavam que esses continentes um dia estiveram unidos. Em 1915, ele publicou sua teoria de que todos os continentes já haviam sido uma única massa de terra, a "Pangeia", que depois se dividiu e se afastou. A teoria de Wegener não foi bem recebida no início. Em 1943, George Gaylord

Ver também: Biogeografia insular 144-149 ▪ A distribuição de espécies no espaço e no tempo 162-163 ▪ Macroecologia 185 ▪ Metapopulações 186-187 ▪ Biogeografia 200-201

Três tipos de limite tectônico

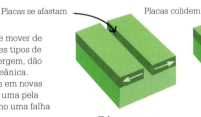
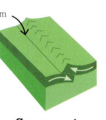

Placas se afastam — **Divergente**
Placas colidem — **Convergente**
Placas deslizam uma ao lado da outra — **Transformante**

Placas tectônicas podem se mover de três modos, gerando diferentes tipos de limite. Quando as placas divergem, dão origem a uma nova crosta oceânica. Quando convergem, resultam em novas montanhas. Quando passam uma pela outra, o rifte é conhecido como uma falha transformante.

Simpson, um dos paleontólogos mais influentes dos EUA, criticou a teoria. Ele argumentou que o registro fóssil podia ser explicado por continentes estáticos ligados e desligados por inundações periódicas.

Evidência e evolução

Apesar das dúvidas iniciais, evidências que sustentavam a teoria das placas tectônicas aumentaram. Uma série de descobertas estabeleceu que o fundo oceânico estava se expandindo e que uma nova crosta oceânica era criada constantemente. Hoje, entendemos que o movimento das placas tectônicas é estimulado por correntes de convecção que transportam calor das profundezas do planeta para a superfície.

Quando a teoria de Wegener foi aceita, a evidência fóssil passou a fazer muito mais sentido. A deriva continental havia tido profunda influência no modo como as espécies haviam evoluído. Por exemplo, se um continente se divide, as duas populações separadas de uma mesma espécie desenvolvem-se em direções completamente diferentes. Por outro lado, se dois continentes colidem, ou uma ponte de terra se forma entre eles, diferentes espécies passam a se misturar e competir, e algumas podem acabar extintas. ∎

As forças que deslocam continentes são as mesmas que produzem grandes extensões de dobramentos.
Alfred Wegener

Marsupiais são fortemente identificados com a Austrália, mas surgiram na América, onde também são encontrados.

Marsupiais na América e na Austrália

Marsupiais são mamíferos não placentários cujos filhotes completam a gestação alimentando-se do leite da mãe, tipicamente em uma bolsa em sua barriga. Hoje encontrados apenas nas Américas (principalmente do Sul e Central) e na Austrália, acredita-se que evoluíram na América do Norte há 100 milhões de anos. Espalharam-se para a América do Sul e se diversificaram em muitas espécies diferentes.

Vários grupos depois se deslocaram para o que hoje é a Antártida e para o sul da Austrália. Supõe-se que viajaram por um cinturão de vegetação que ligava as três áreas, antes parte da massa de terra do sul chamada Gondwana.

Há 55 milhões de anos, os continentes se separaram, e as espécies de marsupial começaram a se diferenciar. O único fóssil de marsupial da Antártida conhecido, encontrado na ilha de Seymor, em rochas de 40 milhões de anos, lembra os marsupiais da América do Sul do mesmo período, mas não os da Austrália.

A VIDA MUDA A TERRA POR SEUS PRÓPRIOS DESÍGNIOS
A TEORIA DE GAIA

EM CONTEXTO

PRINCIPAL NOME
James Lovelock (1919–)

ANTES
1935 O botânico britânico Arthur Tansley usa "ecossistema" para descrever uma comunidade interdependente de componentes biológicos e não biológicos.

1953 Em *Fundamentos de ecologia*, o ecologista americano Eugene Odum descreve a Terra como uma coleção de sistemas interligados.

DEPOIS
1985 Nos EUA, ocorre a primeira conferência sobre a teoria de Gaia, chamada "A Terra é um organismo vivo?".

2004 James Lovelock declara apoio à energia nuclear em detrimento da renovável.

Em 1979, o livro do cientista britânico James Lovelock *Gaia: um novo olhar sobre a vida na Terra* apresentou sua teoria de Gaia ao leitor geral. Em essência, Lovelock alegou que a Terra é um sistema único e autorregulado, no qual elementos vivos e não vivos se combinam para promover a vida. O livro rapidamente se tornou um *best-seller* e chamou atenção do crescente movimento verde, oferecendo uma abordagem nova ao ambientalismo.

O que Lovelock propôs não era sem precedentes. Nos anos 1920, Vladimir Vernadsky, cientista russo, havia desenvolvido a ideia de biosfera, a zona da Terra que contém todos os organismos vivos, e sugerido que ela deveria ser vista como uma entidade única em que elementos orgânicos e

A TERRA VIVA   215

Ver também: O ecossistema 134-137 ▪ Estado evolutivamente estável 154-155 ▪ A biosfera 204-205 ▪ Uma visão holística da Terra 210-211

A evolução é um baile a dois bem ensaiado, sendo a vida e o ambiente físico os parceiros. Dessa dança, surge a entidade Gaia.
James Lovelock

inorgânicos interagem. O botânico britânico Arthur Tansley ampliou a ideia na década de 1930, com o conceito de um "ecossistema" que se regula até atingir um estado de equilíbrio.

A teoria de Tansley era o centro da hipótese de Lovelock: que todos os organismos vivos e seu ambiente formam um superecossistema complexo que regula e equilibra condições para sustentar a vida na Terra. A ideia ocorreu a Lovelock pela primeira vez no fim dos anos 1960, mas foi depois de discuti-la com a microbiologista americana Lynn Margulis que ela começou a tomar forma. Juntos, eles apresentaram a hipótese em um ensaio, em 1974, dando-lhe um nome sugerido pelo escritor William Golding – Gaia, em homenagem à antiga deusa grega da Terra. Lovelock e Margulis representaram a Terra como uma entidade viva, composta de biosfera,

Um relevo de pedra mostra Gaia, a deusa grega da Terra. O nome não científico escolhido por Lovelock para a teoria inicialmente impediu sua aceitação por muitos cientistas.

organismos vivos; pedosfera, camada superficial; hidrosfera, corpos de água; e atmosfera, gases que cercam a Terra. Essas esferas e suas interações complexas mantêm a Terra em homeostase. O conceito é emprestado da fisiologia, que descreve as condições internas estáveis, como temperatura e composição química, que permitem que os organismos funcionem da melhor forma. Elas são controladas por mecanismos autorregulados que reagem a mudanças nessas condições. O uso da palavra "homeostase" por Lovelock reforçou a implicação de a Terra, ou Gaia, ser uma entidade viva.

Mantendo o equilíbrio

O quê de misticismo presente no princípio de Gaia casava com o pensamento "New Age" da época. Isso ajudou a popularizar a ideia, mas também levou a uma recepção negativa por parte da comunidade científica. No entanto, por trás da metáfora da "deusa" Terra havia uma teoria séria, com base científica, de que as interações entre organismos vivos e seu espaço físico – incluindo os ciclos »

James Lovelock

Inspirado por escritores como Jules Verne e H. G. Wells, James Lovelock, nascido em 1919, era fascinado por ciência e invenções desde muito novo. Ele se formou em química pela Universidade de Manchester em 1941. Foi um consciencioso opositor durante a Segunda Guerra Mundial e trabalhou para o Instituto Nacional de Pesquisa Médica, em Londres. Em 1948, concluiu o doutorado em medicina e passou um tempo nos EUA com bolsa da Fundação Rockefeller. Após retornar à Inglaterra, em 1955, voltou sua atenção a invenções, notavelmente o detector por captura de elétrons (ECD, na sigla em inglês). Nas décadas de 1960 e 1970, foi professor visitante em Houston, Texas, e em Reading, Inglaterra, período em que desenvolveu a teoria de Gaia. Em 2003, Lovelock foi nomeado para a Ordem dos Companheiros de Honra pela rainha Elizabeth II.

Obras importantes

1988 *As eras de Gaia*
1991 *Gaia: The Practical Science of Planetary Medicine*
2009 *Gaia: alerta final*

A TEORIA DE GAIA

Daisyworld

A princípio, cientistas criticaram a teoria de Gaia pela suposta implicação de que os ecossistemas na biosfera poderiam influenciar coletivamente o ambiente da Terra. Então, para aumentar a plausibilidade da teoria, em 1983 James Lovelock e o cientista britânico Andrew Watson produziram "Daisyworld", um simples modelo explanatório.

Daisyworld é um planeta deserto que orbita o Sol. Quando a intensidade dos raios solares aumenta, margaridas pretas começam a nascer. Elas absorvem o calor e aquecem a superfície do planeta até margaridas brancas surgirem. Estas, por sua vez, refletem a energia do sol, esfriando o solo. Os dois tipos de margarida chegam a um ponto de equilíbrio pelo qual regulam a temperatura do planeta. Quando o calor do sol aumenta, as margaridas brancas, capazes de refletir a luz solar e se manterem frias, substituem as pretas. Por fim, o sol esquenta tanto que nem as margaridas brancas sobrevivem.

Na teoria de Gaia, a Terra, único planeta conhecido a sustentar vida, é um "superorganismo", no qual mar, terra e atmosfera trabalham juntos para manter as condições de vida adequadas.

de oxigênio, carbono, nitrogênio e enxofre – formam um sistema dinâmico que estabiliza o ambiente.

Segundo Lovelock, Gaia é controlada pela ação de "loops de feedback", que são os pesos e contrapesos que compensam as interferências no sistema, levando-o de volta ao equilíbrio. Para funcionar bem, a Terra depende de um equilíbrio particular de variáveis, como água, temperatura, oxigênio, acidez e salinidade, em seu ambiente. Quando elas são constantes, a Terra está em um estado estável de homeostase, mas, se o equilíbrio é perturbado, o planeta estimula os organismos a restaurarem a estabilidade, ao mesmo tempo em que é hostil aos que reforçam as perturbações. Os componentes orgânicos do sistema da Terra não reagem simplesmente a mudanças em seu ambiente, mas o controlam e regulam.

Esses mecanismos de resposta operam em uma rede global complexa de ciclos naturais interconectados para manter condições ótimas para os organismos em seu interior. Eles podem resistir a mudanças, mas até certo ponto. Uma interferência grande demais pode levar o sistema a um "ponto de inflexão", em que, com a estabilidade de seus componentes alterada, é provável que se estabeleça em um estado de equilíbrio muito diferente. Tal fato, segundo Lovelock, havia ocorrido cerca de 2,5 bilhões de anos antes, no fim do Arqueano, quando o oxigênio surgiu na Terra. Na época, o planeta era um lugar quente e ácido, em que bactérias produtoras de metano eram a única forma de vida que prosperava. Bactérias capazes de fotossíntese desenvolveram-se depois, criando uma atmosfera propícia a formas de vida mais complexas. Com o tempo, as condições de equilíbrio existentes atualmente na Terra se estabeleceram.

Se houvesse uma guerra nuclear e a humanidade fosse eliminada, a Terra suspiraria aliviada.
James Lovelock

A TERRA VIVA

Salvando o planeta

À medida que Lovelock desenvolvia o tema, a comunidade científica começou a aceitar a teoria de Gaia. Na década de 1980, uma série de "conferências de Gaia" atraiu cientistas de diferentes disciplinas, dispostos a explorar os mecanismos envolvidos na regulação do ambiente da Terra para chegar à homeostase. Mais tarde, novas atenções foram dedicadas às implicações da hipótese diante da mudança climática. Estava claro que a atividade humana perturbava o sistema de Gaia, mas a questão era se seus mecanismos reguladores suportariam mais pressão – ou se a Terra estava frente a mais um ponto de inflexão irreversível.

Ambientalistas que haviam estado entre os primeiros a aceitar Gaia reagiram com desalento à teoria de que a espécie humana poderia precipitar uma mudança catastrófica no equilíbrio da Terra. O grito de protesto dos ativistas Verdes tornou-se "Salve o planeta!", mas isso divergia da ideia fundamental de Gaia. Apesar de a destruição de habitats naturais, a queima excessiva de combustíveis fósseis, o esgotamento da biodiversidade e outras ameaças humanas terem consequências severas a muitas espécies – incluindo humanos –, o planeta, segundo a teoria de Gaia, sobreviverá e encontrará um novo equilíbrio. ∎

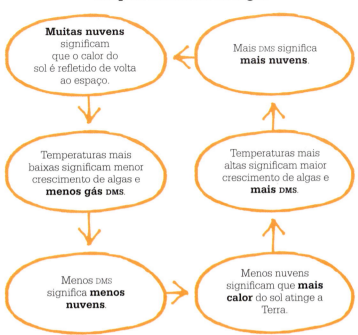

Loop de feedback de algas

Na teoria de Gaia, loops de feedback mantêm a Terra em equilíbrio. Um exemplo é o efeito que algas marinhas chamadas cocolitóforos têm no controle do clima do planeta. Quando as algas morrem, liberam um gás, o dimetilsulfeto (DMS), que ajuda a criar nuvens.

Usinas nucleares produzem muita energia "limpa", mas também lixo tóxico. James Lovelock acredita que a Terra é capaz de absorver e superar os efeitos radioativos do lixo.

HÁ 65 MILHÕES DE ANOS, ALGO MATOU METADE DA VIDA NA TERRA

EXTINÇÕES EM MASSA

EXTINÇÕES EM MASSA

EM CONTEXTO

PRINCIPAL NOME
Luis Alvarez (1911–1988)

ANTES
1953 Os geólogos Allan O. Kelly e Frank Dachille sugerem em seu livro *Target: Earth* que o impacto de um meteoro deve ter sido responsável pela extinção dos dinossauros.

DEPOIS
1991 A Cratera de Chicxulub, no norte da Península de Iucatã, sudoeste do México, é proposta como local do impacto do enorme cometa ou meteoro no fim do período Cretáceo.

2010 Um painel internacional de cientistas concorda que o impacto de Chicxulub levou à extinção em massa do Cretáceo--Paleógeno, há cerca de 65 milhões de anos.

Houve cinco períodos na história da Terra em que números anormais de organismos multicelulares morreram em um tempo relativamente curto. Essas extinções em massa são definidas pela perda de plantas e animais multicelulares porque seus fósseis são muito mais fáceis de detectar do que os de organismos unicelulares.

A taxa normal de extinção é de uma a cinco espécies ao ano. Registros fósseis mostram, por exemplo, a

O meteoro que atingiu a Terra no fim do período Cretáceo viajava a 64 mil km/h. Sua potência era 1 bilhão de vezes maior do que a da bomba atômica de Hiroshima.

extinção de duas a cinco famílias de animais marinhos a cada milhão de anos. Esse número é muito maior durante extinções em massa, que sempre marcam o limite entre dois períodos geológicos. Cientistas não compreendem todos os fatores responsáveis por esses eventos,

Eventos de extinção em massa de 499 milhões de anos atrás ao presente

Devoniano Superior
Uma rápida queda no nível do mar é uma das possíveis causas para a perda de 70% a 80% de espécies animais.

Triássico
Mudanças climáticas ou o choque de um asteroide são potenciais causas para a extinção de 75% das espécies.

PERÍODO HOLOCENO (OU ANTROPOCENO)
100 MIL ANOS ATRÁS–PRESENTE

| ORDOVICIANO 485–444 | SILURIANO 444–419 | DEVONIANO 419–359 | CARBONÍFERO 359–299 | PERMIANO 299–252 | TRIÁSSICO 252–201 | JURÁSSICO 201–145 | CRETÁCEO(K) 145–66 | PALEÓGENO 66–23 | NEOGENO 23–03 |

Ordoviciano
Resfriamento global leva à extinção de 85% da vida marinha.

Permiano
Enorme atividade vulcânica ajuda a eliminar 96% das espécies marinhas.

Cretáceo
O choque de um meteoro e atividade vulcânica extinguem 80% dos animais, incluindo a maioria dos dinossauros.

Ver também: Eras glaciais antigas 198-199 ▪ Continentes em movimento e evolução 212-213 ▪ A teoria de Gaia 214-217 ▪ Acidificação dos oceanos 281

Toda a história geológica é cheia de inícios e fins de espécies – de primeiros e últimos dias.
Hugh Miller
Geólogo escocês

embora concordem a respeito de alguns. Aumento da atividade vulcânica, alterações na composição da atmosfera e dos oceanos, mudanças climáticas, aumentos e diminuições do nível do mar, movimentos tectônicos dos continentes e impactos de meteoros são causas prováveis. Alguns cientistas sugerem que já entramos em uma sexta extinção em massa, dessa vez como resultado da atividade humana.

Fim dos dinossauros

A extinção em massa que os cientistas melhor compreendem é a mais recente, há cerca de 66 milhões de anos. Os geólogos se referem a ela como extinção K-Pg, por ter ocorrido no fim do período Cretáceo e início do Paleógeno. Embora uma origem extraterrestre tenha sido sugerida para o evento na década de 1950, isso não foi levado a sério até duas descobertas, na Europa e na América do Norte.

Em 1980, uma equipe de cientistas na Itália, incluindo o físico Luis Alvarez e seu filho geólogo, Walter Alvarez, descobriu uma camada de argila entre depósitos cretáceos e paleógenos. A análise da argila revelou o mineral irídio, raro na Terra, mas comum em asteroides. O achado levou à hipótese dos Alvarez, que propunha que a extinção no fim do período Cretáceo havia sido causada pelo choque de um meteoro. A localização do impacto permaneceu um mistério por onze anos, quando se descobriu que uma enorme cratera de 170 quilômetros na Península de Iucatã, México, datava da época da extinção.

O consenso científico é que um cometa ou asteroide gigantesco se chocou com a Terra, produzindo uma onda de radiação e um megatsunami destrutivo de mais de 100 metros de altura. A radiação teria matado os animais próximos, e o megatsunami teria destruído regiões costeiras nos arredores do Golfo do México. O principal dano, no entanto, teria sido mais gradual. Uma vasta nuvem de fuligem e poeira teria se espalhado pela atmosfera, bloqueando a luz do sol por vários anos. As plantas morreram por não poderem mais fazer fotossíntese, e as algas dos recifes de coral também sucumbiram, abalando cadeias alimentares no mundo todo. O impacto também teria liberado ácido »

Temos fortes evidências físicas e químicas de um grande impacto […] a extinção coincide com o impacto com uma precisão de centímetros, ou menos.
Walter Alvarez

Luis Alvarez

Considerado um dos maiores físicos do século XX, Luis Alvarez nasceu em San Francisco, em 1911. Formou-se pela Universidade de Chicago em 1936 e trabalhou no Laboratório de Radiação da Universidade da Califórnia, em Berkeley. Lá, ajudou a desenvolver reatores nucleares e, durante a Segunda Guerra Mundial, armas nucleares. Testemunhou o bombardeio atômico de Hiroshima e ajudou a construir a bomba de plutônio. Depois da guerra, desenvolveu a câmara de bolhas de hidrogênio líquido, usada para descobrir novas partículas subatômicas. Por isso, em 1968, ganhou o Prêmio Nobel de Física. Mais tarde, forneceu os cálculos para respaldar a teoria dos Alvarez da extinção em massa causada pelo choque de um meteoro. Morreu em 1988.

Obras importantes

1980 "Uma causa extraterrestre para a extinção Cretáceo-
-Terciário", *Science*
1985 "The Hydrogen Bubble Chamber and the Strange Resonances"
1987 *Alvarez: Adventures of a Physicst*

222 EXTINÇÕES EM MASSA

Embora muitos dinossauros voadores tenham sobrevivido à extinção em massa K-Pg, no fim do período Cretáceo, todos os pterossauros pereceram, após 162 milhões de anos na Terra.

sulfúrico na atmosfera, produzindo chuva ácida, acidificando os oceanos e matando a vida marinha. Mais ou menos na mesma época, uma quantidade enorme de atividade vulcânica inundou 500 mil km² do sul da Índia com lava, formando o Planalto do Decão e mudando o clima e a atmosfera.

O evento K-Pg é mais conhecido pela extinção de todos os dinossauros não voadores. Também foi responsável pela morte de quase todos os tetrápodes (animais de quatro patas) que pesavam mais de 25 kg. Uma exceção foram os crocodilos, que podem ter sobrevivido por serem ectotérmicos (de sangue frio), capazes de viver por um longo tempo sem alimento. Os dinossauros eram endotérmicos (de sangue quente), com um metabolismo rápido que demandava refeições regulares. Muitas espécies de plantas morreram porque não conseguiam fazer fotossíntese, deixando dinossauros herbívoros com pouca vegetação para se alimentar, enquanto espécies predadoras morriam de fome por falta de presas. Em contraste, os fungos, que não dependiam de fotossíntese, proliferaram.

Nos oceanos, o fitoplâncton, fonte vital de alimento que também dependia da fotossíntese, morreu. Criaturas que se alimentavam dele extinguiram-se. Entre elas, os cefalópodes, como os belemnitas e amonites, e os répteis marinhos conhecidos como mosassauros e sauropterígios.

Aniquilação marinha

A mais antiga extinção em massa, e segunda mais catastrófica, ocorreu quando nosso planeta esfriou drasticamente, mais para o fim do período Ordoviciano, por volta de 444 milhões de anos atrás. Na época, a maior parte dos organismos da Terra viviam em oceanos. Quando o supercontinente Gondwana movimentou-se lentamente sobre o Polo Sul, uma calota polar enorme se formou, baixando a temperatura global. Grande parte da água do planeta ficou "bloqueada" como gelo, diminuindo os níveis do mar e reduzindo a área da superfície da Terra coberta por oceano.

Como resultado, organismos marinhos que viviam nas águas rasas da plataforma continental sofreram taxas particularmente altas de extinção. Em pelo menos dois picos de extermínio, separados por centenas de milhares de anos, quase 85% das espécies marinhas foram eliminadas, incluindo braquiópodes, briozoários, trilobitas, graptólitos e equinodermos.

Extinção lenta

No período Devoniano Superior, há cerca de 359 milhões de anos, os

A extinção em curso tem sua própria causa, não um asteroide ou uma enorme erupção vulcânica, mas 'uma espécie daninha'.
Elizabeth Kolbert
Jornalista americana

A TERRA VIVA

continentes haviam sido colonizados por plantas e insetos, e enormes recifes orgânicos prosperavam nos oceanos. Os continentes Euramérica e Gondwana estavam convergindo no que se tornaria a Pangeia – o último dos supercontinentes. Nesse período, uma sucessão de extinções – possivelmente sete – ocorreram em um tempo mais longo do que qualquer outro evento de extinção em massa, possivelmente até 25 milhões de anos.

As extinções podem ter tido muitas causas, incluindo o oxigênio reduzido nos oceanos, a queda dos níveis do mar, mudanças atmosféricas, a drenagem da água produzida pela disseminação das plantas e impactos de asteroides. A maioria dos organismos vivia nos oceanos, e os mares rasos foram os mais afetados, com o extermínio de muitos organismos construtores de recifes, braquiópodes, trilobitas e as últimas espécies de graptólitos. Cerca de 75% das espécies marinhas morreram, e levaria mais 100 milhões de anos até os corais se restabelecerem em grande escala.

"A Grande Morte"

A mais drástica extinção em massa ocorreu no fim do período Permiano, há 252 milhões de anos. Também

A projeção das futuras taxas de extinção é de 10 mil vezes a taxa geológica histórica normal.
Ron Wagler
Acadêmico americano

conhecida como "A Grande Morte", resultou na perda de 96% das espécies marinhas e 70% dos vertebrados terrestres. Insetos sofreram a única extinção em massa de sua história, e os últimos trilobitas, que estavam em declínio havia milhões de anos, desapareceram do registro fóssil.

Potenciais causas da extinção em massa incluem impactos de asteroides e redução do oxigênio dos oceanos. A extinção também coincidiu com um dos maiores períodos de atividades vulcânicas da história da Terra. As erupções, que duraram quase 1 milhão de anos, inundaram mais de 2 milhões de km^2 da antiga Sibéria com lava de basalto. O resultante aumento dos gases do efeito estufa teria transformado a atmosfera da Terra, provavelmente causando severo aquecimento global e contribuindo para a extinção de espécies.

Perdas cíclicas

Toda a vida hoje descende de uma pequena minoria de espécies que permaneceu no início do período Triássico. Durante os últimos 18 milhões de anos do período, que terminou cerca de 201 milhões de anos atrás, pelo menos metade das espécies de animais que se sabia que viviam naquela época foi exterminada em duas ou três fases de extinção. Mudanças climáticas causadas por mais erupções de basalto e um choque de asteroide foram citadas como causas. Nos mares, muitos répteis, cefalópodes, moluscos e organismos construtores de corais morreram. Na terra, a maioria dos arcossauros e muitos dos grandes anfíbios foram extintos. A perda dos arcossauros, em particular, abriu nichos ecológicos que seriam ocupados pelos dinossauros. ∎

A sexta extinção

Alguns ecologistas estimam que a taxa atual de extinção de animais e plantas seja de cem a mil vezes a taxa natural normal, com grande parte do aumento devido direta ou indiretamente às atividades humanas. Eles argumentam que isso é evidência de que o mundo já está no meio da extinção do Holoceno, que leva o nome da presente época geológica. Muitas espécies de animais e plantas se perderam desde o início da Revolução Industrial, no século XVIII. Essas perdas foram motivadas por alterações de habitat, mudanças climáticas, sobrepesca, sobrecaça, acidificação do oceano, poluição do ar e introdução de animais que interferem nas cadeias alimentares. O ecologista americano E. O. Wilson, conhecido como "pai da biodiversidade", acredita que se a extinção de espécies continuar no ritmo atual, metade das formas superiores de vida será extinta até 2100. Stuart Pimm, biólogo anglo-americano e especialista em extinção moderna, é mais cauteloso, afirmando que estamos à beira de tal evento e ainda podemos agir para contê-lo.

Sudan, o último rinoceronte-branco macho, morre em 2018 (restam duas fêmeas). A caça ilegal deixou a espécie às margens da extinção.

QUEIMAR TODAS AS RESERVAS DE COMBUSTÍVEL INICIARÁ UM EFEITO ESTUFA DESCONTROLADO

LOOPS DE FEEDBACK AMBIENTAL

EM CONTEXTO

PRINCIPAL NOME
James Hansen (1941–)

ANTES
1875 No livro *Climate and Time*, o cientista escocês James Croll descreve o efeito de retroalimentação do aquecimento climático no derretimento do gelo.

1965 O biólogo canadense Charles Krebs descobre o "efeito de vedação", ao mostrar populações de roedores protegidas de raposas aumentando e depois caindo.

1969 O cientista planetário Andrew Ingersoll enfatiza o "efeito estufa descontrolado" que causou o aquecimento do planeta Vênus.

DEPOIS
2018 Ecologistas no Alasca preveem que uma liberação acelerada de metano de lagos previamente congelados aumentará o aquecimento global.

Loops de feedback negativos regulam os ecossistemas.

↓

Eles mitigam **mudanças**.

↓

Eles mantêm **populações** sob **controle**.

↓

Loops de feedback negativos criam estabilidade.

Todas as partes de um ecossistema são interdependentes. Qualquer mudança em espécies ou habitats será retroalimentada no sistema e o afetará como um todo, incluindo a parte onde tudo começou. Em outras palavras, a retroalimentação movimenta-se em círculo, os loops de feedback.

Em algumas situações, a mudança é controlada pelo círculo. Por exemplo, se afídios multiplicam-se de repente, fornecem mais alimento para as joaninhas, levando a um aumento delas. Mas, com mais joaninhas alimentando-se dos afídios, eles voltam a cair em número. Trata-se de retroalimentação negativa, e ajuda a manter a estabilidade.

Em outros casos, a retroalimentação pode acelerar a mudança. Arbustos, por exemplo, podem começar a dominar a vegetação de um terreno recém-colonizado, lançando sombra sobre a grama, privando-a de luz do sol e retardando seu crescimento. Os arbustos agora têm mais água e nutrientes, então prosperam em detrimento da grama. Trata-se de retroalimentação positiva e é essencialmente desestabilizadora.

As ideias sobre loops de feedback desenvolveram-se no início do século XX. Foram fundamentadas no trabalho

Ver também: Equações predador-presa 44-49 ▪ Princípio da exclusão competitiva 52-53 ▪ Aquecimento global 202-203 ▪ Contenção da mudança climática 316-321

Loops de feedback e mudança climática

Nos últimos anos, tendências de aquecimento acelerado e desacelerado trouxeram os loops de feedback à tona na ciência da mudança climática. Em 1988, o cientista do clima James Hansen falou em uma audiência do Congresso dos EUA sobre o aumento na temperatura global causado por atividade humana. Desde então, declarou que a contínua queima de combustíveis fósseis poderia desencadear retroalimentações positivas no clima da Terra, levando ao "efeito estufa descontrolado" que descreve em seu livro de 2009 *Tempestades dos meus netos*.

Um loop de feedback de aquecimento é criado pelo derretimento de calotas polares, à medida que água e terras recém-expostas absorvem o calor que o gelo antes refletia de volta à atmosfera. O derretimento do permafrost siberiano é outro loop de aquecimento. Com a elevação da temperatura derretendo o permafrost, quantidades enormes de metano e gases do efeito estufa podem ser liberadas na atmosfera, acelerando o aquecimento global.

Regiões árticas, como a Groenlândia, reduziram em 72% a cobertura de gelo no verão desde 1980. O aquecimento da atmosfera e o aumento dos níveis do mar são parte do loop de feedback positivo resultante.

de dois matemáticos – o americano Alfred Lotka (1880–1949) e o italiano Vito Volterra (1860–1940) – que criaram, independentemente, equações baseadas na interação predador-presa. Suas equações mostraram que uma população de presas cresce rapidamente quando o número de predadores cai, e a de predadores cai quando o número de presas cai, porque os predadores passam fome. O resultado é um ciclo constante de populações de predadores e presas diminuindo e aumentando.

Equilibrando o sistema

Os ciclos de predador-presa identificados por Lotka e Volterra eram focados na interação entre espécies únicas de predador e presa. Desde seus estudos, a teoria de loops de feedback desenvolveu-se para abranger ecossistemas inteiros. Os ecologistas hoje acham que os loops de feedback negativos têm importância central no funcionamento de todos os ecossistemas, mantendo todas as partes deles naturalmente dentro das fronteiras da sustentabilidade. Populações não podem aumentar muito além da capacidade de carga do sistema. Assim,

Em um ecossistema saudável, uma flutuação repetida nos números de presas, como coelhos, e predadores, como raposas, é um exemplo de um loop de feedback negativo equilibrando o sistema.

a retroalimentação negativa regula o ecossistema e o mantém estável.

A retroalimentação positiva interfere em um ecossistema equilibrado. Se há excesso de recursos, uma população pode crescer livre. Uma população maior leva a mais nascimentos, e assim a uma aceleração do crescimento populacional.

A retroalimentação positiva pode resultar em contração acelerada de uma população. Se estoques pesqueiros diminuem em uma lagoa, por exemplo, a população local pode recorrer à importação de enlatados. A poluição dos lixões onde as latas são descartadas pode penetrar na lagoa, matando os peixes – levando os locais a importar ainda mais latas. Mesmo assim, loops de feedback positivos às vezes podem desencadear uma série de eventos que se tornam um ciclo "virtuoso". Por exemplo, se arbustos são plantados em solo instável, suas raízes podem estabilizá-lo, permitindo que os arbustos e o solo prosperem. ∎

O FATOR HUMANO

228 INTRODUÇÃO

Durante a Revolução Industrial, **"O Grande Fedor"** de Londres incita a criação de leis para conter a **poluição do ar e da água**.

1858

1859

Coelhos são soltos na Austrália; sua **explosão populacional** resulta em caos para o ambiente.

O **primeiro parque nacional** do mundo é criado nos EUA, em Yellowstone, para preservar seu habitat natural.

1872

1955

O termo **"expansão urbana"** é usado pela primeira vez, pelo jornal *Times*, no Reino Unido.

Charles Keeling passa a registrar ano a ano o aumento dos **níveis de dióxido de carbono na atmosfera**.

1958

1962

O livro de **Rachel Carson** *Primavera silenciosa* expõe os efeitos nocivos dos **agrotóxicos** no ambiente.

Gene Likens trabalha para estabelecer a relação entre **qualidade da água e formas de vida**.

1963

1979

A **Política do Filho Único** tem início na China para controlar o crescimento populacional.

Chico Mendes intercede no Congresso dos EUA **contra o financiamento de projetos** prejudiciais à floresta Amazônica.

1987

O esgoto bruto produzido por milhões de londrinos foi jogado no rio Tâmisa por décadas, até que o fedor dos rejeitos ficou tão ruim que, em 1858, providências foram necessárias. Quando um novo sistema de encanamentos, estações de bombeamento e obras de tratamento revolucionaram o saneamento da cidade, mortes e doença por cólera e outras infecções bacteriológicas caíram drasticamente, e o rio ficou muito mais limpo.

A atividade humana sempre alterou o ambiente, mas seu impacto cresceu muito em meados do século XVIII, com a Revolução Industrial que teve início na Inglaterra e espalhou-se pela Europa, América do Norte e mais além. Os efeitos negativos podem ser amplamente divididos em poluição e destruição de recursos e habitats.

O ambientalista escocês-americano John Muir foi um dos primeiros a identificar degradação e destruição de habitat como um problema e, em 1890, conseguiu proteção para Yosemite Valley, Califórnia. No entanto, apesar de um aumento constante de ambientes naturais protegidos, no século XX as pressões destrutivas dos desenvolvimentos humanos ficaram ainda mais potentes.

Árvores e mudança climática

As florestas foram particularmente atingidas, sobretudo devido à demanda dupla de madeira para construção e combustível, e às derrubadas para fins agropecuários e beneficiamento. Estima-se que 140 mil km^2 das florestas tropicais – que contêm a maior biodiversidade – sejam desmatados todos os anos. Cientistas nunca saberão quantas espécies florestais foram extintas antes que pudessem ser "descobertas".

O desmatamento também contribui para a mudança climática global. Na fotossíntese, as árvores absorvem dióxido de carbono e liberam oxigênio. Assim, menos florestas significam mais CO_2 na atmosfera, intensificando o efeito estufa e o aquecimento global.

Carbono e outros gases do efeito estufa são emitidos por carros e fábricas que queimam combustíveis fósseis. Desde 1958, as medições do CO_2 atmosférico feitas por Charles Keeling mostraram que as emissões estão aumentando em ritmo acelerado. Embora uma minoria de cientistas defenda que a atividade humana não é a responsável, a mudança climática aqueceu os continentes. As consequências, incluindo árvores dando folhas e flores antecipadamente

O FATOR HUMANO

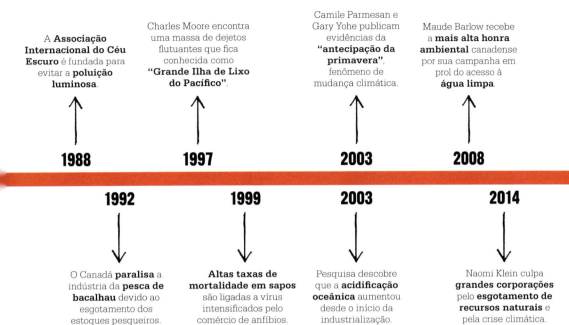

na primavera, podem beneficiar alguns organismos, mas ser desastrosas para outros.

Controles de tóxicos
A introdução de agrotóxicos, como o DDT, para aumentar a produção dos cultivos provou-se um desastre ambiental: eles erradicaram invertebrados úteis, além dos nocivos; causaram cânceres em humanos e deixaram aves de rapina inférteis. O livro de Rachel Carson *Primavera silenciosa*, de 1962, destacou muitas dessas questões e gerou uma reflexão parcial sobre o uso de agrotóxicos. O trabalho de vários ecologistas resultou em controles legislativos para mitigar o impacto ambiental.

Quando Gene Likens e sua equipe investigaram por que lagos previamente ricos em peixes haviam morrido, descobriram que a culpa era da chuva ácida, causada por emissões de dióxido de enxofre e óxido de nitrogênio de chaminés industriais. Como resultado, leis para controlar as emissões foram aprovadas nos EUA e na Europa. Depois que os químicos americanos Frank Rowland e Mario Molina mostraram que clorofluorcarbonos (CFCs) destruíam o ozônio atmosférico, seu uso foi banido no mundo todo, em 1989.

A poluição luminosa, que afeta tartarugas marinhas, morcegos e aves migratórias provou-se mais difícil de controlar. A Associação Internacional do Céu Escuro está à frente de campanhas em prol de iluminação ambientalmente responsável.

Recursos reduzidos
Garrett Hardin, ecologista americano, alertou sobre os perigos da superpopulação em 1969, quando a população mundial era de 3,6 bilhões. Em 2018, havia aumentado para 7,6 bilhões, e embora a taxa de crescimento tenha desacelerado consideravelmente, o consumo crescente de recursos naturais levou a estoques reduzidos de madeira, combustíveis fósseis, minerais e até peixes. O colapso da antes farta pesca de bacalhau em Terra Nova, em 1992, enfatizou a vulnerabilidade de nossa cadeia alimentar à sobrepesca e levou o governo canadense a impor à pesca nos Grandes Bancos uma moratória por tempo indeterminado.

Água limpa é uma das demandas mais fundamentais da sociedade, mas quase 1 bilhão de pessoas não têm acesso a ela. Uma combinação letal de mudança climática e crescimento populacional em algumas regiões em desenvolvimento ameaça aumentar esse número. ∎

POLUIÇÃO
AMBIENTAL É UMA DOENÇA INCURÁVEL

POLUIÇÃO

232 POLUIÇÃO

EM CONTEXTO

PRINCIPAL NOME
Emma Johnston (1973–)

ANTES
1272 O rei Eduardo I, da Inglaterra, bane a queima de hulha em Londres devido à fumaça que produz.

Séc. XIX A queima de carvão durante a Revolução Industrial britânica atrasa o crescimento de crianças e aumenta as mortes por doenças respiratórias.

DEPOIS
1956 A Lei do Ar Limpo é introduzida no Reino Unido, acabando com os *smogs* que afligiam suas principais cidades.

1963 A Lei do Ar Limpo é aprovada nos EUA.

1972 A Lei da Água Limpa é sancionada nos EUA.

1984 Gás tóxico vaza da fábrica da Union Carbide, em Bhopal, Índia, matando milhares e deixando muitos feridos.

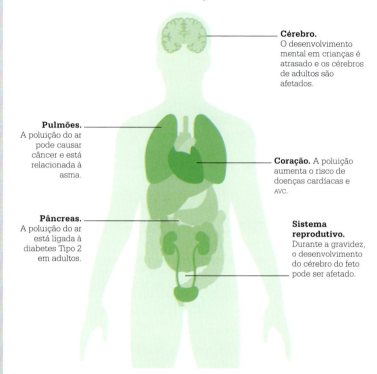

Efeitos da poluição na saúde

Cérebro. O desenvolvimento mental em crianças é atrasado e os cérebros de adultos são afetados.

Pulmões. A poluição do ar pode causar câncer e está relacionada à asma.

Coração. A poluição aumenta o risco de doenças cardíacas e AVC.

Pâncreas. A poluição do ar está ligada à diabetes Tipo 2 em adultos.

Sistema reprodutivo. Durante a gravidez, o desenvolvimento do cérebro do feto pode ser afetado.

Ar e água poluídos causam a morte de milhões de pessoas todo ano. Esta ilustração descreve os danos específicos causados a diferentes órgãos do corpo humano.

A poluição vem em muitas formas, de toxinas no ar a lixo no fundo do oceano. Quaisquer substâncias ou formas de energia que deterioram a qualidade da atmosfera, oceanos, água ou solo são poluentes. Eles podem ser contaminantes químicos ou biológicos (incluindo dejetos humanos), produtos (como plástico), ou ruído, luz ou calor. Os efeitos da poluição sobre todo tipo de vida podem ser extensos, espalhando-se por milhares de quilômetros além de sua fonte original. A poluição pode se disseminar pela cadeia alimentar e ser levada pela água e pelo ar, afetando todas as formas de vida. Contaminantes como plástico podem facilitar a invasão de espécies não nativas, como descoberto pela bióloga marinha australiana Emma Johnston. Há também um efeito direto na saúde humana: estima-se que a exposição a ar, água e solo poluídos tenha causado 9 milhões de mortes prematuras – uma em seis, de todas as mortes – em 2015.

A poluição no tempo

A poluição gerada pelo homem tem uma longa história. A presença de fuligem nas paredes de cavernas de milhares de anos atrás indica que os primeiros humanos geravam poluição do ar com suas fogueiras. Análises de núcleos de gelo de 2.500 anos na Groenlândia mostraram evidências de poluição do ar provocada por fundição de cobre a milhares de quilômetros de distância, no centro do Império Romano. Porém, esses impactos eram em pequena escala. Com o início da Revolução Industrial na Europa, a poluição do ar e da água ficou séria. Chaminés de fábricas lançavam fumaça no ar; produtos químicos tóxicos eram jogados em rios. Cidades expandiam-se rapidamente e não tinham saneamento. O rio Tâmisa, em

O FATOR HUMANO

Ver também: O legado dos agrotóxicos 242-247 ▪ Chuva ácida 248-249 ▪ Poluição luminosa 252-253 ▪ Lixão de plástico 284-285 ▪ A crise hídrica 286-291 ▪ Descarte de lixo 330-331

Os sistemas de controle de poluição do ar não acompanham o desenvolvimento econômico.
Bob O'Keefe

Londres, era tanto fonte de água para uso doméstico quanto saída para esgoto humano não tratado. Doenças se disseminaram, os peixes do rio morreram e o cheiro às vezes era insuportável. Outros centros urbanos não ficavam muito para trás: condições nada sanitárias eram registradas em Berlim, em 1870, por exemplo.

Nos Estados Unidos, as primeiras duas cidades a decretar leis para garantir o ar limpo foram Chicago e Cincinnati, em 1881. Na época, os excrementos de 3 milhões de cavalos que puxavam carroças nas cidades americanas infiltravam-se nas provisões de água, gerando pragas de moscas causadoras de doenças. Conforme os cavalos foram sendo substituídos por motores de combustão interna, a fumaça dos carros e caminhões tornou-se um grande problema. O Grande Nevoeiro de Londres, em 1952, descrito como "sopa de ervilhas" devido à cor do ar poluído, matou mais de 4 mil pessoas.

Poluição do ar

Resultado de substâncias nocivas liberadas na atmosfera, como gases ou pequenas partículas chamadas aerossóis, a poluição do ar pode ter causas naturais, como vulcões ou incêndios florestais, mas é provocada sobretudo pela atividade humana. Os principais poluentes do ar são as »

Das vinte cidades do mundo com ar mais poluído, catorze ficam na Índia. Em Nova Delhi, em novembro de 2017, o denso *smog* equivale a fumar cinquenta cigarros por dia.

O "Grande Fedor"

No início do século XIX, o Tâmisa, em Londres, era o rio mais poluído do mundo. A poluição industrial e os resíduos humanos de milhares de canos eram lançados nele. As pessoas reclamavam, mas o governo não fazia nada. Em 1855, o cientista Michael Faraday repreendeu os políticos pela falta de ação, em vão. Porém, eles entenderam a mensagem três anos depois, quando um verão quente contribuiu para o "Grande Fedor" de 1858. O Palácio de Westminster, próximo ao Tâmisa, foi fortemente afetado, e uma lei foi aprovada às pressas, em apenas dezoito dias.

O engenheiro civil Joseph Bazalgette ficou encarregado de projetar um novo sistema de esgoto. Era baseado em seis interceptores de 160 km de comprimento, que levavam a novas estações de tratamento. A maior parte de Londres foi conectada em uma década. Grande parte do sistema ainda está operante, mais de 150 anos depois.

Este desenho, publicado na revista *Punch* em 1858, foi intitulado "O assaltante silencioso". Na época, as pessoas atribuíam a disseminação do cólera ao mau cheiro do rio.

234 POLUIÇÃO

A poluição é um dos maiores problemas que enfrentamos globalmente, com custos terríveis à sociedade.
Maria Neira
Organização Mundial de Saúde

emissões provenientes de usinas de energia que utilizam combustível fóssil, fábricas, veículos motorizados, a queima de madeira e esterco como combustível para aquecimento e para cozinhar, e metano proveniente do gado, de aterros sanitários e de campos fertilizados. A baixa qualidade do ar prejudica a saúde humana e as lavouras, e algumas emissões de combustíveis fósseis causam chuva ácida, que já matou florestas e peixes em milhares de lagos.

A Organização Mundial de Saúde (OMS) estima que nove entre dez pessoas no mundo respiram ar poluído, o que causa doenças e alergias. Além disso, alguns aerossóis, a depender da composição e cor das partículas, bloqueiam a quantidade de radiação solar que atinge a superfície da Terra, tendo assim um efeito resfriador sobre o planeta. Iniciativas para reduzir a poluição do ar podem, então, piorar os efeitos do aquecimento global.

Rios, lagos e mares

Água de superfície, água subterrânea e oceanos são contaminados por químicos tóxicos da indústria, escoamentos provenientes da agricultura, lixo em geral, como plásticos, e dejetos humanos.

Alguns rios e lagos são tão poluídos que não nutrem nenhum tipo de vida, privam comunidades de água doce e alimentos, e são fontes de risco de doenças transmitidas pela água, como pólio, cólera, disenteria e febre tifoide. A OMS estima que 2 bilhões de pessoas no mundo bebam água contaminada com dejetos humanos, resultando na morte de 500 mil pessoas por ano.

Orcas podem ser extintas como resultado de contaminantes PCB (bifenila policlorada). O composto torna-se mais concentrado quanto mais sobe na cadeia alimentar, e orcas são superpredadores.

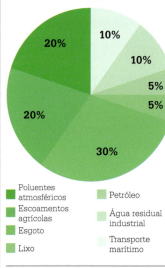

Poluentes entrando nos oceanos

- Poluentes atmosféricos
- Escoamentos agrícolas
- Esgoto
- Lixo
- Petróleo
- Água residual industrial
- Transporte marítimo

Nos oceanos, a poluição mais destrutiva resultou de desastres envolvendo petroleiros e plataformas de petróleo. Quando o superpetroleiro *Exxon Valdez* naufragou na costa do Alasca, em 1989, 50 milhões de litros de petróleo foram derramados no Pacífico Norte. O petróleo sufocou ou intoxicou cerca de 250 mil aves

Emma Johnston

Nascida em 1973, a bióloga marinha australiana Emma Johnston interessou-se pelos oceanos desde cedo. Tornou-se doutora em biologia marinha em 2002 e, em 2017, decana de ciências na Universidade de Nova Gales do Sul (UNSW) e diretora do Laboratório de Ecologia Marinha e Estuarina Aplicada, que investiga os impactos humanos em ecossistemas marinhos.

Johnston descobriu como espécies não nativas podem invadir canais em áreas costeiras ao se unirem a balsas de poluição plástica que flutuam nos oceanos. Ela também estudou comunidades marinhas na Antártida, desenvolveu novas técnicas de biomonitoramento e aconselhou agências sobre a gestão da biodiversidade estuarina.

Obras importantes

2009 "Contaminants reduce the richness and evenness of marine communities", *Environmental Pollution*
2017 "Building 'blue': an ecoengineering framework for foreshore developments", *Journal of Environmental Management*

---

marinhas, 2.800 lontras-marinhas, trezentas focas, 250 águias-calvas e 22 orcas. Bilhões de ovas de salmão e arenque também morreram. Mais danos catastróficos se seguiram em 1991, durante a guerra do Iraque, quando forças iraquianas abriram as válvulas de um terminal de petróleo em alto-mar e derramaram pelo menos 1,7 bilhão de litros no Golfo Pérsico. Os efeitos em longo prazo de tais desastres ainda estão em andamento e precisam ser totalmente compreendidos.

Grande parte dos produtos não degradáveis acaba nos oceanos. Desde a década de 1950, cerca de 8,3 bilhões de toneladas de plástico foram produzidas, das quais apenas um quinto foi reciclado ou incinerado. A cada ano, surpreendentes 8 milhões de toneladas de plástico chegam aos oceanos e são responsáveis pela morte de grandes números de animais marinhos.

Poluentes intangíveis

A poluição na forma de energia, seja luz, seja ruído ou calor, pode ser tão intrusiva quanto o lixo físico ou emissões químicas. A poluição luminosa de prédios, postes de luz, veículos e outdoors de propaganda foi descrita como problema pela primeira vez em Nova York, nos anos 1920. Ela pode causar problemas para a vida selvagem noturna, por exemplo, porque as relações predador-presa são interrompidas. O barulho excessivo pode ser altamente perturbador nas cidades, em rotas de voo, e perto de fábricas ou estradas. Mas também afeta a vida dos animais de formas mais sutis. Há evidências de que algumas aves agora cantam à noite porque seu canto pode ser ouvido com mais nitidez do que durante o dia.

O calor residual também pode ser nocivo. Quando água de rios ou do mar é usada como resfriador em fábricas ou usinas de energia, a água quente que é devolvida à fonte é uma forma de poluição térmica. Ela pode matar peixes e alterar a composição da cadeia alimentar, reduzindo a biodiversidade.

A energia nuclear às vezes é vista como "mais limpa" do que a energia de combustíveis fósseis, por não produzir gases do efeito estufa, mas gera resíduos que permanecem radioativos por milhares ou milhões de anos. A indústria também oferece risco inerente de danos acidentais. Uma explosão na usina nuclear de Chernobyl, na Ucrânia, em 1986, matou dezenas de pessoas e espalhou radiação pela Europa Ocidental. Estima-se que os efeitos, que diminuem lentamente, da contaminação no ecossistema e na saúde humana durem um século.

Medidas de atenuação

O problema da poluição é um enorme desafio e envolve ao mesmo tempo cuidar da poluição existente e fazer mudanças para reduzir sua produção. Alguns aspectos-chave são a substituição de combustíveis fósseis por energia sustentável, mais reciclagem e reuso, e a substituição de materiais não degradáveis por degradáveis. Isso levará tempo e exigirá uma mudança fundamental em nossa cultura de consumo. ∎

> Em 2015, a poluição causou três vezes mais mortes que AIDS, tuberculose e malária juntas.
> **Philip Landrigan**

DEUS NÃO PODE SALVAR ESSAS ÁRVORES DOS TOLOS
HABITATS AMEAÇADOS

EM CONTEXTO

PRINCIPAL NOME
John Muir (1838–1914)

ANTES
1872 Yellowstone, nos estados de Wyoming, Montana e Idaho, é declarado parque nacional – o primeiro no mundo.

DEPOIS
1948 A União Internacional para a Conservação da Natureza (UICN), parceria entre governos e sociedades civis, é fundada.

1961 O World Wide Fund for Nature (WWF), antes conhecido como World Wildlife Fund, é formado para proteger espécies e habitats ameaçados.

1971 O programa O Homem e a Biosfera (MAB, na sigla em inglês) é fundado pelas Nações Unidas para promover o desenvolvimento sustentável. A iniciativa conta com uma rede global de Reservas da Biosfera.

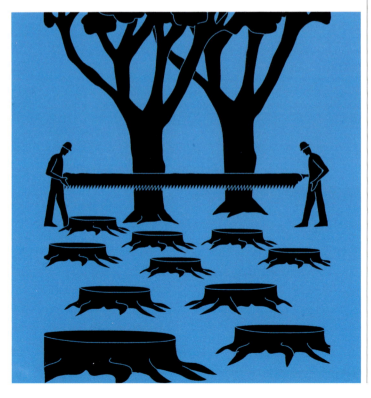

A origem do movimento para conservar habitats naturais costuma ser creditada ao naturalista escocês-americano John Muir, considerado o "pai dos parques nacionais". Ele foi um dos primeiros a perceber que, para sobreviver, áreas selvagens precisavam de proteção legal. Dos muitos tipos de habitat natural na Terra, alguns são mais frágeis que outros, mas cada um enfrenta ameaças diferentes, sejam antropogênicas (criadas pelo homem), sejam de causas naturais, ou ambas, e muitos estão criticamente ameaçados.

Os habitats, é claro, sempre foram afetados por eventos naturais destrutivos. Todo ano, a queda de raios desencadeia grandes incêndios

O FATOR HUMANO 237

Ver também: Atividade humana e biodiversidade 92-95 ▪ Hotspots de biodiversidade 96-97 ▪ Biomas 206-209 ▪ Desmatamento 254-259 ▪ Ética ambiental 306-307

John Muir

Nascido na Escócia, em 1838, John Muir desenvolveu uma paixão pela natureza desde garoto. Ele se mudou com a família para Wisconsin, EUA, aos onze anos. Em 1867, sofreu um acidente em que perdeu a visão temporariamente, depois do qual "viu o mundo com uma nova luz". Exímio botânico, geólogo e glaciologista, Muir visitou o Yosemite Valley, na Califórnia, em 1868, e mais tarde decidiu preservá-lo dos danos provocados pelas ovelhas (que chamou de "gafanhotos com cascos"). Em 1903, levou o presidente Theodore Roosevelt em uma visita guiada por Yosemite Valley, e o passeio de três dias inspirou Roosevelt a criar o Serviço Florestal dos EUA e, em 1916, a formar a Comissão de Conservação Nacional. Até sua morte, em 1914, Muir continuou a defender a conservação de terras como Monte Rainier, que se tornou parque em 1899.

Obras importantes

1874 *Studies in the Sierra*
1901 *Our National Parks*
1911 *My First Summer in the Sierra*

florestais e em pradarias. Furacões e cheias de rios podem causar destruição. Marés de tempestade, conhecidas como ressacas, podem produzir inundações do mar, transformando zonas úmidas de água doce em salinas. Há cerca de 66 milhões de anos, o impacto do meteoro em Chicxulub, México, produziu uma nuvem de poeira tão grande que impediu que a luz do sol chegasse à superfície da Terra. Plantas lutaram para fazer fotossíntese, e muitos animais, incluindo os dinossauros, foram extintos.

A influência humana também não é uma questão recente. Em toda a história, as pessoas modificaram seu ambiente. O desmatamento, por exemplo, não é um problema novo. Na Europa, a derrubada de florestas para agricultura e construção começou há milhares de anos, e um padrão similar se seguiu na América do Norte.

No entanto, o impacto dos humanos modernos sobre o ambiente não tem precedentes. Nos últimos duzentos anos, a população humana explodiu. Isso

O Parque Nacional de Yosemite foi criado em 1890, graças à iniciativa de John Muir. O parque é famoso por seus glaciares, cachoeiras e formações rochosas de granito, além do monólito El Capitan.

estimulou o rápido crescimento das cidades, o desenvolvimento de indústrias de larga escala baseadas na extração de combustíveis fósseis e materiais brutos, uma crescente demanda agrícola para alimentar mais pessoas, conflitos e guerras. Tudo isso teve consequências para o mundo natural.

Ecorregiões frágeis

Um conceito que hoje é muito usado para identificar os principais tipos de habitat na Terra é o de ecorregião – menor que um bioma, com um indicador de biodiversidade mais detalhado. Ecorregiões são definidas como grandes unidades de terra ou água com uma mistura geograficamente distinta de espécies, comunidades naturais e condições ambientais. Entre alguns »

HABITATS AMEAÇADOS

Fatores naturais podem pressionar um **habitat**.	**Humanos** podem pressionar um **habitat**.

Tempestades, enchentes, incêndios, atividade **vulcânica** e até **meteoros** estão entre as pressões.	Desmatamento, expansão urbana, mineração, industrialização, poluição e **guerras** estão entre as pressões.

O habitat fica ameaçado.

exemplos, estão desertos, florestas tropicais, florestas temperadas de coníferas, lagos, mangues e recifes de coral. Desses, os recifes de coral e as florestas tropicais estão especialmente ameaçados pelo homem.

Desmatamento das florestas tropicais

Apesar de cobrirem apenas 6% da superfície da Terra, as florestas tropicais representam a maior biomassa entre as ecorregiões terrestres e abrigam cerca de 80% das espécies. Todo ano, quase 140 mil km² de floresta tropical são desmatados – o equivalente a um campo de futebol por segundo. Madeira é extraída para lenha e construção, e o desmatamento também é motivado pela demanda por estradas, assentamentos e agricultura.

As florestas tropicais mais ameaçadas estão no oeste da África, América Central e sudoeste da Ásia. Na verdade, apenas 30% da floresta de Bornéu sobrevive. Na Bacia do Amazonas, lar de quase um terço das florestas tropicais do mundo, grande parte do desmatamento se deve à atividade rural, sobretudo pecuária.

Quando começa o desmatamento, o problema piora rapidamente. Ao chover em uma encosta arborizada, a maior parte da água é absorvida pela vegetação. Mas, quando a encosta é desmatada, a chuva erode o solo, tornando-o inútil para a agricultura e inviável ao replantio. Isso produz o escoamento de silte para dentro de rios e lagos, matando peixes e aumentando o risco de cheias. A destruição de qualquer floresta reduz sua capacidade de absorver o gás do efeito estufa dióxido de carbono, contribuindo assim para o aceleramento da mudança climática.

Perda de recifes de coral

Recifes de corais são ecorregiões importantes e notadamente ameaçadas. Eles sustentam cerca de 25% das espécies marinhas do planeta e servem de viveiro para bilhões de peixes. Dois terços dos recifes do mundo estão ameaçados, e é provável que cerca de um quarto deles esteja impactado de maneira irreversível. É possível que a maior ameaça aos recifes de coral seja a crescente acidez causada por uma maior absorção de CO_2 da atmosfera. Isso diminui a capacidade de muitas criaturas construírem suas conchas, e induz ao "branqueamento" do coral, um passo na direção da morte do recife. Além disso, recifes de coral estão sendo destruídos pela sobrepesca e por práticas nocivas, como uso de cianeto, pesca com explosivos e pesca de arrasto. O sedimento resultante do desenvolvimento costeiro bloqueia a luz do sol necessária aos recifes. Poluição química, mineração de corais e turismo desenfreado sobrecarregam ainda mais esse habitat altamente sensível.

Impactos abrangentes

Em todo o mundo, habitats naturais diversos são criticamente ameaçados pela atividade humana. Florestas tropicais decíduas, secas, são mais fáceis de desmatar que florestas tropicais. Em Madagascar, onde predominava a floresta seca, resta menos de 8% dela. No passado, pradarias de gramíneas altas estendiam-se pelo meio-oeste americano, mas só restam 3% delas: o restante foi convertido em terras

Dendezeiros são plantados em larga escala na Indonésia e na Malásia, onde são um dos principais motores do desmatamento. Orangotangos estão entre as espécies ameaçadas em decorrência disso.

O FATOR HUMANO 239

Zonas úmidas e entremarés são importantes para invertebrados marinhos e aves limícolas migratórias, mas muitas ao redor do mundo foram drenadas para a construção de indústrias e portos.

agrícolas. Muitas zonas úmidas foram drenadas para agricultura ou desenvolvimento urbano; outras foram arrasadas pela poluição. O escoamento de nutrientes dos fertilizantes agrícolas deteriorou inúmeros lagos e rios. Em muitos países, zonas entremarés foram destruídas pela construção de portos. O desenvolvimento costeiro tem sido amplamente responsável pela perda de 35% dos mangues. Nos trópicos e subtrópicos, o sobrepastejo por animais domésticos, como cabras, converteu cerca de 9 milhões de km^2 de gramíneas e arbustos em deserto.

Contendo o declínio

A destruição desses habitats não é apenas uma perda em termos de beleza natural e biodiversidade, mas também cria sérios problemas para as pessoas: pior qualidade da água, diminuição dos estoques pesqueiros, queda nas populações de polinizadores, inundações pelo aumento do escoamento da água da chuva, e um aumento mais rápido dos gases do efeito estufa. A conservação é agora essencial, e os ecologistas trabalham para refinar sua compreensão das melhores maneiras para proceder.

Medidas apropriadas dependem da situação, e vão da criação de reservas protegidas, ou "corredores", para ligar áreas que foram fragmentadas, a esquemas para recriar habitats perdidos. Fontes sustentáveis de combustível e madeira para os que dependem de florestas também são importantes, assim como proibir o comércio de madeira de lei de florestas tropicais. Já que o impacto da destruição de habitats é global, acordos internacionais e de cooperação são cruciais. ∎

Em cada caminhada com a natureza, recebe-se muito mais do que se busca.
John Muir

Áreas protegidas

Parques nacionais, áreas selvagens, reservas naturais e locais de interesse científico especial (SSSIS, na sigla em inglês) são tipos de habitats protegido. Dentro dessas áreas, a interferência no ambiente natural é proibida ou limitada por algum tipo de suporte legal. Elas devem cobrir uma extensão específica de terra ou mar, mas variam muito em tamanho e nível de proteção recebida. Pouco mais de 10% das terras do planeta são protegidas, mas apenas 1,7% dos oceanos; embora reservas marinhas sejam essenciais, é necessário que governos locais e nacionais concordem em pontos-chave, como direitos de pesca.

Marae Moana, maior área protegida da Terra, cobre 2 milhões de km^2 ao redor das ilhas Cook, no oceano Pacífico. É lar de tartarugas marinhas, pelo menos 136 espécies de coral e 21 tipos de baleia e golfinho. A maior reserva terrestre é o Parque Nacional do Nordeste da Groenlândia, que cobre quase 1 milhão de km^2 de mantos de gelo e tundra.

Bois-almiscarados são animais árticos cuja população diminuiu severamente no século XIX devido à caça. Hoje vivem em reservas no Alasca, Noruega e Sibéria.

ESTAMOS VENDO O INÍCIO DE UM PLANETA EM VELOZ MUDANÇA
A CURVA DE KEELING

EM CONTEXTO

PRINCIPAL NOME
Charles Keeling (1928–2005)

ANTES
1896 O químico Svante Arrhenius é o primeiro a estimar até que ponto o CO_2 atmosférico poderia elevar a temperatura da Terra.

1938 Comparando o histórico de dados de temperatura e níveis de CO_2, o engenheiro e cientista britânico Guy Stewart Callendar conclui que o aumento de CO_2 é responsável pelo aquecimento da atmosfera.

DEPOIS
2002 O satélite ENVISAT, da Agência Espacial Europeia, começa a produzir até 5 mil leituras de gases do efeito estufa por dia.

2014 O Observatório Orbital de Carbono da NASA gera até 100 mil medidas de alta precisão por dia.

A Curva de Keeling, que leva o nome do cientista americano Charles Keeling, mapeia o registro diário de dióxido de carbono (CO_2) na atmosfera, medido em partes por milhão por volume (ppmv), em uma série que data de 1958. Ela mostra duas coisas: a respiração natural sazonal da Terra e o aumento ano a ano do CO_2 atmosférico. O CO_2 atmosférico é significativo porque o dióxido de carbono é o mais importante gás do efeito estufa, que prende o calor na atmosfera da Terra. Mais moléculas de CO_2 e outros gases do efeito estufa fazem com que mais calor seja retido, levando a um aumento geral da temperatura e mudanças climáticas globais.

Medindo níveis de CO_2
Desde o início da Revolução Industrial, no fim dos anos 1700, a atividade humana foi responsável pelo aumento das emissões de CO_2. Isso se deve principalmente à queima de combustíveis fósseis, enquanto a derrubada de florestas para agricultura e construção civil resultou em menos vegetação para absorver CO_2 pela fotossíntese. Muitos cientistas acreditavam que o excesso de CO_2 seria absorvido pelos oceanos. Outros discordavam, mas havia poucas provas concretas de ambos os lados.

Charles Keeling não foi o primeiro a propor uma ligação entre o aquecimento atmosférico e emissões de CO_2. Outros haviam medido níveis de CO_2, mas produzido apenas "instantâneos" e não um conjunto de dados de longo prazo. Keeling sabia que um longo estudo era necessário para provar a ligação. Em 1956, ele assumiu um cargo no Scripps Institution of Oceanography, na Califórnia, e obteve fundos para estabelecer estações de monitoramento de CO_2 em locais remotos de Mauna Loa, Havaí, a 3 mil metros de altura, e no Polo Sul. Em 1960, Keeling já tinha uma série

Estamos testemunhando pela primeira vez a natureza retirando CO_2 do ar para crescimento de plantas no verão e o devolvendo a cada inverno subsequente.
Charles Keeling

O FATOR HUMANO 241

Ver também: Aquecimento global 202-203 ▪ A biosfera 204-205 ▪ Loops de feedback ambiental 224-225 ▪ Contenção da mudança climática 316-321

Mauna Loa, no Havaí, é ideal para uma estação de pesquisa atmosférica. A altitude e alocalização remota do vulcão garantem que o ar praticamente não seja afetado por humanos ou vegetação.

de registros longa o bastante para detectar um aumento anual.

Mudanças sazonais

Embora o financiamento no Polo Sul tenha terminado em 1964, o de Mauna Loa produziu dados de 1958 em diante. Mapeadas em um gráfico, as medições ficaram conhecidas como Curva de Keeling. Trata-se de uma série de curvas anuais que refletem mudanças sazonais. Durante a primavera e o verão do hemisfério norte, quando novas folhagens absorvem mais CO_2 da atmosfera, a concentração global de gás declina, atingindo o ponto mais baixo em setembro. Ela volta a aumentar no outono, quando as folhas caem e a fotossíntese diminui. O desenvolvimento da vegetação no hemisfério sul, mais para o fim do ano, não compensa a perda, pois a maior parte da cobertura vegetal fica no norte.

Antigas bolhas de ar presas em núcleos de gelo polar revelam que, nos últimos 11 mil anos, a concentração média de CO_2 era de 275-285 ppmv, mas aumentou severamente a partir de meados do século XIX. Em 1958, o nível era 316 ppmv. O aumento foi constante, na taxa de 1,3-1,4 ppmv ao ano, até meados dos anos 1970, depois passou a aumentar cerca de 2 ppmv ao ano. Na primavera de 2018, havia chegado a 411 ppmv, quase 50% acima dos níveis pré-industriais. ▪

A curva de Keeling, com o aumento constante de níveis de CO_2, mostra claramente em gráfico os resultados do monitoramento contínuo do dióxido de carbono atmosférico em Mauna Loa, Havaí.

Análise de CO_2 em calotas polares

Cientistas podem medir concentrações passadas de dióxido de carbono analisando bolhas de ar presas em mantos de gelo na Antártida e Groenlândia. Essa evidência indica que houve vários ciclos de variação nos últimos 400 mil anos. Eles vão de leituras baixas nas glaciações mais severas – quando os glaciares se formaram – a mais altas durante períodos interglaciais, mais quentes. O aumento desde o início da Revolução Industrial é compatível com a temperatura global média. Ela aumentou cerca de 0,07 °C por década desde 1880, e 0,17 °C por década desde 1970.

O Painel Intergovernamental sobre Mudanças Climáticas (IPCC, na sigla em inglês) alerta que, a menos que os governos do mundo reduzam drasticamente as emissões de gás do efeito estufa, por volta de 2100 as temperaturas médias podem ficar 4,3 °C mais altas do que antes da Revolução Industrial. Tal aumento causaria uma elevação considerável dos níveis do mar e climas mais extremos, que resultariam em pessoas tendo que abandonar completamente algumas regiões do mundo.

Bolhas em um núcleo de gelo podem fornecer uma amostra da atmosfera de séculos atrás. Cientistas medem o CO_2 nas bolhas de ar presas.

UM BOMBARDEIO QUÍMICO TEM SIDO LANÇADO CONTRA O TECIDO DA VIDA

O LEGADO DOS AGROTÓXICOS

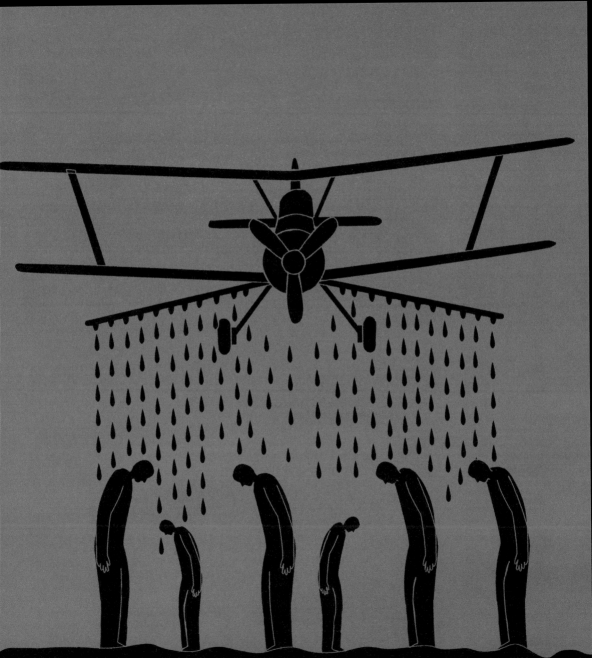

244 O LEGADO DOS AGROTÓXICOS

EM CONTEXTO

PRINCIPAL NOME
Rachel Carson (1907–1964)

ANTES
1854 *Walden*, de David Thoreau, descreve o experimento social de se levar uma vida simples em sintonia com a natureza. É visto como uma inspiração para o movimento ambientalista.

1949 *Almanaque de um condado arenoso*, de Aldo Leopold, propõe uma ecologia profunda das pessoas que vivem em harmonia com a terra.

DEPOIS
1970 Os EUA criam a Agência de Proteção Ambiental (EPA).

1989 *O fim da natureza*, livro de Bill McKibben, enfatiza os perigos do aquecimento global.

2006 O documentário *Uma verdade inconveniente* mostra iniciativas de Al Gore, ex-vice-presidente dos EUA, para educar o público sobre a mudança climática.

Provavelmente o mais venerado e influente livro já publicado sobre ambientalismo, *Primavera silenciosa* teve muito destaque quando foi lançado, em 1962. Ele estimulou o jovem movimento preservacionista, forçou mudanças legislativas e, talvez seu resultado mais significativo, promoveu o direito de o público questionar e responsabilizar aqueles que estão no poder.

No entanto, a autora dessa obra revolucionária estava longe de ser a típica "ecoativista" – termo desconhecido quando o livro foi publicado. Pelo contrário, Rachel Carson era uma acadêmica discreta, com mestrado em zoologia e vinte anos de atuação como bióloga aquática nos EUA. Acima de tudo, era uma escritora excepcional, capaz de unir fatos científicos e uma narrativa convincente.

Vida selvagem moribunda

Como muitas grandes obras influentes, *Primavera silenciosa* começou de maneira muito pessoal. Em janeiro de 1958, Olga Huckins, amiga de Carson, enviou-lhe uma carta que originalmente havia tentado publicar no *Boston Herald*. Ela falava sobre pulverização aérea de uma

Pulverizar inseticidas como DDT, em locais fechados ou abertos, foi – e em alguns lugares ainda é – um método comum para controlar os mosquitos que transmitem malária.

mistura de óleo combustível e um composto químico chamado DDT (diclorodifeniltricloroetano), nos arredores de um pequeno santuário de pássaros em Michigan. Na manhã seguinte à pulverização, Huckins encontrou vários pássaros mortos em sua propriedade e esperava que Carson conhecesse alguém em Washington que pudesse impedir futuras pulverizações. Carson ficou indignada e resolveu ajudar. Por mais de uma década, tomou conhecimento de incidentes em que o uso indiscriminado de DDT estava matando

Rachel Carson

Nascida em 1907, Rachel Carson cresceu em uma fazenda na Pensilvânia, onde desenvolveu amor pela natureza. Ganhou uma bolsa para estudar no Pennsylvania College for Women e depois fez mestrado em zoologia. Tendo vivido em um estado sem saída para o mar, Carson sonhava com o oceano; ele se tornou uma paixão persistente e ela foi trabalhar como bióloga aquática no Serviço de Pesca e Vida Selvagem dos EUA (FWS, na sigla em inglês).

Carson escreveu e publicou muitos panfletos educativos e acabou se tornando editora-chefe do FWS. De 1941 em diante, escreveu livros sobre biologia marinha, mais notavelmente *O mar que nos cerca*, que ganhou o National Book Award e virou *best-seller* nacional. Esse sucesso permitiu que Carson se dedicasse à escrita em tempo integral, e ela começou a escrever *Primavera silenciosa* em 1958. Em 1960, foi diagnosticada com câncer de mama e morreu em 1964.

Obras importantes

1941 *Sob o mar-vento*
1951 *O mar que nos cerca*
1955 *Beira-mar*
1962 *Primavera silenciosa*

O FATOR HUMANO

Ver também: Atividade humana e biodiversidade 92-95 ▪ Ecologia animal 106-113 ▪ O ecossistema 134-137 ▪ Uma visão holística da Terra 210-211 ▪ Devastação da Terra pelo homem 299 ▪ Ética ambiental 306-307

a vida selvagem. Carson rapidamente sugeriu ao editor da *New Yorker*, E.B. White, que a revista publicasse uma matéria sobre a crescente preocupação com agrotóxicos sintéticos e seus efeitos nos organismos não visados.
O editor propôs que ela mesma escrevesse o artigo. Relutante, Carson começou a pesquisa para o que chamou inicialmente de "o livro do veneno". O resultado abalou o mundo.

O futuro químico

O impacto de *Primavera silenciosa* tem que ser visto dentro do panorama da época em que foi publicado. Embora acadêmicos e cientistas já tivessem exposto preocupações sobre agrotóxicos sintéticos, o público estava alheio à questão.

Agrotóxicos sintetizados eram usados desde a década de 1920, mas houve um avanço significativo durante a Segunda Guerra Mundial, fortalecido pela pesquisa financiada por militares. Nos anos 1950, o senso comum era que eles podiam resolver o problema da fome e das doenças no mundo ao matar pestes que destruíam cultivos e transmitiam doenças. Campanhas publicitárias de gigantes da indústria química, como Union Carbide, DuPont, Mobil e Shell, espalharam a mensagem a um enorme público. *Primavera silenciosa* visava contestar a sabedoria adquirida, afirmando que o chamado progresso científico desfrutado nos EUA pós-guerra teria um preço alto para o ambiente.

O mais notório dos pesticidas, e um dos mais associados a *Primavera silenciosa*, é o DDT. Ele foi sintetizado no fim do século XIX, mas, em 1939, o químico suíço Paul Hermann Müller percebeu que ele podia ser usado para matar uma vasta gama de insetos, dado seu amplo espectro como agente neurotóxico. Ele foi usado durante a Segunda Guerra Mundial para controlar insetos que destruíam cultivos de alimentos vitais, além daqueles que transmitiam malária, tifo e dengue aos soldados.

O DDT era barato de produzir, altamente eficiente e, a princípio, parecia não oferecer ameaça aos seres humanos. Depois da guerra, com a abundância do químico, seu uso na agricultura era um próximo passo óbvio. Com sua enorme variedade de aplicações aparentemente seguras, deve ter sido como uma panaceia para os agricultores, que ficaram felizes em pulverizar seus cultivos, com frequência sem uso de máscaras ou roupas protetoras, porque não conheciam totalmente a potente toxicidade desse poderoso composto químico.

Depois do DDT vieram muitos outros agrotóxicos, como aldrin, dieldrin, endrin, paration, malation, captan e 2,4-D. Usados em conjunto com fertilizantes feitos do nitrogênio excedente que não era mais necessário para a produção de explosivos, esses compostos químicos permitiram a intensificação da »

Ninguém desde [*Primavera silenciosa*] seria capaz de vender a poluição como o mal necessário para o progresso tão facilmente.
H. Patricia Hynes

DDT **não se decompõe** facilmente.

DDT é **lipossolúvel e se acumula** na gordura corporal dos animais.

DDT é um **veneno de amplo espectro** que afeta não apenas a peste-alvo, mas outros insetos, peixes, mamíferos e aves.

DDT pode **viajar longas distâncias** pela atmosfera.

DDT **causa danos duradouros em toda a cadeia alimentar.**

246 O LEGADO DOS AGROTÓXICOS

Um veneno persistente

O DDT (diclorodifeniltricloroetano) pertence a um grupo de pesticidas chamado organoclorados. Ele mata insetos por contato, interferindo em seus impulsos nervosos. Lipossolúvel, o composto é depositado nos tecidos de animais expostos a ele, seja diretamente, seja pela ingestão de alimento contaminado. A exposição frequente ao DDT resulta em seu acúmulo na gordura corporal, tornando-se tóxico.

O DDT também se acumula progressivamente na cadeia alimentar. Humanos estão suscetíveis a intoxicação pela exposição regular e, embora os efeitos de pequenas quantidades no ambiente sejam desconhecidos, ele foi associado a câncer, infertilidade, abortos espontâneos e diabetes. Hoje, é proibido nos países ocidentais, mas estudos realizados pelo Centro de Controle e Prevenção de Doenças dos EUA em 2003 e 2004 encontraram DDT, ou seu subproduto (DDE), no sangue de 99% das pessoas testadas.

Bioacumulação do DDT na cadeia alimentar

Organismos mais acima na cadeia alimentar sofrem mais o impacto do DDT. Em produtores, o veneno representa apenas 0,04 ppm (partes por milhão), mas a concentração aumenta a cada degrau da cadeia. Quando os consumidores terciários se envolvem, os níveis são altos o bastante para ter efeitos tóxicos.

Um spray de ação tão indiscriminada quanto o DDT pode interferir na economia da natureza […] 90% dos insetos são bons, e se forem mortos as coisas sairão dos eixos.
Edwin Way Teale

agricultura. A era química tinha florescido e, por volta de 1952, havia quase 10 mil tipos de agrotóxico registrados no Departamento de Agricultura dos EUA.

Conscientizando

Carson não foi a primeira a notar os efeitos nocivos do DDT. Houve alguns opositores antes dela, incluindo o naturalista e escritor Edwin Way Teale, que alertou que um spray com o impacto indiscriminado do DDT poderia prejudicar o equilíbrio da natureza. Em 1945, o diretor do Serviço de Pesca e Vida Selvagem dos EUA (FWS), Clarence Cottan, afirmou que era essencial ter cautela no uso do DDT porque o verdadeiro impacto do produto ainda não era totalmente compreendido. No ano seguinte, Fred Bishop, escrevendo para o *American Journal of Public Health*, destacou que o DDT não deveria ser permitido em alimentos nem ingerido por acidente.

Vários estudos científicos e relatos também mostraram preocupação. Por exemplo, em 1945, o governo americano publicou um estudo que encontrou traços de DDT no leite de vacas pulverizadas com o químico. Recomendou-se que os agricultores utilizassem "inseticidas alternativos seguros" para controlar moscas e parasitas no gado. Por ter sido editora-

> Eles não deviam se chamar inseticidas, mas biocidas.
> **Rachel Carson**

-chefe das publicações do FWS até 1952, Carson tinha acesso a grande parte desses relatórios e os considerava uma leitura muito perturbadora.

Como a pesquisa era difusa e nem um pouco acessível ao leitor comum, Carson decidiu reunir todo o material que conseguisse encontrar e apresentá-lo de um modo que leigos entendessem. À medida que avançava na escrita de *Primavera silenciosa*, ficou claro que ela tinha o dever moral de tornar as informações públicas. Além de documentar os riscos do uso indiscriminado de agrotóxicos, Carson ousou sugerir que as indústrias químicas estavam colocando o lucro acima das pessoas e que o governo devia estar em conluio com elas, conscientemente ou não, ao deixar de regular suas atividades.

A reação da indústria química americana foi previsível. Primeiro, tentaram processar Carson, seus editores e a *New Yorker* – que havia publicado capítulos do livro na forma

Depois que o DDT foi proibido em muitos países, as populações de águia-pescadora – que vinham diminuindo desde 1940 – começaram a se recuperar. Elas comiam pequenos animais afetados pelo DDT.

de fascículos. No entanto, Carson estava preparada para esse tipo de resposta. Sabia que o livro causaria controvérsia e seria visto como uma ameaça pela indústria química. Então, além de registrar meticulosamente sua pesquisa – que havia sido feita com órgãos governamentais, seus contatos em instituições de pesquisa e outras fontes respeitáveis –, ela também teve o manuscrito revisado por cientistas e especialistas.

Quando processar Carson não funcionou, as companhias químicas iniciaram uma campanha para difamá-la, partindo para ataques pessoais como retratá-la como uma mulher "histérica", amante de gatos, que não tinha condições de escrever um livro como aquele. A campanha de difamação foi um tiro no pé e serviu apenas para aumentar as vendas de *Primavera silenciosa*.

Novas políticas

Cientistas importantes apoiaram as descobertas de Carson, e o presidente americano John F. Kennedy a convidou para testemunhar diante de uma comissão do Congresso dos EUA, em 1963. Ela pediu novas políticas que serviriam para proteger o ambiente.

> O homem é parte da natureza, e sua guerra contra ela é uma guerra inevitável contra si mesmo.
> **Rachel Carson**

A comissão divulgou um relatório intitulado "Os usos de agrotóxicos", que apoiava amplamente o livro de Carson. Inspirados por ela, ativistas continuaram a pressionar o governo até que, em 1972, uma década após a publicação de *Primavera silenciosa*, o DDT foi proibido nos EUA. Outros países fizeram o mesmo, embora alguns ainda o mantenham para controle de mosquitos.

O legado de *Primavera silenciosa* vai além da proibição do DDT. Ele mostrou aos gigantes da indústria e ao governo o poder de um público informado. ∎

UMA LONGA JORNADA DA DESCOBERTA À AÇÃO POLÍTICA
CHUVA ÁCIDA

EM CONTEXTO

PRINCIPAL NOME
Gene Likens (1935–)

ANTES
1667 O efeito corrosivo do ar poluído da cidade sobre calcário e mármore é notado pelo diarista inglês John Evelyn.

1852 O químico britânico Robert Angus Smith diz que a poluição industrial causa a precipitação acidificada que danifica prédios. É o primeiro a chamá-la de "chuva ácida".

DEPOIS
1980 O Congresso dos EUA aprova a Lei da Deposição Ácida, realizando um programa de pesquisa de dezoito anos sobre chuva ácida.

1990 Uma emenda à Lei do Ar Limpo nos EUA (aprovada originalmente em 1963) estabelece um sistema projetado para controlar emissões de dióxido de enxofre e óxido de nitrogênio.

Os efeitos da chuva ácida sobre pedras foram notados já no século XVII, na Inglaterra, e no século XIX, na Noruega. No entanto, só quando o ecologista americano Gene Likens realizou estudos aprofundados na área rural de New Hampshire o fenômeno foi propriamente compreendido.

A partir de 1963, Likens e sua equipe estudaram a relação entre a qualidade da água e formas de vida na bacia hidrográfica de Hubbard Brook, em New Hampshire. Eles descobriram que a chuva de lá era excepcionalmente ácida. A acidez, expressa pelo pH (potencial de hidrogênio), vai de 0 (mais ácida), passando por 7 (neutro), até 14 (menos ácida). A maior parte dos peixes e outros animais aquáticos vive melhor em água com valores de pH entre 6 e 8. Likens encontrou valores de 4 – ácido demais para peixes, sapos e os insetos de que se alimentam sobreviverem. Ele montou estações de monitoramento pela Nova Inglaterra, que mostraram que chuva e neve ácidas eram comuns nos estados densamente povoados e altamente industrializados do nordeste. O trabalho sistemático de Likens convenceu o governo dos EUA a introduzir leis para controlar emissões de químicos responsáveis pela chuva ácida.

Efeitos da chuva ácida

Quando combustíveis fósseis são queimados em usinas de energia, dióxido de enxofre (SO_2) e óxido de nitrogênio são expelidos pelas chaminés. Espalhando-se pela

A chuva ácida já desgastava obras em pedra – como esta estátua no cemitério da igreja de São Pedro e São Paulo, na Cracóvia, Polônia – centenas de anos antes de o fenômeno ser compreendido.

O FATOR HUMANO 249

Ver também: Habitats ameaçados 236-239 ▪ O legado dos agrotóxicos 242-247 ▪ Desmatamento 254-259 ▪ Esgotamento dos recursos naturais 262-265 ▪ Acidificação dos oceanos 281

Gene Likens

Gene Likens nasceu em Indiana, em 1935. Após formar-se em zoologia, foi nomeado professor assistente no Dartmouth College, New Hampshire. Em 1963, com os cientistas F. Herbert Bormann, Noye Johnson e Robert Pierce, iniciou uma pesquisa sistemática sobre água, minerais e formas de vida na bacia de Hubbard Brook. Em 1968, seus estudos registraram a ampla prevalência de chuva ácida, produto de emissões de fábricas do meio-oeste. O trabalho da equipe na área foi descrito por muitos anos como um dos estudos mais completos do mundo sobre como a poluição do ar e o uso da terra moldaram uma bacia hidrográfica. A pesquisa de Likens sobre desmatamento, uso da terra e sustentabilidade levou a uma mudança na política do Serviço Florestal dos EUA. Também ajudou a formular a emenda à Lei do Ar Limpo em 1990. Likens ganhou a Medalha Nacional de Ciências em 2001.

Obras importantes

1985 *An Ecosystem Approach to Aquatic Ecology: Mirror Lake and its Environment*
1991 *Limnological Analyses*

troposfera, esses gases reagem com a água para produzir ácido sulfúrico (H_2SO_4) diluído e ácido nítrico (HNO_3). Esses ácidos fracos caem como chuva e entram em rios e lagos, acidificando-os. A acidez aumentada causa problemas para animais e plantas. Caramujos desaparecem, ovas de peixe morrem e insetos, e os sapos que se alimentam deles, perecem. Com o tempo, os lagos não sustentarão nenhum tipo de vida.

No início da década de 1970, milhares de lagos da Escandinávia tinham perdido seus peixes e estavam quase mortos. Em 1984, o lago Brooktrout e outros nas montanhas Adirondack, Nova York, estavam sem peixes. A chuva ácida também lixivia alumínio nocivo do solo, e nuvens e neblina ácidas danificam plantas, reduzindo sua capacidade de fazer fotossíntese e levando-as à morte.

Controle de emissões

Nas décadas de 1970 e 1980, entre outras áreas fortemente afetadas por chuva ácida, estava o "Triângulo Negro" da República Tcheca, Alemanha e Polônia, onde grandes áreas de floresta morreram. Graças ao trabalho de Likens, passou-se a ter controles mais rígidos depois de 1990. Depuradores que extraem SO_2 foram acoplados a chaminés de usinas com muito sucesso. Emissões do gás foram cortadas quase pela metade nos EUA, e em dois terços na Europa. Peixes começaram a voltar a lagos e rios. No entanto, o problema da chuva ácida ainda aflige partes da Rússia, China e Índia. ▪

Passamos por oito anos de negação, mas isso não é raro em questões ambientais.
Gene Likens

UM MUNDO FINITO SÓ PODE SUSTENTAR UMA POPULAÇÃO FINITA
SUPERPOPULAÇÃO

EM CONTEXTO

PRINCIPAL NOME
Garrett Hardin (1915–2003)

ANTES
1798 Thomas Malthus prevê que o contínuo crescimento populacional esgotará a oferta global de alimentos até meados do século XIX.

1833 Em *Two Lectures on the Checks to Population*, o economista britânico William Forster Lloyd discute a superpopulação usando o exemplo da terra comunal, que é menos produtiva se muito gado pastar nela.

DEPOIS
1974 Uma conferência das Nações Unidas em Bucareste cria o primeiro Plano de Ação para a População Mundial da ONU.

2013 O geógrafo social britânico Danny Dorling explica em *Population 10 Billion* por que é improvável que a população mundial chegue a 10 bilhões, indo contra estimativas da ONU.

Em 1968, dois cientistas americanos fizeram terríveis alertas sobre superpopulação. O ecologista Garrett Hardin previu que os recursos da Terra logo se esgotariam e o dano ambiental aumentaria. Em *A tragédia dos bens comuns*, ele citou exemplos de várias grandes crises globais causadas por superpopulação: a destruição dos estoques pesqueiros pela sobrepesca; a drenagem de lagos pelo excesso de extração de água subterrânea para irrigação; desmatamento; poluição do ar, terra e mar; e extinção de espécies. O próprio Hardin propôs uma solução controversa para o problema da superpopulação, defendendo que os governos deveriam negar assistência social às pessoas que procriassem "excessivamente", e assim evitar muitos nascimentos. O biólogo Paul Ehrlich também defendeu o controle populacional em *The Population Bomb*, com alertas de que o número de humanos logo chegaria a um ponto em que ocorreria fome em massa.

Crescimento e declínio
Na maior parte da história, a população mundial cresceu lentamente. Ela começou a aumentar com mais rapidez na Europa Ocidental e nos Estados Unidos nos primeiros anos da Revolução Industrial, quando o economista britânico Thomas Malthus alertou sobre uma futura fome. Seus temores, no entanto, provaram-se prematuros, uma vez que a produção de alimentos aumentou mais rapidamente do que se esperava. A expectativa de vida também caiu nas novas cidades industriais, devido a doenças infecciosas. Ela voltou a subir com melhores serviços de saúde e

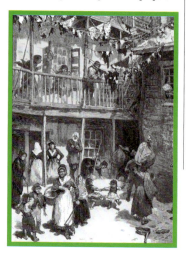

Pátio dos catadores (1879), de William Allen Rogers, mostra um bairro italiano pobre em Nova York. A aglomeração permitia que doenças se espalhassem por áreas mais pobres.

O FATOR HUMANO **251**

Ver também: Atividade humana e biodiversidade 92-95 ▪ Equação de Verhulst 164-165 ▪ Esgotamento dos recursos naturais 262-265 ▪ Expansão urbana 282-283

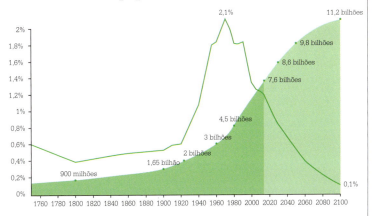

O **gráfico mostra** uma comparação entre a taxa de crescimento anual da população mundial e a população total em números absolutos. Os dados posteriores a 2017 são uma projeção.

— Taxa de crescimento anual como porcentagem da população mundial

▇ População mundial em números

Política do filho único: planejamento familiar na China

Até a década de 1960, a China encorajava as famílias a ter muitos filhos, e a população passou de 540 milhões, em 1949, para 940 milhões, em 1976. Porém, o governo logo ficou preocupado com a demanda de recursos. Em 1978, o cientista e político Song Jian calculou que a população ideal ficava entre 650 milhões e 700 milhões de pessoas e, em 1979, sua projeção levou o governo a criar uma nova política limitando os casais a ter apenas um filho. Essa política do filho único foi imposta mais rigidamente em áreas urbanas do que no campo; em algumas regiões, era permitido ter um segundo filho se o primeiro fosse uma menina. Nas cidades, no entanto, as mulheres eram obrigadas a abortar o segundo filho e, só em 1983, 21 milhões de mulheres foram esterilizadas compulsoriamente. A política foi afrouxada em 2015, mas o governo permite apenas dois filhos por família.

Pôster de 1994 com mãe e filha sorridentes promovendo a política do filho único na China. Muitas bebês foram abandonadas ou mortas para que os pais pudessem tentar um menino.

nutrição, água mais limpa e mais direitos para os trabalhadores. Por volta de 1924, havia 2 bilhões de pessoas no mundo e, em 1960, 3 bilhões, com a maior parte do crescimento ocorrendo nos países em desenvolvimento da América Latina, África e sul e leste da Ásia.

Diminuição da taxa de natalidade

No século XX, na Europa e América do Norte, o acesso mais amplo a contraceptivos, melhor educação e mais mulheres entrando no mercado de trabalho resultaram em menores taxas de natalidade. Esse fenômeno hoje vale para mulheres de todos os lugares. Embora a população mundial tenha passado de 4 bilhões em 1974, 5 bilhões em 1987, 6 bilhões em 2000 e 7 bilhões em 2011, a taxa anual de crescimento teve seu ápice no fim dos anos 1960, em 2,5% ao ano. Populações ainda crescem depressa em algumas partes do mundo em desenvolvimento, mas a tendência não indica a mesma rapidez de antes. Levou apenas onze anos para a população do mundo passar de 6 bilhões para 7 bilhões, mas a previsão é que chegue a 8 bilhões em treze anos, e depois leve mais 25 para atingir 9 bilhões. A ONU prevê um pico de 11,2 bilhões em 2100.

Apesar do lento crescimento, o desafio permanece. Em 2009, um relatório da ONU alertou que o mundo precisaria produzir 70% mais alimentos até 2050 para abastecer a população extra, colocando assim mais pressão sobre a terra, a água e os recursos energéticos. O futuro crescimento populacional também deve agravar muitos problemas ambientais, como poluição e níveis crescentes de gases do efeito estufa na atmosfera, contribuindo para mudanças climáticas globais. ■

OS CÉUS ESCUROS ESTÃO SUMINDO
POLUIÇÃO LUMINOSA

EM CONTEXTO

PRINCIPAL NOME
Franz Hölker

ANTES
1000 d.C. O primeiro sistema organizado de iluminação pública (lâmpadas a óleo) é implantado na Espanha muçulmana.

1792 O engenheiro escocês William Murdock inventa a lâmpada a gás. No meio século seguinte, muitas cidades introduzem a iluminação pública a gás.

1879 O inventor americano Thomas Edison apresenta a primeira lâmpada elétrica comercialmente viável.

1976 Luzes de LED, de alto brilho e eficiência, são introduzidas.

DEPOIS
2050 Data em que Hölker e outros preveem que, com a população global destinada a exceder 9 bilhões, a área iluminada total da Terra terá dobrado em relação a 2016.

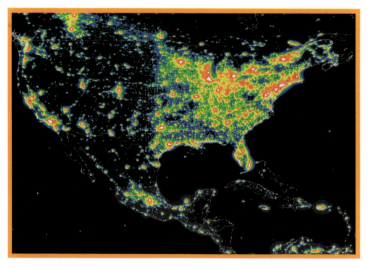

Segundo alguns ecologistas, a poluição luminosa – quantidade de luz gerada artificialmente no mundo – poderia ser o poluente mais nocivo de todos. Cerca de 80% da humanidade vive sob céus saturados por luz. Em 2017, um importante estudo alemão sobre poluição luminosa, realizado pelo ecologista Franz Hölker e outros usando dados de satélite, mostrou que a área artificialmente iluminada da Terra cresceu 9% entre 2012 e 2016. O brilho é mais intenso em países

O mapa da poluição luminosa na América do Norte (branco e vermelho indicam onde ela é maior e preto, onde é menor) explica por que 99% dos americanos não enxergam a Via Láctea.

industrializados da América do Sul, África e Ásia, mas também continua a aumentar nos países já bem iluminados da Europa e nos EUA.

Astrônomos foram uns dos primeiros a notar a poluição luminosa porque interferia em sua capacidade de ver objetos celestes no céu noturno.

Ver também: Loops de feedback ambiental 224-225 ▪ Antecipação da primavera 274-279 ▪ Programa O Homem e a Biosfera 310-311

O efeito em tartarugas

A poluição luminosa é um grande problema para tartarugas marinhas que precisam botar seus ovos na terra, uma vez que os embriões respiram por sua casca permeável. As fêmeas precisam de praias escuras e arenosas para pôr os ovos. Se houver luzes fortes de *resorts*, postes ou casas, elas procurarão outro lugar. Se toda uma faixa costeira estiver iluminada, elas podem pôr os ovos em habitats inferiores, ou até mesmo depositá-los no mar, onde os filhotes morrerão.

Esses problemas podem ser a razão da redução da população de tartarugas marinhas. Cientistas acreditam que os filhotes seguem na direção da luz mais forte. Em condições naturais, seria a luz da lua refletindo no mar, mas, se houver luz artificial, os filhotes vão em sua direção e são atropelados por carros, devorados por predadores ou ficam presos em cercas. A solução seria fazer com que as pessoas e estabelecimentos desliguem as luzes à noite ou usem iluminação "segura para tartarugas", praticamente invisível para elas.

Áreas escuras desaparecendo em locais onde animais noturnos, insetos e plantas adaptaram-se à escuridão por bilhões de anos.
Franz Hölker

Em 1988, os americanos Tim Hunter e David Crawford fundaram a Associação Internacional do Céu Escuro para proteger os céus noturnos da poluição luminosa. Foi a primeira organização do tipo.

Desde então, estudos examinaram os efeitos da poluição luminosa em plantas e animais, que dependem dos ciclos de luz e escuridão para regular comportamentos cruciais à vida, como nutrição, sono, proteção de predadores e até reprodução. Tal pesquisa revela uma série de efeitos nocivos. Um estudo mostrou que árvores na Europa estão florescendo mais de uma semana antes do que na década de 1990; isso altera seu período de crescimento, e pode significar que não consigam perder folhas e frutos e entrar em fase dormente a tempo de evitar os danos do inverno.

Círculo vicioso

A poluição luminosa também tem efeito nocivo nos animais. Luzes em torres altas, por exemplo, atraem aves migratórias, fazendo com que se choquem com prédios e fios elétricos. A luz artificial também prejudica o sistema imunológico das aves. Estudos revelaram que pardais-domésticos infectados com o vírus da Febre do Nilo Ocidental, quando submetidos a luz difusa, portavam o vírus pelo dobro do tempo do que quando mantidos no escuro — duplicando o período em que poderiam ser picados por mosquitos que disseminariam o vírus.

Efeitos nocivos em animais podem afetar indiretamente as plantas. Quando mariposas, atraídas pela luz, aproximam-se repetidamente de fontes artificiais, podem não apenas ser mortas por exaustão (porque a luz nunca se apaga) ou pelo calor gerado, como também ficar mais vulneráveis a predadores, que as avistam mais facilmente.

O declínio no número de mariposas tem efeito nas plantas que ajudam a polinizar, o que então afeta a produção de sementes. Em alguns lugares, a produção de sementes caiu cerca de 30%. Pesquisadores que estudaram um campo de flores suíço iluminado por postes descobriram que as visitas noturnas de polinizadores diminuíram em dois terços. ■

A solução é simples — apague luzes desnecessárias, use apenas a luz necessária para a tarefa a ser executada e proteja a iluminação, para que clareie só o que é preciso.
Tim Hunter

Filhotes de tartaruga-olivácea seguem na direção do mar na Estação de Pesquisa de Tartarugas de Boca del Cielo, México.

ESTOU LUTANDO PELA HUMANIDADE

DESMATAMENTO

256 DESMATAMENTO

EM CONTEXTO

PRINCIPAL NOME
Chico Mendes (1944–1988)

ANTES
1100–1500 Florestas temperadas são derrubadas em grandes regiões do oeste e centro da Europa.

1600–1900 Florestas são derrubadas na América do Norte para dar espaço à agricultura.

Fim dos anos 1970 Aumenta o desmatamento de floresta tropical, sobretudo para fins pecuários.

DEPOIS
2008 A ONU lança o programa de incentivo Redução de Emissões por Desmatamento e Degradação (REDD).

2010 Os EUA convertem 21 milhões de dólares de dívidas do Brasil em um fundo de proteção para florestas tropicais brasileiras.

2015 O Acordo de Paris cria metas para o plantio de árvores para balancear a ameaça da mudança climática e do aquecimento global.

> Com as árvores derrubadas [...] os homens levam às futuras gerações dois desastres de uma vez: necessidade de combustível e escassez de água.
> **Alexander von Humboldt**
> *Explorador alemão do século XIX*

Chico Mendes lutou para **salvar** a **floresta tropical** do Brasil.

↓

Suas **ações locais** ajudaram a reduzir emissões **globais de** CO_2.

↓

Mendes percebeu que havia tido um efeito global: "Estou lutando pela humanidade".

Desmatamento é a remoção de florestas ou bosques para conversão em uso não florestal. A conversão pode ser para terras agrícolas, incluindo pecuária, ou para habitação, indústria ou transporte. A floresta pode ser degradada sem que seja completamente destruída, quando árvores maduras valiosas, como a teca, são derrubadas seletivamente ou algumas árvores são cortadas para abrir uma estrada. Isso pode ter efeito negativo desproporcional sobre a biodiversidade da floresta, mesmo que a maioria das árvores permaneça em pé. Outra forma de desmatamento é a derrubada de florestas primárias e sua substituição por plantações de monoculturas, como o dendê, tal qual acontece extensivamente na Indonésia.

O desmatamento pode afetar todos os tipos de habitat florestal, mas a floresta tropical – úmida e latifoliada que cresce entre os trópicos de Câncer e de Capricórnio – é a mais afetada. A preocupação com a floresta tropical foi

Fumaça poluente sobe enquanto floresta tropical queima para abrir espaço para a agricultura no Brasil. Estima-se que o país derrube 1,1 milhão de hectares de floresta tropical por ano.

O FATOR HUMANO

Ver também: Biodiversidade e função do ecossistema 156-157 ▪ Clima e vegetação 168-169 ▪ Aquecimento global 202-203 ▪ Uma visão holística da Terra 210-211

levantada pela primeira vez na década de 1970, quando o ativista Chico Mendes – que se tornou membro fundador do Conselho Nacional de Seringueiros do Brasil – apelou ao governo brasileiro para estabelecer reservas florestais, das quais a população local poderia extrair produtos naturais, como nozes, frutas e fibras, de maneira sustentável. A campanha de Mendes, que acabou lhe custando a vida, enfatizou os danos ecológicos causados pelo desmatamento.

Necessidade humana

A raça humana usa árvores desde os primórdios. Nos tempos neolíticos, eram cortadas para uso como combustível e para construir abrigos e cercas. Foram encontrados machados de pedra de 5 mil anos para cortar madeira, bem como manufaturas de machados da mesma época na Europa e na América do Norte. Durante a Idade Média, no entanto, como as populações humanas se expandiram rapidamente na Europa Ocidental entre 1100 e 1500, um extenso desmatamento ocorreu. As florestas foram derrubadas para dar lugar à agricultura, e a madeira foi usada para construir casas e barcos e fazer arcos, ferramentas e outros utensílios.

As árvores foram cortadas em escala industrial na Europa central e na Inglaterra para a produção de carvão vegetal, que se tornou um combustível importante (até ser substituído pelo carvão mineral) porque queima em temperaturas mais altas que a madeira. Um exemplo inicial de produção sustentável foi praticado na Inglaterra, onde muitas áreas de floresta foram convertidas em porções menores de terra e tiveram suas árvores parcialmente cortadas para posterior regeneração, de modo a criarum suprimento cíclico de carvão vegetal. Mesmo assim, no século XVII, a Inglaterra teve que importar madeira das nações bálticas e da Nova Inglaterra, nos EUA, para construção naval.

O desmatamento primário da floresta acelerou-se entre 1850 e 1920, com as maiores perdas na América do Norte, no império russo e sul da Ásia. No século XX, o foco mudou para os trópicos, especialmente para a floresta tropical, metade da qual foi destruída desde 1947, com a proporção de suas terras tendo caído de 14% para 6%.

Estima-se que uma área florestal equivalente a 27 campos de futebol seja perdida a cada minuto no mundo. Algumas regiões foram mais atingidas que outras. Nas Filipinas, por exemplo, 93% da floresta tropical latifoliada foi removida; 92% da Mata Atlântica no Brasil se foi; 92% da floresta temperada de coníferas no sudoeste da China desapareceu; e 90% da floresta seca latifoliada da Califórnia foi derrubada.

Efeitos na biodiversidade

Estimativas recentes sugerem que quase metade de todo o desmatamento é realizada pela agricultura de subsistência e um terço por interesses comerciais. »

Não é possível ficar calado diante de tanta injustiça.
Chico Mendes

Chico Mendes

Nascido em 1944, filho de um dos Soldados da Borracha que extraíam látex para uso dos Aliados na Segunda Guerra Mundial, Chico Mendes começou a trabalhar como seringueiro aos nove anos. Influenciado por padres do movimento da Teologia da Libertação, ajudou a fundar uma ala do Partido dos Trabalhadores e tornou-se líder do Sindicato dos Seringueiros.

Enquanto grandes áreas de floresta tropical eram derrubadas para abrir espaço para a pecuária, Mendes tornava pública a luta dos seringueiros para salvar a floresta. Ele foi a Washington, DC, para convencer o Banco Mundial e o Congresso americano de que projetos pecuários não deviam ser financiados. Em contrapartida, propôs que áreas florestais fossem protegidas como "reservas extrativistas" – terras públicas controladas por comunidades locais com o direito de extrair produtos da floresta de maneira sustentável. Pecuaristas viram o movimento como uma ameaça, e um deles, Darcy Alves, matou Mendes em 1988. Após sua morte, a primeira de muitas reservas foi criada, cobrindo 1 milhão de hectares de floresta nos arredores de Xapuri.

DESMATAMENTO

O desenvolvimento urbano, a extração de madeira de melhor qualidade, a mineração e exploração de pedreiras, e as árvores cortadas para produção de lenha são responsáveis pelo restante. Em todos os casos, o ambiente sofre. A biodiversidade é particularmente afetada, pois apenas um pequeno número de espécies de mamíferos, aves e invertebrados pode viver em pradarias ou em uma monocultura de dendê, e menos ainda em ambientes industriais ou urbanos. Os conflitos humanos também prejudicam a floresta, e o pior exemplo é o produto químico Agente Laranja, usado para desfolhar as árvores durante a Guerra do Vietnã.

A floresta tropical

A destruição da floresta tropical representa uma grave ameaça à biodiversidade global, pois estima-se que entre metade e dois terços das

Substituir árvores por assentamentos humanos desestabiliza o solo em encostas, e deslizamentos de terra, como este em Serra Leoa, em 2017, têm mais probabilidade de acontecer.

Virei ecologista muito antes de conhecer essa palavra.
Chico Mendes

plantas e animais do mundo vivem nesse ambiente. Entre 1,5 milhão e 1,8 milhão de espécies – principalmente insetos, seguidos de plantas e vertebrados – já foram identificadas nas florestas tropicais, e muitas outras ainda não foram descobertas e descritas. Em Bornéu, na Indonésia, por exemplo, uma área de apenas 0,5 km² pode conter mais espécies de árvores do que a massa terrestre combinada da Europa e América do Norte. Essa biodiversidade é de vital importância para os seres humanos – até porque a maioria dos novos medicamentos é derivada de plantas e, portanto, a erradicação da rica farmácia da floresta destrói possíveis curas de doenças.

As florestas tropicais, juntamente com todas as outras árvores e bosques, também agem como uma esponja para a chuva. As raízes das árvores absorvem umidade e limitam o escoamento superficial. Quando a floresta é cortada ou queimada, o solo é lixiviado de muitos de seus nutrientes. Se ocupar uma encosta, o solo será lavado, deixando a terra imprópria para cultivo de qualquer tipo. Valas profundas podem solapar as árvores que não foram cortadas, derrubando-as. Após chuvas fortes, deslizamentos de terra, que acontecem com frequência crescente, varrem a encosta, destruindo tudo pelo caminho – inclusive assentamentos humanos. Em maio de 2014, por exemplo, fortes chuvas nas encostas desmatadas da ilha caribenha de Hispaniola causaram deslizamentos de terra e inundações que mataram mais de 2 mil pessoas. Inversamente, em longos períodos de estiagem, o solo exposto seca mais

O FATOR HUMANO

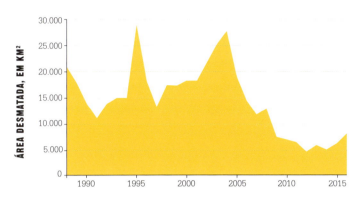

A redução da floresta tropical na Bacia do Amazonas é uma preocupação global. Árvores estão sendo retiradas da terra a uma taxa de 8 mil km² a cada ano.

rápido do que as áreas cobertas por árvores, tornando-se mais propenso à erosão eólica.

Fomentando o aquecimento global

A queima de madeira ou florestas adiciona dióxido de carbono (CO_2) à atmosfera. Por outro lado, plantas de todos os tipos reduzem o CO_2, pois absorvem carbono, consumindo o gás do efeito estufa para fazer fotossíntese e, assim, combatendo o impacto nocivo das atividades humanas. No mundo, as florestas sugam 2,4 bilhões de toneladas de CO_2 a cada ano. Ambientalistas e climatologistas temem que a remoção de grandes áreas de floresta tropical possa ser desastrosa.

Reflorestando a Terra

Hoje, cerca de 31% da superfície terrestre é coberta por florestas, mas o percentual está diminuindo rapidamente em algumas partes do mundo. No entanto, existem regiões, incluindo a Europa, onde as áreas florestais estão se expandindo aos poucos. As medidas para restringir o desmatamento abrangem pagamentos às comunidades pela conservação da floresta e a criação de reservas extrativistas, das quais a população local pode extrair produtos de maneira sustentável.

Globalmente, fontes alternativas de combustível precisam ser encontradas, bem como novas maneiras de desenvolver formas de agricultura que esgotem menos a terra. Alguns países estão liderando programas de reflorestamento. Por exemplo, num projeto no qual pessoas de quinhentas vilas plantaram 150 milhões de árvores de mangue na costa do Senegal restaurará florestas de mangue para estimular a pesca e proteger os arrozais do influxo de água salgada. Os chineses pretendiam plantar 6,6 milhões de hectares em 2018, a área da Irlanda; em 2000, a proporção da China coberta por floresta caiu para 19%, mas a meta é aumentar para 23% até 2020 e 26% em 2035. ∎

Primeira mulher africana a ganhar um Prêmio Nobel da Paz (2004), Wangari Maathai iniciou um programa comunitário de plantio de árvores para reverter a erosão e a desertificação no Quênia.

Reflorestando a Amazônia

Cerca de 17% da floresta tropical na Bacia do Amazonas perdeu-se desde meados do anos 1970. Na Conferência da ONU sobre Mudanças Climáticas em Paris, 2015, o Brasil comprometeu-se a restaurar 12 milhões de hectares até 2030. Em 2017, a Conservação Internacional, em parceria com o governo brasileiro, lançou o maior programa de reflorestamento da região, pelo qual o estado do Amazonas ganhará 73 milhões de árvores. Comunidades locais estão sendo chamadas para implementá-lo, usando uma técnica chamada "muvuca". Ela envolve a disseminação de sementes de mais de duzentas espécies nativas da floresta sobre cada metro quadrado de terra. Trabalho menos intensivo do que o plantio de árvores tradicional, o método pode reflorestar a área rapidamente, gerando até 2.500 plantas por hectare. Além do programa de semeadura, parte do plantio enriquecerá florestas secundárias e converterá pastos novamente em florestas.

O BURACO NA CAMADA DE OZÔNIO É UMA ESPÉCIE DE ESCRITA NO CÉU
REDUÇÃO DA CAMADA DE OZÔNIO

EM CONTEXTO

PRINCIPAL NOME
Joseph Farman (1930–2013)

ANTES
1974 Os químicos americanos Frank "Sherry" Rowland e Mario Molina sugerem que clorofluorcarbonos (CFCs) destroem o ozônio atmosférico.

1976 A Academia de Ciências dos EUA declara que a redução do ozônio é uma realidade.

DEPOIS
1987 O Protocolo de Montreal sobre Substâncias que Destroem a Camada de Ozônio, tratado mundial para eliminar CFCs e similares, é criado.

1989 Tem início a proibição mundial da produção de CFCs (ratificada pela União Europeia e 196 países até hoje).

2050 Ano em que se estima que o ozônio sobre a Antártida retornará aos níveis anteriores a 1980. Outras emissões nocivas podem atrasar a recuperação.

Em 1982, uma equipe de cientistas a serviço da British Antarctic Survey (BAS) descobriu que os níveis de ozônio sobre a Antártida haviam caído drasticamente. O ozônio (O_3), gás incolor na estratosfera, 20 a 30 km acima da superfície terrestre, forma a "camada de ozônio", escudo protetor que absorve a maior parte da radiação dos raios ultravioletas (UV). Sem ela, mais radiação nociva do Sol chegaria à superfície.

Desde meados da década de 1970, o ozônio na estratosfera diminuiu em 4%. Uma diminuição ainda maior é vista sobre os polos, principalmente na primavera. Sobre a Antártida, as medidas de ozônio caíram 70% em comparação a 1975. Sobre o Ártico, os níveis caíram quase 30%. Esse efeito ficou conhecido como "buraco da camada de ozônio", embora seja mais bem descrito como "depressão de ozônio", uma vez que se trata de um afinamento na camada de ozônio e não de um buraco.

Descoberta antártida

O geofísico britânico Joe Farman estava na equipe que fez a descoberta em 1982. Equipes da BAS estavam coletando dados atmosféricos na Halley Research Station, na Antártida, desde 1957. Seu trabalho não recebia muito financiamento, e eles usavam instrumentos ultrapassados, como o espectrômetro de Dobson – aparelho rudimentar que só funcionava quando era envolvido com um edredom.

Quando Farman notou a queda nos níveis de ozônio, achou difícil acreditar e pensou que havia um problema com o aparelho. Pediu um instrumento novo para o outro ano – e ele registrou uma baixa ainda maior. No ano seguinte, era maior ainda. No posterior àquele, a equipe tirou as medidas a mil quilômetros da estação Halley. Novamente, uma enorme queda. Farman resolveu que era hora

Joe Farman [fez] uma das descobertas geofísicas mais importantes do século XX.
John Pyle e Neil Harris
Cientistas atmosféricos,
Universidade de Cambridge

Ver também: Aquecimento global 202-203 ▪ Loops de feedback ambiental 224-225 ▪ Poluição 230-235 ▪ A Curva de Keeling 240-241 ▪ Ética ambiental 306-307

O FATOR HUMANO 261

CFCS

Clorofluorcarbonos (CFCs) são químicos compostos por átomos de carbono, cloro e flúor. São atóxicos, não inflamáveis e extremamente estáveis. Sua baixa reatividade os torna muito úteis, mas é por essa razão que também são tão destrutivos. Conseguem sobreviver por mais de cem anos, o que lhes dá tempo para se difundir pela estratosfera. Lá, são quebrados pela intensa luz UV e liberam cloro, que reage com o ozônio e forma oxigênio.

Os CFCs foram produzidos pela primeira vez em 1928 e eram usados como gás refrigerante em geladeiras. Mais tarde, foram usados em uma ampla gama de produtos em aerossol, como sprays de inseticidas, produtos capilares e tintas. Os substitutos dos CFCs foram os hidroclorofluorcarbonos (HCFCs), também nocivos à camada de ozônio, embora em menor medida, e os hidrofluorcarbonos (HFCs). Os HCFCs serão eliminados até 2020. Os HFCs não prejudicam a camada de ozônio – mas são gases do efeito estufa muito potentes, então, em 2016, decidiu-se que também seriam eliminados a partir de 2019.

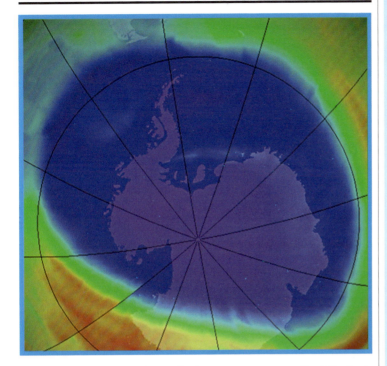

Imagem da NASA do "buraco da camada de ozônio" sobre a Antártida, em 2014. A área azul mostra onde há menos ozônio. A quantidade de ozônio na estratosfera estabilizou desde 2000.

de publicar os resultados, e um ensaio escrito por ele e seus colegas Brian Gardiner e Jon Shanklin saiu na revista *Nature*, em 1985.

Reação e resposta

A maioria dos cientistas recebeu a descoberta de Farman com alarme: o potencial aumento na radiação UV tornaria cânceres de pele, cataratas e queimaduras solares mais prevalentes.

O que podia ser feito? Um dos motivos da redução do ozônio havia sido identificado em 1974 pelos cientistas americanos Frank Rowland e Mario Molina. Eles tinham concluído que gases com cloro – incluindo os CFCs usados em sprays de aerossol e refrigerantes halogenados – estavam, na presença da luz UV, reagindo com o ozônio na estratosfera e o destruindo. Alguns países, entre eles os EUA, proibiram o uso desses produtos, mas a maioria ainda precisava ser convencida.

Quando níveis de ozônio continuaram a cair durante a década de 1980, as opiniões começaram a mudar. Assim, em 1987, o Protocolo de Montreal para uma proibição global foi acordado. A camada de ozônio está mostrando sinais de recuperação, e espera-se que até 2075 o ozônio estratosférico retorne aos níveis de 1975. ∎

Produtos em aerossol como inseticidas eram muito usados desde a década de 1950. Os efeitos nocivos dos CFCs contidos neles só foram conhecidos nos anos 1970.

PRECISÁVAMOS DE VONTADE POLÍTICA PARA A MUDANÇA
ESGOTAMENTO DOS RECURSOS NATURAIS

EM CONTEXTO

PRINCIPAL NOME
Naomi Klein (1970–)

ANTES
1972 A Conferência das Nações Unidas sobre o Ambiente Humano pede uma abordagem internacional à proteção ambiental.

1980 A Estratégia Mundial para a Conservação, lançada em 35 países, introduz o conceito de sustentabilidade.

1992 Na ECO-92, no Rio de Janeiro, Estados-membros das Nações Unidas produziram a Agenda 21, que traça planos para a gestão de recursos no século XXI.

DEPOIS
2015 A Cúpula Mundial sobre Desenvolvimento Sustentável estabelece dezessete metas e lança uma agenda global ousada, adotada por 193 Estados-membros.

Em *This Changes Everything* (2014), Naomi Klein atacou a forma como governos e corporações exploram recursos naturais. "Petróleo ético", ela afirma, não é apenas uma contradição em termos, mas "uma afronta". Cidadã canadense, Klein fez campanha contra a exploração das areias betuminosas do Athabasca, maior dos três depósitos de areias betuminosas no oeste do Canadá. Eles ficam sob milhares de quilômetros quadrados de florestas de coníferas. A extração a céu aberto de petróleo de areias betuminosas é particularmente nociva ao ambiente. Vastas áreas de florestas são derrubadas e lagos de poluentes são deixados para trás. Eles podem vazar

Ver também: Desmatamento 254-259 ▪ Sobrepesca 266-269 ▪ A crise hídrica 286-291 ▪ O domínio da humanidade sobre a natureza 296 ▪ Devastação da Terra pelo homem 299

O FATOR HUMANO

Naomi Klein

Nascida em Montreal, Canadá, em 1970, de pais politicamente ativos, Naomi Klein desenvolveu ainda jovem uma compreensão sofisticada de como funciona o mundo. Seu primeiro emprego foi no jornal de Toronto *The Globe and Mail*. Seu livro de estreia, *Sem logo*, criticando a globalização e a ganância corporativa, se tornou um *best-seller*. O segundo, *A doutrina do choque*, atacou o neoliberalismo. Klein então começou a fazer campanha contra interesses corporativos serem priorizados em detrimento do ambiente e dos interesses da humanidade. Seu livro *This Changes Everything* virou o filme *Isso muda tudo*. Entre as campanhas de Klein estão protestos contra a construção do oleoduto Keystone XL – símbolo da batalha contra o uso de combustível fóssil e a mudança climática. Em 2016, ganhou o Prêmio Sydney da Paz.

Obras importantes

2000 *Sem logo*
2007 *A doutrina do choque: a ascensão do capitalismo do desastre*
2014 *This Changes Everything: Capitalism vs The Climate*

A extração de petróleo bruto das areias betuminosas do Canadá é nociva ao ambiente. É responsável por um décimo das emissões anuais de gases do efeito estufa do país.

para a terra, rios e lençóis freáticos, matando peixes, aves migratórias e outros animais.

Ação global

Por volta dos anos 1980, os efeitos ambientais da industrialização e o esgotamento dos recursos da Terra já eram motivo de preocupação. A ONU criou uma Comissão Mundial sobre Meio Ambiente e Desenvolvimento, que publicou um relatório em 1987 chamado "Nosso futuro comum". Especialistas, incluindo cientistas, engenheiros agrônomos, ministros do exterior, tecnólogos e economistas deixaram claro que o futuro dos humanos depende de equilibrar ecologia e economia de forma sustentável e justa para todos os países do mundo. Áreas-chave na luta por uma Terra gerida de maneira sustentável são o uso de combustíveis fósseis, desmatamento e gestão da água. Cinco anos depois, na ECO-92, no Rio de Janeiro, 172 nações assinaram resoluções ambientais. Entre elas estava a Agenda 21, um plano para os governos trabalharem juntos a fim de proteger recursos naturais e o ambiente. No entanto, implementar mudanças provou-se difícil, e Cúpulas da Terra subsequentes pediram mais cooperação internacional para atingir os objetivos.

Pico do petróleo

Combustíveis fósseis estão entre os recursos mais valorizados do mundo. As pessoas ficaram cada vez mais dependentes do petróleo, desperdiçando-o para criar um estilo de vida não sustentável. As crises do petróleo da década de 1970 destacaram o quanto as nações industrializadas eram dependentes de um suprimento economicamente viável. Veio, também, a percepção de que o petróleo é um recurso finito. Cientistas já »

264 ESGOTAMENTO DOS RECURSOS NATURAIS

... a conservação de recursos naturais é o principal problema. A menos que o resolvamos, pouco adiantará resolver todos os outros.
Theodore Roosevelt

consideraram o problema e calcularam a data em que a oferta de petróleo atingiria o ápice, antes de se esgotar ou de sua extração se tornar economicamente inviável. Em 1974, a data prevista para o pico do petróleo era 1995, com a condição de que havia diversas variáveis em potencial e incógnitas como taxas de consumo, tecnologia disponível e reservas ainda a serem descobertas. No início do século XXI, novas datas foram determinadas, algumas estendendo a linha do tempo do petróleo para 2030 ou além. Em 2011, no entanto, o ambientalista Bill McKibben declarou que era inútil calcular uma data para o pico do petróleo; se todas as reservas conhecidas fossem queimadas, o carbono produzido seria cinco vezes a quantidade necessária para aquecer o planeta em 2 °C – limite "seguro" de temperatura que os climatologistas haviam definido em 2009. A ciência evoluiu, mas os riscos previstos dos combustíveis fósseis permanecem terríveis.

Salvando árvores

Florestas são um bem natural valioso que a Terra não pode perder. Sua diminuição representa uma ameaça significativa para o clima; árvores são "sequestradoras de carbono", pegam o dióxido de carbono e o utilizam para se desenvolver. Assim, evitam que ele contribua para o aquecimento global. As árvores são um recurso renovável, e pessoas, empresas e países muitas vezes as plantam para compensar o uso de combustível fóssil, mas não em números suficientes. Segundo a Friends of the Earth, a perda anual de florestas no mundo causa diretamente 15% das emissões globais de gases do efeito estufa.

As florestas tropicais – que, de acordo com estimativas, contêm 50% das espécies do mundo – são particularmente vulneráveis ao desmatamento. Cerca de 17% da floresta Amazônica desapareceu nos últimos cinquenta anos. Como sugeriu "Nosso futuro comum", parte do problema é que países em desenvolvimento podem receber dinheiro de grandes corporações se derrubarem florestas tropicais para mineração, exploração de madeira e culturas de rendimento. Na Indonésia, por exemplo, o desmatamento intensivo ocorreu para abrir espaço para as monoculturas de dendê. Segundo o Greenpeace, a quantidade de floresta tropical indonésia derrubada, queimada ou degradada nos últimos cinquenta anos equivale em área ao dobro da Alemanha. A ONU e outras instituições atualmente oferecem aos países em desenvolvimento aconselhamento técnico e incentivos financeiros para que cuidem de suas florestas de maneira mais sustentável.

Solo deteriorado

A camada superficial do solo deve ser um dos recursos mais subvalorizados do mundo. Esse vasto ecossistema,

Ilha de Páscoa

O destino do antigo povo da Ilha de Páscoa ilustra a importância da gestão dos recursos naturais. Antes uma comunidade próspera de 12 mil pessoas que ergueram enormes monumentos de pedra, ela foi reduzida a cerca de 2 mil quando os europeus descobriram a ilha, em 1722.

A má gestão de um ecossistema frágil, especialmente o desmatamento em massa e guerra entre tribos, causou seu fim. As cabeças gigantes, ou *moais*, são feitas de pedra, mas madeira era necessária para rolos de transporte entre as pedreiras e os locais de cerimônia. Quando as muitas palmeiras da ilha foram cortadas, não restou madeira para canoas de pesca, o que levou muitas pessoas a morrer de fome.

A tragédia final veio em 1862, com a chegada dos comerciantes de escravos, que capturaram 1.500 ilhéus e os levaram para o Peru, onde quase todos morreram. Os 15 que conseguiram voltar para casa introduziram involuntariamente a varíola na ilha. Em 1877, apenas 111 habitantes sobreviviam.

Cerca de 887 *moais* ocupam as encostas de Rano Raraku, cratera vulcânica da Ilha de Páscoa, fonte das pedras usadas para esculpir as estátuas.

O FATOR HUMANO 265

Florestas densas como a desta pintura do século XV, do artista italiano Paolo Uccello, estão voltando à Europa, onde sua área aumentou em 17 milhões de hectares desde os anos 1990.

composto de animais, microrganismos, raízes de plantas e minerais é uma estrutura complexa e delicada que demora a se formar e é facilmente perdida. O World Wide Fund for Nature estima que metade da camada superficial do solo foi erodida por vento e chuva nos últimos 150 anos. As partículas acumulam-se em riachos e rios, obstruindo-os com sedimentos. A perda do solo ocorre devido ao sobrepastejo, à remoção de arbustos e ao uso de agroquímicos que afetam a estrutura do solo. Medidas como rotação de culturas, terraceamento, barragens e plantio estratégico podem ajudar. No povoado de Aamdanda, Nepal, por exemplo, encostas íngremes são estabilizadas com capim-bambu. A planta estabiliza o solo e é também usada para cultivo de forragem e produção de vassouras, que os camponeses vendem.

Pressão da água

Água potável limpa é um recurso limitado. A água cobre cerca de 75% da superfície do planeta, mas 97,5% dela é salgada. Dos 2,5% restantes, a maior parte está aprisionada em glaciares ou aquíferos subterrâneos. Apenas um centésimo de 1% de toda a água do mundo está prontamente disponível para uso humano. A água potável também não é distribuída de maneira uniforme, sendo naturalmente mais escassa em áreas quentes e áridas do que em zonas temperadas.

Pressões populacionais e riqueza também têm impacto no abastecimento de água. A ONU acredita que todos deviam ter acesso a cinquenta litros de água doce por dia, mas as pessoas da África subsaariana vivem com dez litros por dia, enquanto um americano médio usa 350 litros.

No mundo, fontes de água também estão sendo compradas por grandes corporações. Alguns cientistas alertam que, se os padrões de uso atuais se mantiverem e a população crescer à taxa atual, em 2030 a demanda global por água limpa vai exceder a oferta em 40%.

Planos futuros

Nitidamente, são necessárias novas estratégias para salvar o mundo da destruição humana. A engenharia de transição, campo multidisciplinar emergente, pode ajudar. Seu objetivo é usar empresas, organizações e sistemas existentes para encontrar formas inovadoras de minimizar impactos ambientais e gerenciar recursos.

Algum progresso está sendo feito, em parte graças a campanhas de pessoas como Naomi Klein. Inúmeros países europeus e asiáticos, incluindo o Reino Unido, decidiram eliminar gradativamente veículos movidos a combustíveis fósseis. Em outras áreas, no entanto, problemas socioeconômicos e políticos continuam sendo obstáculos para reformas. Como declarou "Nosso futuro comum", comprimir os objetivos e aspirações da humanidade de maneira responsável "vai exigir o apoio ativo de todos nós". ∎

Há que se pensar em termos da sobrevivência da sociedade humana [...] não se trata apenas da magnitude da mudança, mas também do ritmo em que acontece.
Benjamin Horton
Geógrafo britânico

BARCOS CADA VEZ MAIORES, ATRÁS DE MENOS, E MENORES, PEIXES
SOBREPESCA

EM CONTEXTO

PRINCIPAL NOME
John Crosbie (1931–)

ANTES
1946 A Comissão Baleeira Internacional é criada para analisar e controlar a caça às baleias, revertendo um drástico declínio após séculos da prática.

1972 A sobrepesca e um forte El Niño fazem com que a pesca de anchova no Peru entre em colapso – um golpe à economia nacional.

DEPOIS
2000 O WWF lista o bacalhau como espécie ameaçada e lança uma campanha de recuperação de oceanos no Reino Unido.

2001 Jeremy Jackson e outros biólogos marinhos traçam o histórico da sobrepesca.

2010 A Meta 11 de Aichi para a Biodiversidade, da UNESCO, define que um décimo das áreas marinhas e costeiras devem ser protegidas até 2020.

Em 1992, uma legislação mudou a estrutura ecológica, socioeconômica e cultural das províncias atlânticas do Canadá. John Crosbie, ministro da Pesca e Oceanos, declarou uma moratória sobre a pesca do bacalhau-do-atlântico; o volume do bacalhau-do-norte teria diminuído para 1% de seus níveis anteriores. A pesca tinha sido explorada a um ponto em que a região não poderia ser recuperada se a pesca prosseguisse. Crosbie considerou aquele o momento mais difícil de sua carreira. A decisão deixou milhares de canadenses sem trabalho. Durante quinhentos anos, a pesca do bacalhau havia sustentado os residentes da costa, principalmente em Terra Nova.

O FATOR HUMANO

Ver também: Uma visão holística da Terra 210-211 ▪ Poluição 230-235 ▪ Devastação da Terra pelo homem 299 ▪ Iniciativa Biosfera Sustentável 322-323

Reservas marinhas

Uma boa ferramenta para gestão de pesca são áreas marinhas protegidas (AMPs), que legalmente resguardam estoques pesqueiros e ecossistemas. As AMPs ocupam cerca de 3,5% dos oceanos do mundo, mas apenas 1,6% delas são "áreas fechadas" mais rígidas, onde pesca, extração de materiais, despejo de lixo, perfurações e dragagens são proibidos. Uma meta-análise de estudos científicos mostrou que o volume de diversas espécies de peixes é, em média, 670% maior em reservas marinhas "fechadas" totalmente protegidas do que em áreas sem proteção, e 343% maior do que em AMPs parcialmente protegidas. Elas preservam e também restauram ecossistemas prejudicados; recifes de coral em zonas protegidas das Ilhas da Linha, no Pacífico, recuperaram-se do El Niño em uma década, mas o mesmo não aconteceu com os que estavam em áreas não protegidas. Estudos sugerem que reservas impostas legalmente podem até ajudar a repor áreas de pesca externas a seus limites.

A moratória de 1992 deveria, a princípio, durar apenas dois anos, mas, como os estoques não foram recuperados, ainda segue vigente. Mais ou menos de 2005 a 2015, o volume do bacalhau-do-atlântico aumentou cerca de 30% ao ano na costa nordeste de Terra Nova, embora os estoques mais ao sul não tenham se recuperado tão rápido. Em 2017 e 2018, no entanto, os números do bacalhau tiveram queda acentuada, e os estoques como um todo ainda estão baixos demais para suportar pesca em larga escala. A mudança climática contribuiu para o problema: temperaturas mais altas criaram condições em que tanto o bacalhau quanto suas fontes de alimento lutam para sobreviver. Um outro golpe aos pescadores de Terra Nova – que, em grande parte, voltaram-se para a pesca de camarão e caranguejo – foi que, quando os números do bacalhau melhoraram, o peixe começou a comer o camarão. O ecossistema não suporta, ao mesmo tempo, uma indústria de larga escala de camarão e crustáceos, e a pesca de bacalhau.

Uma retirada sustentável

O problema de Terra Nova demonstra a complexidade do gerenciamento da pesca, que com frequência se baseia no conceito de rendimento máximo sustentável: o volume de peixe retirado do mar deve ser igual ao volume reposto pela reprodução. Isso »

O xaréu-voraz está entre as muitas espécies do Santuário de Fauna e Flora Malpelo, maior zona de pesca proibida do Pacífico Tropical Oriental, conhecido pelos tubarões.

Perturbando o ecossistema

Operações de pesca em grande escala perturbam o equilíbrio dos ecossistemas marinhos de várias formas, esgotando espécies-alvo, interferindo na cadeia alimentar e lesando o ambiente marinho.

Não tirei os peixes da maldita água.
John Crosbie

os peixes estão sendo pescados antes da idade adulta, isso limitará a futura capacidade do estoque de se reproduzir em nível máximo e manter constante a sua população. Estabelecer um tamanho mínimo para os peixes pode ajudar a controlar esse tipo de sobrepesca. Se, além disso, muitos peixes adultos estão sendo capturados, restam poucos capazes de se reproduzir e repor a população presente. Nesse caso, moratórias e cotas estão entre medidas que podem ajudar. Por fim, a sobrepesca em um ecossistema ocorre quando uma área de pesca está tão esgotada que o próprio ecossistema muda e não é mais capaz de manter o estoque pesqueiro em nível sustentável. Isso costuma ocorrer quando grandes peixes predadores são pescados além do limite, permitindo que populações de peixes menores aumentem e alterem todo o ecossistema. Aconteceu com a área de pesca do bacalhau do Atlântico Norte: sem o bacalhau para mantê-las sob controle, suas três principais fontes de alimento – camarão, caranguejo e capelim – cresceram em número.

O problema da sobrepesca é hoje composto de mudança climática e poluição, que também estão afetando ecossistemas de oceano. As consequências podem ser terríveis. Se o aquecimento global continuar, a temperatura dos oceanos aumentará,

em geral é feito por cotas, o que limita o número de peixes por estação. As cotas podem frear a pesca não sustentável: por exemplo, 16% dos estoques pesqueiros em águas americanas foram alvo de sobrepesca em 2015, comparados a 25% em 2000. No entanto, o sistema de cotas pode encorajar pescadores a pegar os maiores peixes e devolver os menores, que costumam morrer pelo estresse de terem sido capturados. Em muitos casos, as cotas também não estabelecem um limite realmente sustentável; pescadores comerciais muitas vezes têm considerável poder de lobby e priorizam os ganhos econômicos de curto prazo provenientes de se pescar mais peixes em vez da sustentabilidade de longo prazo. A gestão de pesca pode ser ainda mais complicada por fatores como a natureza de acesso aberto do oceano, a pesca ilegal e ausência de regulamentação e supervisão.

Uma crise mundial

A sobrepesca é hoje uma questão global, com mais de 30% das áreas de pesca do mundo exploradas acima de seus limites biológicos, e 90% dos estoques pesqueiros no limite ou explorados em demasia. A gestão sustentável é essencial para a pesca continuar a ser fonte de empregos e suprir a demanda do consumidor.

As estratégias de gestão adotadas dependem da natureza do problema. Se

as banquisas dereterão ainda mais e os padrões de vento e correntes dos oceanos mudarão. Como resultado, nutrientes das zonas superficiais serão transferidos para as abissais, esgotando o ecossistema marinho e reduzindo a fotossíntese dos fitoplânctons, que servem como alimento de base na cadeia alimentar oceânica. Em três séculos – por volta de 2300 – as áreas de pesca do mundo poderiam ser 20% menos produtivas, e entre 50% e 60% menos produtivas no Atlântico Norte e oeste do Pacífico. As previsões, calculadas em 2018 pelos cientistas da Universidade da Califórnia em Irvine, têm como base o aquecimento global extremo – um aumento de 9,6 °C, mas seus modelos mostram que é uma possibilidade.

Encontrando novas soluções

O consumo de frutos do mar aumentou de 9,9 quilos per capita ao ano, na década de 1960, para mais de 20 quilos

Um criadouro de salmão em mar profundo, construído na China, é transportado para a Noruega. A enorme plataforma de piscicultura semissubmersível é projetada para fornecer 1,5 milhão de salmões ao ano.

em 2016. A demanda mundial deve chegar às 236 milhões de toneladas em 2030. A aquicultura, criação de peixes e frutos do mar, passou a suprir parte da demanda e tem o potencial de reduzir a pressão dos estoques pesqueiros selvagens. No entanto, ela tem seus próprios problemas. Nutrientes e sólidos acrescentados à água podem causar a degradação do ambiente. A formação de matéria orgânica decorrente do excesso de peixes em um viveiro pode modificar a química do sedimento, que tem impacto nas águas adjacentes. Peixes também podem escapar, introduzindo assim uma espécie estranha, ou doenças, no ambiente marinho ou de água doce externo.

Embora a criação de peixes ajude a suprir a demanda, a sobrepesca ainda é uma grande ameaça à saúde dos ecossistemas marinhos e ao futuro econômico de muitas nações. A moratória canadense interferiu severamente na economia e na cultura de Terra Nova e das províncias marítimas vizinhas. Para evitar crises como essa, mais governos terão que desenvolver práticas sustentáveis de pesca e proteger a saúde dos ecossistemas e estoques pesqueiros. ∎

Efeitos da poluição

Dois tipos de poluição são especialmente nocivos aos ecossistemas marinhos. Escoamento de fertilizantes é um problema comum: nitrogênio e fósforo contidos em muitos deles produzem eflorescência de algas (supercrescimento de algas, ou fitoplânctons), que depois morrem. À medida que se decompõem, consomem oxigênio, criando uma "zona morta" na água que não consegue manter nenhum tipo de vida. Os peixes têm que deixar o local, ou morrerão, e por isso os peixes jovens que vivem perto da margem estão em risco antes de irem para o mar aberto. Em 2017, a zona morta anual do Golfo do México tinha mais de 22 mil km². A poluição plástica é outra ameaça, pois os peixes ingerem fragmentos e ficam presos em redes e lixo. Estima-se que haja mais de 5 trilhões de pedaços de plástico no oceano, com mais de 8 milhões de toneladas adicionadas a cada ano. Se a poluição plástica continuar descontrolada, o volume de plástico no oceano excederá o de peixes em 2050.

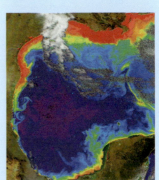

Proliferações de fitoplânctons em vermelho na imagem de satélite do Golfo do México. Bactérias decompõem as algas mortas, liberando CO_2 e absorvendo oxigênio essencial.

A INTRODUÇÃO DE ALGUNS COELHOS NÃO CAUSARIA MUITOS DANOS
ESPÉCIES INVASORAS

EM CONTEXTO

PRINCIPAIS NOMES
Ryan M. Keane,
Michael J. Crawley (1949–)

ANTES
1951 A Convenção Internacional para Proteção dos Vegetais é instituída para evitar a introdução e disseminação de pestes de plantas e seus produtos por meio do comércio internacional. É adotada em muitos países.

1958 *The Ecology of Invasions by Plants and Animals*, do britânico Charles Elton, é o primeiro livro publicado sobre biologia da invasão.

DEPOIS
2014 Estudos de ecologistas da Queen's University, Belfast, e da Stellenbosch University, África do Sul, sobre algumas das piores espécies invasoras do mundo revelam que os impactos ecológicos dessas espécies poderiam ser previstos por seu comportamento.

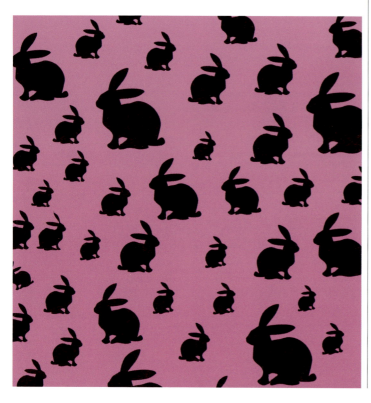

Alguns dos maiores danos aos ecossistemas são causados por espécies invasoras. São plantas, animais ou outros organismos não nativos a um ecossistema, mas introduzidos sobretudo pela ação humana, deliberada ou acidentalmente. Elas podem se tornar competidoras, parasitas e hibridizantes de plantas e animais nativos, ameaçando a sobrevivência dessas espécies.

A ascensão do coelho
Uma das invasões de espécie mais notáveis foi a do coelho europeu na Austrália. Ela começou em 1788, quando onze navios chegaram da Grã--Bretanha a Botany Bay, para

O FATOR HUMANO 271

Ver também: Equações predador-presa 44-49 ▪ Efeitos não letais de predadores sobre suas presas 76-77 ▪ Atividade humana e biodiversidade 92-95 ▪ A cadeia alimentar 132-133 ▪ O ecossistema 134-137 ▪ Mudança populacional caótica 184

A joaninha-asiática é a mais invasora do mundo. No Reino Unido, onde foi vista pela primeira vez em 2004, é considerada responsável pelo declínio de sete espécies nativas de joaninha.

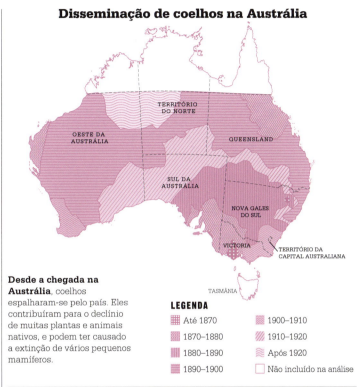

Disseminação de coelhos na Austrália

LEGENDA
- Até 1870
- 1870–1880
- 1880–1890
- 1890–1900
- 1900–1910
- 1910–1920
- Após 1920
- Não incluído na análise

estabelecer a primeira colônia penal australiana. A bordo da Primeira Frota, além das mais de mil pessoas, incluindo condenados e emigrantes, havia seis coelhos europeus levados como alimento.

Nos anos 1840, os coelhos tinham se tornado a base alimentar na Austrália, e ficavam contidos em cercados de pedra. Tudo mudou em 1859, quando um colono, Thomas Austin, importou doze casais de coelhos europeus e os soltou em sua propriedade em Victoria. Vinte anos depois, eles haviam migrado para o sul da Austrália e Queensland, e depois, nas duas décadas seguintes, para o oeste do país. Em 1920, a população de coelhos era de 10 bilhões.

Eles parecem ser criaturas inócuas, mas devastaram espécies nativas, competindo com elas por fontes de alimento, como gramíneas, ervas, raízes e sementes, e degradando a terra. A questão tornava-se especialmente problemática durante secas, quando comiam tudo o que encontravam para sobreviver.

Houve várias tentativas de controlar a população selvagem, de

Desde a chegada na Austrália, coelhos espalharam-se pelo país. Eles contribuíram para o declínio de muitas plantas e animais nativos, e podem ter causado a extinção de vários pequenos mamíferos.

cercas à prova de coelhos com mais de 3.200 quilômetros à introdução, mais exitosa, do vírus da mixomatose e da doença hemorrágica viral do coelho, em 1950 e 1995, respectivamente. A doença resultante provou-se a forma mais efetiva de controlar a população de coelhos e proteger espécies nativas.

O segredo do sucesso

À medida que espécies invasoras espalharam-se pelo mundo, cientistas tentaram determinar o que tornava essas espécies tão bem-sucedidas e como controlá-las sem introduzir problemas adicionais ao ecossistema. Apesar das dificuldades pela falta de dados comparativos sobre outras espécies invasoras não exitosas, cientistas criaram inúmeras teorias para explicar o sucesso de certas espécies em ambientes não nativos, incluindo a hipótese da disponibilidade de recursos, a hipótese da evolução da capacidade competitiva aumentada e a hipótese da liberação do inimigo.

Em geral, o sucesso das espécies depende de uma série de fatores genéticos, ecológicos e demográficos. A hipótese da disponibilidade de recursos, proposta em 1985 pelos ecologistas Phyllis Coley, John Bryant e F. Stuart Chapin, defende que uma espécie invasora prospera »

ESPÉCIES INVASORAS

O mexilhão-zebra

O caso do mexilhão-zebra demonstra as diversas formas de abordar o controle de espécies invasoras e seus desafios. Mexilhões-zebra são pequenos moluscos de concha listrada. São nativos da Eurásia, mas foram descobertos na região dos Grandes Lagos da América do Norte, em 1988, provavelmente levados pela água de lastro descarregada por navios chegados da Europa. Desde então, mexilhões-zebra espalharam-se pelo meio-oeste dos Estados Unidos e foram encontrados até na Califórnia.

Os mexilhões-zebra grudam em mariscos e outros mexilhões, filtrando as algas de que as espécies nativas se alimentam para sobreviver. Também obstruem canos usados por usinas de energia e reservas de água potável. Entre os mecanismos de controle atuais estão compostos químicos, água quente e sistemas de filtragem. Embora cada um tenha tido algum sucesso, nenhuma dessas soluções foi capaz de erradicar com segurança os mexilhões. Como resultado, eles continuam se espalhar pelas águas dos EUA.

Estamos vendo uma das maiores convulsões históricas na fauna e flora mundiais.
Charles Elton

Por que espécies invasoras têm êxito?

- Elas têm **menos inimigos** que as espécies nativas.
- Elas estão **bem-adaptadas** ao novo ambiente.
- Elas **superam** as espécies nativas.
- Elas são **tóxicas para** espécies **nativas**.

porque já está bem-adaptada ao novo ambiente e é capaz de tirar vantagem de qualquer recurso excedente. A hipótese da evolução da capacidade competitiva aumentada, publicada pelos ecologistas Bernd Blossey e Rolf Nötzold em 1995, sugere que uma planta invasora, encontrando menos herbívoros em seu ambiente naturalizado, pode alocar mais recursos para reprodução e sobrevivência e, assim, superar as espécies nativas. A hipótese da liberação do inimigo, exposta pelos ecologistas Ryan M. Keane e Michael J. Crawley em 2002, no artigo "Exotic plant invasions and the enemy release hypothesis", defende que as espécies invasoras têm poucos inimigos em seus ambientes naturalizados, então podem se disseminar mais. A realidade é que o sucesso de espécies invasoras provavelmente se deve à soma de muitos mecanismos.

Plantas invasoras

Uma planta que parece sustentar múltiplas hipóteses sobre sucesso de espécies invasoras é a erva-alheira (*Alliara petiolata*). Nativa da Europa, oeste e centro da Ásia, e noroeste da África, ela foi levada à América do Norte pelos primeiros colonos para uso alimentar e medicinal, e rapidamente se espalhou. A infestação contínua afetou a taxa de crescimento de mudas de árvores e a diversidade de plantas nativas, levando a mudanças no ecossistema de floresta invadido.

Em sua faixa nativa, a erva-alheira é consumida por até 69 espécies de insetos, mas nenhum deles está presente na América do Norte. Essa falta de predação e o sucesso da invasão da planta dão suporte à hipótese da liberação do inimigo. A erva-alheira também compete com plantas nativas por recursos,

A erva-alheira é altamente invasora na América do Norte, inibindo outras plantas. Em seu habitat nativo, é considerada uma flor silvestre atrativa, embora possa ter odor forte.

Desde sua introdução na Austrália, em 1935, os sapos-cururus superaram os sapos nativos porque se reproduzem mais rápido.

cumprindo a hipótese da disponibilidade de recursos. A planta ainda secreta compostos secundários que podem "atacar" plantas nativas, inibindo sua germinação e seu crescimento. Isso sustenta a hipótese das "novas armas", proposta pelos ecologistas Wendy M. Ridenour e Ragan M. Callaway em 2004, que postula que espécies invasoras têm armas bioquímicas que lhes dão uma vantagem crucial sobre espécies nativas.

A arte do controle

Espécies invasoras exitosas são extremamente difíceis de controlar e quase impossíveis de erradicar. Se a espécie é uma planta, a forma mais óbvia de removê-la é arrancá-la ou cortá-la, mas tais métodos são altamente trabalhosos, sobretudo em uma área ampla. O uso de químicos para destruir espécies invasoras costuma funcionar, mas também pode matar espécies nativas e prejudicar a saúde do solo, com a ameaça adicional de serem nocivos a humanos.

Um método de controle usado com frequência, conhecido como controle biológico ou "biocontrole", coloca os próprios inimigos de uma espécie invasora contra ela. Em um evento anterior, a mariposa-do-cacto, nativa da América do Sul, foi introduzida na Austrália para se alimentar do figo-da-índia. A planta havia sido introduzida nos anos 1770 e estava sufocando terras agrícolas em Nova Gales do Sul e Queensland. No início da década de 1930, a maior parte dos pés de figo-da-índia havia sido erradicada.

Nem todo biocontrole é efetivo, e algumas medidas têm consequências desastrosas. Por exemplo, em 1935, sapos-cururus foram introduzidos na Austrália para controlar o invasor besouro-da-cana, que estava destruindo campos de cana-de-açúcar. O sapo-cururu havia sido eficiente no controle de besouros no Havaí, daí presumiu-se que teria igual sucesso na Austrália. No entanto, o besouro-da-cana alimenta-se primariamente do topo dos talos de cana, fora do alcance dos sapos. Uma falta de entendimento dos diferentes ambientes ocupados pelas duas criaturas significou que o sapo-cururu foi a escolha errada de biocontrole. Quando o erro foi percebido, o sapo havia se espalhado pela Austrália, envenenando qualquer espécie de predador que tentasse comer o anfíbio tóxico. Mesmo quando o biocontrole reprime a espécie invasora, ele pode criar desequilíbrios nos ecossistemas ou na economia das comunidades locais. As agências regulatórias ficam, portanto, muitas vezes hesitantes em apoiar biocontrole sem extensiva pesquisa anterior. Não existe fórmula mágica para controlar todas as espécies invasoras. Elas dependem de complexas interações ecossistêmicas, e os cientistas continuam a desenvolver experimentos de campo para testar suas hipóteses de como espécies invasoras funcionarão na natureza. ∎

Agora é a hora de agir. Os custos aos habitantes e à economia estão [...] fora de controle.
Bruce Babbitt
Secretário do Interior dos EUA, 1993–2001

À MEDIDA QUE A TEMPERATURA SOBE, O SISTEMA DELICADAMENTE EQUILIBRADO ENTRA EM DESORDEM

ANTECIPAÇÃO DA PRIMAVERA

ANTECIPAÇÃO DA PRIMAVERA

EM CONTEXTO

PRINCIPAL NOME
Camille Parmesan (1961–)

ANTES
1997 Um grupo de cientistas americanos publica evidências de uma temporada mais longa de crescimento para plantas nas altas latitudes do norte de 1981 a 1991.

2002 O naturalista Richard Fitter revela que a primeira data de florescimento de 385 espécies de plantas no Reino Unido adiantou em 4,5 dias na década anterior.

DEPOIS
2006 Jonathan Banks, da Clean Air Task Force dos EUA, é o primeiro a usar o termo "antecipação de estação" para descrever o início cada vez mais precoce das estações como resultado da mudança climática.

2014 Nos EUA, o National Climate Assessment confirma tendência de longo prazo de invernos mais curtos e moderados e degelos de primavera antecipados.

Estamos vendo a mudança acontecer muito mais rápido do que pensei há dez anos.
Camille Parmesan

A maioria dos cientistas concorda que a mudança climática, induzida pelo aumento dos gases do efeito estufa, está elevando a temperatura global média. O Painel Intergovernamental sobre Mudanças Climáticas (IPCC, na sigla em inglês) cita um aumento de 1 °C desde 1880, embora em algumas regiões o aquecimento tenha sido muito mais marcado. Isso afetou o comportamento de plantas e animais, e o IPCC prevê um aumento futuro de 1,4-5,5 °C durante os próximos cem anos.

Os ciclos de vida de plantas e animais mudam com as estações. A fenologia é o estudo dessas mudanças sazonais. Elas podem ser desencadeadas pela temperatura, pela precipitação ou pela duração da luz do dia, mas é provável que a temperatura seja o fator mais importante nas regiões temperada e polar da Terra, e a precipitação seja o fator-chave nos trópicos. Em 2003, os estudiosos Camille Parmesan e Gary Yohe provaram que o início da primavera está acontecendo mais cedo – fenômeno chamado antecipação da primavera.

Antecipação de estações

Por muitas décadas, as pessoas observaram folhas e flores aparecendo mais cedo na primavera. No passado, as alegações eram descartadas, consideradas pouco "científicas" pela falta de fatos, números ou conjunto de dados. Quando Camille Parmesan e

O impacto de mudanças sazonais em plantas e animais

Plantas produzem **folhas, flores e frutos**, e **perdem suas folhas**.

Mamíferos **se reproduzem e criam filhotes**. Alguns **hibernam** no inverno.

Aves **fazem ninhos e procriam**. Muitas delas (e outros animais) **migram** por longas distâncias.

Após saírem dos ovos, anfíbios, insetos e outros animais **metamorfoseiam-se** de um corpo em outro.

Todas as formas de vida reagem a mudanças no clima ligadas ao ciclo sazonal. Migração, procriação, floração, hibernação e metamorfose são alguns dos eventos afetados por esse ciclo.

O FATOR HUMANO 277

Ver também: Ecologia animal 106-113 ▪ Comportamento animal 116-117 ▪ Fundamentos da ecologia vegetal 167 ▪ Aquecimento global 202-203 ▪ Habitats ameaçados 236-239 ▪ Contenção da mudança climática 316-321

Gary Yohe publicaram evidências, em 2003 – com base em análises de mais de 1.700 espécies –, eles mostraram que a mudança era muito real. Os dados indicavam que o início da primavera realmente estava ocorrendo mais cedo – cerca de 2,3 dias, em média, por década. Outros estudos nos últimos anos apoiaram essas descobertas.

Muitas das mudanças que ocorrem em vegetais são governadas pela temperatura, incluindo surtos de crescimento; o aparecimento de folhas, flores e frutos; e a morte das folhas no outono. A maioria das cadeias alimentares se inicia com as plantas, de modo que essas mudanças afetam pastadores, podadores, de coelhos a cervos, e polinizadores, incluindo abelhas e borboletas. Todos estão na base da cadeia alimentar (consumidores primários). Se eles lutam para encontrar alimentos, os que se alimentam deles (consumidores secundários) também sofrem pela ausência de presas.

Efeitos da mudança climática

Uma Terra mais quente produz muitos efeitos. Em várias partes mais frias do mundo, a estação livre de gelo está mais longa do que antes, oferecendo um período de crescimento mais longo para plantas. À medida que algumas regiões ficam mais secas e outras, mais úmidas, episódios de chuvas fortes e inundações tornam-se mais comuns. Eflorescências de algas tóxicas em lagos estão ocorrendo com mais frequência. A cobertura de gelo em regiões polares também está diminuindo. Todas essas mudanças afetaram, e continuarão a afetar, o comportamento animal e vegetal.

Desde 1993, a Agência Europeia do Ambiente (AEA) vem trabalhando seriamente para reunir dados dos milhares de estudos – desde, pelo menos, 1943 – e criar um panorama da antecipação da primavera na Europa. As evidências da AEA mostram a antecipação da produção de pólen pelas plantas, da desova de sapos e da nidificação de aves. Segundo os dados, muitos insetos cujos ciclos de vida são governados pela temperatura do ar (insetos termófilos, como borboletas e besouros escolitíneos) agora têm uma estação de acasalamento mais longa, permitindo que produzam gerações extras a cada ano. Por exemplo, algumas borboletas que antes tinham duas gerações agora têm três.

Na Espanha, botânicos estudaram dados de 29 espécies de plantas. Descobriram que, em 2003, as folhas começaram a surgir 4,8 dias antes, em média, do que em 1943; flores, 5,9 dias »

As folhas de algumas espécies de carvalho ficam vermelhas pouco antes de cair, no outono. Comparar a data em que isso ocorre ano a ano pode fornecer evidências da mudança climática.

Camille Parmesan

Nascida em 1961, a professora Camille Parmesan é uma acadêmica americana conhecida por ser uma das principais estudiosas das mudanças climáticas. Fez doutorado em ciências biológicas na Universidade do Texas em Austin, em 1995, e suas pesquisas anteriores abordavam a evolução da interação entre insetos e plantas. Por quase vinte anos, ela se concentrou em documentar as alterações do alcance geográfico das borboletas na América do Norte e na Europa, relacionando-as à mudança climática. Parmesan tem sido uma figura de liderança no IPCC, e seu trabalho lhe rendeu muitos elogios, sendo citado em centenas de ensaios acadêmicos. É professora de biologia integrativa na Universidade do Texas em Austin, e conselheira de instituições internacionais de conservação.

Obras importantes

2003 "A globally coherent fingerprint of climate change impacts", *Nature*
2015 "Plants and climate change: complexities and surprises", *Annals of Botany*

antes; frutos, 3,2 dias antes; e a morte das folhas, 1,2 dia antes. No Reino Unido, as evidências foram ainda mais drásticas: em 2005, em 53 espécies de plantas, folhas, flores e frutos surgiram quase seis dias mais cedo que em 1976. Da mesma forma, a estação de frutificação de 315 tipos de fungo estudados na Grã-Bretanha aumentou de 33 para 75 dias na segunda metade do século XX.

Maiores períodos de crescimento de plantas parecem algo bom, mas as temperaturas mais elevadas criam, além de vantagens, problemas. Nem todos os insetos são bem-vindos, e invernos mais curtos e moderados

Algumas espécies de abelhas agora surgem mais cedo, na primavera, de acordo com as datas precoces de floração das plantas que polinizam. Outras, porém, não conseguiram tal sincronização.

matam menos insetos dormentes, alguns dos quais, por consequência, passam por explosões populacionais e produzem infestações nocivas. Primaveras mais quentes permitem que a mosca-serra, cuja larva se alimenta de agulhas de pinheiros, desenvolva-se depressa demais para que as aves e parasitas que se alimentam dela consigam manter sua população sob controle. Dessa forma, as moscas-serra acabam com as agulhas das árvores e atrofiam seu crescimento.

Migração e hibernação

Aves que migram na primavera para acessar fontes de alimento ricas também enfrentam problemas. Algumas ajustaram seu cronograma de voo para se beneficiar da abundância precoce de insetos. Após a longa viagem desde a África subsaariana, as

primeiras andorinhas chegam ao Reino Unido cerca de vinte dias antes do que nos anos 1970, e as andorinhas-do-barranco chegam a seu destino 25 dias antes. No entanto, há evidências de que aves que migram da América Central para a Nova Inglaterra, EUA, diminuíram mais rapidamente do que as que permanecem o ano todo na Nova Inglaterra. Isso acontece porque as aves migratórias não conseguem ajustar as datas de partida da América Central para chegar a tempo de se beneficiar da abundância precoce de insetos, como fazem as aves locais.

A mudança climática também parece ter mudado o comportamento de mamíferos hibernantes. Zoólogos do Laboratório Biológico Rocky Mountain descobriram que em 1999, marmotas-de-ventre-amarelo no Colorado surgiram 38 dias antes que em 1975. Em 2012, cientistas da Universidade de Alberta descobriram que, nas últimas duas décadas, a queda de neve tardia atrasou em dez dias o surgimento pós-hibernação dos esquilos-terrestres de Rock Mountain. Isso diminuiu o já curto período ativo em que acasalam, dão à luz e se alimentam em preparação para o próximo ciclo de hibernação.

Dissociação

A sobrevivência de alguns organismos pode ser ameaçada pela "dissociação" das interações entre espécies. Isso pode interferir seriamente no equilíbrio dos

Agora temos certeza do que suspeitávamos anos atrás. A política precisa alcançar a ciência.
Camille Parmesan

O FATOR HUMANO

Um chapim-real alimenta seus filhotes. Se a procriação ocorre após o pico das lagartas na primavera, há menos alimento para as aves jovens e menos sobrevivem para procriar.

ecossistemas. Se flores surgem mais cedo, as abelhas que as polinizam podem responder de duas formas: também surgir mais cedo, ou se deslocar para uma latitude mais alta para encontrar flores que surgirão mais tarde. Estudos de dez espécies de abelhas selvagens no nordeste da América do Norte mostram que seu comportamento, de fato, mudou de acordo com o florescimento precoce. No entanto, as abelhas mamangabas do Colorado não se adequaram às mudanças e sua população diminuiu. Se o número de polinizadores cair, o mesmo pode acontecer com as plantas que polinizam.

Há evidências de que muitos consumidores primários tenham se ajustado a fenômenos naturais modificados, mas espécies mais no alto da cadeia alimentar parecem ter mais dificuldade. Embora as aves estejam fazendo seus ninhos mais cedo, o tempo do surgimento dos insetos adiantou mais rapidamente. Isso é um problema para aves que dependem de picos de abundância de insetos. Por exemplo, papa-moscas-pretos e chapins-reais alimentam seus filhotes com lagartas, que são abundantes por um curto período da primavera. Devido à mudança climática, o pico de lagartas agora ocorre mais cedo, mas as aves não conseguiram adiantar as datas de postura de ovos o suficiente para se beneficiar da oferta de alimento. Estudos mostram que menos filhotes de papa-moscas e chapins-reais estão sobrevivendo. Os números de papa-moscas-pretos caíram nas florestas holandesas, possivelmente resultado da mudança climática.

Entrando em ação

Todas essas evidências perturbadoras estimularam cientistas do mundo todo que estudam o clima a procurar os governos e exigir mudanças políticas. A antecipação da primavera está sendo usada como prova incontestável de que a mudança climática está ocorrendo, e pesquisadores apelaram para as autoridades para combater o aquecimento global e salvar espécies familiares que têm sua existência ameaçada por mudanças fenológicas. ∎

Lasiommata megera e mudança climática

A mudança climática às vezes produz resultados inesperados. Por exemplo, no Reino Unido, o ciclo de vida da borboleta *Lasiommata megera* foi perturbado por mudanças nas condições climáticas. Antes, a borboleta produzia duas gerações a cada verão. Os adultos acasalavam no fim da estação, a fêmea botava ovos, e os ovos viravam lagartas. Em setembro, essas lagartas encontravam alimento suficiente para crescer e se sustentar em hibernação durante o inverno. Na primavera, as lagartas metamorfoseavam-se em pupas e depois viravam adultas. O clima mais quente permitiu que uma nova geração se desenvolvesse no outono, com adultos voando até meados de outubro. Quando a terceira geração de lagartas nasce, há pouco alimento, então a maioria morre de fome. Cientistas chamam isso de "armadilha evolutiva", e ela é provavelmente responsável pelo declínio dessas borboletas.

A borboleta que eu estava estudando modificou seu alcance em meio continente – eu disse que era importante [...] Desde então, tudo se confirmou.
Camille Parmesan

UMA DAS PRINCIPAIS AMEAÇAS À BIODIVERSIDADE SÃO AS DOENÇAS INFECCIOSAS
VÍRUS DE ANFÍBIOS

EM CONTEXTO

PRINCIPAL NOME
Malcolm McCallum (1968–)

ANTES
1989 O sapo-dourado da Costa Rica, antes comum, é declarado extinto. Várias explicações são propostas.

1998 Nos EUA, vários sapos da família *Dendrobatidae* morrem no Zoológico Nacional de Washington, D.C. A causa é o fungo da quitridiomicose.

DEPOIS
2009 O sapo-de-kihansi, da Tanzânia, é declarado extinto na natureza como resultado de quitridiomicose.

2013 Uma segunda espécie de fungo quase causa a extinção das salamandras-de-fogo na Holanda.

2015 O fungo da quitridiomicose é detectado em anfíbios em 52 dos 82 países analisados.

Desde a década de 1980, centenas de espécies de anfíbios sofreram quedas populacionais e extinções localizadas – a uma taxa estimada de mais de duzentas vezes a natural, a taxa de extinção "normal", não afetada pela atividade humana moderna. Esse fenômeno alarmante atraiu a atenção pública pela primeira vez em 1999, quando o ambientalista americano Malcolm McCallum publicou suas descobertas sobre o drástico aumento nas deformidades em sapos. Ele produziu estudos de referência sobre declínio e extinção de anfíbios.

As causas do problema são amplas e incluem destruição de habitat e poluição, além de competição por parte de espécies não nativas. Mas uma das causas mais graves é com certeza a doença, com dois culpados particularmente letais.

Vírus da quitridiomicose e ranavírus

A quitridiomicose é uma doença causada por fungo, e acabou com populações de rãs e sapos. O fungo afeta a pele de anfíbios, de modo que

A rã-touro-americana é resistente ao fungo da quitridiomicose, mas age como transmissora fatal da infecção a outras espécies de anfíbios.

não conseguem respirar, se hidratar ou regular sua temperatura. A origem exata do fungo não é conhecida, mas o comércio global de anfíbios para usos diversos – como animais de estimação, alimento, iscas de pesca ou pesquisa – foi o principal fator de disseminação.

Os ranavírus evoluíram de um vírus de peixes. Eles infectam anfíbios e répteis, e têm causado mortalidade em massa de sapos desde os anos 1980. O ranavírus do sapo-parteiro provoca sangramento, feridas na pele, letargia e emaciação. É notavelmente virulento e tem a habilidade de "saltar" de uma espécie a outra. ∎

Ver também: Biomas 206-209 ▪ Poluição 230-235 ▪ Habitats ameaçados 236-239 ▪ Desmatamento 254-259 ▪ Sobrepesca 266-269

O FATOR HUMANO **281**

IMAGINE TENTAR CONSTRUIR UMA CASA ENQUANTO ALGUÉM FICA ROUBANDO SEUS TIJOLOS
ACIDIFICAÇÃO DOS OCEANOS

EM CONTEXTO

PRINCIPAIS NOMES
Kenneth Caldeira (1960–),
Michael E. Wickett (1971–)

ANTES
1909 O químico dinamarquês Søren Sørensen desenvolve a escala de pH para medir acidez.

1929 Os biólogos americanos Alfred Redfield e Robert Goodkind descobrem que o excesso de dióxido de carbono na água sufoca lulas.

1933 O químico alemão Hermann Watternberg faz a primeira pesquisa global sobre acidez de oceanos enquanto analisa resultados da expedição atlântica do navio de pesquisa *Meteor*.

DEPOIS
2012 Nos EUA, o oceanógrafo James C. Zachos e seus colegas usam evidências fósseis de sedimentos do mar para mostrar que a acidificação passada do oceano levou à extinção em massa de criaturas marinhas.

Adicionar dióxido de carbono (CO_2) ao ar não apenas desencadeia mudança climática, mas também torna os oceanos mais ácidos. Até agora, os oceanos abrandaram os piores efeitos do aquecimento global, absorvendo metade do CO_2 adicionado à atmosfera pela atividade humana. No entanto, o gás altera a química dos oceanos.

Em 2003, os especialistas em clima Ken Caldeira e Michael E. Wickett investigaram os efeitos da poluição de CO_2 nos oceanos. Eles pegaram amostras de água do mar do mundo todo e descobriram que a acidez havia aumentado sensivelmente nos últimos duzentos anos de industrialização. Eles cunharam o termo "acidificação do oceano" e previram que essa mudança poderia se acelerar nos cinquenta anos seguintes, com resultados nocivos.

Muitas criaturas marinhas contam com a alcalinidade natural da água do mar para manter carbonatos para produzir suas conchas e esqueletos. Até uma leve queda na alcalinidade prejudica seriamente o crescimento, em especial de criaturas sensíveis como corais e plânctons. A acidificação pode exterminar corais em décadas; se eles se forem, o mesmo ocorrerá com os ecossistemas de recife. Fitoplânctons são a base da cadeia alimentar oceânica, vitais para manter os níveis globais de oxigênio.

A acidificação dos oceanos é mais difícil de reverter do que os efeitos atmosféricos das emissões de CO_2, e seu impacto devastador sobre a biodiversidade, áreas pesqueiras e segurança alimentar permanece sendo uma preocupação séria. ■

A maior parte do CO_2 lançado na atmosfera como resultado da queima de combustíveis fósseis será absorvida pelo oceano.
Ken Caldeira e Michael Wickett

Ver também: Aquecimento global 202-203 ▪ Poluição 230-235 ▪ Habitats ameaçados 236-239 ▪ Chuva ácida 248-249 ▪ Contenção da mudança climática 316-321

OS DANOS AMBIENTAIS CAUSADOS PELA EXPANSÃO URBANA NÃO PODEM SER IGNORADOS
EXPANSÃO URBANA

EM CONTEXTO

PRINCIPAL NOME
Robert Bruegmann (1948–)

ANTES
1928 O arquiteto britânico Clough Williams-Ellis compara o crescimento de Londres a um polvo devorando a área rural.

Déc. de 1950 Com a prosperidade pós-guerra e a crescente posse de veículos nos EUA, a classe média deixa os centros lotados e se muda para áreas novas, mais vazias, nos subúrbios.

DEPOIS
2017 Uma crise habitacional no Reino Unido pede a suspensão de restrições sobre novas construções nos cinturões verdes ao redor das principais cidades.

2050 Ano em que, segundo estimativas da ONU publicadas em 2014, a população urbana do mundo deve chegar a 6,34 bilhões, dentro de uma população projetada de 9,7 bilhões.

Desde os anos 1950, o termo "expansão urbana" tem sido amplamente usado para descrever o crescimento de subúrbios de baixa densidade nos arredores de centros de alta densidade. O termo foi usado pela primeira vez em 1955 pelo jornal *Times*, no Reino Unido, para descrever a propagação dos subúrbios de Londres. Na época, as autoridades de planejamento britânicas estavam introduzindo "cinturões verdes" nos arredores das cidades, onde novos prédios eram quase totalmente proibidos. Os cinturões verdes foram projetados para impedir que cidades se alastrassem e se fundissem com outras cidades menores.

A velha cidade está submersa em uma região urbana ampla, multicêntrica, de baixa densidade, altamente heterogênea.
Robert Bruegmann

As definições modernas de expansão urbana variam, mas normalmente têm implicações negativas. Em seu extremo, criou megalópoles – definidas pela ONU como cidades com mais de 10 milhões de pessoas. Exemplos de megalópoles são Tóquio-Yokohama (38 milhões), Jacarta (30 milhões) e Delhi (25 milhões).

Distúrbio ecológico

Alguns pesquisadores alegam que a expansão urbana, de toda a atividade humana, é a ameaça mais séria à biodiversidade. Os novos subúrbios abrigam relativamente poucas pessoas, mas demandam níveis de infraestrutura extensivos e desproporcionais, como fornecimento de energia e água, e redes de transporte. À medida que as cidades inflam, valiosas terras agrícolas são cobertas de concreto, e habitats naturais são prejudicados ou totalmente perdidos. A expansão também pode lesar a fauna e a flora locais pela introdução de animais de estimação e plantas invasoras que ameaçam espécies nativas. O transporte público limitado em áreas de baixa densidade também significa que a população suburbana tende a ter mais de um carro, o que piora os níveis de poluição do ar nas cidades – assim como os fogões a lenha e carvão dos pobres em assentamentos irregulares remotos.

O FATOR HUMANO 283

Ver também: Poluição 230-235 ▪ Habitats ameaçados 236-239 ▪ Desmatamento 254-259 ▪ Esgotamento dos recursos naturais 262-265 ▪ Vírus de anfíbios 280

Toluca já foi uma cidadezinha pitoresca a oeste da Cidade do México. Hoje com 800 mil pessoas, aos poucos está se fundindo com a expansão da capital – a um alto custo ecológico.

A área do mundo atualmente coberta por desenvolvimento urbano tem uma vez e meia o tamanho da França. A Cidade do México expandiu-se mais do que qualquer outra cidade do ocidente. Indo muito além de suas fronteiras oficiais para se tornar lar de mais de 21 milhões de pessoas. Ela também cresceu de forma desproporcional: entre 1970 e 2000, a área de superfície da cidade cresceu uma vez e meia mais rápido do que sua população. Embora 59% do território da cidade seja de áreas protegidas, a exploração ilegal de madeira e a expansão urbana continuam a degradar a floresta urbana, as pradarias e os suprimentos de água.

Estima-se que 37% de todo o crescimento urbano até 2050 ocorrerá só na China, Índia e Nigéria. Em Pequim e outras cidades da China, *hutongs* (vielas) densamente povoadas, onde os pobres urbanos costumavam viver, estão dando lugar a quarteirões de luxo de baixa densidade, empurrando os limites da cidade – e os pobres urbanos – para mais longe dos centros. A dependência de carros nos novos bairros, e a falta de centros de atividades, significa que há pouca oportunidade de vida comunitária.

Ciente dos problemas causados pela urbanização, o governo chinês está tentando limitar a população de Xangai a 25 milhões e a de Pequim a 23 milhões, ao restringir terrenos disponíveis para construção e controlar a entrada de pessoas, expulsando trabalhadores com poucas competências. A China também está construindo bairros de maior densidade com ruas estreitas, mais cruzamentos e mais transporte público, o que favorecerá a formação de comunidades. ▪

O axolotle ameaçado

Uma das vítimas da expansão urbana da Cidade do México foi o pequeno axolotle, uma salamandra pálida que parece um peixe, mas na verdade é um anfíbio, às vezes conhecido como "peixe que anda" mexicano. Podendo chegar a 30 cm de comprimento, o axolotle se alimenta de insetos aquáticos, pequenos peixes e crustáceos, e tem a capacidade de regenerar membros cortados – qualidade que transformou espécimes em cativeiro em objeto de pesquisa científica. A versão cativa também é um bicho de estimação comum em aquários pelo mundo. Historicamente, o axolotle selvagem vivia em canais urbanos criados pelos astecas quando construíam sua capital, no século XIII, e na rede de lagos ao redor da cidade que alimentava esses canais. Conforme a Cidade do México se expandiu, os canais se perderam, e a população de axolotles selvagens entrou em declínio. Em 2006, foi adicionado à lista de espécies criticamente ameaçadas e, em 2015, achou-se que a criatura poderia ter sido extinta. No entanto, espécimes foram encontrados no lago Xochimilco, no sul da Cidade do México.

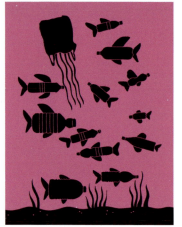

NOSSOS OCEANOS ESTÃO VIRANDO UMA SOPA DE PLÁSTICO
LIXÃO DE PLÁSTICO

EM CONTEXTO

PRINCIPAL NOME
Charles J. Moore (1947–)

ANTES
Déc. de 1970 Cientistas começam a pesquisar resíduos plásticos no mar após matérias na revista *Science* apontarem grande quantidade de microplástico no Atlântico Norte.

1984 A primeira Conferência Internacional de Detritos Marinhos, no Havaí, chama a atenção para o crescente problema do lixo nos oceanos.

DEPOIS
2016 O documentário *Oceanos de plástico*, dirigido pelo jornalista australiano Craig Leeson, destaca os efeitos globais da poluição plástica.

2018 A Earth Day Network, organização comprometida a disseminar o movimento ambiental pelo mundo, define o fim da poluição plástica como tema do Dia da Terra (comemorado em 22 de abril) de 2018.

Quando o plástico passou a ser produzido em massa, no início do século XX, o mundo ficou admirado com a versatilidade e durabilidade de um material que podia ser moldado em qualquer formato, usado e descartado. O problema do plástico, no entanto, é que a maior parte dele nunca desaparece. Segundo a revista britânica *The Economist*, só 20% das 6,3 bilhões de toneladas de plástico produzidas no mundo desde os anos 1950 foram queimadas ou recicladas. Isso significa que 80% – 5 bilhões de toneladas – estão em aterros ou em outras partes do ambiente.

Poluindo os oceanos
Microplásticos – fragmentos minúsculos de plástico de menos de cinco milímetros – são ainda mais difíceis de recolher. Englobando 90% do plástico nos oceanos, eles se movem com rapidez pelas correntes como uma sopa turva. O problema foi identificado pela primeira vez em 1997 pelo capitão Charles Moore, oceanógrafo americano que o destacou em seu livro *Plastic Ocean*, de 2011. Voltando de uma competição de iatismo, Moore se deparou com uma grande ilha de detritos plásticos no Pacífico. Hoje, sabe-se que a Grande Ilha de Lixo do Pacífico (GILP) tem uma área maior do que a França, Alemanha e Espanha combinadas, com 79 mil toneladas de microplástico aglomerado pela corrente vertiginosa conhecida como Giro do Pacífico Norte.

A GILP é uma das várias ilhas oceânicas de lixo – há outras nos oceanos Atlântico e Índico e também em corpos de água menores, como o

Uma "lixeira flutuante" é esvaziada no porto de Sydney. O Seabin Project, introduzido na Austrália em 2015, ajuda a neutralizar a poluição plástica filtrando a água de superfície em portos.

O FATOR HUMANO

Ver também: A cadeia alimentar 132-133 ▪ O domínio da humanidade sobre a natureza 296 ▪ Devastação da Terra pelo homem 299 ▪ Programa O Homem e a Biosfera 310-311

Plástico é **reciclado**, **queimado**, colocado em **aterros** ou **jogado** no **oceano**.

Ele leva **milhares** de **anos** para se **decompor**.

A **ação das ondas** e a **luz** uv quebram o **plástico** no oceano em **fragmentos minúsculos**, que **se espalham** pela **água**.

Nossos oceanos estão virando uma sopa de plástico.

mar do Norte. Microcontas de plástico, introduzidas pelas empresas de cosméticos nos anos 1990, pioraram o problema. Usadas em produtos de cuidados pessoais, como sabonetes, esfoliantes e cremes dentais, as contas viajam dos sistemas de tratamento de água para rios e oceanos, onde são consumidas por peixes e outros animais, com os mesmos efeitos nocivos do microplástico (ver quadro à direita).

Passos para limitar o plástico

Limpar a poluição plástica é uma tarefa colossal. Decompor o plástico a seus químicos constituintes requer quantidades enormes de energia, o que também prejudica o ambiente. A melhor solução é aprender a viver sem plástico. A maioria dos países proibiu ou está organizando um cancelamento gradativo de microcontas em produtos de beleza, e muitos países, seguindo o exemplo de Bangladesh em 2002, estão proibindo o fornecimento de sacolas plásticas de uso único. Outras medidas incluem a proibição de canudos plásticos e a promoção do uso de garrafas de água reutilizáveis e embalagens recicláveis ou compostáveis. ▪

A sociedade do descartável não pode ser contida – é global. Não podemos armazenar e manter ou reciclar todas as coisas.
Charles J. Moore

Efeitos na vida selvagem

O plástico é um perigo à vida selvagem em muitos aspectos. Itens maiores, como sacolas, podem sufocar ou estrangular aves e animais marinhos; se ingeridos, podem lesar o trato digestivo ou fazer com que morram de fome ao obstruir o estômago. Se microplásticos são ingeridos, toxinas podem passar ao tecido adiposo do animal, depois sendo transmitidos pela cadeia alimentar.

O Greenpeace estima que nove em dez aves marinhas, uma em três tartarugas, e mais de metade da população de baleias e golfinhos já ingeriram plástico. Até alguns dos crustáceos que vivem na Fossa das Marianas, no Pacífico, ponto mais profundo dos oceanos do mundo, já ingeriram plástico.

Empresas estão começando a levar a sério a redução do uso do material. Uma cervejaria na Flórida encontrou um jeito de produzir anéis agrupadores de latas com subprodutos da produção de cerveja, de modo que as aves possam ingeri-los se ficarem presas neles.

Ganso-patola fica preso em anéis plásticos agrupadores de latas. Aves que forrageiam na praia, como gaivotas, tendem a se prender em detritos como esse.

A ÁGUA
É UM BEM PÚBLICO
E UM DIREITO HUMANO
A CRISE HÍDRICA

288 A CRISE HÍDRICA

EM CONTEXTO

PRINCIPAL NOME
Maude Barlow (1947–)

ANTES
1983–1985 Secas na Etiópia, Eritreia e Sudão causam 450 mil mortes.

1990 A dessecação do mar de Aral é declarada o pior desastre ecológico do mundo no século XX pelo Programa da ONU para o Meio Ambiente.

2008 A ONU estima que cerca de 42 mil pessoas morrem toda semana por doenças relacionadas a água suja e saneamento precário.

DEPOIS
2011–2017 A Califórnia sofre uma das piores secas já registradas, com impacto na agricultura, natureza e vida cotidiana.

2017 A ativista da causa da água Maude Barlow revela que metade dos rios da China sumiu desde 1990.

A vida demanda acesso a água limpa; negar o direito à água é negar o direito à vida. A luta pelo direito à água é uma ideia cujo tempo chegou.
Maude Barlow

Em 2008, a ativista canadense Maude Barlow defendeu que o déficit de água havia se tornado a crise ecológica e humana mais urgente do século XXI. Enfatizando que a água é um "bem comum" (recurso compartilhado) e que o acesso a ela é um direito humano fundamental, Barlow expôs como desperdício, poluição e consumo exagerado significavam que não se podia contar com o ciclo da água – troca constante de água entre a superfície terrestre e a atmosfera – para fornecer água para sempre. Disse que o déficit de água já era objeto de crise no mundo em desenvolvimento, onde o fardo é carregado particularmente por mulheres e crianças que coletam água – e, a menos que medidas drásticas sejam tomadas, o restante do mundo também será afetado.

Cerca de 1,1 bilhão de pessoas não têm acesso fácil a água, e 2,7 bilhões sofrem com sua escassez pelo menos um mês por ano. Embora 70% da superfície da Terra seja coberta de água, quase a totalidade dela é água

Fila para a água em área pobre de Hyderabad, Índia, em 2007. O país sofreu uma severa crise hídrica em 2018, e projeta-se que a demanda será o dobro da oferta em 2030.

salgada dos oceanos. Apenas 0,014% da água do mundo é ao mesmo tempo doce e de fácil acesso. Ela é obtida principalmente de rios, lagos e aquíferos subterrâneos. As pessoas usam água para beber, se lavar, irrigar lavouras e na indústria, e, como todas as plantas e animais terrestres demandam água doce para viver, todos são afetados pela crise hídrica.

Desperdício de água

Uma população humana maior utiliza mais água, e grande parte dela é desperdiçada, principalmente em países desenvolvidos, onde as pessoas usam, em média, dez vezes mais do que as do mundo em desenvolvimento. Fontes de água doce secaram (por exemplo, grande parte do rio Grande, entre o México e os EUA) ou estão ficando poluídas demais.

O FATOR HUMANO

Ver também: O ecossistema 134-137 ▪ Poluição 230-235 ▪ Chuva ácida 248-249 ▪ Superpopulação 250-251 ▪ Esgotamento dos recursos naturais 262-265

Distribuição da água mundial

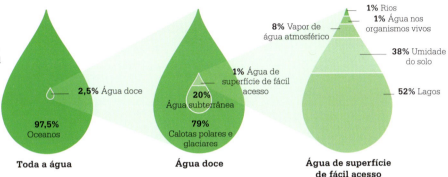

Água doce de fácil acesso é um recurso muito sensível. Apenas uma pequena fração do total de água disponível no planeta serve para consumo humano imediato.

- 97,5% Oceanos
- 2,5% Água doce
- **Toda a água**

- 79% Calotas polares e glaciares
- 20% Água subterrânea
- 1% Água de superfície de fácil acesso
- **Água doce**

- 8% Vapor de água atmosférico
- 1% Rios
- 1% Água nos organismos vivos
- 38% Umidade do solo
- 52% Lagos
- **Água de superfície de fácil acesso**

O Ganges, na Índia, e o Citarum, na Indonésia, são dois dos rios mais poluídos do mundo. Com a taxa de consumo atual, a situação vai se deteriorar ainda mais. Em 2030, dois terços da população do mundo enfrentará falta de água. Os ecossistemas também sofrerão.

Demanda aumentada

O uso humano de água doce triplicou desde 1970, e a demanda está crescendo na faixa dos 64 bilhões de metros cúbicos – devido, em parte, ao crescimento populacional de 80 milhões de pessoas ao ano. O aumento na demanda também se deve a mudanças em estilo de vida e hábitos alimentares que exigem mais água por pessoa. A produção de biocombustíveis também teve aumento acentuado, com impacto significativo na demanda de água. Entre mil e 4 mil litros de água são necessários para produzir um litro de biocombustível.

No último século, metade das zonas úmidas da Terra desapareceu para dar espaço para a agricultura ou a construção civil, ou porque a água subterrânea foi extraída dos aquíferos mais rápido do que foi reposta. Uma redução das zonas úmidas significa que plantas e animais dependentes delas também se foram. Quase metade de toda a água potável vem de aquíferos. Cerca de mil quilômetros cúbicos são tirados deles todos os anos. Dois terços são usados para irrigação, 22% para »

Maude Barlow

Nascida em Toronto, Canadá, em 1947, Maude Barlow é ativista e crítica de políticas hídricas. É autora ou coautora de dezoito livros, incluindo o best-seller *Ouro azul: como as corporações estão se apoderando da água doce no planeta*. Barlow foi conselheira da ONU sobre água e liderou movimentos para ter a água reconhecida como direito humano básico. Em 2012, ajudou a fundar o Blue Planet Project, que faz campanha pelo direito à água. Barlow preside o Conselho dos Canadenses, grupo de ação social, e foi uma das "Mil mulheres pela paz" indicadas ao Prêmio Nobel da Paz em 2005. Em 2008, recebeu a Citation of Lifetime Achievement, mais alta honraria do Canadá para o ambientalismo.

Obras importantes

2002 *Ouro azul: como as corporações estão se apoderando da água doce no planeta*
2007 *Água, pacto azul: a crise global da água e a batalha pelo controle da água potável no mundo*
2014 *Água, futuro azul: como proteger a água potável para o futuro das pessoas e do planeta para sempre*

290 A CRISE HÍDRICA

A dessecação do mar de Aral

Uma embarcação encalhada no leito seco do mar de Aral. A perda de um corpo tão grande de água teve efeitos terríveis na agricultura, no clima e na indústria pesqueira local.

O desaparecimento da maior parte do mar de Aral, outrora o quarto maior lago do mundo, no Cazaquistão, foi um enorme desastre ecológico. No início dos anos 1960, os dois principais rios que o alimentavam foram desviados para irrigar algodoeiros no centro da Ásia. Em junho de 2004, a ONU alertou que o lago poderia secar por completo se nada fosse feito. Na época, recebia apenas 10% da água que costumava receber, havia se dividido em vários lagos menores, e continua só um décimo do volume de água de 1960. Grandes áreas estão agora desertas. A maioria dos peixes e outras formas de vida desapareceu com a água. Houve épocas em que os pescadores pescavam uma espécie de esturjão, mas sua população diminuiu quando o lago ficou mais salino. Iniciativas para repor as águas conseguiram ampliar a área de superfície e profundidade, e agora as populações de peixes estão crescendo.

uso doméstico e 11% para a indústria. No entanto, a maioria dos aquíferos se reabastece muito mais devagar do que pode ser esvaziado, então o suprimento de água se reduz com o uso. Se o lençol freático míngua, alguns lagos e rios secam. Cerca de metade da extensão total de rios da China se perdeu desde 1990. Na América do Norte, os Grandes Lagos estão encolhendo. O lago Winnipeg está ameaçado, e o enorme aquífero de Ogallala está sendo esgotado. Há problemas de abastecimento de água até no Brasil, nação mais rica em água do mundo. Ao passo que a situação piora, ela se torna uma fonte crescente de conflitos.

Escassez de água

Há dois tipos de escassez de água. A escassez física afeta regiões que naturalmente não têm muita água, como o norte da África, a península Arábica, grandes áreas do centro e sul da Ásia, o norte da China e o sudoeste dos Estados Unidos. Em contraste, a escassez econômica da água ocorre quando ela está disponível, mas não existe infraestrutura para utilizá-la. Essa é a situação em grande parte da África subsaariana e porções da América Central. Pessoas que vivem nessas áreas podem ser obrigadas a

Escassez de água no mundo

LEGENDA
- Nenhum
- 1–9 meses
- 10–12 meses
- Importantes cidades com escassez de água

O mapa ilustra o tempo médio anual de exposição dos usuários à escassez de água – conforme a proporção entre retiradas totais e abastecimento renovável total em dada área. Uma maior proporção de retiradas significa que mais usuários estão competindo por estoques limitados.

O FATOR HUMANO

O mundo ainda não acordou para a realidade do que vamos enfrentar em termos de crises ligadas à água.
Rajendra Pachauri
Presidente do IPCC

caminhar diariamente até a fonte de água mais próxima. Muitas crianças deixam de estudar porque estão coletando água.

Preocupações com a vida selvagem

A crise hídrica é ruim para humanos e pode significar extinção para alguns animais e redução em números para outros. Populações de botos-cor-de-rosa, que vivem nas bacias do Amazonas e do Orinoco, na América do Sul, por exemplo, foram muito reduzidas, em parte pelo aumento da poluição por metais pesados da mineração, mas também pela construção de barragens, que restringem a migração de peixes, alimento dos botos, até suas áreas de desova. Na China, o maior anfíbio do mundo, a salamandra-gigante-da-china, também tornou-se criticamente ameaçado por barragens construídas para armazenamento de água e energia hidrelétrica. Tais obras de engenharia mudam o fluxo natural dos rios, interferindo no habitat do animal.

Uma visão holística de gestão de ecossistema é crucial para evitar que a crise hídrica piore ainda mais. Por exemplo, uma estação de tratamento de esgoto que funciona com energia "limpa" pode fornecer a água residual necessária para fertilizar cultivos de biocombustível, que, por sua vez, podem ser usados para purificar a água – sem emitir gases do efeito estufa.

Água residual potável

Novas tecnologias também podem converter água residual diretamente em água potável – processo que consumia muita energia no passado. O Painel Intergovernamental sobre Mudanças Climáticas (IPCC) enfatiza que políticas de gestão de água podem levar a emissões maiores de gases do efeito estufa. Porém, esse não é o caso se a conversão for feita utilizando energia solar, que está começando a tomar o lugar do petróleo para movimentar instalações de dessalinização no Oriente Médio. Em certas partes do mundo, há chuvas fortes sazonais – como em países com moções –, mas elas caem em rios poluídos e não podem ser utilizadas. Esquemas de coleta e armazenamento da água da chuva podem ajudar.

Entre outras iniciativas úteis está redução da poluição, corte nas irrigações e no desperdício industrial, provisão de novas soluções tecnológicas para países em desenvolvimento e acordos internacionais – afinal, reservatórios de água não se atêm a fronteiras nacionais. ■

Não há país rico em água no mundo que não esteja com problemas.
Maude Barlow

Água de Salisbury

Em Adelaide, sul da Austrália, um inovador sistema de reciclagem de água em uso no subúrbio de Salisbury reduziu a extração do rio Murray e aquíferos pela metade. Águas residuais da estação de tratamento de esgoto local e água da chuva coletada por drenos são tratadas e direcionadas a uma série de cinquenta zonas úmidas. Nelas, há junco e outras vegetações aquáticas que limpam mais a água. A água reciclada, não potável, das zonas úmidas é levada via encanamento para os habitantes de Salisbury usarem em descargas, regar jardins, lavar carros e encher lagos ornamentais.

Além de prover uma fonte mais sustentável de água, o sistema aprimorou a biodiversidade nas recém-estabelecidas zonas úmidas. Entre as aves que as visitam ou lá residem atualmente estão patos, colhereiros, garças, pelicanos, cormorões e limícolas migratórias, além de espécies de anfíbios e peixes, e muitos invertebrados aquáticos.

A água reciclada de Salisbury tem benefícios ambientais, como a redução da demanda dos recursos existentes e a melhora da biodiversidade em zonas úmidas recém-criadas.

AMBIENTA
E CONSER

LISMO
VAÇÃO

294 INTRODUÇÃO

 A obra de Francis Bacon defende a ideia de que o homem tem **soberania sobre a natureza** – visão depois nomeada **"ecologia imperial"**.

c. 1620

 Escrito em uma cabana no bosque, o livro **Walden**, de Henry David Thoreau, apresenta uma **visão romantizada** do mundo natural.

1854

 O primeiro **painel solar** fotovoltaico a funcionar é construído pelo inventor **Charles Fritts** nos EUA.

1883

 A UNESCO lança o programa **O Homem e a Biosfera** para promover o desenvolvimento econômico **sustentável** e **ecológico**.

1971

1789

Natural History and Antiquities of Selborne, de Gilbert White, registra em detalhes a **vida selvagem** em torno de sua casa rural.

1864

 George Perkins Marsh alerta para o **impacto destrutivo** que a **ação humana** tem na natureza.

1966

 Lynn White sustenta que as visões de mundo **antropocêntricas** ocidentais – na maioria, cristãs – levaram a humanidade a uma **crise ambiental**.

No início do século XVII, o filósofo e cientista inglês Francis Bacon escreveu sobre a necessidade de controlar e administrar a natureza. Ao fim do século XVIII, por sua vez, o clérigo inglês Gilbert White escrevia em defesa de uma coexistência pacífica entre pessoas e o mundo natural. Enquanto ainda vivia, poderosos novos motores a vapor deram início às destruições provenientes da industrialização – e a reação contra ela, mais tarde, daria grande impulso ao movimento ambiental.

Talvez a primeira análise sistemática do impacto destrutivo da humanidade seja o livro de 1864 do diplomata americano George Perkins Marsh, *Man and Nature*. Marsh alertou, entre outras coisas, para o fato de que o desmatamento poderia levar à criação de desertos, e apontou que a escassez de recursos geralmente era resultado de ações humanas, não de causas naturais.

Renovável e limpa
Antes da Revolução Industrial, a maior parte da energia era renovável – a energia de trabalho humano e animal, moinhos de vento e de água, madeira sustentável. A partir de meados do século XVIII, houve uma mudança radical para o carvão. Combustível mais eficiente para alimentar fornalhas e fábricas, ele veio com um custo – poluição sufocante e o então desconhecido aumento dos gases do efeito estufa na atmosfera.

Nos anos 1880, entretanto, a chave para uma nova forma de energia renovável foi apresentada pelo inventor americano Charles Fritts – uma célula fotovoltaica capaz de converter energia solar em eletricidade. O industrial alemão Werner von Siemens logo viu seu potencial para produzir energia ilimitada, mas levou um século para que a energia solar fosse amplamente adotada. A energia "limpa" hidrelétrica foi a primeira fonte sustentável capaz de gerar eletricidade em grande escala – acompanhada no fim do século XX pela energia eólica moderna e pelas energias maremotriz, ondomotriz e geotérmica.

Uma ética ambiental
Em 1937, após o devastador "Dust Bowl" causado pela agricultura intensiva nos EUA, o presidente Franklin D. Roosevelt escreveu: "Uma nação que destrói seu solo destrói a si mesma". Em 1949, o ecologista e silvicultor Aldo Leopold articulou um tema recorrente no pensamento ambiental ao defender uma "ética da terra", uma relação responsável entre pessoas e seu ambiente. O período pós-Guerra viu muitos governos

AMBIENTALISMO E CONSERVAÇÃO 295

A ONG indiana **Navdanya** ("Nove Sementes") é fundada para preservar a **diversidade de sementes**, promover o comércio justo e proteger agricultores.

Relatório da Iniciativa **Biosfera Sustentável**, publicado nos EUA, defende aumento no financiamento de **pesquisas ecológicas**.

Os **serviços ecossistêmicos** de Gretchen Daily mostram como humanos podem se **beneficiar** com a **preservação** do ambiente natural.

1987   **1991**   **1997**

1981   **1988**   **1992**   **2015**

Mark Schafer é precursor da **Análise de Viabilidade de Populações** (AVP) como método para estimar a probabilidade de **extinção de uma espécie**.

O **Painel Intergovernamental sobre Mudanças Climáticas** tem início em Genebra, Suíça.

A ECO-92, da ONU, estabelece metas globais para reduzir a **emissão de gases do efeito estufa**.

O **Acordo de Paris sobre mudanças climáticas** é firmado por **195 países da ONU**.

---

legislando para garantir a qualidade do ar e da água potável e criando parques nacionais e outras áreas protegidas. Em 1968, o mundo encontrou sua voz coletiva pela primeira vez, quando a UNESCO (Organização das Nações Unidas para a Educação, a Ciência e a Cultura) realizou a Conferência da Biosfera de Paris. Isso resultou, três anos depois, na criação do programa O Homem e a Biosfera.

Consciência em crescimento

O interesse público pelo meio ambiente foi marcado pela criação de grandes organizações de preservação. A União Internacional para a Conservação da Natureza foi fundada em 1948, seguida por World Wildlife Fund (1961), Friends of the Earth (1969) e Greenpeace (1971). Após o enorme vazamento de petróleo de 1969 em Santa Bárbara, Califórnia, o senador dos EUA Gaylord Nelson propôs

a ideia de um evento nacional para destacar as várias ameaças ao ambiente. No primeiro Dia da Terra, que aconteceu em 22 de abril de 1970, milhões participaram de marchas pelos EUA. A escala do evento ajudou a aprovação das leis do Ar Limpo, da Água Limpa e das Espécies Ameaçadas e levou à criação da Agência de Proteção Ambiental dos EUA (EPA).

Em 1973, o economista alemão Ernst Schumacher usou o termo "capital natural" em seu livro *O negócio é ser pequeno* para descrever como ecossistemas nos oferecem serviços complexos. O conceito inspirou a ambientalista americana Gretchen Daily e outros, que sustentaram que ecossistemas são ativos de capital que, se administrados adequadamente, propiciam um fluxo de bens e serviços vitais.

Cooperação internacional

Duas agências da ONU – a Organização Meteorológica Mundial e o Programa das Nações Unidas para o Meio Ambiente – criaram o Painel Intergovernamental sobre Mudanças Climáticas (IPCC) em 1988 para avaliar o risco de mudanças climáticas induzidas pelo homem.

O IPCC continua monitorando as mudanças climáticas. Em 1992, a ECO-92, uma iniciativa da ONU, não foi um evento sem precedentes tanto em termos de tamanho como do escopo de seus interesses. Foi a primeira de uma série de reuniões internacionais buscando, com muito sucesso, um acordo global sobre emissões de gases do efeito estufa. A cooperação internacional agora é vista como crucial para salvar o meio ambiente da Terra. ∎

O DOMÍNIO DO HOMEM SOBRE A NATUREZA ESTÁ APENAS NO CONHECIMENTO
O DOMÍNIO DA HUMANIDADE SOBRE A NATUREZA

EM CONTEXTO

PRINCIPAL NOME
Francis Bacon (1561–1626)

ANTES
c. 9500 a.C. As primeiras culturas agrícolas são cultivadas no Oriente Médio.

Anos 340 a.C. O filósofo grego Aristóteles imagina uma "escada da vida" com o homem no topo.

Séc. XV A Era dos Descobrimentos tem início: europeus partem para explorar o mundo em busca de novos recursos.

DEPOIS
c. 1750 Novas tecnologias, como o motor a vapor, inauguram a Revolução Industrial, que começa na Bretanha.

1866 Gregor Mendel funda a ciência da genética, cruzando 22 variedades de ervilha.

Déc. de 1970 Os primeiros experimentos de engenharia genética – manipulação direta do DNA por humanos – acontecem.

O Renascimento, entre os séculos XIV e XVII, é associado principalmente às artes e à cultura que floresceram pela Europa quando a autoridade da Igreja Católica começou a ser contestada. Foi também uma era de extraordinários avanços científicos, que alguns viam como o início de uma "revolução da ciência". Descobertas em astronomia, física e medicina deram origem à ideia de que a ciência poderia contar aos humanos tudo sobre o universo, e de que esse conhecimento nos faria mestres dele. Muitos cientistas da época acreditavam que os humanos tinham lugar privilegiado em um universo criado por Deus para que a humanidade o habitasse. O filósofo e cientista inglês Francis Bacon (1561–1626), pioneiro no desenvolvimento do método científico, reforçou essa ideia; o mundo natural, em sua visão, existia para sustentar os humanos, e deveria ser conquistado e explorado.

A visão de Bacon mais tarde ficou conhecida como "ecologia imperial" – a ideia de que o conhecimento da humanidade em ciência e tecnologia deve ser usado para ter domínio sobre a natureza. A ecologia imperial se tornou a ideologia predominante durante o Renascimento, o Iluminismo – movimento do século XVIII dedicado à busca pelo conhecimento – e, depois, a Revolução Industrial dos séculos XVIII e XIX. ■

Sir Francis Bacon posa para retrato em trajes parlamentares. Ele teve uma carreira política ilustre: nomeado cavaleiro em 1603, foi lorde chanceler da Inglaterra de 1618 a 1621.

Ver também: Aquecimento global 202-203 ▪ Uma visão holística da Terra 210-211 ▪ Poluição 230-235 ▪ Ética ambiental 306-307

AMBIENTALISMO E CONSERVAÇÃO **297**

A NATUREZA É UMA ÓTIMA ECONOMISTA
A COEXISTÊNCIA PACÍFICA ENTRE HUMANIDADE E NATUREZA

EM CONTEXTO

PRINCIPAL NOME
Gilbert White (1720–1793)

ANTES
Séc. IV a.C. Diógenes, filósofo grego, defende a renúncia aos confortos da civilização em favor de uma vida "de acordo com a natureza".

1773 O naturalista americano William Bartram inicia estudos de campo da vida selvagem do sudeste dos EUA, documentados em seu livro, *Travels*, de 1791.

DEPOIS
1949 O ecologista americano Aldo Leopold publica *Almanaque de um condado arenoso*, explorando a ideia da "ética da terra" dos seres humanos, ou de sua responsabilidade com a natureza.

1969 A Friends of the Earth é fundada nos EUA – no início como grupo antinuclear –, marcando o início do movimento verde moderno.

No fim do século XVIII, rápidos avanços na ciência e na tecnologia – em particular na Grã-Bretanha – levaram à industrialização e urbanização generalizadas, enquanto pessoas buscavam controlar e explorar a natureza. Havia, entretanto, muitos britânicos que ainda viviam e trabalhavam no campo. Na classe rural, alguns, entre os instruídos, eram fascinados pela ciência e pela natureza. Desse grupo, surgiu uma nova geração de naturalistas, sugerindo que os humanos deveriam aprender com seus estudos científicos a viver em harmonia com a natureza em vez de tentar dominá-la.

Ideologia arcadiana
Em 1789, o pároco rural e naturalista Gilbert White publicou *Natural History and Antiquities of Selborne*, que se tornou um trabalho seminal no que depois se chamou de "ecologia arcadiana". Ornitólogo formado em Oxford e dedicado jardineiro, White observou de perto a natureza em torno de sua vila em Hampshire, e fez anotações meticulosas de 1751 em

Depois de ler o *Selborne*, de White, tive muito prazer em observar os hábitos dos pássaros e até tomei notas.
Charles Darwin

diante. O livro foi compilado com base em correspondências sobre seus achados trocadas com vários naturalistas de ideias afins, mas era mais do que uma simples coleção de dados. O estilo cativante e muitas vezes poético de White trazia uma mensagem persuasiva; sua obra rejeitava a ideia "imperial" de conquistar a natureza, e estimulava um equilíbrio entre o homem e ela – como o da mítica Arcádia idílica dos gregos antigos, que deu nome à abordagem de White. ■

Ver também: Romantismo, conservação e ecologia 298 ▪ Ética ambiental 306-307 ▪ O movimento verde 308-309 ▪ Contenção da mudança climática 316-321

NA NATUREZA SELVAGEM ESTÁ A PRESERVAÇÃO DO MUNDO
ROMANTISMO, CONSERVAÇÃO E ECOLOGIA

EM CONTEXTO

PRINCIPAL NOME
Henry David Thoreau (1817–1862)

ANTES
1662 Obra do diarista inglês John Evelyn defendendo a conservação florestal, *Sylva* é apresentada à Royal Society.

1789 Gilbert White publica *Natural History and Antiquities of Selborne*, inspirando uma reação contra a "ecologia imperial".

DEPOIS
1872 Lei criando o primeiro parque nacional dos EUA, Yellowstone, é sancionada pelo presidente Ulysses S. Grant.

1892 Em San Francisco, o conservacionista escocês-americano John Muir funda o Sierra Club.

1971 O programa da UNESCO O Homem e a Biosfera é lançado.

De muitas formas, o Romantismo – novo movimento cultural surgido no fim do século XVIII – foi uma reação ao racionalismo científico do Iluminismo. À medida que a industrialização ocupou áreas urbanas, escritores, artistas e compositores começaram a glorificar cada vez mais a natureza. A então próspera classe média foi especialmente inspirada pelos retratos românticos da natureza, e buscou atividades de lazer como caminhadas e montanhismo. Ao inspirar interesse pelo nascente campo da ecologia e pelo movimento ambiental, o movimento romântico afetou até mesmo a postura científica em relação à natureza.

O mundo selvagem

Uma figura-chave na romantização da natureza foi Henry David Thoreau, escritor americano de Concord, Massachusetts. Seu livro *Walden* (1854) descreve a época em que morou em uma cabana no bosque perto do lago Walden. Thoreau defendia preservar a natureza não por seu valor em si, mas por representar um recurso necessário para a manutenção da vida humana e significar uma espécie de enriquecimento espiritual. Embora o "selvagem" de Thoreau não estivesse tão distante da vida moderna, seu retrato romântico da natureza influenciou bastante o movimento conservacionista nos EUA e ajudou a inspirar o sistema de parques nacionais. ∎

A humilde cabana de Thoreau no lago Walden aparecia no frontispício da edição de 1875 de *Walden*. Thoreau alegava ter buscado a natureza para se livrar das obrigações da vida urbana.

Ver também: Aquecimento global 202-203 ▪ Uma visão holística da Terra 210-211 ▪ Expansão urbana 282-283 ▪ O movimento verde 308-309

AMBIENTALISMO E CONSERVAÇÃO

EM TODA PARTE, O HOMEM É UM AGENTE PERTURBADOR
DEVASTAÇÃO DA TERRA PELO HOMEM

EM CONTEXTO

PRINCIPAL NOME
George Perkins Marsh
(1801–1882)

ANTES
1824 Joseph Fourier, físico francês, descreve o efeito estufa – depois identificado como fator que contribui para o aquecimento global.

Déc. de 1830 Cientistas pressupõem que a colonização holandesa nas ilhas Maurício no século XVII causou a extinção do dodô.

DEPOIS
1962 Nos EUA, *Primavera silenciosa*, de Rachel Carson, descreve o efeito nocivo dos agrotóxicos no meio ambiente.

1971 O Greenpeace é fundado por ambientalistas americanos.

1988 O Painel Intergovernamental sobre Mudanças Climáticas (IPCC) é criado para avaliar o "risco de mudanças climáticas induzidas pelo homem".

A ideia amplamente difundida de que a natureza existia para ser explorada pela humanidade viu grande contestação na forma do movimento ambientalista do século XIX. Argumentos contra a postura "imperial" quanto à natureza, que prevalecia desde a aurora da exploração global no fim do século XV, surgiram com naturalistas como Gilbert White e ecoaram nos sentimentos do Romantismo. Tais ideias tendiam a se concentrar na idealização da natureza, em vez de examinar o dano causado pela conquista dela pelo homem.

Contrapondo-se às emotivas reações românticas ao modernismo, o polímata americano George Perkins Marsh olhou com atenção para o impacto do homem sobre o meio ambiente e sugeriu mudanças. Marsh ficou estarrecido com os efeitos destrutivos do manejo de recursos naturais pelo homem. Em seu livro *Man and Nature, or Physical Geography as Modified by Human Action* (1864), apontou sobretudo para o desmatamento em massa que havia praticamente desertificado algumas áreas dos EUA. Ele acreditava que as pessoas deviam ser alertadas sobre seu impacto destrutivo e encontrar novas formas de manejar recursos para preservar o equilíbrio natural. Ativista e escritor, ele ajudou a estabelecer o princípio de áreas de proteção, e inspirou a ideia de manejo sustentável de recursos que se tornou elemento central do movimento ambiental do século XIX. ■

George Perkins Marsh em uma gravura de 1882. Além de ambientalista, o nativo de Vermont era também habilidoso linguista, advogado, congressista e diplomata.

Ver também: Aquecimento global 202-203 ▪ Lixão de plástico 284-285 ▪ O domínio da humanidade sobre a natureza 296 ▪ Ética ambiental 306-307

A ENERGIA SOLAR NÃO TEM LIMITE NEM CUSTO

ENERGIA RENOVÁVEL

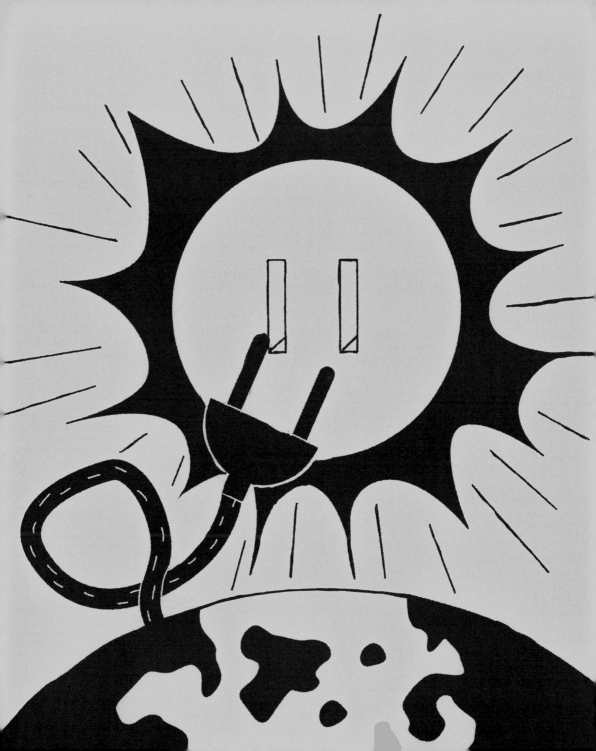

ENERGIA RENOVÁVEL

EM CONTEXTO

PRINCIPAL NOME
Werner von Siemens (1816–1892)

ANTES
Séc. II a.C. A primeira roda d'água e a economia de trabalho por ela proporcionada marcaram uma guinada na história da tecnologia.

1839 O físico francês Edmond Becquerel cria a primeira célula fotovoltaica, usando luz para gerar baixa voltagem.

1873 O inventor francês Augustin Mouchot alerta que combustíveis fósseis acabarão no futuro.

1879 A primeira usina hidrelétrica é construída nas Cataratas do Niágara, EUA.

DEPOIS
1951 A construção da primeira usina nuclear conectada a uma rede elétrica começa em Obninsk, na URSS. Ela produziu eletricidade de 1954 a 1959.

1954 A Bell Laboratories, nos EUA, desenvolve a primeira célula fotovoltaica eficaz de silício.

1956 O geólogo americano Marion King Hubbert prevê queda na produção de petróleo após o ano 2000.

1966 A primeira usina maremotriz do mundo começa a operar no rio Rance, França.

2018 A Agência Internacional de Energia prevê que a participação de renováveis no atendimento às demandas globais de energia aumentará em um quinto, chegando a 12,4% em 2023.

Ao fim do século XIX, já cresciam na Europa industrial os temores de que o mundo não poderia depender de combustíveis fósseis para sempre. Quando o primeiro painel solar de selênio a funcionar foi construído, em 1883, pelo inventor americano Charles Fritts, o industrial alemão progressista Werner von Siemens logo reconheceu seu enorme potencial para a energia renovável. Ele declarou: "O fornecimento de energia solar não tem limite nem custo". Contudo, como ninguém na época entendia exatamente como o selênio criava foteletricidade, e os apelos de Siemens por mais experimentos foram ignorados, as células solares não foram desenvolvidas até os anos 1950. Hoje, a energia solar é a fonte que mais cresce entre as novas energias e prevê-se que dominará o crescimento futuro em renováveis.

Renováveis × combustíveis fósseis

Civilizações humanas têm recorrido à energia renovável há milênios – da queima de lenha ao aproveitamento do vento para propulsão de barcos a vela. Fontes renováveis, como a luz do sol ou a energia de marés, não são esgotadas pelo uso. Ao contrário, combustíveis fósseis – como carvão, petróleo e gás – levaram milhares de anos para se formar e, quando esgotados, não podem ser repostos. O gás natural é um combustível fóssil abundante, mas sua extração pode causar problemas ambientais, como tremores de terra e contaminação da água. A energia nuclear, apesar de ser sustentável por um longo período, não é considerada renovável porque sua produção requer um tipo raro de minério de urânio.

Fontes de energia como luz solar, vento e água também são, em geral, "limpas" – diferentemente dos combustíveis fósseis, geram pouca ou nenhuma emissão de gases do efeito estufa. Porém, nem todos os renováveis são limpos. Pessoas queimam madeira e excremento animal para obter calor e luz há centenas de milhares de anos. Árvores podem ser replantadas e animais, produzir mais esterco, então a prática é sustentável, mas a queima

A usina solar de Ivanpah, no deserto de Mojave, Califórnia, gera energia concentrada suficiente para atender a mais de 140 mil lares nos horários de pico do dia.

AMBIENTALISMO E CONSERVAÇÃO

Ver também: Aquecimento global 202-203 ▪ Poluição 230-235 ▪ Redução da camada de ozônio 260-261 ▪ Esgotamento dos recursos naturais 262-265 ▪ Descarte de lixo 330-331

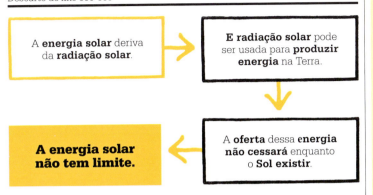

Fotossíntese artificial

Desde o início dos anos 1970, cientistas trabalham para desenvolver uma tecnologia que imite o processo da fotossíntese e crie combustível líquido partindo de dióxido de carbono, água e luz solar. Como todos são abundantes, se o processo for replicado poderá produzir um suprimento infinito e relativamente barato de combustível limpo e eletricidade.

Há dois passos cruciais: desenvolver catalisadores que usem energia solar para quebrar a água em oxigênio e hidrogênio, e criar outros que convertam hidrogênio e dióxido de carbono em um combustível denso em energia, como hidrogênio líquido, etanol ou metanol. Cientistas de Harvard recentemente usaram catalisadores para quebrar a água, e então alimentaram bactérias com o hidrogênio, mais o CO_2. As bactérias criadas por bioengenharia converteram ambos em combustíveis líquidos. O próximo desafio é transformar o bem-sucedido experimento laboratorial em algo com viabilidade comercial.

desses combustíveis também emite dióxido de carbono (CO_2), o que é uma das razões pelas quais, ao contrário de outras formas de energia renovável, elas não são classificadas como "alternativas".

A energia renovável e limpa trará enormes benefícios em longo prazo para populações e ecossistemas. Ela reduz a poluição, mitiga as mudanças climáticas globais, gera sustentabilidade e aumenta a segurança energética dos países. Se puder ser oferecida de forma barata o bastante, ainda poderá tirar muitas pessoas da pobreza. Em cerca de trinta países, a energia renovável agora constitui mais de 20% da oferta.

Energia solar

A energia do Sol pode suprir as necessidades energéticas do mundo diversas vezes. A Agência Internacional de Energia (AIE) acredita que – em curto prazo – ela tem o maior potencial entre todos os renováveis. Sua radiação pode ser convertida diretamente em eletricidade, por meio de células fotovoltaicas (como os painéis solares em edifícios), ou indiretamente, pelo uso de lentes ou espelhos para gerar calor, que pode ser convertido em eletricidade. Isso é chamado de energia solar concentrada.

Painéis solares no telhado podem aquecer água encanada. A luz do sol pode ser usada para dessalinizar água por um processo evaporativo, adotado pela primeira vez por alquimistas árabes do século XVI e utilizado em escala industrial no Chile no fim do século XIX. No mundo em desenvolvimento, a desinfecção solar leva água potável segura a mais de 2 milhões de pessoas; o processo envolve usar o calor e a luz ultravioleta do Sol para matar patógenos.

Energia eólica

Há mais de 2 mil anos, pessoas têm construído moinhos de vento para bombear água e moer grãos. Hoje, usinas eólicas *onshore* e *offshore* são responsáveis por cerca de 9% do consumo de energia renovável. As enormes pás da turbina eólica movem-se em torno de um rotor ligado a um eixo principal, que gira um gerador para produzir eletricidade. A energia eólica é agora o segmento energético que mais cresce na Europa, EUA e Canadá. Quase 50% da energia da Dinamarca vem do vento, e na Irlanda, em Portugal e na Espanha, o índice é de 20%. Crê-se que seu »

Este gerador de energia solar imita a forma com que plantas convertem a luz solar e o CO_2 do ar em energia e oxigênio.

Rochas secas e quentes

Fraturas naturais em rochas que levam a água quente do subsolo profundo à superfície foram descritas como a "escolha óbvia" em energia geotérmica por sua fácil exploração. Contudo, são raras na maior parte do mundo. A grande maioria da energia geotérmica presa sob a superfície da Terra está em rochas secas e não porosas.

O sistema geotérmico estimulado (EGS, na sigla em inglês), processo similar ao *fracking* de gás natural e petróleo, visa superar esse problema fraturando os estratos rochosos e injetando água em grandes profundidades, a qual é aquecida pelo contato com a rocha e retorna à superfície por meio de poços de produção. A depender do limite econômico para a profundidade da perfuração, a tecnologia pode ser factível em grande parte do mundo, mas há riscos. Como o *fracking*, o EGS pode causar pequenos tremores de terra, e não deve ser conduzido perto de áreas povoadas ou estações de energia.

… o vento e o sol e a própria terra oferecem combustível gratuito, em quantidade que é, de fato, infinita.
Al Gore
Ambientalista e ex-vice-presidente dos EUA

potencial global seja cerca de cinco vezes o nível atual.

Porém, só é econômico construir usinas eólicas onde há ventos regulares, por isso o potencial não é distribuído uniformemente pelo globo. O vento *offshore* é geralmente mais forte e mais regular que o *onshore*. Turbinas flutuantes podem gerar energia bem longe da costa, diferentemente das ancoradas no leito do mar, que precisam ficar em águas rasas perto do litoral.

Energia geotérmica

O calor no interior da Terra deriva tanto da formação original do planeta quanto do decaimento radioativo do material dentro dela. Pessoas se banham em fontes termais, onde a água aquecida pela energia geotérmica alcança a superfície, desde o Paleolítico. Os romanos antigos a usavam para aquecer as vilas. Hoje, é empregada para gerar eletricidade em ao menos 27 países diferentes, com EUA, Filipinas e Indonésia como maiores produtores mundiais.

O calor geotérmico também é usado diretamente para aquecer lares e ruas na Islândia. Hoje, desenvolve-se tecnologia que utilizará água quente geotérmica para operar indústrias de dessalinização. A única desvantagem dessa fonte de energia renovável é ser concentrada próxima a fronteiras de placas tectônicas, onde o calor do manto terrestre aumenta perto da superfície. O potencial é muito maior, mas a perfuração em busca de fontes mais profundas é cara demais.

Energia hídrica

Como a água é oitocentas vezes mais densa que o ar, mesmo um fluxo lento

Três Gargantas, na China, maior barragem hidrelétrica do mundo, concluída em 2012. Críticos apontam o impacto ecológico no habitat e na biodiversidade do rio Yangtzé e o risco de enchentes e deslizamentos para a população.

pode gerar quantidade considerável de energia se aproveitada, por exemplo, por represas ou barragens de marés que acionam turbinas conectadas a geradores. A China é a maior produtora de energia hidrelétrica, com 45 mil pequenas instalações além de "grandes barragens", como o projeto Três Gargantas, cujas 32 turbinas gigantes produzem 22.500 megawatts de eletricidade. A desvantagem das grandes hidrelétricas é que reservatórios criados a montante da barragem podem alagar terras agrícolas, forçando pessoas a se mudarem e destruindo ecossistemas. Apesar disso, a AIE estimou que até 2023 a energia hídrica atenderá 16% da demanda global de eletricidade.

A energia maremotriz é baseada no mesmo princípio: água corrente roda turbinas, que acionam geradores. A fonte de energia é confiável, produzindo eletricidade sempre que a maré baixa e sobe, mas a construção das usinas é cara. No momento, a maior é a usina maremotriz do lago Sihwa, na Coreia do Sul, que foi concluída em 2011 e reduziu a geração anual de CO_2 do país em 286 mil toneladas. A energia ondomotriz envolve a captação da força das ondas por um conversor. A primeira usina comercial começou a operar na costa oeste da Escócia em 2000, e o primeiro parque de ondas multigerador foi aberto em Aguçadoura, Portugal, em 2008.

Biomassa

A matéria orgânica de vegetais ou animais é chamada de biomassa. Ela contém energia armazenada porque plantas absorvem, via fotossíntese, a energia solar de que precisam para crescer e criaturas absorvem essa energia por meio das plantas que comem ou do que sua presa consome. Criar um combustível renovável partindo de produtos residuais vegetais, animais e humanos, como palha, esterco e lixo, pode parecer uma opção atraente, e algumas usinas de carvão foram convertidas para queima de madeira. A queima de biomassa produz calor, eletricidade e carburantes, como etanol e biodiesel. Contudo, a energia de biomassa não é necessariamente "limpa". Queimada como combustível, ela libera CO_2 e cria poluição do ar e por partículas. Desmatar florestas pela madeira ou para cultivo de culturas de biomassa, como grãos para biocombustível, também pode prejudicar o meio ambiente. Talvez por isso a biomassa seja mais comum em nações que não podem bancar outras opções renováveis. De acordo com a AIE, a maior parte da oferta de biocombustível sólido ocorreu na África, representando 33,2%.

O futuro

Com o crescimento dos renováveis, as vantagens de cada tipo devem ser comparadas a seus efeitos negativos – da poluição da biomassa ao suposto papel das pás de aerogeradores na morte de aves migratórias. Em 2014, a AIE previu que os renováveis atenderiam 40% das necessidades globais de energia até 2040. Em 2018, que seriam responsáveis por quase um terço de toda energia do mundo até 2023, com a energia solar tendo a maior participação. A energia de correntes oceânicas também pode gerar quantidade enorme de eletricidade, como gerariam grandes matrizes de painéis solares no espaço ou flutuando no mar. ■

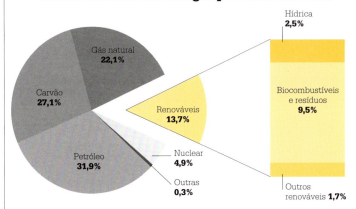

Gráfico de pizza ilustra as fontes para o total de energia produzida e oferecida ao redor do mundo em 2016, segundo dados publicados pela AIE. "Outras" engloba resíduos não renováveis e fontes não incluídas em outra categoria, como células de combustível.

… no futuro, a energia renovável será o único meio de satisfazer suas necessidades energéticas.
Hermann Scheer
Presidente da Associação Europeia de Energias Renováveis

CHEGOU A HORA DE A CIÊNCIA SE OCUPAR COM A TERRA
ÉTICA AMBIENTAL

EM CONTEXTO

PRINCIPAL NOME
Aldo Leopold (1887–1948)

ANTES
1894 Em *The Mountains of California*, o naturalista escocês--americano John Muir descreve suas viagens por lugares selvagens na Califórnia, evocando a profunda espiritualidade e a aventura que sente na natureza.

1909 *The ABC of Conservation*, de Gifford Pinchot, defende que gerações futuras devem poder utilizar os recursos naturais da Terra.

DEPOIS
1968 O acadêmico Paul R. Ehrlich e sua esposa, Anne, publicam *The Population Bomb*, alertando para os perigos do crescimento populacional.

1970 Em 22 de abril, é celebrado nos EUA o primeiro Dia da Terra, que se torna uma celebração global anual da educação e da reforma ambiental.

Em seu cerne, a disciplina da ética ambiental estende as fronteiras da ética para além dos humanos, para o mundo natural. Ela força os humanos a questionar seu papel no meio ambiente, sua responsabilidade com o planeta em si e seus deveres para com as gerações futuras.

O campo da ética ambiental surgiu de um sentimento urgente de crise, expresso tanto em textos populares quanto em acadêmicos. Em 1962, o livro *Primavera silenciosa*, escrito pela bióloga e conservacionista americana Rachel Carson, documentou o sério impacto dos agrotóxicos no ambiente, e trouxe essas questões ao primeiro plano do debate público nos EUA. Seis anos depois, o artigo "A tragédia dos comuns", do ecologista americano Garrett Hardin, delineou os perigos de usar em excesso recursos compartilhados e permitir que a população cresça sem controle.

Outros autores viram a iminente crise por uma perspectiva mais filosófica. A "ética da terra" de Aldo Leopold, descrita em *Almanaque de um condado arenoso* (1949), colocou os seres humanos em pé de igualdade com os demais em um ecossistema mais amplo. Como parte de um todo maior, nossas preocupações éticas deveriam ser com o funcionamento saudável do ecossistema inteiro, e não com a simples melhoria da saúde e da felicidade humanas.

Em sua seminal palestra de 1966 "As raízes históricas da nossa crise ecológica", depois publicada como artigo, a historiadora americana Lynn White afirmou que a crise ambiental era culpa da visão de mundo da sociedade ocidental. Em especial, culpou o pensamento cristão que promovia o antropocentrismo – a ideia de que humanos são superiores a todas as demais criaturas, levando à ideia de que a natureza foi criada

Uma coisa é certa se tende a preservar a integridade, a estabilidade e a beleza da comunidade biótica. É errada quando tende ao contrário.
Aldo Leopold

AMBIENTALISMO E CONSERVAÇÃO

Ver também: Habitats ameaçados 236-239 ▪ O legado dos agrotóxicos 242-247 ▪ Esgotamento dos recursos naturais 262-265 ▪ Serviços ecossistêmicos 328-329

O remoto, subalpino vale de Mineral King sobreviveu à ameaça do desenvolvimento e ainda é um ecossistema que beneficia a todos – seguindo a "ética da terra" de Aldo Leopold.

para ser usada e explorada pelo homem.

Dilemas éticos

A ética ambiental questiona os imperativos morais por trás da sustentabilidade e da gestão ao perguntar se as motivações estão fundadas no antropocentrismo, ou na proteção do mundo natural pelo fato de ele inerentemente merecer proteção. Essas questões foram debatidas não somente nas arenas filosóficas, mas também nas esferas legal e política.

Em 1969, o Sierra Club, grupo de *lobby* ambiental, contestou uma licença dada pelo Serviço Florestal dos EUA permitindo à Walt Disney Entreprises que vistoriasse o vale de Mineral King, na Califórnia – a Disney queria construir uma estação de esqui ali. O vale não tinha designação oficial de proteção além de ser um refúgio de caça, mas o Sierra Club argumentou que a área deveria ser preservada em seu estado natural por suas vantagens intrínsecas. A ação foi à Suprema Corte, que em 1974 decidiu em favor do Serviço Florestal e da Disney. Naquele momento, porém, o interesse da Disney havia minguado; hoje o vale é parte do Parque Nacional da Sequoia.

A batalha entre aqueles que seguem uma ética antropocêntrica e os que defendem a abordagem ecocêntrica continuou. Costuma acontecer na arena política, em especial com a maior proeminência de questões globalmente sensíveis, como as mudanças climáticas. O desenvolvimento sustentável tem sido, em geral, um projeto antropocêntrico, para garantir que gerações futuras tenham suas necessidades atendidas. Defensores da ética ambiental tendem a argumentar que a sustentabilidade só é viável se preserva o futuro de todos os membros do ecossistema. ∎

Aldo Leopold

Nascido em 1887, Aldo Leopold cresceu em Burlington, Iowa. Ele se formou na Yale School of Forestry, empregando-se no Serviço Florestal dos EUA. Ali, foi vital para a proposta de gerenciar a floresta nacional de Gila como área silvestre, que em 1924 se tornou a primeira Área Silvestre oficial dos EUA. Leopold então se mudou para Wisconsin para continuar seu trabalho no Serviço Florestal, e em 1933 tornou-se professor de manejo de caça na Universidade de Wisconsin. Morreu em 1948, ajudando a combater um incêndio florestal. A maioria de seus muitos ensaios sobre história natural e conservação foi publicada de forma póstuma em coletâneas, como *Almanaque de um condado arenoso*, que teve grande influência sobre o movimento ambiental emergente.

Obras importantes

1933 *Game Management*
1949 *Almanaque de um condado arenoso*
1953 *Round River: From the Journals of Aldo Leopold*
1991 *The River of the Mother of God and Other Essays*

PENSE GLOBALMENTE E AJA LOCALMENTE
O MOVIMENTO VERDE

EM CONTEXTO

PRINCIPAIS NOMES
David Brower (1912–2000),
Petra Kelly (1947–1992)

ANTES
1892 O Sierra Club é fundado em San Francisco, Califórnia, pelo conservacionista escocês-americano John Muir.

1958 Ambientalistas protestam contra propostas de uma usina nuclear em Bodega Bay, Califórnia.

DEPOIS
1970 Em 22 de abril, o primeiro Dia da Terra acontece nos EUA.

1972 Ambientalistas candidatam-se à eleição na Tasmânia, Nova Zelândia e Suíça.

1996 Ralph Nader candidata-se à presidente dos EUA pelo Partido Verde.

As raízes do "movimento verde" moderno desenvolveram-se em organizações estabelecidas no fim do século XIX e início do XX, como o Sierra Club. Diante da ameaça da crescente urbanização e industrialização, o Sierra Club procurava proteger o ambiente natural para o prazer das pessoas.

Uma maior preocupação com as relações humanas e o ambiente levou ao surgimento de um movimento ambiental mais politicamente ativo na segunda metade do século XX. Ele decolou nos anos 1960, quando a Guerra Fria estava no auge e a Crise dos Mísseis de Cuba, em 1962, deixou os Estados Unidos e a União Soviética à beira de uma guerra nuclear, incitando pedidos pelo desarmamento nuclear, entre muitas outras campanhas. Nesse contexto, a ideia de conservar áreas naturais particulares, como no sistema nacional de parques dos EUA e do Reino Unido, deu lugar a um conceito bem mais amplo de ambientalismo. Várias organizações surgiram com uma forte pauta ativista envolvendo protestos de massa e ação direta.

Protesto organizado

Uma das primeiras organizações ativistas foi a Friends of the Earth. Ela foi fundada nos EUA, em 1969, por um grupo que incluía o conservacionista David Brower, ex-líder do Sierra Club, com o objetivo de evitar a construção de usinas nucleares. Politicamente ativa desde o início, a Friends of the Earth continua a fazer *lobby* com governos pelo mundo e campanhas sobre uma ampla gama de questões ambientais, enfatizando a importância do desenvolvimento econômico sustentável. Em 1971, um pequeno grupo de ativistas da América do Norte formou o Don't Make a Wave Committee para protestar contra o teste de bombas nucleares pelos EUA

Apenas pelo cuidado com o ambiente o meio de sustento de quem mais depende dele se manterá.
Petra Kelly

AMBIENTALISMO E CONSERVAÇÃO

Ver também: Ciência cidadã 178-183 ▪ O legado dos agrotóxicos 242-247 ▪ Devastação da Terra pelo homem 299 ▪ Contenção da mudança climática 316-321

Ativistas em bote patrulham, como parte dos protestos regulares do Greenpeace, dois navios do Reino Unido que transportam substâncias tóxicas ilegais.

na ilha de Amchitka, Alasca. A organização preferia ação direta em vez de intermediações políticas e alugou um barco para ir até a ilha em protesto. A publicidade gerada pelo grupo balançou a opinião pública e freou os testes. Foi a primeira ação do que viria a se tornar o Greenpeace, organização que continua a usar ação direta para desafiar os envolvidos em atividades ambientalmente nocivas.

Política verde

Durante os anos 1970, partidos políticos com manifestos ambientalistas engajados surgiram em diversos países. Por exemplo, o Partido da Ecologia foi estabelecido no Reino Unido em 1975, e o Partido Verde, na Alemanha, em 1979. Quando o movimento ganhou força, muitos partidos menores começaram a se fundir para formar Partidos Verdes nacionais, unificados. Nos últimos anos, à medida que assuntos como poluição e mudança climática ganharam os noticiários, outros partidos políticos estabelecidos adotaram políticas amigáveis ao ambiente. ■

Temos tudo de que precisamos, salvo, talvez, vontade política. Mas, sabe […] a vontade política é um recurso renovável.
Al Gore

Petra Kelly

Nascida Petra Lehmann, em Günzburg, Alemanha, em 1947, Kelly depois adotou o sobrenome do padrasto, oficial do exército americano. Quando tinha doze anos, sua família se mudou para os Estados Unidos, onde Kelly estudou ciências políticas em Washington, DC.

Em 1970, voltou à Europa. Enquanto trabalhava na Comissão Europeia, em Bruxelas, entrou para o Partido Social Democrata alemão, mas desiludiu-se com a política tradicional. Juntou-se ao recém-criado Partido Verde da Alemanha em 1979, e em 1983 era um dos dezoito membros a serem eleitos ao Parlamento. Kelly defendeu temas de ambientalismo e direitos humanos. Em 1992, ela e seu companheiro, o político Gert Bastian, foram encontrados mortos em sua casa, em Bonn, aparentemente resultado de um pacto suicida.

Obras importantes

1984 *Fighting for Hope*
1992 *Nonviolence Speaks to Power*
1994 *Thinking Green: Essays on Environmentalism, Feminism, and Nonviolence*

AS CONSEQUÊNCIAS DAS AÇÕES DE HOJE NO MUNDO DE AMANHÃ
PROGRAMA O HOMEM E A BIOSFERA

EM CONTEXTO

PRINCIPAL ORGANIZAÇÃO
UNESCO

ANTES
1925 O Instituto Internacional de Cooperação Intelectual – que pretende trocar ideias intelectuais e melhorar a qualidade de vida – é estabelecido em Paris, França.

1945 A Conferência das Nações Unidas estabelece a constituição da UNESCO.

DEPOIS
1983 O Primeiro Congresso Mundial de Reserva da Biosfera acontece em Minsk, Bielorrússia.

1995 O marco estatutário da Rede Mundial de Reservas da Biosfera é acordado.

2015 A ONU lança sua iniciativa de 17 Objetivos de Desenvolvimento Sustentável.

2017 Os EUA retiram dezessete áreas da Rede Mundial de Reservas da Biosfera da UNESCO, mas 23 outras novas são adicionadas em outros lugares.

Durante a segunda metade do século XX, houve uma crescente preocupação global com a importância da relação entre humanos e o mundo natural. Isso levou, em 1971, ao lançamento do programa O Homem e a Biosfera (MAB, na sigla em inglês) pela Organização das Nações Unidas para a Educação, a Ciência e a Cultura (UNESCO). Trata-se de um programa intergovernamental dedicado a estimular o desenvolvimento econômico equitativo e ambientalmente sustentável.

A UNESCO foi fundada depois da Segunda Guerra Mundial, com o objetivo de promover "a construção da paz, a erradicação da pobreza, o desenvolvimento sustentável e o diálogo intercultural por meio de educação, ciência, cultura, comunicação e informação". Como tal, estava em uma posição singular para examinar com cuidado a relação entre pessoas e o ambiente.

Rede global
A organização começou definindo uma série de locais protegidos reconhecidos internacionalmente, que ganharam notoriedade como Rede Mundial de Reservas da Biosfera

AMBIENTALISMO E CONSERVAÇÃO

Ver também: Atividade humana e biodiversidade 92-95 ▪ O ecossistema 134-137 ▪ A coexistência pacífica entre humanidade e natureza 297 ▪ Energia renovável 300-305 ▪ Ética ambiental 306-307 ▪ Iniciativa Biosfera Sustentável 322-323

(WNBR, na sigla em inglês). Essas áreas demonstravam como a diversidade cultural e biológica humana é mutuamente benéfica e estimula a integração equilibrada de pessoas com seu ambiente natural. Eles também buscaram formas de gerenciar de maneira eficiente os recursos naturais para benefício do ambiente e também de seus habitantes.

Hoje, mais de 650 locais pelo mundo compõem a rede, provendo uma plataforma de pesquisa colaborativa cultural e científica em uma gama de ecossistemas marinhos, costeiros e terrestres. Pela rede, o programa monitora os efeitos da atividade humana sobre a biosfera, examinando particularmente a mudança climática, e estimula a troca de informações.

Conhecimento local

O MAB reconhece três funções interligadas de uma reserva da biosfera: conservação, desenvolvimento sustentável e apoio por meio de educação e treinamento: esses objetivos são conquistados separando-se áreas dentro da reserva para proteger locações centrais, ao mesmo tempo fornecendo locais para desenvolvimento apropriado e sustentável pelos habitantes da região.

Para esse fim, comunidades são estimuladas a participar do gerenciamento da reserva, e utilizam seu conhecimento da área para fazer o melhor uso dos recursos naturais. A ideia de educar as pessoas sobre o ambiente e compartilhar conhecimento pela Rede Mundial é

Mulheres marroquinas colhem as saudáveis frutas da árvore de argan. Essas árvores, na Reserva da Biosfera Arganeraie, são mantidas cuidadosamente pela população.

vital para o sucesso do projeto como um todo.

Opiniões conflitantes

Além de terem valor científico internacional, os locais da WNBR muitas vezes são culturalmente importantes para o Estado que o abriga. Não são indicados pela UNESCO, mas por governos nacionais, e permanecem sob a jurisdição do Estado em que se encontram. O reconhecimento internacional de seu status não afeta os direitos dos Estados sobre as Reservas da Biosfera.

Nos últimos anos, alguns Estados optaram por gerenciar certas áreas como reservas nacionais, e não internacionais, e se retiraram do programa. Todavia, há um sólido aumento dos locais indicados para o programa por governos de todo o mundo. ■

UNESCO

A UNESCO, agência da ONU com base em Paris, França, foi fundada em 1946 para promover a colaboração internacional pela paz e segurança. Foi estabelecida de acordo com a Carta das Nações Unidas, por meio da educação, ciência e cultura. Hoje, a organização tem 195 estados--membros. A UNESCO dá continuidade ao trabalho iniciado pelo Comitê Internacional da Liga de Nações para Cooperação Intelectual nos anos 1920, interrompido pela eclosão da Segunda Guerra Mundial. Hoje, os membros almejam atingir seus objetivos patrocinando programas educacionais e científicos internacionais. Entre eles, projetos dedicados a promover os direitos humanos e o desenvolvimento sustentável, ao estimular a diversidade cultural.

A organização talvez seja mais conhecida por estabelecer Patrimônios Mundiais reconhecidos internacionalmente, que buscam preservar o máximo possível de aspectos da herança natural e cultural diversa do mundo.

PREVENDO O TAMANHO DE UMA POPULAÇÃO E SUAS CHANCES DE EXTINÇÃO

ANÁLISE DE VIABILIDADE DE POPULAÇÕES

EM CONTEXTO

PRINCIPAL NOME
Mark L. Shaffer (1949–)

ANTES
1964 A UICN publica sua primeira Lista Vermelha de mamíferos e aves ameaçados.

1965 Em *The Destruction of California*, o ecologista Raymond Dasmann apresenta a rápida perda de flora e fauna no estado.

1967 *The Theory of Island Biogeography*, de Robert MacArthur e Edward O. Wilson, explora padrões insulares de imigração e extinção.

DEPOIS
2003 A análise de viabilidade de populações (AVP) da borboleta *Icaricia icarioides fender* é usada para orientar a conservação nos EUA.

2014 Estudos de AVP no deserto de Sonora, EUA, ajudam a avaliar a reação de aves e répteis à mudança climática.

A análise de viabilidade de populações (AVP), ou avaliação de risco de extinção, é um processo usado para estimar a probabilidade de a população de uma espécie-alvo conseguir se manter por um tempo específico, sejam dez, sejam trinta ou cem anos. Uma característica-chave da AVP é a definição de tamanho mínimo viável de uma população e área mínima de habitat – informações que depois podem nortear decisões sobre prioridades de conservação.

Uma ferramenta para conservacionistas

A AVP combina estatística e ecologia para calcular o mínimo de organismos necessários para uma espécie

AMBIENTALISMO E CONSERVAÇÃO

Ver também: Resiliência ecológica 150-151 ▪ Comunidade clímax 172-173 ▪ Metapopulações 186-187 ▪ Extinções em massa 218-223 ▪ Desmatamento 254-259

A borboleta *Icaricia icarioides fender* não foi vista depois dos anos 1930 e foi considerada extinta até ser redescoberta, em 1989. Está ameaçada, mas pequenas populações vivem no Oregon.

sobreviver por longo tempo em seu habitat de preferência. Esse número mínimo também dita a dimensão adequada de habitat de que a espécie necessita. A AVP é uma ferramenta útil para conservacionistas ao negociar com governos e desenvolvedores a fim de definir status de proteção para uma área. Armados com a AVP, eles podem explicar precisamente por que reduzir uma faixa de floresta, pântano ou leito de junco ameaçará determinada flora ou fauna. Proteger uma área vasta o bastante para suportar uma espécie grande também beneficia vários pequenos organismos que compartilham o mesmo ambiente.

Inúmeras criaturas só conseguem sobreviver em ambientes em que a interferência humana é mínima. Isso vale ainda mais para aquelas que vivem em habitats especializados, como certas corujas em florestas primárias, répteis em pântanos ácidos, ou anfíbios em riachos com corredeiras não poluídos. No entanto, à medida que a população humana cresce, há uma demanda constante por terras para construção, agricultura, lazer, estradas ou engenharia florestal. Essa pressão é uma ameaça particular a espécies que não conseguem se adaptar facilmente e se deslocam para outros lugares. Onde já estão confinadas a "ilhas" de habitat adequado, basta um baixo nível de dano ambiental ou perturbação humana para empurrá-las para a extinção.

Contando ursos

Em 1975, o número de ursos-cinzentos estava diminuindo no Parque Nacional de Yellowstone. Estimava-se que restavam apenas 136 indivíduos, e a população isolada foi considerada ameaçada. Como parte de sua pesquisa de doutorado, Mark L. Shaffer começou a estudar a sustentabilidade em longo prazo dessa população de ursos geograficamente isolada.

Shaffer, pioneiro da análise de viabilidade de populações, aplicou quatro fatores que considerou determinantes de seu futuro. O primeiro foi a estocasticidade demográfica: flutuações irregulares e imprevisíveis em números de indivíduos, idade, gênero e taxas de nascimento e morte. Por exemplo, se a grande maioria dos animais em uma »

A incerteza é a única certeza na AVP.
Steven Beissinger
Conservacionista americano

Vulnerabilidade de pequenas populações

Uma população mínima viável deve ter tamanho suficiente para se manter sob condições médias e resistir a eventos extremos. Mark Shaffer a comparou a um reservatório construído para suportar o tipo de inundação que ocorre apenas uma vez a cada cinquenta anos, mas não uma inundação devastadora que ocorre uma vez por século.

Pequenas populações são especialmente vulneráveis a múltiplas ameaças sucessivas. O tetraz-das-pradarias, na Nova Inglaterra, EUA, era abundante nos tempos coloniais, mas a caça desenfreada para consumo e lazer causou uma queda acentuada no número de indivíduos em 1908. Naquele ano, a última população sobrevivente na ilha de Martha's Vineyard recebeu status de espécie protegida. Mas um incêndio florestal catastrófico durante a temporada de acasalamento em 1916, invernos severos, endocruzamento, doenças e predação pesada de aves de rapina deixaram a população de tetrazes em um nível abaixo do viável. Por volta de 1927, restavam apenas duas fêmeas, e a espécie foi extinta em 1932.

314 ANÁLISE DE VIABILIDADE DE POPULAÇÕES

Uma ursa-cinzenta e seus filhotes forrageiam em Yellowstone. Durante a vida, a área vital de uma fêmea é de 775 a 1.400 km², enquanto a de um macho chega a 5 mil km².

população é composta de machos, o sucesso reprodutivo será menor do que em uma população mais equilibrada, e influenciará suas chances de sobrevivência. A segunda consideração foi a estocasticidade ambiental: flutuações imprevisíveis nas condições do ambiente, como mudanças no habitat e clima, que podem afetar a disponibilidade de alimento e abrigo. A terceira foram as catástrofes naturais, como incêndios florestais ou inundações. O quarto dos fatores de Shaffer foram as mudanças genéticas, incluindo problemas criados por endocruzamento. Para cada um deles, modelos estatísticos podem determinar uma gama de possibilidades.

Desde a pesquisa inicial de Shaffer, nos anos 1970 e 1980, e subsequente nova gestão e estratégias de conservação, os ursos-cinzentos ampliaram seu habitat em mais de 50% dentro do amplo Greater Yellowstone Ecosystem – área de 89.031 km² que tem o parque nacional no centro. Em 2014, o Serviço Geológico dos EUA estimou que cerca de 757 ursos viviam ali, com base em 119 avistamentos de fêmeas e filhotes. No entanto, a população havia caído para cerca de 718 em 2018, e previsões sugeriram que Yellowstone pudesse ter alcançado sua capacidade de carga máxima – maior número de animais que uma área de habitat pode suportar. Em 2017, os ursos foram removidos da lista de espécies ameaçadas, mas a proteção foi restaurada por um juiz federal em 2018.

Como os estudos são desenvolvidos

Estudos de AVP são conduzidos de muitas formas. O tipo mais simples é a AVP série-temporal, que olha para o total da população por um período de tempo para calcular uma tendência média de crescimento e quaisquer variações. Nesses estudos, todos os indivíduos são tratados como idênticos.

Já as AVPs demográficas tendem a ser mais precisas e detalhadas. São baseadas em taxas estimadas de reprodução e sobrevivência para diferentes faixas etárias dentro da população. Tais análises exigem muito mais dados, mas podem fornecer informações extras sobre as necessidades e a vulnerabilidade de diferentes grupos da população,

A tecnologia tem permitido cada vez mais que cientistas e legisladores monitorem com atenção a biodiversidade do planeta e as ameaças a ela.
Stuart L. Pimm
Biólogo anglo-americano

AMBIENTALISMO E CONSERVAÇÃO

> Uma **população é identificada** como **em risco**.

> Uma **análise de viabilidade de populações** é conduzida para **avaliar a situação**.

> Uma **solução** é encontrada para **combater a ameaça** à população.

> **A população tem uma chance de se recuperar.**

As raposas-das-ilhas das Ilhas do Canal, perto da Califórnia, eram menos de duzentas no fim dos anos 1990. Em 2015, havia mais de 5 mil, mas, em uma ilha, uma subpopulação ainda está em risco.

impulsionando um caso de conservação em que é necessário proteção. Como informações confiáveis sobre faixas etárias e taxas de reprodução não costumam estar disponíveis em populações pequenas, ameaçadas, os ecologistas às vezes usam dados de outras populações da mesma espécie – ou de espécies similares – para conduzir a AVP. Porém, os resultados são variáveis, mesmo em populações da mesma espécie, na mesma área. Em um estudo de 2015 com três colônias de leões-marinhos-da-califórnia, no Golfo na Califórnia, dados "substitutos" de uma colônia foram usados para fazer previsões sobre outras duas; eles foram válidos para uma colônia, mas não para a outra.

Fazendo a diferença

Os métodos ainda estão sendo refinados, mas a AVP já se tornou um pilar da biologia de conservação. Aplicaram-se AVPs a populações variadas, como de raposa-das-ilhas na Califórnia, lontras-marinhas no Alasca, borboletas *Icaricia icarioides fender* e corujas-manchadas-do-norte no Oregon e golfinhos-nariz-de-garrafa nas costas da Argentina e da Austrália. Com o desenvolvimento de programas de computador cada vez mais eficientes, incorporando mais variáveis, a AVP sem dúvida será usada de forma ainda mais efetiva no futuro. É impossível prever cada extinção, mas a AVP fornece ferramentas para identificar populações ameaçadas e determinar as ações com maior probabilidade de melhorar a viabilidade de uma população e preservar uma espécie em risco. ∎

Um estudo japonês

O lagópode-branco vive nos Alpes japoneses, a uma altitude de cerca de 2.500 m. Sua população, de cerca de 2 mil aves, é dividida em várias pequenas comunidades em picos de montanhas. Quando o aquecimento climático e a aproximação de predadores geraram temores por sua sobrevivência, o ecologista Ayaka Suzuki e sua equipe calcularam o tamanho mínimo viável da população de aves do monte Norikura. Eles coletaram dados de crescimento populacional, como o número de descendentes fêmeas que sobreviveram até a estação de acasalamento seguinte e a taxa anual de sobrevivência de todas as aves. Os cálculos tinham variáveis para um limite de descendentes para cada par.

As descobertas indicaram que o risco de extinção era relativamente baixo nos trinta anos seguintes, mesmo que a população inicial fosse de apenas quinze indivíduos. Uma conclusão possível é que a população do monte Norikura é forte o bastante para suplementar populações em declínio em outras montanhas.

A análise de viabilidade de populações pode indicar a urgência do início das iniciativas de recuperação em populações específicas.
William F. Morris
Biólogo americano

A MUDANÇA CLIMÁTICA

ESTÁ ACONTECENDO AQUI, ESTÁ ACONTECENDO AGORA

CONTENÇÃO DA MUDANÇA CLIMÁTICA

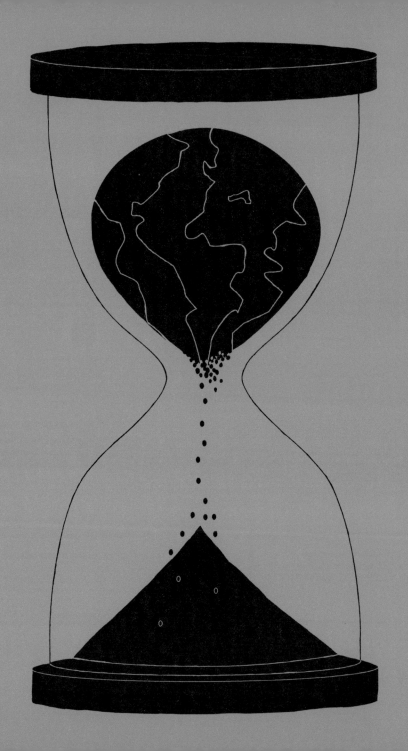

318 CONTENÇÃO DA MUDANÇA CLIMÁTICA

EM CONTEXTO

PRINCIPAIS NOMES
Bert Bolin (1925–2007),
Painel Intergovernamental sobre Mudanças Climáticas (1988–)

ANTES
1955 O cientista americano Gilbert Plass conclui que maiores concentrações de dióxido de carbono (CO_2) levarão a temperaturas mais altas.

1957 O cientista americano Roger Revelle e o físico-químico austríaco Hans Suess publicam em conjunto um relatório provando que os oceanos não absorverão o excesso de CO_2 da atmosfera.

1968 O glaciologista John H. Mercer teoriza um aumento catastrófico nos níveis do mar nos próximos quarenta anos devido ao colapso dos mantos de gelo antárticos.

DEPOIS
2020 Planos criados pelo Acordo de Paris para combater a mudança climática devem ser implementados.

Desde a Revolução Industrial, humanos vêm alterando o ambiente natural da Terra com emissões cada vez maiores de dióxido de carbono (CO_2). As sociedades avançaram tecnologicamente, mas essa tecnologia – de trens, navios e fábricas movidos a carvão, a carros e aviões abastecidos com petróleo – teve um impacto adverso no mundo natural e nas espécies que o habitam. Conforme os cientistas foram ficando mais cientes das causas humanas da mudança climática, grupos de pesquisa globais se formaram para estudar o fenômeno e sugerir formas como a humanidade poderia conter, se não reverter, os danos.

Os efeitos da mudança climática são variados. Mais CO_2 na atmosfera cria aquecimento global, isso provoca o derretimento das calotas polares, faz os oceanos aquecerem e seus níveis se elevarem, e causa a morte de espécies não adaptadas a oceanos mais quentes. Os padrões globais de clima também estão mudando: furacões no Atlântico Norte aumentaram em intensidade, deixando um rastro de devastação e morte. Incêndios e secas tornaram-se mais frequentes em áreas secas, invernos estão mais severos em climas mais frios, e áreas já suscetíveis a catástrofes relacionadas ao clima extremo, como as afetadas pelas monções tropicais, estão sofrendo os desdobramentos mais severas, principalmente em termos de perda de vida e habitat.

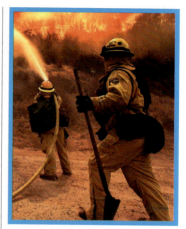

Bombeiros lutam contras as chamas do "Fogo Sagrado" que desolou Orange County em 2018. Altas temperaturas levaram a uma temporada prolongada e difícil de incêndios florestais.

Cooperação global

Cientistas sabem que as ações humanas contribuem para o clima desde 1896, quando o sueco Svante Arrhenius sugeriu que pessoas que queimavam combustíveis fósseis estavam contribuindo para o

---

Causas naturais:
- Erupções vulcânicas
- Movimento das placas tectônicas
- Correntes oceânicas

Causas humanas:
- Desmatamento
- Práticas agrícolas
- Queima de combustíveis fósseis
- Emissões industriais

... levam a grandes quantidades de dióxido de carbono na atmosfera, causando mudança climática.

AMBIENTALISMO E CONSERVAÇÃO

Ver também: Aquecimento global 202-203 ▪ Desmatamento 254-259 ▪ Programa O Homem e a Biosfera 310-311 ▪ Iniciativa Biosfera Sustentável 322-323 ▪ O impacto econômico da mudança climática 324-325

aquecimento global. Só na década de 1970, no entanto, os governos começaram a agir de acordo com esse conhecimento. Nessa época, o público geral havia começado a ter ciência da realidade da mudança climática devido a notícias e transmissões que compartilhavam as visões lúgubres dos cientistas com o mundo.

Iniciativas internacionais para impedir ou atrasar a mudança climática tiveram início com a primeira conferência da ONU sobre meio ambiente, que aconteceu em Estocolmo, Suécia, em 1972. A conferência deu pouca atenção ao assunto da mudança climática em comparação a outras questões ambientais – como poluição e energia renovável –, mas criou o Programa das Nações Unidas para o Meio Ambiente (UNEP), uma agência para supervisionar políticas ambientais e programas como gestão de ecossistemas,

Uma verdade inconveniente, documentário de 2006 do ex-vice-presidente Al Gore, feito para educar o público sobre as causas e efeitos da mudança climática.

… os humanos estão realizando um experimento geofísico de larga escala, de um tipo que não poderia ter acontecido no passado…
Roger Revelle e Hans Suess

recuperação de desastres naturais e atividades antipoluição. O UNEP depois ficou responsável por coordenar iniciativas da ONU contra mudança climática.

Em 1987, membros da ONU também concordaram com o Protocolo de Montreal, comprometendo-se a proteger a camada de ozônio da Terra e pôr fim ao uso de substâncias nocivas. Embora não fosse especificamente desenvolvido para combater a mudança climática, o acordo, ratificado por todos os estados-membros da ONU, reduziu as emissões de gases do efeito estufa.

Criação do IPCC

Em 1988, o Painel Intergovernamental sobre Mudanças Climáticas (IPCC) foi criado em Genebra, Suíça, por duas organizações das Nações Unidas: o UNEP e a Organização Meteorológica Mundial (WMO, na sigla em inglês). O meteorologista sueco Bert Bolin – que atuou no Grupo Consultivo sobre Gases do Efeito Estufa suplantado pelo IPCC – foi o primeiro presidente do painel.

O IPCC foi criado para ser uma resposta globalmente coordenada à mudança climática ligada à atividade humana. Ele emite relatórios com base em pesquisa científica em apoio ao principal tratado internacional sobre mudança climática: a Convenção-Quadro das Nações Unidas sobre Mudança Climática (UNFCCC, também na sigla em inglês), assinada na ECO-92, no Rio de Janeiro. O trabalho do IPCC também envolve a publicação do Resumo para Formuladores de »

CONTENÇÃO DA MUDANÇA CLIMÁTICA

Políticas, que fornece sínteses de pesquisas sobre mudança climática a governos de todo o mundo, para ajudá-los a compreender as ameaças aos humanos e ao ambiente.

O plano de Kyoto

Nove anos após a criação do IPCC, em 1997, membros da ONU assinaram o Protocolo de Kyoto, que buscou aprimorar a regulação das emissões globais de carbono. O protocolo foi o primeiro acordo entre nações a decretar reduções nos gases de efeito estufa país por país, almejando reduzi-los a níveis que impediriam que os humanos tivessem impacto negativo nos ecossistemas.

Embora assinado em 1997, o Protocolo de Kyoto só se tornou efetivo em 2005. No fim do primeiro período de comprometimento, em 2012, todas as nações signatárias haviam alcançado seus objetivos de redução, à exceção do Canadá, que se retirou do protocolo por não conseguir cumprir suas metas. A Austrália também não conseguiu reduzir as emissões, mas, no período inicial, sua meta foi estabelecida como um aumento de 8%. Muitas nações estão em vias de cumprir as metas para 2020, menos a Noruega, que havia estabelecido um objetivo muito alto (redução de 30% a 40% em relação aos níveis de 1990).

Paris e o futuro

O Protocolo de Kyoto estabeleceu metas para as nações cumprirem de 2005 a 2020. Após 2020, os signatários começarão a seguir um novo protocolo: o Acordo de Paris. Em novembro de 2016, após décadas de pedidos por uma resolução global mais agressiva, o acordo foi assinado por 195 países-membros da UNFCCC na sede da ONU em Nova York. Como Kyoto, o objetivo primário do Acordo de Paris é reduzir as emissões de gases do efeito estufa aos níveis acordados.

Com a decisão da Síria de assinar o Acordo de Paris, em 2017, os Estados Unidos passaram a ser o único país do mundo a não fazer parte do acordo. Embora os EUA tivessem inicialmente assinado o documento, durante a presidência de Barack Obama, seu sucessor, Donald Trump, o rejeitou, alegando que ele exigia muito dos EUA e pouco das outras nações. A decisão foi um golpe aos outros signatários; além de ter muita riqueza para financiar pesquisas sobre o clima, os EUA também são o segundo maior emissor de gases do efeito estufa do mundo. Trump depois esclareceu sua posição dizendo acreditar que a mudança climática é um fenômeno natural que o mundo pode "reverter"

Uma reunião debaixo d'água realizada nas Maldivas, em 2009, para pedir ação contra a mudança climática. O aumento dos níveis do mar pode significar que a nação seja engolida pelo oceano.

Negacionismo climático

Apesar do consenso entre a maioria dos cientistas do mundo sobre a mudança climática ser um fenômeno causado pelo homem, que demanda intervenção urgente, o negacionismo climático persiste em muitas nações poderosas do mundo. Vários estudiosos nomearam a oposição aos fatos sobre mudança climática de "máquina negacionista", em que a mídia e as indústrias conservadoras, beneficiando-se de regulamentações ambientais fracas, criam um ambiente de incerteza e ceticismo sobre a ciência da mudança do clima.

Algum ceticismo vem dos que sugerem que as estimativas dos cientistas são muito alarmistas e que o aquecimento global está acontecendo mais devagar do que o previsto. Outros consideram a ideia da mudança climática como fenômeno humano uma farsa, alegando que o aquecimento global é um ciclo natural do planeta, e não produto da ação humana. Independentemente da razão, o negacionismo climático entre algumas autoridades e líderes corporativos é uma posição que os cientistas do IPCC continuam a refutar.

sem mudanças significativas para o comportamento humano.

Outras nações declararam suas próprias preocupações com o Acordo de Paris. O governo da Nicarágua, que entrou em 2017, criticou o acordo por não ir longe o suficiente, e alegou que ele não reduzirá as emissões de carbono rápido o bastante para evitar um desastre climático global. Também falta ao acordo um mecanismo para garantir que países que o assinaram cumpram seus termos.

Medidas desesperadas

Segundos os termos do Acordo de Paris, os países devem trabalhar juntos para limitar o aumento na média global de temperatura a menos de 2 °C acima dos níveis pré-industriais. O acordo também pretende ir além, sugerindo que o aumento se limite a apenas 1,5 °C. Em estudo publicado no periódico *Earth System Dynamics*, em 2016, o especialista em clima Carl-Friedrich Schleussner e seus copesquisadores defenderam que enquanto um aumento de 1,5 °C criaria um ambiente global que refletiria as maiores temperaturas vivenciadas atualmente, um aumento de 2 °C

Apresentamos escolhas bem difíceis aos governos. Apontamos os enormes benefícios de manter 1,5 °C.
Professor Jim Skea
Copresidente do grupo de trabalho III – IPCC

O fardo da mudança

As emissões de gases do efeito estufa devem chegar ao máximo rapidamente.

As perdas sofridas por nações vulneráveis devido à mudança climática devem ser consideradas.

Nações desenvolvidas tomarão à frente na redução de emissões de carbono.

Países desenvolvidos darão ajuda financeira a países em desenvolvimento.

O Acordo de Paris foi assinado por 195 países-membros da UNFCCC. Ele atribuiu às nações desenvolvidas a responsabilidade de prestar assistência àqueles que não têm fundos para combater a mudança climática sozinhos.

levaria a um "novo regime climático", diferente de tudo o que os humanos já viram.

Pesquisas subsequentes mostraram que essa meta de 1,5 °C será difícil de alcançar. Em 2018, o IPCC produziu o Relatório Especial sobre aquecimento global requisitado pelo Acordo de Paris. As descobertas foram alarmantes. Em vez de caminhar para a meta de 1,5 °C, o mundo agora está mais perto dos 3 °C acima dos níveis pré-industriais. Recuperar-se e cumprir a meta de 1,5 °C exigiria que as nações tomassem medidas drásticas e sem precedentes. As emissões globais de CO_2 por humanos teriam que cair 45% até 2020, em relação aos níveis de 2010. E, em 2050, as emissões líquidas teriam que chegar a "zero", significando que os humanos não criariam emissões sem remover a quantia equivalente de CO_2 da atmosfera.

O relatório do IPCC de 2018 também apelou para que os indivíduos façam sua parte para baixar as emissões de CO_2. Uso da terra, energia, cidades e indústria são as principais áreas em que o IPCC sugere que mudanças são necessárias: as pessoas deveriam adotar carros elétricos, andar e pedalar mais, e voar menos, uma vez que os aviões produzem uma quantidade significativa de gases do efeito estufa. O IPCC também encoraja que se compre menos carne, leite, queijo e manteiga, já que a demanda reduzida desses produtos levaria a menos emissões pelas indústrias de processamento de carne e laticínios. Embora acordos globais como os de Kyoto e Paris tenham dominado a discussão, está claro que todo e qualquer método para baixar as emissões de CO_2 devem ser implementados. ■

A CAPACIDADE DE SUSTENTAR A POPULAÇÃO MUNDIAL

INICIATIVA BIOSFERA SUSTENTÁVEL

EM CONTEXTO

PRINCIPAL NOME
Jane Lubchenco (1947–)

ANTES
1388 O Parlamento inglês torna ilegal jogar lixo em canais públicos, como valas e rios.

Déc. de 1970 O cientista britânico James Lovelock e a microbiologista americana Lynn Margulis desenvolvem a teoria de Gaia.

DEPOIS
1992 O ecologista canadense William Rees introduz o conceito de "pegada ecológica" para descrever o impacto humano no ambiente.

2000 O holandês Paul Crutzen, laureado com o Prêmio Nobel, populariza a ideia de que o mundo entrou em uma nova era geológica conhecida como Antropoceno, ou "Era do Homem", que reconhece o impacto monumental e com frequência perigoso dos humanos sobre o planeta.

A Iniciativa Biosfera Sustentável (SBI, na sigla em inglês) surgiu em 1988 devido aos esforços da Ecological Society of America (ESA) para estabelecer qual pesquisa científica deveria ser priorizada, uma vez que os fundos eram limitados. Na época, o campo da ecologia passava por uma transição na direção das ciências aplicadas – usando o conhecimento para desenvolver soluções práticas relevantes às questões ambientais contemporâneas. A ambientalista americana Jane Lubchenco liderou a SBI e abriu caminho para a ESA (e outros) promover o conhecimento ecológico útil enquanto os cientistas corriam para combater a degradação ambiental.

Priorizando o planeta

Os cientistas da SBI estabeleceram um novo caminho para o campo da ecologia e determinaram que áreas de pesquisa seriam mais importantes nos anos que viriam. Buscaram priorizar três campos de pesquisa: mudança global, diversidade biológica e sistemas ecológicos sustentáveis. Estudos de mudança global abordam atmosfera, clima, solo e água (incluindo mudanças provocadas pela poluição), e padrões de uso da terra e da água. A pesquisa em diversidade biológica foca na conservação de espécies ameaçadas e no estudo de mudanças naturais e provocadas pelo homem na diversidade genética e de habitat. Por fim, estudos de sistemas ecológicos sustentáveis analisam as interações entre processos humanos e ecológicos para que cientistas encontrem soluções para as tensões detectadas nos ecossistemas.

A SBI enfatizou a necessidade de se patrocinar tais pesquisas, e também destacou a importância de compartilhar as descobertas com quem está fora da comunidade científica. Ela deu início a um

A SBI estimulou melhorias no entendimento e no avanço das ligações entre conhecimento ecológico e sociedade.
Jane Lubchenco

AMBIENTALISMO E CONSERVAÇÃO

Ver também: O ecossistema 134-137 ▪ Mudança populacional caótica 184 ▪ A teoria de Gaia 214-217 ▪ Sobrepesca 266-269 ▪ Contenção da mudança climática 316-321 ▪ O impacto econômico da mudança climática 324-325 ▪ Descarte de lixo 330-331

processo de pesquisa ecológica aplicada que incluía não apenas a aquisição de novos conhecimentos, mas também sua difusão, além de auxílio para que sejam incorporados pelas mudanças nas políticas do mundo real.

O futuro da pesquisa

Lubchenco e seus colegas criaram a SBI tanto como declaração de uma missão quanto como argumento pelo qual a pesquisa ecológica mereceria mais financiamento e atenção. Seu relatório foi publicado em 1991, no periódico *Ecology*, como "Iniciativa Biosfera Sustentável: uma agenda de pesquisa ecológica". Ele foi bem recebido pela comunidade científica e adaptado para uso em nível global – primeiro na Iniciativa Biosfera Sustentável Internacional, desenvolvida no México, em 1991, e depois na Agenda 21, um plano de ação adotado na ECO-92, no Rio de Janeiro.

Desde 1991, a SBI e seu relatório influenciaram uma geração de ecologistas, abrindo novas vias de financiamento e colaboração, formando comitês, organizando oficinas e criando relatórios para promover sua pauta. A SBI levou a ecologia aos olhos do público, e hoje ecologistas participam de conselhos e influenciam políticas corporativas e governamentais.

Apesar de tais melhorias, Lubchenco ainda acredita que as mudanças realizadas não acompanharam os crescentes perigos que o planeta enfrenta. Novas campanhas, como a Earth Stewardship Initiative, da ESA, criada em 2013, ampliaram o trabalho da SBI.

Turbinas eólicas são explicadas a jovens estudantes. A SBI defende o ensino de ecologia nas escolas e universidades, para que as pessoas aprendam a gerir e manter a biosfera.

Eles esperam efetuar grandes mudanças nas próximas duas décadas, de modo que o desenvolvimento sustentável possa satisfazer as necessidades atuais dos humanos sem comprometer as necessidades das gerações futuras. ■

Jane Lubchenco

Aclamada ambientalista e ecologista marinha, Jane Lubchenco cresceu em Denver, Colorado. Formou-se bacharel em biologia pelo Colorado College e em seguida fez mestrado em zoologia e doutorado em ecologia marinha por Harvard. Sua pesquisa foca a interação entre humanos e o ambiente, com ênfase em biodiversidade, mudança climática e sustentabilidade.

De 2009 a 2013, foi subsecretária de Comércio para Oceanos e Atmosfera, e diretora da Administração Oceânica e Atmosférica Nacional, tendo sido a primeira mulher e a primeira ecologista marinha a assumir o cargo. Em 2011, Lubchenco supervisionou a criação do Weather-Ready Nation, projeto para preparar o público para casos de clima extremo.

Obras importantes

1998 "Entering the century of the environment: a new social contract for science", *Science*
2017 "Delivering on science's social contract", *Michigan Journal of Sustainability*

ESTAMOS TIRANDO A SORTE COM A NATUREZA
O IMPACTO ECONÔMICO DA MUDANÇA CLIMÁTICA

EM CONTEXTO

PRINCIPAL NOME
William Nordhaus (1941–)

ANTES
1993 Em *Reflections on the Economics of Climate Change*, William Nordhaus resume as questões que cercam a mudança climática e a economia, enfatizando incertezas e potenciais soluções.

DEPOIS
2008 Em *A riqueza de todos*, Jeffrey Sachs defende que, embora a humanidade enfrente uma terrível crise econômica – incluindo a da mudança climática –, temos o conhecimento para lidar com ela.

2013 *The Climate Casino: Risk, Uncertainty, and Economics for a Warming World*, de William Nordhaus, explica como o aquecimento global se relaciona à economia do mundo e propõe ideias para reduzir seu impacto.

A climatologia é uma ciência incerta. Projeções futuras mudam, baseadas em ações humanas e novas tecnologias, além dos ciclos naturais. No entanto, é de suma importância avaliar os impactos econômicos da mudança climática. Quando os custos em potencial são entendidos, podemos explorar formas para mitigar seus impactos diretos. É necessário considerar não apenas os custos diretos – como danos a propriedades causados por inundações ou incêndios, mas também os custos associados, com efeitos mais amplos, como declínio na biodiversidade, destruição de habitats, mudanças em estações de crescimento e migração humana forçada.

Calculando o custo
O custo social do carbono (CSC) é uma estimativa monetária dos danos à sociedade humana provocados a cada tonelada adicional de dióxido de

Manifestantes em Lamu, Quênia, em 2018, opondo-se à construção de uma usina de energia a carvão. A crescente percepção dos danos ecológicos resultou em aumento da reprovação pública.

AMBIENTALISMO E CONSERVAÇÃO

Ver também: Energia renovável 300-305 ▪ Programa O Homem e a Biosfera 310-311 ▪ Contenção da mudança climática 316-321

carbono lançada na atmosfera. Entre esses danos estão reduções na produtividade agrícola, prejuízos para infraestrutura, custos de energia e impactos na saúde humana. O CSC fornece um ponto inicial para a política energética. Por exemplo, se o CSC é decomposto em propostas para uma nova usina de energia, seu custo de construção torna-se muito mais alto. Isso também pode tornar o custo de formas alternativas de energia – como solar ou eólica – mais viável financeiramente. No entanto, é extremamente difícil calcular o CSC.

Modelos de previsão

Economistas usam vários modelos para calcular o CSC. Em 1999, William Nordhaus desenvolveu o modelo RICE (Regional Integrated Climate-Economy) – variação de seu modelo anterior, o DICE (Dynamic Integrated Climate-Economy), que pesou os custos e benefícios de se desacelerar o aquecimento global. O modelo RICE integra emissões de carbono, concentrações de carbono na atmosfera, mudança climática, danos e controles em vigor para reduzir as emissões. O modelo divide o mundo em regiões distintas para análise. Ele prevê que o CSC combinado em 2055 estará entre 44 e 207 dólares por tonelada de dióxido de carbono liberada, a depender da taxa de aquecimento e de políticas de mitigação decretadas.

Modelos econômicos incorporam suposições, como a taxa de desconto. Taxas de desconto priorizam o presente sobre o futuro, porque o futuro não pode ser previsto com perfeição. A taxa é selecionada com base em como o equilíbrio entre prioridades do presente e futuro é pesado. Maiores descontos indicam que populações futuras serão mais ricas e preparadas para lidar com a mudança climática. Menores descontos sugerem que os distúrbios causados pela mudança climática deixarão as pessoas mais pobres do que são hoje. Nordhaus sugere uma taxa de desconto de 3%, o que significa que, se os prejuízos monetários da mudança climática forem de 5 trilhões de dólares em 2100, poderíamos investir 382 bilhões de dólares hoje para evitá-los. ∎

Analisando os custos da redução de dióxido de carbono

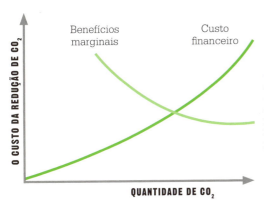

O custo da redução de CO_2 aumenta de acordo com a quantidade, mas é compensado pelos benefícios ganhos. As linhas se cruzam no ponto de equilíbrio, onde benefícios máximos são obtidos com o menor custo.

William Nordhaus

Nascido no Novo México, EUA, em 1941, William Nordhaus é um líder no campo da economia da mudança climática. Ele se deparou com esse campo de pesquisa ao dividir uma sala com um climatologista. As teorias econômicas de Nordhaus – os modelos DICE e RICE – são amplamente usadas para analisar decisões em termos de adoção de políticas. Nordhaus é muito interessado na definição de um valor realista para o carbono. Atualmente, o custo social do carbono costuma ser fixado em cerca de 40 dólares por tonelada, mas os modelos de Nordhaus mostram que deveria ser mais alto para considerar os impactos da mudança climática. Nordhaus é professor emérito de economia na Universidade Yale e participa do Congressional Budget Office Panel of Economic Experts e do Brooking Panel on Economic Activity. Em 2018, recebeu o Prêmio Nobel de Economia.

Obras importantes

1994 *Managing the Global Commons: The Economics of Climate Change*
2000 *Warming the World: Economic Models of Global Warming*

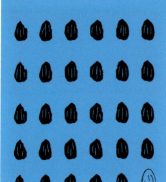

MONOCULTURAS E MONOPÓLIOS ESTÃO DESTRUINDO A COLHEITA DE SEMENTES

DIVERSIDADE DE SEMENTES

EM CONTEXTO

PRINCIPAL NOME
Vandana Shiva (1952–)

ANTES
1966 Uma nova linhagem de arroz de alto rendimento, conhecida como IR8, leva a um grande aumento do cultivo em países produtores de arroz. Desenvolvida nas Filipinas, também é chamada de "arroz milagroso".

DEPOIS
1994 A Organização Mundial do Comércio introduz o acordo sobre Aspectos dos Direitos de Propriedade Intelectual Relacionados ao Comércio (TRIPS, na sigla em inglês).

2004 Após protestos de agricultores que desenvolveram o cultivo, a patente da Monsanto sobre uma linhagem de trigo indiana conhecida como Nap Hal é revogada.

2012 A iniciativa indiana Navdanya International lança a campanha global Seed Freedom para proteger a soberania e segurança dos alimentos.

Em 1987, a ativista ambiental indiana Vandana Shiva lançou um movimento para proteger a diversidade de sementes nativas em resposta a mudanças na agricultura e produção de alimentos. Ela fundou a Navdanya, uma organização não governamental, para proteger a biodiversidade agrícola da ameaça de engenharia genética e patentes.

Agrobiodiversidade

A biodiversidade agrícola (ou agrobiodiversidade) resultou do cruzamento seletivo, por milhares de anos, de plantas e animais retirados da natureza. Essas práticas levaram à diversidade genética extraordinária de diferentes variedades de cultivos e animais domesticados. Por exemplo, a

A produção de arroz na Califórnia é de alto rendimento, mas há problemas com a salinidade do solo. Embora a tolerância ao sal possa ser geneticamente introduzida, variedades tradicionais de arroz podem já ser resistentes.

planta do gênero *Oryza* foi cultivada pela primeira vez para produzir arroz na Ásia entre 8.200 e 13.500 anos atrás; hoje, há mais de 40 mil variedades desse arroz. Intrínsecas à agrobiodiversidade estão as muitas espécies não colhidas que auxiliam a produção. Entre elas, os microrganismos do solo, espécies que se alimentam de pragas e polinizadores. Por eras, as habilidades e os conhecimentos de milhões de agricultores deram forma a essa biodiversidade. Desde o fim dos anos 1960, uma transferência de

AMBIENTALISMO E CONSERVAÇÃO

Ver também: Atividade humana e biodiversidade 92-95 ▪ O legado dos agrotóxicos 242-247 ▪ O domínio da humanidade sobre a natureza 296 ▪ Serviços ecossistêmicos 328-329

Patentes de sementes ameaçam a sobrevivência e liberdade dos camponeses [...] e fazendeiros...
Vandana Shiva

tecnologia ao mundo em desenvolvimento incluiu variedades de alto rendimento de cereais associadas a fertilizantes químicos, agrotóxicos, herbicidas, mecanização e irrigação mais eficiente. Conhecida como Revolução Verde, essa transformação alterou o foco da agricultura no mundo em desenvolvimento, passando da biodiversidade para lavouras de maior rendimento. Novos cultivos da Revolução Verde, como o "arroz milagroso" (IR8), impulsionaram a produção, mas havia um lado negativo. À medida que mais ênfase era colocada em poucas linhagens produtivas, a base genética das variedades tradicionais de sementes de grãos, batatas, frutas, legumes e algodão declinou. A Organização das Nações Unidas para a Alimentação e a Agricultura estima que 75% da diversidade de cultivos desapareceu dos campos do mundo. Alguns ambientalistas argumentam que as variedades tradicionais são mais compatíveis com condições agrícolas locais, mais baratas para os agricultores e ambientalmente mais sustentáveis do que as novas variedades de alto rendimento. Além disso, muitas das novas estirpes são patenteadas pelas companhias que as criaram. Acordos de comércio impõem regulamentações sobre quem pode usar o quê. Isso prejudica pequenos agricultores e favorece as poderosas corporações que produzem a semente.

Soberania da semente

Shiva argumenta que fazendas são ameaçadas se a semente apropriada não estiver mais disponível. Por tradição, a maioria dos pequenos agricultores costuma guardar suas sementes de uma safra para outra. Agora, quando fazendeiros compram sementes – sobretudo as geneticamente modificadas –, muitas vezes são obrigados a concordar em não guardá-las. Ter que comprar sementes de uma empresa todo ano pode prejudicá-los financeiramente. Shiva critica a prática de patenteamento de variedades de sementes por corporações como "biopirataria", e criou a Navdanya para promover a "soberania da semente". Ela defende a agrobiodiversidade por uma rede de guardiões de sementes e produtores orgânicos e ajudou a fundar mais de cem bancos de sementes comunitários, efetivamente bancos de genes, onde sementes de cultivos e espécies raras de plantas são armazenadas para uso futuro. ∎

Fertilizantes aumentaram demais a produção de grãos na Índia – cuja população de 1,3 bilhão de pessoas torna vital a segurança alimentar –, mas também destroem a fertilidade do solo.

Vandana Shiva

A ativista ambiental Vandana Shiva nasceu no norte da Índia. Sua mãe era fazendeira, e o pai, silvicultor. Ela estudou na Índia e no Canadá, obtendo doutorado em filosofia da física. Ao voltar à Índia, em 1982, criou a Fundação de Pesquisa para Ciência, Tecnologia e Ecologia. Após o desastre com o pesticida Bhopal, em 1984, seu interesse em agricultura cresceu e, três anos depois, ela fundou a Navdanya para proteger a biodiversidade e as sementes nativas. Shiva faz campanha contra o acordo sobre Aspectos dos Direitos de Propriedade Intelectual Relacionados ao Comércio (TRIPS) da Organização Mundial do Comércio, que amplia as patentes para incluir plantas e animais. A revista *Time* aclamou Vandana Shiva como Heroína Ambiental em 2003.

Obras importantes

1989 *The Violence of the Green Revolution*
2000 *Stolen Harvest: The Hijacking of the Global Food Supply*
2013 *Making Peace with the Earth*

OS ECOSSISTEMAS NATURAIS E SUAS ESPÉCIES AJUDAM A MANTER E SATISFAZER A VIDA HUMANA
SERVIÇOS ECOSSISTÊMICOS

EM CONTEXTO

PRINCIPAL NOME
Gretchen Daily (1964–)

ANTES
c. 400 a.C. O filósofo grego Platão tem consciência do impacto do homem na natureza, notando que o desmatamento erode o solo e faz secar as sementes.

1973 O estatístico e economista alemão E. F. Schumacher cunha o termo "capital natural" no livro *O negócio é ser pequeno*.

DEPOIS
1998 O Programa das Nações Unidas para o Meio Ambiente, a NASA e o Banco Mundial lançam estudo sobre por que proteger o planeta atende às necessidades humanas.

2008 Estudo da Universidade da Califórnia em Berkeley mostra que a destruição ecológica causada pelos países mais ricos significa que eles devem aos países mais pobres valor maior que a dívida do mundo em desenvolvimento.

Como uma montanha sagrada, o monte Fuji oferta um serviço ecossistêmico cultural ao povo do Japão, enquanto o rico solo vulcânico ao redor fornece um serviço às plantações de chá locais.

Ecologistas se referem aos benefícios que o homem recebe dos ecossistemas como serviços ecossistêmicos. Alguns dos processos naturais mais importantes para a continuidade da vida humana podem ser classificados como serviços ecossistêmicos, como a polinização de culturas, a decomposição do lixo e a disponibilidade de água potável. Ecologistas sustentam que, pelo fato de as enormes contribuições desses serviços à vida humana não serem facilmente quantificáveis, o homem os subestima demais enquanto explora os recursos da natureza para ter lucro. Embora a ideia de que humanos obtêm benefícios da natureza tenha uma longa história, foi apenas nos anos 1970 que o equilíbrio entre necessidades humanas e naturais passou à vanguarda do debate ecológico. O termo "serviços ecossistêmicos" apareceu pela primeira vez em meados dos anos 1980 e, em 1997, o conceito foi desenvolvido em dois artigos-chave: "Serviços ecossistêmicos: benefícios oferecidos às sociedades humanas por

AMBIENTALISMO E CONSERVAÇÃO

Ver também: Atividade humana e biodiversidade 92-95 ▪ Resiliência ecológica 150-151 ▪ A teoria de Gaia 214-217 ▪ Devastação da Terra pelo homem 299

Gretchen Daily

Nascida em 1964 em Washington, DC, Gretchen Daily desenvolveu uma paixão por ecologia desde a infância. Depois que sua família se mudou para a Alemanha, em 1977, ela testemunhou uma crise nacional devido à chuva ácida e viu pessoas protestando nas ruas contra a degradação ambiental. Daily tem duas graduações e doutorado em biologia pela Universidade Stanford, onde atualmente é professora de ciências ambientais.

Ela estudou biodiversidade pelo recorte da "biogeografia rural", ou as porções de natureza que não foram usadas pelo desenvolvimento humano, mas cujos ecossistemas ainda são impactados pela atividade humana. É cofundadora do Natural Capital Project, que visa incorporar o ambientalismo em práticas corporativas e em políticas públicas.

Obras importantes

1997 *Nature's Services: Societal Dependence on Natural Ecosystems*
2002 *The New Economy of Nature: The Quest to Make Conservation Profitable*

> Se a tendência atual se mantiver, em poucas décadas o homem alterará radicalmente quase todos os ecossistemas naturais remanescentes na Terra.
> **Gretchen Daily**

ecossistemas naturais", editado por Gretchen Daily, e "O valor dos serviços ecossistêmicos e do capital natural do mundo", pelo economista ecológico americano Robert Costanza. Em 2001, o secretário-geral da ONU Kofi Annan lançou a Avaliação Ecossistêmica do Milênio (AEM), que ajudou a popularizar o conceito de serviços ecossistêmicos em 2005, quando publicaram uma abrangente análise sobre como o homem afeta o meio ambiente.

Os quatro tipos de serviços

O relatório da AEM de 2005 detalhou quatro categorias de serviços ecossistêmicos: de suporte, de provisão, de regulação e culturais. Serviços de suporte, como formação do solo e purificação da água, permitem a existência de todos os outros. Serviços de provisão consistem em água doce; alimento, como culturas agrícolas e gado; fibras, incluindo madeira, algodão e outros materiais usados para itens vitais ao homem, como construção e vestuário; e medicamentos naturais e plantas usadas em farmacêuticos. Serviços de regulação incluem a capacidade da natureza de controlar pestes – em oposição ao uso humano de agrotóxicos – e a capacidade da atmosfera de purificar-se naturalmente, bem como o controle de riscos climáticos por meio de barreiras naturais, como zonas úmidas e mangues. A polinização é outro serviço de regulação importante, ameaçado pelo declínio global de polinizadores, como as abelhas. Serviços culturais envolvem as formas pelas quais o homem atribui significado cultural ou espiritual aos elementos dos ecossistemas, como árvores, animais, rios e montanhas sagrados. A estética ou o valor recreacional de uma paisagem natural é outro tipo de serviço cultural.

Em seu cerne, o conceito de serviços ecossistêmicos permite ao homem ver como sua conexão com a natureza é inextricável, e como, sem o mundo natural, a existência humana seria impossível. Ecologistas usam-no para ilustrar quanto esses sistemas são preciosos para as condições básicas de vida, e convencer indústrias, empresas e governos da necessidade de conservação ecológica. ■

> Planos para proteger ar e água, natureza e fauna são, na verdade, planos para proteger o homem.
> **Stewart Udall**
> *Político e ambientalista americano*

ESTAMOS VIVENDO NESTE PLANETA COMO SE TIVÉSSEMOS OUTRO PARA IR DEPOIS
DESCARTE DE LIXO

EM CONTEXTO

PRINCIPAL NOME
Paul Connett (1940–)

ANTES
1970 O primeiro Dia da Terra acontece nos EUA para conscientizar as pessoas sobre descarte correto de lixo e reciclagem.

1988 O código de identificação de resinas é introduzido nos EUA para estimular a reciclagem de plásticos.

1992 Na ECO-92, 105 chefes de Estado se comprometeram com o desenvolvimento sustentável.

DEPOIS
2010 A ONU lança sua Parceria Global sobre Gestão de Resíduos para promover a preservação e eficiência no uso dos recursos.

2012 Metas traçadas na Conferência sobre Desenvolvimento Sustentável da ONU incluem métodos de produção ecológicos e redução de resíduos.

Mais de 65 mil pessoas de ao menos 180 nações viajaram para Johanesburgo, África do Sul, em 2002 para participar da Cúpula Mundial sobre Desenvolvimento Sustentável da ONU. As resoluções finais do evento incluíram um apelo para reduzir o lixo e aumentar o reúso e a reciclagem, e para desenvolver sistemas de descarte correto de lixo.

Nas últimas décadas do século XX, ficou claro que os resíduos alcançavam proporções incontroláveis. A industrialização, o crescimento de grandes populações urbanas e o crescente uso de plástico, todos contribuíam com a pilha de lixo mundial. O lixo tradicionalmente era queimado ou enterrado – duas opções agora associadas a emissões tóxicas de gases do efeito estufa e, no caso de aterros, ao potencial para contaminar a água subterrânea. A resposta para a crescente pilha de lixo do mundo teria que ser encontrada em outro lugar.

A revolução da reciclagem

Reciclar para reúso não é um conceito novo, mas sua aplicação para reduzir montanhas de lixo público que de outra forma iriam para aterros tem suas origens nos anos 1960 e 1970, quando organizações como o Greenpeace tornaram o público mais consciente quanto às questões ambientais. Recentemente, ativistas como Paul Connett, autor de *Zero Waste* (2013), têm renovado o apelo global para reduzir o consumo, e reusar ou reciclar itens em vez de descartá-los.

Desde os anos 1970, muitos estados dos EUA e a maioria dos países europeus, bem como Canadá, Austrália e Nova Zelândia, introduziram a coleta de itens recicláveis separados por lixeiras. A Suécia tem sido especialmente ativa. Em 1975, os suecos reciclaram apenas 38% de seu lixo, mas hoje são

Poluição não é nada além dos recursos que não aproveitamos. Permitimos que fossem dispersados porque ignorávamos seu valor.
R. Buckminster Fuller
Inventor e arquiteto americano

AMBIENTALISMO E CONSERVAÇÃO 331

Ver também: Aquecimento global 202-203 ▪ Poluição 230-235 ▪ Expansão urbana 282-283 ▪ Lixão de plástico 284-285 ▪ Energia renovável 300-305

Recuse sacolas plásticas e excesso de embalagens. Compre produtos em **embalagens grandes** ou sem nenhuma.

Repense enquanto compra. **Precisa mesmo** do que está comprando?

Ações individuais podem reduzir o lixo – casas de países desenvolvidos adicionam aos aterros uma tonelada de lixo por ano.

Reúse o que puder ou **doe** a outra pessoa que possa usar.

Recicle o que não pode ser usado para que se transforme em **novos produtos**.

O metano de aterros

Depois do dióxido de carbono, o metano é o gás do efeito estufa mais perigoso. Embora sua concentração atmosférica seja menor que a do CO_2, o metano é 25 vezes mais eficaz em reter o calor na atmosfera. O metano atmosférico vem de várias fontes naturais, incluindo a decomposição da vegetação em habitats como turfeiras e pântanos, mas também do intestino dos animais criados na pecuária, do uso de combustíveis fósseis e da decomposição do lixo em aterros.

Em muitos lugares, incluindo o Reino Unido e os EUA, um grande número de aterros agora retém e coleta metano para produzir energia. O gás de aterro contém até 60% de metano, a depender da composição do lixo e da idade do local. Dutos verticais e horizontais são colocados ao longo do aterro para coletar o metano, que é então processado e filtrado. A maior parte é usada para gerar eletricidade, mas ele também pode ser usado na indústria. Após um novo processamento, também pode ser transformado em combustível automotivo.

Metano é extraído no aterro Payatas, Manila – o primeiro nas Filipinas a converter o gás em energia, como parte de um programa da ONU.

líderes mundiais, reciclando 99% dos resíduos domésticos. Cerca de 50% deles são queimados em usinas de reciclagem, que geram calor para aquecer os lares do país. A Suécia também importa lixo de outros países para processar em suas 32 usinas de incineração. Em 2015, importou 2,3 milhões de toneladas de lixo da Noruega, Reino Unido, Irlanda e outros.

"Mineração" de eletrônicos

O tipo de resíduo que mais cresce é o lixo eletrônico. O e-lixo de telefones celulares, HDS de computador, TVS e outros produtos alcançou quase 42 milhões de toneladas em 2014 – quase 25% a mais do que em 2010. O e-lixo em geral contém metais preciosos, como o ouro, a prata, o cobre e o paládio, usados em circuitos impressos. Foi mostrado que a "mineração" de aterros para extrair os metais pode ser mais econômica do que a de depósitos naturais. Contudo, o e-lixo também contém metais tóxicos, como cádmio, chumbo e mercúrio. Em países que geram e importam e-lixo, revirar aterros em busca de metais pode gerar poluição. Embora a Europa agora tenha uma indústria de reprocessamento de e-lixo, há relativamente poucos esquemas eficientes em outros lugares.

Existem inúmeras novas iniciativas, mas o mundo ainda está muito distante do ideal de lixo zero citado por Connett. Resta um enorme desafio aos indivíduos e governos: como reduzir o consumo e reciclar o lixo global que logo alcançará 2 bilhões de toneladas ao ano. ▪

DIRETÓR

10

DIRETÓRIO

Além dos cientistas retratados nos capítulos anteriores, muitos outros homens e mulheres contribuíram de forma significativa com o desenvolvimento da ecologia. Eles estiveram entre os maiores pensadores científicos de suas épocas. Alguns se destacaram no meio acadêmico, enquanto outros vieram de ocupações diferentes, mas foram pioneiros em novas abordagens. Ainda mais deles foram formidáveis ativistas. Apesar de terem atuado com diversas disciplinas, todos contribuíram para nossa compreensão da biosfera terrestre, de como ela evoluiu e do lugar da humanidade nela. De forma crucial, o trabalho deles continua a mostrar o que precisa ser feito para preservar o mundo natural e proteger a Terra das consequências destrutivas do comportamento humano.

SAMUEL DE CHAMPLAIN
1574–1635

Explorador, cartógrafo, soldado e naturalista francês, Champlain desbravou e mapeou boa parte do Canadá. Fundou a cidade de Quebec e estabeleceu a colônia de Nova França. Perspicaz observador e cronista, documentou animais e fez anotações sobre plantas, incluindo detalhes relativos a folhas, frutas e nozes, e investigou como os nativos americanos as usavam.
Ver também: Classificação dos seres vivos 82-83

JAMES AUDUBON
1785–1851

Pioneiro da ornitologia americana, Audubon cresceu no Haiti e na França, imigrando para os EUA em 1803. Ele desenvolveu interesse pela natureza, em especial pelas aves, e foi um artista talentoso. Sua técnica artística era incomum: depois de atirar na ave, ele a colocava em uma "pose natural" usando arame, e a pintava com seu habitat natural ao fundo. Entre 1827 e 1838, publicou The Birds of America em uma série de fascículos, que incluía 435 gravuras coloridas de 497 espécies, seis das quais agora extintas. Audubon também descobriu 25 espécies nunca antes descritas e usou linha para "anilhar" pássaros – ou seja, amarrou-a nas pernas deles, permitindo-lhe identificar cada indivíduo – e aprender mais sobre sua movimentação.
Ver também: Ecologia animal 106-113

MARY ANNING
1799–1847

Em 2010, a Royal Society nomeou Anning uma das dez mulheres britânicas de maior influência na história da ciência. Ela ficou famosa como coletora de fósseis e paleontóloga, e suas extraordinárias descobertas fósseis, de camadas jurássicas nos penhascos da costa de Dorset, incluíram o primeiro ictiossauro descrito corretamente, dois plesiossauros relativamente completos e o primeiro pterossauro fora da Alemanha. Seus achados ajudaram a mudar a visão sobre a história da Terra, fornecendo sólidas evidências de extinção.
Ver também: Extinções em massa 218-223

CATHERINE PARR TRAILL
1802–1899

Botânica e escritora prolífica, Traill nasceu na Grã-Bretanha e imigrou para o que hoje é Ontário, Canadá, após se casar em 1832. Lá, escreveu sobre a vida como colona. Também escreveu sobre o meio ambiente, com destaque para Canadian Wild Flowers (1865) e Studies of Plant Life in Canada (1885). Seus diversos álbuns de coleção de plantas estão no Herbário Nacional do Museu Canadense de Natureza, em Ottawa.
Ver também: Habitats ameaçados 236-239

KARL AUGUST MÖBIUS
1825–1908

Pioneiro alemão, Möbius tinha especial interesse pela ecologia de ecossistemas marinhos. Após estudar no Museu de História Natural de Berlim e obter um doutorado na Universidade de Halle, ele abriu um aquário marinho em Hamburgo em 1863. Quando era professor de zoologia na Universidade de Kiel, seu trabalho sobre a viabilidade da produção comercial de ostras na baía de Kiel o levou a identificar as diversas relações de dependência entre organismos no ecossistema do banco de ostras.
Ver também: O ecossistema 134-137

ERNST HAECKEL
1834–1919

Haeckel foi um biólogo, médico e artista que popularizou as ideias de Charles Darwin na Alemanha (ainda que rejeitando muitas delas) e introduziu a

DIRETÓRIO 335

palavra "ecologia" em 1866. Nascido em Potsdam, estudou em várias universidades até se tornar professor de zoologia na Universidade de Jena em 1861. Foi o primeiro biólogo a propor o reino *Protista* – para organismos que não são animais nem vegetais –, tendo pesquisado e registrado minuciosamente os diminutos protozoários de águas profundas chamados radiolários.

Ver também: Evolução pela seleção natural 24-31

WILLIAM BLAKE RICHMOND
1842–1921

Mais conhecido como pintor, escultor e artista de vitrais e mosaicos, o britânico Richmond se tornou ativista ambiental depois de ter que suportar a luz fraca e a fumaça produzidas pela queima de carvão no inverno de Londres. Em 1898, fundou a Coal Smoke Abatement Society (CSAS) para pressionar políticos por ar limpo. A CSAS foi providencial para a introdução da Lei de Saúde Pública de 1926 (Redução de Fumaça) e da Lei do Ar Limpo de 1956 no Reino Unido.

Ver também: Poluição 230-235

THEODORE ROOSEVELT
1858–1919

Para tratar uma asma severa na infância, Roosevelt se tornou entusiasta de esportes e atividades ao ar livre, desenvolvendo uma paixão vitalícia pela natureza. Quando, em 1900, foi vice da chapa de William McKinley nas eleições presidenciais dos EUA, fez isso com uma proposta de paz, prosperidade e preservação. Tornou-se o 26º presidente quando McKinley foi assassinado, em 1901, e fundou o Serviço Florestal dos EUA, cinco novos parques nacionais, 51 reservas de aves e 150 florestas nacionais.

Ver também: Desmatamento 254-259

JÓSEF PACZOSKI
1864–1942

Paczoski foi um ecologista polonês, nascido onde hoje é a Ucrânia. Estudou botânica na Universidade de Kiev e foi pioneiro da fitossociologia, o estudo das comunidades vegetais naturais, usando o termo pela primeira vez em 1896. Nos anos 1920, Paczoski fundou o primeiro instituto de fitossociologia do mundo na Universidade de Poznan, onde lecionou sistemática vegetal. Exímio botânico, publicou obras sobre a flora da Europa Central, incluindo a da floresta de Białowieza, que administrou como parque nacional.

Ver também: Organismos e seu ambiente 166

JACK MINER
1865–1944

Também conhecido como "Wild Goose Jack", Miner emigrou dos EUA para o Canadá com sua família em 1878. Foi analfabeto até os 33 anos, mas se envolveu em projetos de preservação locais, como a construção de comedouros de inverno para codornas. Foi uma das primeiras pessoas na América do Norte a colocar anilhas de alumínio nas pernas de aves para rastrear seus movimentos. Um pato anilhado por ele, depois visto na Carolina do Sul, foi a primeira recuperação de anilha feita na América do Norte. Crê-se que Miner anilhou mais de 90 mil aves de caça, ajudando a criar uma enorme base de dados de rotas migratórias.

Ver também: Ciência cidadã 178-183

JAMES BERNARD HARKIN
1875–1955

Às vezes chamado de "pai dos parques nacionais canadenses", Harkin era apaixonado por política e preservação. Em 1911, foi nomeado o primeiro comissário da Agência de Parques Nacionais do Canadá, e supervisionou a constituição dos parques nacionais Point Pelee, Wood Buffalo, Kootenay, Elk Island, Georgian Bay Islands e Cape Breton Highlands. Harkin se deu conta do valor comercial dos parques, e sua política de incentivar a construção de estradas para atrair turistas não foi bem-aceita por todos. Ele foi a força motora por trás da lei que regulamentou a caça de aves migratórias em 1917.

Ver também: Habitats ameaçados 236-239, Desmatamento 254-259

MARJORY STONEMAN DOUGLAS
1890–1998

Formidável ativista pela proteção dos Everglades na Flórida, Douglas também foi jornalista e escritora de sucesso, sufragista e militante pelos direitos civis. Seu livro *The Everglades: River of Grass* (1947) teve peso na valorização dos pântanos da Flórida, e em 1969 ela fundou a organização *Friends of the Everglades* para proteger a área contra drenagem para construção. Douglas continuou na ativa até após entrar em seu segundo século, e aos 103 anos recebeu a Medalha Presidencial da Liberdade.

Ver também: Ciência cidadã 178-183

BARBARA MCCLINTOCK
1902–1992

Em 1983, McClintock tornou-se a primeira mulher a receber sozinha o Prêmio Nobel de Fisiologia ou Medicina, e a primeira americana a receber qualquer Nobel sozinha. O prêmio reconheceu sua descoberta – de mais de trinta anos antes – dos elementos genéticos transponíveis, ou "genes saltadores", que às vezes criam ou revertem mutações. Citogeneticista interessada em como os cromossomos se relacionam com o comportamento celular, também descobriu o primeiro mapa genético do milho – ligando traços físicos a regiões do cromossomo – e o mecanismo pelo qual cromossomos trocam informação.

Ver também: O papel do DNA 34-37

JACQUES COUSTEAU
1910–1997

O explorador marinho francês Cousteau era conhecido como apresentador de vários documentários sobre o mundo aquático. Após inventar o equipamento de respiração submarina *Aqua-Lung*, em 1943, trabalhou com a Marinha francesa para remover minas navais da Segunda Guerra Mundial. Mais tarde, converteu o *Calypso*, antigo caça-minas, em um navio de pesquisa a bordo do qual explorou os oceanos, escreveu vários livros e filmou

336 DIRETÓRIO

horas para a televisão. O *Calypso* foi muito danificado em 1996, mas Cousteau morreu de repente em 1997, antes que pudesse substituí-lo.
Ver também: Lixão de plástico 284-285

PIERRE DANSEREAU
1911–2011

Dansereau foi um ecologista de plantas franco-canadense pioneiro no estudo da dinâmica de florestas e considerado um dos "pais da ecologia". Nascido em Montreal, concluiu o doutorado em taxonomia vegetal na Universidade de Genebra, em 1939. Mais tarde ajudou a fundar o Jardim Botânico de Montreal e escreveu inúmeros ensaios sobre botânica, biogeografia e interação de humanos com o meio-ambiente. Em 1988, foi nomeado professor emérito da Universidade de Montreal, cargo que manteve até se aposentar, aos 93 anos, em 2004.
Ver também: Biogeografia 200-201

MARY LEAKEY
1913–1996

A londrina Mary Leakey, uma das principais paleoantropólogas do mundo, teve sua primeira experiência arqueológica aos dezessete anos, ao ser contratada como ilustradora em uma escavação em Devon. Em 1937, casou-se com o paleoantropólogo Louis Leakey, mudando-se para a África para trabalhar na Garganta de Olduvai – sítio rico em fósseis, na atual Tanzânia. Em 1948, encontrou o crânio fóssil de um ancestral de 18 milhões de anos de macacos e humanos, o *Proconsul africanus*. Seguiram-se mais avanços na compreensão da ancestralidade humana, incluindo a descoberta, em 1960, do *Homo habilis*, um hominídeo que tinha entre 1,4 milhão e 2,3 milhões de anos e usava ferramentas de pedra.
Ver também: Evolução pela seleção natural 24-31

MAX DAY
1915–2017

Ecologista e entomologista, Day se interessou pela vida selvagem, em especial por insetos, ainda criança na Austrália. Formou-se na Universidade de Sydney em botânica e zoologia em 1937 e depois estudou na Universidade Harvard, obtendo o doutorado por seu trabalho sobre cupins. Após a Segunda Guerra Mundial, retornou à Austrália, tornando-se o primeiro chefe da Divisão de Pesquisa Florestal da Organização de Ciência e Pesquisa Industrial da Commonwealth em 1976. Mais conhecido por seu trabalho sobre a mixomatose e seu uso no controle de populações de coelhos, Day publicou seu primeiro artigo em 1938, e o último – sobre mariposas – 74 anos depois.
Ver também: Termorregulação em insetos 126-127, Espécies invasoras 270-273

JUDITH WRIGHT
1915–2000

Principalmente poeta, Wright também teve fama em seu país, a Austrália, por militar pelos direitos territoriais dos aborígenes e por questões ambientais. Nascida em Armidale, Nova Gales do Sul, estudou na Universidade de Sydney, publicando seu primeiro livro de poesia em 1946. Entre 1967 e 1971, ao lado do artista John Busst e do ambientalista Len Webb, formou uma aliança de grupos conservacionistas, sindicatos e cidadãos para combater os planos do governo do estado de Queensland de abrir a Grande Barreira de Coral para mineração. A campanha, detalhada em seu livro *The Coral Battleground* (1977), acabou bem-sucedida.
Ver também: O movimento verde 308-309

EILEEN WANI WINGFIELD
1920–2014

Quando era uma jovem aborígene na Austrália, Wingfield pastoreava bois e ovelhas com o pai e a irmã. No início dos anos 1980, deitou-se na frente de escavadeiras no pântano Canegrass em oposição à construção da mina de urânio de Olympic Dam. Mais tarde, uniu-se a Eileen Kampakuta Brown e outras anciãs aborígenes para fazer campanha contra a proposta do governo de despejar resíduos nucleares na Austrália Meridional. As mulheres viajaram o país, pronunciando-se em reuniões para enfatizar os perigos do aterro, o qual temiam que crescesse quando governos e empresas estrangeiras vissem uma oportunidade de descartar seus resíduos radioativos.
Ver também: Poluição 230-235

EUGENIE CLARK
1922–2015

Chamada de "Dama dos Tubarões" por sua pesquisa sobre comportamento dos tubarões, Clark foi uma ecologista marinha nipo-americana pioneira no uso do mergulho para pesquisa científica – o que fez muitas vezes nos arredores do Laboratório Marinho de Cape Haze, na Flórida, onde trabalhou ao lado de outras ecologistas, como Sylvia Earle. Fez diversas descobertas vitais sobre tubarões e peixes e foi grande defensora da preservação marinha. Em 1955, fundou o Mote Marine Laboratory, que trabalha para proteger espécies de tubarão, preservar recifes de coral e estabelecer a pesca sustentável.
Ver também: Comportamento animal 116-117

DAVID ATTENBOROUGH
1926–

Naturalista e produtor de TV britânico, Attenborough atuou como diretor da BBC até se afastar para dedicar mais tempo a escrever e produzir documentários. Ele escreveu e narrou diversos programas sobre natureza, com destaque para a série *Life*, iniciada com *Life on Earth* (1979). Atribui-se ao trabalho de Attenborough a renovação do interesse público pela natureza e sua preservação na Grã-Bretanha.
Ver também: Lixão de plástico 284-285

PETER H. KLOPFER
1930–

O berlinense Klopfer é um ecologista cuja principal área de interesse é a etologia, estudo do comportamento animal em ambiente natural. Seu influente livro *An Introduction to Animal Behaviour: Ethology's First Century* (1967) serviu

como análise e síntese das teorias etológicas passadas e presentes. Em 1968, começou a lecionar no Departamento de Zoologia da Universidade Duke, Carolina do Norte, onde foi fundamental ao dar início ao centro de primatas.
Ver também: Comportamento animal 116-117

DIAN FOSSEY
1932–1985

A maior parte do que se sabe sobre a vida e estrutura social dos gorilas-das-montanhas selvagens na África deriva do trabalho da primatóloga e conservacionista Fossey. Filha de uma modelo de San Francisco, se formou e trabalhou como terapeuta ocupacional antes de visitar a África, onde conheceu Mary e Louis Leakey e neles se inspirou. No início de 1967, Fossey fundou o Karisoke Research Center nas montanhas de Ruanda, onde estudou os gorilas. Seu *best-seller* de 1983 sobre suas experiências – *Gorillas in the Mist* – foi mais tarde adaptado para o cinema. Fossey foi assassinada em seu acampamento em dezembro de 1985, provavelmente por sua posição contra a caça ilegal.
Ver também: Comportamento animal 116-117

TOMOKO OHTA
1933–

Ohta é uma geneticista de populações japonesa que em 1973 propôs a Teoria Aproximadamente Neutra da evolução, que incluía a ideia de que mutações que não são neutras nem prejudiciais têm papel importante na evolução. Após se formar na Universidade de Tóquio, em 1956, Ohta pesquisou a citogenética (relação dos cromossomos com o comportamento celular) do trigo e da beterraba, e hoje trabalha no Instituto Nacional de Genética do Japão.
Ver também: O gene egoísta 38-39

STANLEY C. WECKER
1933–2010

Comportamentalista animal americano, Wecker foi um influente pesquisador de ecologia de comunidades e populações animais, especialmente no estudo do que determina onde animais escolhem viver. Seu artigo de 1963 sobre a seleção de habitat pelos ratos-veadeiros demonstrou que tanto o instinto quanto a experiência têm papel nessa escolha.
Ver também: Nichos ecológicos 50-51

SYLVIA EARLE
1935–

Bióloga marinha, escritora e conservacionista americana, Earle é perita no impacto de derramamentos de petróleo. Em 1991, avaliou os danos causados pela destruição de poços de petróleo do Kuwait na Guerra do Golfo. Earle realizou trabalho similar após os derramamentos da Exxon Valdez, da Mega Borg e da Deepwater Horizon. Em 2009, fundou a Mission Blue, que, até 2018, estabelecera quase cem áreas de proteção marinha ao redor do mundo.
Ver também: Poluição 230-235

ROBERT E. SHAW
1936–

Shaw é um americano pioneiro da psicologia ecológica, que estuda como a percepção, a ação, a comunicação, o aprendizado e a evolução de humanos e animais são determinados pelo meio ambiente. Em 1977, coeditou o livro *Perceiving, Acting and Knowing: Toward an Ecological Psychology*, que de fato lançou essa nova área de estudo. Em 1981, foi presidente-fundador da Sociedade Internacional de Psicologia Ecológica e é hoje professor emérito no Departamento de Ciências Psicológicas da Universidade de Connecticut.
Ver também: Usando modelos animais para entender o comportamento humano 118-125

DAVID SUZUKI
1936–

O cientista canadense Suzuki graduou-se em zoologia pela Universidade de Chicago em 1961 e dois anos depois se tornou professor no departamento de genética da Universidade da Colúmbia Britânica. Desde meados dos anos 1970, também é apresentador de rádio e TV e autor de livros sobre natureza e meio ambiente. Foi um dos fundadores da David Suzuki Foundation, iniciada em 1990 e voltada a pesquisar meios sustentáveis de as pessoas viverem em harmonia com a natureza.
Ver também: Ética ambiental 306-307

DANIEL B. BOTKIN
1937–

Botkin, proeminente autor e ambientalista americano, concluiu seu doutorado em ecologia vegetal em 1968 na Universidade de Rutgers. Escreve e dá palestras sobre todas as áreas ambientais, de ecossistemas florestais à população de peixes, e também é consultor de agências, empresas e governos. Após passar décadas pesquisando mudanças climáticas, Botkin questionou o quanto são impactadas pela atividade humana. É pesquisador no Laboratório Biológico Marinho, próximo a Boston, e envolvido em programas de estudos ambientais de diversas universidades americanas.
Ver também: Contenção da mudança climática 316-321

EILEEN KAMPAKUTA BROWN
1938–

No início dos anos 1990, o governo australiano revelou o plano de construir um aterro nuclear perto de Woomera, no deserto da Austrália Meridional. Ao lado de Eileen Wani Wingfield, Brown, anciã aborígene, montou um *kungka tjuta* (conselho de mulheres) na cidade de Cooper Pedy para se opor ao aterro. Elas sabiam das malformações, câncer e outros problemas de saúde que seguiram os testes nucleares britânicos no deserto nos anos 1950 e 1960, e temiam que a radiação pudesse se infiltrar no lençol freático. O plano foi abandonado e Brown e Wingfield venceram o Goldman Environmental Prize de 2003.
Ver também: Poluição 230-235

LYNN MARGULIS
1938–2011

A bióloga americana Margulis frequentava a faculdade em Chicago com apenas quinze anos e obteve seu doutorado na Universidade da Califórnia em Berkeley, em 1965. No ano seguinte, na Universidade de Boston, propôs que células com núcleo evoluíram a partir da fusão simbiótica de bactérias. Essa ideia, ainda que não aceita amplamente até os anos 1980, transformou a compreensão da evolução celular.

Ver também: A teoria de Gaia 214-217

PAUL F. HOFFMAN
1941–

Descoberta do cientista canadense Paul Hoffman, os "carbonatos de capa" – evidência de glaciação antiga em rochas sedimentares pré-cambrianas na Namíbia – reviveram a hipótese da "Terra Bola de Neve" no estudo de mudanças climáticas em 2000. O termo foi usado pela primeira vez pelo geólogo americano Joseph Kirschvink em 1992, embora se especule desde o fim do século XIX que a superfície da Terra era quase toda gelada há mais de 650 milhões de anos.

Ver também: Eras glaciais antigas 198-199

SIMON A. LEVIN
1941–

Levin, ecologista americano, especializou-se no uso de modelos matemáticos sofisticados, junto de observação em campo e em laboratório, para entender o mecanismo de ecossistemas. Ele também pesquisa as relações entre ecologia e economia. Obteve doutorado em matemática pela Universidade de Maryland em 1964 e lecionou na Universidade Cornell de 1965 a 1992. Após mudar-se para Princeton, foi nomeado diretor do Centro de Biocomplexidade da universidade, que investiga os mecanismos que geram e mantêm a complexidade no mundo.

Ver também: Equações predador-presa 44-49

JAMES A. YORKE
1941–

Matemático e físico americano baseado na Universidade de Maryland, Yorke é mais conhecido por seu trabalho sobre a teoria do caos. Em seu artigo de 1975 "Período 3 implica caos", escrito com o matemático chinês Tien-Yien Li, sustentou que, acima de certa taxa de crescimento, projeções populacionais ficam totalmente imprevisíveis, uma descoberta com grandes implicações ecológicas.

Ver também: Análise de viabilidade de populações 312-315

IAN LOWE
1942–

Lowe, ambientalista australiano que estudou engenharia e ciências na Universidade de Nova Gales do Sul e obteve doutorado em física na Universidade de York, é consultor do Painel Intergovernamental sobre Mudanças Climáticas da ONU. Ele é franco quanto à necessidade de energia renovável, defendendo ser "mais rápida, menos cara e menos perigosa do que energia nuclear". Em 1996, presidiu o grupo de peritos responsável pelo primeiro relatório sobre o estado do meio ambiente australiano. É professor emérito de Ciência, Tecnologia e Sociedade na Universidade Griffith, em Brisbane.

Ver também: Energia renovável 300-305, Contenção da mudança climática 316-321

AILA KETO
1943–

Keto passou grande parte da juventude explorando a Grande Barreira de Coral e as florestas adjacentes. Estudou bioquímica e passou a trabalhar na Universidade de Queensland. Em 1982, com seu marido Keith, ela fundou a Australian Rainforest Conservation Society, que fez muito para salvar a região dos trópicos úmidos da Austrália.

Ver também: Biomas 206-209

BOB BROWN
1944–

Após estudar medicina na Universidade de Sydney, Brown exerceu a profissão na Austrália e no Reino Unido. Mudou-se para a Tasmânia em 1972 e logo se envolveu com o movimento ambiental. No início dos anos 1980, foi um dos líderes de uma campanha de sucesso para impedir a construção da represa Franklin, que teria destruído habitats cruciais. Em 1996, foi eleito senador pelo Partido Verde australiano. Ao se aposentar, em 2012, fundou a Bob Brown Foundation para lutar pela proteção dos habitats australianos.

Ver também: A crise hídrica 286-291

BIRUTE GALDIKAS
1946–

Antropóloga e primatóloga alemã, Galdikas foi pioneira no estudo de orangotangos na natureza. Ao lado de Jane Goodall e Dian Fossey, era uma das "Trimatas", escolhidas por Louis Leakey para estudar grandes símios. Leakey a persuadiu a auxiliar na criação de uma estação de pesquisa de orangotangos em Bornéu, para onde se mudou em 1971. Por mais de trinta anos, Galdikas estudou grandes símios, militou pela proteção deles e de seu habitat florestal, e incumbiu-se da reabilitação de orangotangos órfãos.

Ver também: Comportamento animal 116-117

BRIAN A. MAURER
1954–2018

Seu artigo de 1989 "Macroecologia: a divisão de alimento e espaço entre espécies nos continentes" – escrito com James H. Brown – foi a primeira articulação clara da ideia de que há valor no estudo de padrões e processos ecológicos em grandes áreas e por longos períodos. Em seus últimos anos, pesquisou a dinâmica da propagação de aves exóticas e a diversidade de espécies entre mamíferos das montanhas na América do Norte.

Ver também: Macroecologia 185

NANCY GRIMM
1955–

Baseada na Universidade do Estado do Arizona, Grimm é uma ecologista e cientista da sustentabilidade cuja pesquisa se concentra na interação entre mudanças climáticas, atividade humana e ecossistemas. Seu trabalho enfoca, em especial, o movimento da água e de elementos químicos pelos ecossistemas. É ex-presidente da Ecological Society of America (ESA) e cientista sênior no Programa de Pesquisa sobre Mudanças Climáticas Globais dos EUA.

Ver também: Serviços ecossistêmicos 328-329

TIM FLANNERY
1956–

Um dos mais proeminentes ambientalistas da Austrália, Flannery obteve doutorado em 1984 na Universidade de Nova Gales do Sul por seu trabalho sobre a evolução do canguru. Mais tarde, construiu reputação como mastozoólogo, descobrindo muitas novas espécies, e como perito em mudanças climáticas. Foi chefe da Comissão do Clima, órgão do governo australiano, e defende a energia renovável.

Ver também: Energia renovável 300-305

SUSAN KAMINSKYJ
1956–

De seu laboratório na Universidade de Saskatchewan, Canadá, Kaminskyj – bióloga celular e micologista – foi pioneira no uso de fungos para limpar áreas contaminadas por petróleo, um processo chamado de biorremediação. Ela e sua equipe descobriram que, se as sementes forem tratadas com um fungo chamado TSTh20-1, as plantas conseguem se estabelecer no substrato e limpar o solo ao crescerem.

Ver também: A onipresença das micorrizas 104-105 ▪ Poluição 230-235

ROSEMARY GILLESPIE
1957–

A escocesa Gillespie estudou zoologia na Universidade de Edimburgo e mudou-se para os EUA para obter o doutorado pela Universidade do Tennessee. É conhecida principalmente por investigar o que impulsiona a biodiversidade no nível das espécies, concentrando sua pesquisa sobre evolução nos "arquipélagos hotspots" como o Havaí, onde a idade de cada ilha já é

conhecida com certa precisão. A maior parte de sua obra foca a evolução de espécies de aranhas. Trabalha na Universidade da Califórnia em Berkeley, onde comanda o EvoLab, grupo de pesquisa com foco em artrópodes, como aranhas e insetos.

Ver também: Termorregulação em insetos 126-127, Biogeografia insular 144-149

HARVEY LOCKE
1959–

Nascido em Calgary, Canadá, Locke cursou direito e praticou a advocacia até virar conservacionista em tempo integral, em 1999. Dedica-se a áreas da ecologia conhecidas como preservação de grandes paisagens e de conectividade, que envolve a conexão de todas as terras, sejam urbanas sejam selvagens, em uma ampla rede. Fundou a Yellowstone to Yukon Conservation Initiative, que defende a criação de um corredor contínuo de vida selvagem entre essas duas regiões da América do Norte. Em 2009, também foi cofundador do movimento Nature Needs Half, que luta pela proteção de metade das áreas de terra e água do planeta até 2050. Ele sustenta que essa política é necessária para evitar a sexta extinção em massa na Terra.

Ver também: Extinções em massa 218-223

MAJORA CARTER
1966–

Quando seu cão a levou a um degradado *brownfield* às margens do rio Bronx, em sua Nova York natal, Carter notou o potencial para revitalização daquela área. Ela recebeu fundos do conselho municipal para desenvolver o Hunts Point Riverside Park ali, oferecendo um refúgio natural e acesso ao rio aos moradores locais. Posteriormente, sua organização, Sustainable South Bronx (SSBx), defendeu e obteve apoio para uma renovação "verde" em comunidades desamparadas por toda Nova York. A SSBx também luta para melhorar a qualidade do ar e as escolhas alimentares.

Ver também: O movimento verde 308-309

SARAH HARDY
1974–

Hardy é uma bióloga marinha e exploradora polar americana que estuda os efeitos da mineração no fundo do mar sobre o ambiente. Ela sustenta que, para proteger as comunidades marinhas e sua biodiversidade, é importante desenvolver uma abordagem sistemática para o zoneamento oceânico – com áreas de proteção marinha em águas profundas como prioridade. Hardy estudou na Universidade da Califórnia em Santa Cruz e doutorou-se em oceanografia pela Universidade do Havaí em 2005.

Ver também: Lixão de plástico 284-285

KATEY WALTER ANTHONY
1976–

Estabelecida na Universidade do Alasca, Walter Anthony é uma ecologista de ecossistemas aquáticos especializada em ambientes polares. Ela estudou as emissões de dióxido de carbono e metano em lagos no Ártico norte-americano. Em 2017, descobriu que quantidades atipicamente grandes de metano escapavam de um lago ártico, onde o gás vazava na água de profundezas maiores do que as descobertas anteriormente. Se replicadas em outro lugar, tais emissões de reservas ao fundo do permafrost poderiam produzir um aumento crítico na quantidade de metano na atmosfera.

Ver também: A Curva de Keeling 240-241

AUTUMN PELTIER
2004–

Peltier, membro da Primeira Nação Wiikwemkoong, vive em Ontário, Canadá, e é militante pela água potável, sustentando que a humanidade deveria tratar a água com mais respeito. Em 2018, aos treze anos, foi uma das pessoas mais jovens na história a falar a uma Assembleia Geral da ONU. Ali, defendeu a política de que "Nenhuma criança deveria crescer sem saber o que é água potável, ou sem nunca saber o que é água encanada".

Ver também: A crise hídrica 286-291

GLOSSÁRIO

Abiótico
Sem vida; geralmente usado para se referir aos componentes não vivos de um ecossistema (como clima e temperatura).

Abundância
Os números de dada espécie dentro de um ecossistema; uma espécie abundante tem forte representação dentro da população geral.

Agrotóxicos
Produtos químicos usados para matar certas pragas e proteger culturas vegetais. Eles podem, entretanto, também matar espécies não alvo e danificar o ecossistema como um todo.

Água subterrânea
Água encontrada abaixo da superfície terrestre, como em espaços no solo, areia ou rochas.

Alastramento urbano
Expansão além das margens de uma área urbanizada anteriormente concentrada, em geral com consequências negativas para o meio ambiente.

Ameaçada
Diz-se de uma espécie cuja população é tão pequena que corre o risco de desaparecer completamente.

Antropogênico
Originado na atividade humana ou por ela influenciado.

Aquecimento global
Aumento gradual da temperatura da atmosfera terrestre causado pelo acúmulo de gases do efeito estufa.

Atmosfera
Camada de gases que envolve a Terra. Também protege os organismos da radiação ultravioleta.

Autótrofo
Um produtor; organismo que faz o próprio alimento partindo de fontes como luz, água e compostos químicos no ar.

Biodegradável
Normalmente usado em referência a produtos residuais, designando algo que pode ser destruído por processos naturais.

Biodiversidade
A variedade de vida ecológica dentro de dada área geográfica, incluindo a variedade entre espécies e dentro delas.

Biogeografia
Estudo sobre como vegetais e animais são distribuídos geograficamente e as mudanças nessa distribuição ao longo do tempo.

Bioma
Uma área da Terra que pode ser classificada de acordo com as espécies vegetais e animais que nela habitam.

Biomassa
Quantidade total de dado organismo em um habitat, em geral expressa em peso ou volume. Também um tipo de combustível feito de matéria orgânica, normalmente queimado para gerar eletricidade.

Biosfera
Camada da Terra em que a vida pode existir, situada entre a atmosfera e a litosfera; a soma de todos os ecossistemas do planeta.

Botânica
Estudo científico da vida vegetal.

Cadeia alimentar
Uma série de predadores e presas, em que cada organismo depende do que o precede para se alimentar.

Caducifólias
Árvores que perdem as folhas no outono.

Camada de ozônio
Parte do nível superior da atmosfera terrestre, com alta concentração de moléculas de ozônio (O_3); oferece proteção contra a radiação ultravioleta.

Carnívoro
Organismo que consome apenas carne.

Cascata trófica
O impacto que a remoção de um nível trófico de uma cadeia alimentar com ao menos três níveis tem sobre o ecossistema como um todo.

Catastrofismo
Teoria segundo a qual as alterações na crosta terrestre foram causadas por eventos drásticos e incomuns, e não por mudanças graduais ao longo do tempo.

Células
As menores unidades estruturais e biológicas capazes de sobreviver sozinhas; os "tijolos" de toda a vida na Terra.

Chuva ácida
Qualquer forma de precipitação com níveis altos de acidez, causando danos ao ambiente; pode ocorrer de maneira natural ou como resultado da atividade humana.

Ciência cidadã
Pesquisa científica conduzida por amadores, tipicamente envolvendo coleta de dados em grande escala.

Clímax
Comunidade biológica ou ecossistema que atingiu um ponto estável, de forma que as populações de organismos permanecerão invariáveis. É o resultado da sucessão, em que os tipos de espécie e o tamanho das populações que formam uma comunidade mudam ao longo do tempo.

GLOSSÁRIO

Combustível fóssil
Combustíveis não renováveis formados ao longo de milhões de anos a partir de resíduos vegetais e animais.

Comunidade biológica
Conjunto de organismos vivos de um local; quando combinados a seu ambiente, constituem um ecossistema.

Coníferas
Árvores com pinhas que, em sua maioria, não perdem suas folhas em forma de agulha no inverno.

Conservação
A proteção e preservação da vida animal e vegetal e dos recursos naturais.

Consumidor
Espécie que se alimenta de outros organismos para obter os nutrientes necessários; o termo pode se aplicar a qualquer organismo que não esteja no nível mais baixo da cadeia alimentar.

Decompositores
Organismos, principalmente bactérias e fungos, que decompõem organismos mortos e resíduos para obter energia.

Desmatamento
Derrubada de grande área arborizada, realizada para diversos propósitos, incluindo agricultura, indústria e construção.

Detritívoros
Organismos que se alimentam de restos orgânicos.

Diatomácea
Qualquer membro de um grande grupo de algas microscópicas que, com frequência, desempenham papel importante ao estabilizar um ecossistema e facilitar a existência de uma gama de formas de vida.

Diversidade
Medida da variedade de espécies em uma comunidade biológica ou ecossistema.

DNA
Ácido desoxirribonucleico. Grande molécula em forma de dupla hélice que contém a informação genética em um cromossomo.

Ecologia
Estudo científico da relação entre organismos vivos e seu ambiente.

Ecologia comportamental
Estudo do comportamento animal e da influência de pressões ecológicas sobre ele.

Ecologia de comunidades
Estudo da interação das espécies dentro de dado espaço geográfico.

Ecossistema
Comunidade de organismos em dado ambiente que interagem entre si e afetam uns aos outros.

Efeito estufa
Forma pela qual gases na atmosfera terrestre retêm calor. O aumento desses gases leva ao aquecimento global.

Epidemiologia
Estudo sobre como as doenças se propagam entre populações e seu impacto no ecossistema como um todo.

Espécie
Grupo de organismos capazes de trocar genes uns com os outros por meio da reprodução.

Espécie-chave
Espécie que desempenha papel importante e central em um ecossistema, em geral desproporcional à sua biomassa, e cuja remoção alteraria ou ameaçaria o ecossistema inteiro.

Espécie clímax
Espécie vegetal que não mudará enquanto seu ambiente permanecer estável.

Espécie invasora
Espécie não nativa que foi introduzida em um ecossistema e se espalha com rapidez, prejudicando o equilíbrio ecológico da área.

Estocasticidade
Flutuações imprevisíveis nas condições ambientais que afetam populações e processos ecológicos.

Etologia
Estudo científico da evolução do comportamento animal como traço adaptativo, com foco especial na observação de animais em seu habitat.

Evolução
Processo pelo qual espécies mudam ao longo do tempo transmitindo características para gerações futuras.

Extinção
Desaparecimento permanente de uma espécie inteira.

Extinção em massa
Desaparecimento generalizado e rápido de um número atipicamente grande – ao menos metade – de todas as espécies; essa severa mudança na biodiversidade em geral marca a transição para uma nova era geológica na história do planeta.

Extirpação
Extinção de uma espécie em nível local – quando uma espécie desaparece em uma área geográfica específica, mas ainda existe em outra parte do planeta.

Fertilizantes
Substâncias, naturais ou químicas, que são adicionadas ao solo para aumentar seu nível de nutrientes e ajudar vegetais a crescer com maior sucesso.

Fisiologia
Ramo da biologia que se concentra no funcionamento cotidiano dos organismos.

Fóssil
Restos de um organismo pré-histórico, preservados e solidificados em rocha sedimentar ou âmbar.

Fotossíntese
Processo pelo qual plantas e algas transformam energia da luz solar em energia química na forma de glicose, permitindo que ela seja passada ao

342 GLOSSÁRIO

resto da cadeia alimentar. O processo absorve dióxido de carbono e libera oxigênio.

Fracking
Processo pelo qual petróleo ou gás podem ser extraídos do solo. Consiste na perfuração e injeção de líquido na rocha em alta pressão, de forma a forçar a subida de petróleo e gás à superfície.

Fungos
Grupo de organismos, incluindo cogumelos, que produzem esporos e se alimentam de matéria orgânica. Diferentemente dos vegetais, fungos não usam a luz solar para crescer.

Gás do efeito estufa
Gases como dióxido de carbono e metano, que absorvem a energia refletida pela superfície da Terra, impedindo que ela vaze para o espaço.

Gene
Unidade mais básica da hereditariedade; parte de uma molécula de DNA que transmite características dos pais à prole.

Genoma
Conjunto completo dos genes de um organismo.

Geologia
Estudo científico da formação física e estrutural da Terra. Geólogos examinam a história de nosso planeta e os processos contínuos que agem sobre ele.

Habitat
Área na qual um organismo vive de forma natural.

Herança
Transmissão de qualidades genéticas e predisposições comportamentais à prole, por meio de informação genética e da criação parental.

Herbívoro
Organismo que se alimenta apenas de vegetais.

Hipótese
Ideia ou suposição usada como ponto de partida para uma teoria, que então é testada por meio de experimentação científica.

Homeostase
Regulação das condições internas de um organismo, como temperatura, água e dióxido de carbono, para manter a estabilidade interna.

Irrigação
Aplicação controlada de água em áreas de terra, normalmente pela criação de canais, para ajudar a lavoura a crescer.

Loop de feedback
Efeito que parte de um ecossistema tem sobre o resto, e como essa mudança volta a afetar o sistema como um todo.

Metabolismo
Processos químicos que ocorrem dentro das células de um organismo para mantê-lo vivo, como os que permitem a digestão de alimento.

Metacomunidade
Conjunto de comunidades independentes que interagem e são conectadas pelo movimento de algumas espécies entre elas.

Metapopulação
Conjunto de populações menores de dada espécie que são ligadas pelo movimento de alguns indivíduos.

Micorrizas
Tipos de fungos que crescem entre as raízes de plantas e vivem em relação simbiótica com elas.

Microrganismo
Organismo invisível ao olho humano, que só pode ser visto com um microscópio, como bactérias, vírus ou fungos; também chamado de micróbio.

Migração
Movimento de uma espécie em grande escala, de um ambiente a outro; em geral ocorre sazonalmente.

Monocultura
Uso de terra para cultivo ou produção de apenas um tipo de vegetal ou animal. Em geral, tem efeitos danosos ao solo, pois pode diminuir seu valor mineral.

Morfologia
Estudo da estrutura externa dos organismos.

Movimento verde
Ideologia política que apoia maior foco na importância do meio ambiente e pede às pessoas que ajam para evitar danos aos habitats naturais da Terra.

Mudança climática
Mudança nos padrões climáticos interconectados do mundo; um processo natural gradual exacerbado por ações humanas.

Mutação
Mudança de estrutura no DNA de um organismo, que pode resultar em uma transformação genética, dando a ele traços incomuns. Um exemplo de mutação é o albinismo, uma falta de pigmentação.

Mutualismo
Situação em que dois ou mais organismos dependem um do outro para sobreviver.

Nicho
Espaço e papel específicos que uma espécie ocupa e desempenha dentro de um ecossistema.

Nível trófico
Posição de um organismo na hierarquia de um ecossistema; organismos que estão no mesmo nível da cadeia alimentar estão no mesmo nível trófico.

OGM
Organismo Geneticamente Modificado – qualquer forma de vida alterada artificial e quimicamente por técnicas de engenharia que modificam seu DNA.

Onívoro
Organismo que se alimenta tanto de animais quanto de vegetais.

Organismo
Termo genérico usado para qualquer

GLOSSÁRIO 343

coisa viva, de bactérias unicelulares a formas de vida complexas, multicelulares, como plantas e animais.

Ornitologia
Ramo da biologia que se ocupa do estudo das aves.

Paleontologia
Estudo de fósseis e da biologia do passado geológico da Terra. Paleobotânica é o ramo que estuda fósseis vegetais.

Parasita
Organismo que vive sobre outro organismo, ou dentro dele, e extrai nutrientes de seu hospedeiro.

Placas tectônicas
Pedaços da crosta terrestre e do manto superior que se deslocam gradualmente ao longo do tempo, causando a expansão do fundo oceânico, a deriva continental, e montanhas, fossas tectônicas, vulcões e terremotos nos limites das placas.

Planta vascular
Tipo de planta com tecidos condutores para o transporte de água e minerais por todo o organismo, como uma pteridófita ou angiosperma.

Polinização
Transferência do pólen da parte masculina de uma planta a uma feminina – por aves, insetos e outros animais, ou pelo vento –, permitindo a fertilização e a produção de sementes.

Poluição
Introdução de contaminantes nocivos ao ambiente natural, induzindo mudanças na atmosfera.

Predador
Espécie que caça outros animais para se alimentar.

Presa
Espécie que é caçada por outra.

Princípio da exclusão competitiva
A ideia de que múltiplas espécies dependentes exatamente dos mesmos recursos não podem coexistir sem que

a população de uma cresça e a outra diminua, visto que uma sempre terá vantagem sobre a outra.

Produtor primário
Qualquer organismo que produz o próprio alimento partindo de fontes inorgânicas, ou seja, luz e/ou compostos químicos, como dióxido de carbono e enxofre, e que assim sustenta os animais que se alimentam dele.

Reciclagem
Processo de converter resíduos em novos objetos ou materiais, ou de queimá-los para gerar energia.

Renováveis
Fontes combustíveis que não são finitas, como as energias solar, hídrica e eólica.

Seleção de parentesco
Estratégia evolutiva pela qual indivíduos buscam a melhor tática para a sobrevivência de seus descendentes, mesmo que ao custo de sua própria segurança, bem-estar ou reprodução.

Seleção natural
Processo pelo qual características que aumentam as chances de reprodução de um organismo são passadas adiante de forma preferencial.

Serviços ecossistêmicos
Os benefícios que humanos recebem de um ecossistema; termo que destaca a importância do meio ambiente para a humanidade.

Sobrepesca
Esgotamento da população de peixes em dada área como resultado da pesca excessiva.

Sucessão
Processo pelo qual uma comunidade biológica evolui ao longo do tempo, de algumas poucas espécies simples a um ecossistema complexo, por meio do impacto das espécies no meio ambiente.

Superpredador
Um predador que não é presa de nenhuma outra espécie.

Tamanho da ninhada
Quantidade de ovos postos de uma só vez.

Taxonomia
A ciência de nomear e classificar diferentes organismos.

Teia alimentar
Conjunto de cadeias alimentares em um ecossistema e das conexões entre elas, ilustrando como comunidades interagem, em uma escala mais ampla, para sobreviver.

Termorregulação
Processos internos que ocorrem em um organismo para garantir que ele mantenha uma temperatura estável, função crucial para a sobrevivência.

Trabalho de campo
Estudo conduzido na natureza, e não sob condições controladas em laboratório.

Transmutação
Processo de divergência evolutiva pelo qual uma espécie se transforma em outra totalmente nova.

Trópicos
Região da Terra que cerca o equador, entre as linhas dos trópicos de Câncer e Capricórnio, e não passa pelas mesmas variações sazonais que o resto do planeta.

Urbanização
Processo que ocorre quando há construção intensa em áreas rurais, quase sempre com consequências negativas para o ambiente natural.

Variação
Diferenças dentro de uma espécie causadas por fatores genéticos ou ambientais.

Vegetação primária
A vegetação prevalente em dada área desde o início de suas condições climáticas atuais.

ÍNDICE

Os números em **negrito** referem-se às referências principais

A

abelhas 29, *29*, 38, 39, 66, *85*, 100, 101, 126, 127, *278*, 279
abeto balsâmico 151
acácias 57-58, *57*
Acordo de Paris 318, 320-321, *321*
adaptação 72
   ver também ecofisiologia; seleção natural
afídios *49*, 58, 224
Agassiz, Louis 196, 198-199
agressão 124-125, *124*
agrotóxicos 229, **242-247**
água
   abastecimento de 265, 288, 289-290
   crise hídrica **286-291**
   energia hidrelétrica 294, 302, 304-305
   energia maremotriz 302, 305
   escassez de *290*
   escassez econômica da 290-291
   escassez física da 290
   poluição 93, 94, 228, 233, 234-235, 269, 289, 330
   reciclagem 291
   salina 265, 288
Aguado, Catalina 181
águias 133, 229, 235
águias-pescadoras *247*
Al-Jahiz 108, 130, 132
albinismo 30
alça viral 69
alelos 30
alga-marinha 64-65, 143
algas 132, *151*, 217
alimento geneticamente modificado 36, *36*
Alvarez, Luis e Walter 22, 221, *221*
ambientalismo 294-331
   contenção da mudança climática **316-321**
   descarte de lixo **330-331**
   energia renovável **300-305**
   ética ambiental **306-307**
   Iniciativa Biosfera Sustentável (SBI) **322-325**
   movimento verde 297, 299, **308-309**
   origens do 296-299
   Programa O Homem e a Biosfera (MAB) **310-311**
análise de viabilidade de populações (AVP) **312-315**
Anderson, Roy 68, 70-71
andorinhas 199
anemia falciforme 37, *37*
anêmonas-do-mar 59, *59*

Anning, Mary 334
antas *163*
antecipação da primavera **274-279**
Anthony, Katey Walter 339
antibiótico 103
anticorpos 103
antisséptico 103
Antropoceno, período 322
anuros 109, 280
aquacultura 269
aquecimento global 185, **202-203**, 207, 223, 224, 268-269, 276, 281, 318, 319
aquíferos 289, 290, 291
Aral, mar de 288, 290, *290*
araras 111
archaea 91
Arditi-Ginzburg, equações de 46
argânias *311*
Aristóteles 42, 80, 82-83, *83*, 100, 130, 166, 296
armadilhas evolutivas 279
Arrhenius, Olaf 185
Arrhenius, Svante 202-203, 240, 318-319
arroz *36*, 326
árvores, diversidade 55
asnos 89
Associação Internacional do Céu Escuro 229, 253
aterros sanitários 331
atmosfera 197, 204, 215
atobás-de-pé-azul 115, *115*
Attenborough, David 93, 167, 336
Audubon, James 181, 334
autótrofos 132
Avery, Oswald 19, 34
aves
   canto 235
   comportamento social 189
   contagens de 180-181, 182, 183
   migração 180, *180*, 199, 278
   ovos **114-115**
   poluição luminosa, danos 253
axolotles 283, *283*

B

bacalhau, pesca de 266-267, 268
Bacia do Amazonas 97, 259
Bacon, Francis 294, 296, *296*
Bacon, Roger 84
bactéria 30, 31, *31*, 68, 69, 84, 85, 90, 100, 102, 103, 136, 139, 164
Bak, Per 184
balança-rabo-azulado 176-177, *176*
baleias 87, 133, 235, 239, 285

Banks, Jonathan 276
Barlow, Maude 288, 289, *289*, 291
Bartram, William 297
Bateson, William 29
Bazalgette, Joseph 233
beija-flores 110, *110*
Beklemishev, Vladimir 204
Beneden, Pierre-Joseph van 56, 58
besouros-do-esterco 126, 127
big ecology **153**
Big Garden Birdwatch 182
bioacumulação 94
biocombustíveis 289
biodiversidade 63, 81, **90-97**, 131, 137, 149, 235, 237, 258, 322
   agrícola **326-327**
   ameaças-chave 93-95
   efeitos da atividade humana 93
   e funcionamento do ecossistema **156-157**
   hotspots de **96-97**
   perda de 156, 157
   teoria neutra da **152**
biogeografia 94, 130-131, **162-163**, 166, 197, **200-201**, 209
   insular 94, 130-131, **144-149**, 193
biomas 95, 135, 173, 197, **206-209**, 209
   antropogênicos 95
biomassa 62, 112, 113, 238, 305
biosfera 95, 136, 153, 160, 197, **204-205**, 215
   Iniciativa Biosfera Sustentável (SBI) **322-323**
   Programa O Homem e a Biosfera (MAB) **310-311**
   reservas da biosfera 236, 310, 311
bipedismo 72
bisão *95*, 110, 143
Blackburn, Tim 185
Bodenheimer, Frederick 112
boi-almiscarado 72, *239*
bonobos 120, 123, 125, *125*
Bonpland, Aimé 162
borboletas *127*, 181-182, 277, 279, *313*
   borboletas-monarcas 181-182, *182*
bordo-açucareiro 209
bordo-prateado 209
Botkin, Daniel B. 337
Boyle, Robert 85
Bradley, Richard 130, 132
branqueamento do coral 207, 238
Brown, Bob 338
Brown, Eileen Kampakuta 337
Brown, James H. 131, 146, 148, 185, 338
Bruckner, John 132, 133
Brugger, Ken 181
Buckland, William 199
budião 63-64
Buffon, conde de 20, 23, 26
búzios 62, 63

ÍNDICE

C

cabras-das-rochosas *191*
caça predatória 95
cacatuas 201
cacto *173*
cadeias alimentares 69, 75, 94, 108, 130, **132-133**, 277
    biomagnificação do DDT *246*
    pirâmides ecológicas 112, *112*
    produtores e consumidores 112, 132-133, 139, 277, 279
cães 89, 101, 116
cães-da-pradaria 62, *62*, 63
cainismo
    facultativo 115
    cainismo obrigatório 115
Caldeira, Ken 281
Callendar, Guy Stewart 240
calotas polares, derretimento das 225, 318
camada de ozônio, redução da **260-261**, 319
camaleões 185
camelos 73
camuflagem 83
câncer, pesquisa 75
captação e armazenamento de água da chuva 291
caramujo marinho 182
caranguejos 142
carbono 74, 75
carne de caça 124
carnívoro 109, 123-124, 133, 141
carrapatos 58, 112
Carson, Rachel 138, 139, 229, 244-245, *244*, 247, 299, 306
Carter, Majora 339
carvalhos 171, 189, *277*
cascatas tróficas 62, 130, **140-143**
castanheiras, murcha das *175*
castores 65, *65*, 111, 188, 189
Caswell, Hal 152
cavalos 31, 89
cefalópode 222, 223
Celsius, Anders 87
células fotovoltaicas 302
Central Park, Manhattan *149*
cervo 49, 77, 97
cervo 65, 110
CFCS 229, 260, 261
Chambers, Robert 20
Champlain, Samuel de 334
chapins-azuis 114, *114*
chapins-reais 279, *279*
Chapman, Frank 181
Chargaff, Erwin 182
Charpentier, Jean de 198
chimpanzés 101, 120, 121, *121*, 122, *122*, 123-125, *123*, *124*
Chutkan, Robynne 102
chuva ácida 93, 222, 229, 234, **248-249**
cianobactéria 161, 189, 205

ciclo sazonal 276-279
Cidade do México 283
ciência cidadã 161, **178-183**
cladística 86, 87, 90, 91
classificação 20, 37, 81, **82-83**, **86-87**, 90-91
    de zonas de vida 197, 209
Clements, Frederic 135, 138, 152, 160-161, 166, 167, 168, 170, 172-173, 174, 175, 197, 206-207, 208, 210
clonagem 34
coalas 111, *111*
cobras 93
coelhos 48, 109, 132, 142, *225*, 270-271
cólera 69-70, *233*
cólobos 124
combustível fóssil 93, 203, 217, 225, 240, 263, 302, 319
competição
    cadeias e teias alimentares 109
    exploração 53
    interespecífica 53
    interferência 53
    intraespecífica 53
    princípio da exclusão competitiva 42-43, **52-53**, 112
comportamento
    altruísta 19, 29, 38, 39, 125
    animal *ver* etologia
    cooperativo 124
    de caça 124
    humano, modelos animais e 101, **118-125**
    territorial 155
comunidades
    bentônicas 142
    clímax **172-173**, 174
    vegetais 160-161, 167
    teoria da comunidade aberta **174-175**
concha-rainha 182
Connell, Joseph 43, 55, 62, 170
Connett, Paul 330
conservação 124, 142, 236, 239, 267, 295, 307
    ver também ambientalismo
conservação marinha 182-183, 239, 267
consumidores primários 112, 133, 138, 139, 277, 279
consumidores secundários 138, 139, 277
Contagem Natalina de Aves (CBC) 180-181
Cooke, Wells 180
corredores ecológicos 239
corrupiões-de-baltimore *199*
corujas 111
corvos 67
cotovias 89
Cousteau, Jacques 335-336
Cowles, Henry Chandler 160, 170, 172, 174
cracas 54, 55, *55*, 62, 63
Cratera de Chicxulub 220, 221, 237
Crawford, David 253
criacionismo 18, 20, 22, 28, 196
Crick, Francis 19, 32, 34-35, *35*
cristalografia de raio X 19
crocodilos 42, *222*
Croll, James 224
cromossomos 123
Cronquist, Arthur 175
cucos 199

Cúpulas da Terra 153, 323, 330
Curtis, John 161, 174, 175
Curva de Keeling **240-241**, 241
Cuvier, Georges 18, 22

D'Ancona, Umberto 46-47, 48
Dachille, Frank 220
Daily, Gretchen 329, *329*
Daisyworld 216
Dansereau, Pierre 336
Darwin, Charles 18, 21, 22, 23, 26-28, *26*, 29, 32, 42, 56, 59, 72, 116, 120, 130, 133, 146, 150, 162, 167, 193, 200, 297
Dawkins, Richard 19, 38-39, *39*, 88, 116, 123, 154
Day, Max 336
DDT 229, 244-245, 246, 247
decompositores 139, 141
deriva
    continental 196, **212-213**
    ecológica 192
descarte de lixo **330-331**
descobertas, era de 80, 296
deserto de Sonora *173*, 312
deslizamento de terra 258, *258*
desmatamento 93, 97, 228, 237, 238, 250, **254-259**, 264, 294
detritívoros 133
Dia da Terra 211, *211*, 295, 306, 308, 330
diatomáceas *112*, 189
diferenciação de recursos 53
dilúvio bíblico 198, *198*, 199
dinâmica populacional 46-49, 108, 110
    controle populacional 250, 251
    crescimento da população humana 27, 46, 47, 94, 164, 237
    deriva ecológica 192
    metapopulações 161, **186-187**
    mudança caótica **184**
    predador-presa, equações **44-49**, 190, 225
    superpopulação **250-251**
    urbanização **282-283**, 297
    Verhulst, equação de **164-165**, 184
dinâmica trófica, teoria da 138-139
dinossauros 22, 222, 223
Diógenes 297
dióxido de carbono (CO_2) 65, 136, 228, 259, 281, 302-303, 305, 318, 321
    Curva de Keeling **240-241**, 241
    custo social do carbono (CSC) 324-325
dissociação das interações entre espécies 278-279
distribuição
    de espécies **162-163**
    vegetal **168-169**
DNA 19, 26, 30, 32, **34-37**, 38, 123
    análise de DNA mitocondrial 81
    código de barras 37
    DNA lixo 123

346 ÍNDICE

mutações 19, 30, *30*, 31, 36-37
sequenciamento do 37, 89
Dobzhansky, Theodosius 29-30, 31, 96
dodôs 299
doença
doenças infecciosas **280**
epidemiologia ecológica **68-71**
Dolly, ovelha 34
doninhas 109
donzelinhas *109*
Dorling, Danny 250
Douglas, Marjory Stoneman 335
drosófila 75, 164-165, *165*
Drude, Oscar 172
dunas 170, 172

E

Earle, Sylvia 337
ECO-92 295
ecofisiologia **72-73**
E. coli 31, *31*
ecolocalização 67
ecologia
animal **106-113**
comportamental 154-155
ver também nichos ecológicos; cadeias
alimentares; teias alimentares
de comunidade 157
de ecossistema 157
de sistemas 211
vegetal *167*
ecorregiões 237-238
ecossistemas **128-159**
biomas 95, 135, 173, 197, **206-209**, 209
bióticos e abióticos, elementos 135-136, 208
categorias 136
conceito holístico 175, **210-211**
distúrbios externos 136-137
ecossistema lêntico 211
epidemiologia ecológica **68-71**
equilíbrio 136, 137
espécies-chave 43, **60-65**, 109, 130, 142
estratégia evolutivamente estável (EEE) 131,
154-155
experimental 157
fluxo de energia 134, **138-139**
guildas 161, **176-177**
loops de feedback 136, 217, **224-225**
mutualismo 42, 43, **56-59**, 100, 104, 105, 157
resiliência 131, 137, **150-151**
tecnoecossistemas 137
ver também biodiversidade; competição; nichos
ecológicos; cadeias alimentares; teias
alimentares; predadores e presas
ecozonas 209
ectotérmicos 126, 222
efeito estufa "descontrolado" 224, 225
efeito espécie-área 147

efemérides 85
eflorescência de algas *166*, 269
egípcios, antigos 82
Egler, Frank 173
Ehrlich, Paul 56, 59, 134, 250
elefantes 22, 62, 64, 109, *139*
Elliott, Christopher 173
"elo perdido" 121
Elser, James 43, 74, 75
Elton, Charles 50, 51, 100, 108, 109, 110-111, 112,
130, 132, 270, 272
empatia 125
endocruzamento 314
endotérmicos 126, 222
energia
energia de biomassa 305
fluxo de energia nos ecossistemas 134, **138-139**
transferência de energia 113, *136*
eólica 303-304, *323*
geotérmica 91, 304
hidrelétrica 294, 302, 304-305
maremotriz 302, 305
nuclear *217*, 235, 302, 308
renovável **300-305**
solar 294, 302-303, 305
engenharia de transição 265
engenheiros
de ecossistemas alogênicos 189
de ecossistemas autogênicos 189
epidemias 71
epífitas 169, *169*
equidnas 209
equivalência ecológica 51
eras glaciais **198-199**
erosão do solo superficial 264-265
erva-alheira 272-273, *273*
esclerofilia 169
escolitíneos 277
esgana-gatas 117
Esmark, Jens 198
especiação 30, 88-89
espécie
biológica, conceito de **88-89**
tipológica, conceito de 89
espécies
ameaçadas 93, 95, 312
eussociais 39
espécies-chave 43, **60-65**, 109, 130, 142
invasoras 93, 148, **270-273**
animais 270-271
vegetais 272-273, 282
sésseis 77
esquilos 53, *53*, 278
essencialismo 18, 20
estepes *207*
estequiometria ecológica 43, **74-75**
estiagem 70, 288, 318
estocasticidade 192, 313, 314
estorninhos 66, 67, 111, *189*
estratégia evolutivamente estável (EEE) 131, **154-155**
estrela-do-mar 62, 63, 130, 141, *141*
estromatólitos *205*
ética da terra 294-295, 306

etologia 101, **116-125**
modelos animais e comportamento humano 101,
118-125
eucariontes 90, 91
eutrofização 151
evolução convergente 209
experimentos de manipulação em campo 63
exploração excessiva 93, 94-95
extinção **22**, 81, 92-93, 95, 96, 143
"a Grande Morte" 223
avaliação de risco de extinção 312-315
espécies insulares 147, 148
do Cretáceo-Paleógeno (K-Pg) 221-222
do Holoceno 223
extinções em massa 22, **218-223**
extirpação 93, 95
taxa atual de 92-93

F

falcões-peregrinos 229
Faraday, Michael 233
Farman, Joe 260-261
fenologia 276
fenótipos 30, 33, 89
fermentação, processo de 102, 103
fertilizantes *327*
escoamento de 151, 234, 239, 269
fibrose cística 37
figo-da-índia 263
figueiras 65
Fisher, Ronald 19, 29, 30, 114
fisiologia vegetal 169
fitogeografia 200
fitoplâncton 74, 94, 105, 112-113, 142, 222, 269, *269*, 281
fitotrons *156*, 157
Flannery, Tim 339
Fleming, Alexander 102, 103
floresta
Andrews, Oregon 153, *153*
florestas tropicais úmidas *54*, 55, 97, 153, 209,
209, 228, 238, 256-257, 258, 259, 264
florestas *ver* desmatamento
focas 109, 235
Forbes, James 199
Forbes, Stephen A. 160, 166
formigas 48, 57-58, *57*, 94, 142
fósseis 18, 20, *21*, 22, 23, 26, 30-31, 105, 196, 212,
212, 213
Fossey, Dian 336-337
fotossíntese 66, 72, 74, 133, 136, 189, 221, 222, 228,
240, 249, 259, 269, 303, 305
Fourier, Joseph 203, 299
fracking 304
francelhos 111
Frank, Albert 100, 104, 105
Franklin, Rosalind 19, 35
Friends of the Earth 297, 308
Frisch, Karl von 116, 123

Fritts, Charles 302
fungos 58, 70, 91, *91*, 100, 136, 139, 222, 278
    micorrizas **104-105**, 104, 105
    micorrízicos **104-105**
    fúngicas, doenças 280
    Phallus impudicus 58

G

gafanhotos *75*
gaivotas 101, 117
Galdikas, Birute 338
galinha 165, 313
gases do efeito estufa e efeito estufa 95, 153, 202, *202*, 203, 228, 239, 240, 241, 264, 294, 299
Gaston, Kevin 185
gato pescador 97
Gause, Georgy 42-43, 52-53, 112, 190
gazelas *47*, 73
genética 19, 29, 154
    deriva genética 81
    egoísmo do gene **38-39**
    engenharia genética 35, 296
genoma humano 19, 34, 37, 123
    hereditariedade 18, 19, 20, 21, 26, 28, **32-33**
    mapeamento genético 123
    marcadores genéticos 123
    terapia genética 19, 35
    ver também DNA
geração espontânea 102
Gessner, Conrad 80, 82, 83
Gillespie, Rosemary 339
girafas 18, 21
girinos 76-77, 109
glaciação **198-199**
glaciares 198, 199, *199*, *203*
Gleason, Henry 152, 161, 171, 172, 174-175
golfinhos 97, 285, 291
Gondwana 213, *222*, 223
Goodall, Jane 101, 120-122, *121*, *122*, 124, 125
Gore, Al 244, 304, 309, *319*
gorilas *94*, 123
Gosling, Raymond 19
Gould, Stephen Jay 38
grafiose *70*
"grande cadeia do ser" 83
Grande Evento de Oxigenação 189
Grande Ilha de Lixo do Pacífico (GILP) 284
Grandes Lagos, América do Norte 150-151
Greenpeace 299, 309, 330
Grew, Nehemiah 85
Grimm, Nancy 338-339
Grinnell, Joseph 42, 50-51, 108, 110, 112, 176
Grisebach, August 172
guaxinins 111
guepardos *47*
guerra 124-125
guildas 152, 161, **176-177**

H

habitats
    ameaçados **236-239**
    capacidade de carga 47
    destruição de 93, 94, 95, 124, 137, 239, 280
    fragmentação de 93, 124, 130, 157
    protegidos 239
Haeckel, Ernst 91, 166, 206, 334-335
Hairston, Nelson 130, 141
Hamilton, William D. 19, 29, 38, 39, 154
Hansen, James 225
Hanski, Ilkka 161, 187, *187*
Hardin, Garrett 108, 229, 250, 306
Hardy, Sarah 339
Harkin, James Bernard 335
Harrison, Nancy 189
Hartig, Theodor 104
Hatton, Harry 54
Hawking, Stephen 37
Hawkins, Charles 161, 177
HCFCS 261
Heinrich, Bernd 101, 126
Hennig, Willi 81, 90
herbívoros 109, 113, 133, 139, 142
hereditariedade 18, 19, 20, 21, 26, 28, **32-33**
Heródoto 42
Hess, Harry 212
heterotérmicos 101, 126
heterótrofos 133
HFCS 261
hibernação 278
hidrosfera 197, 204, 215
hipótese
    da perturbação intermediária (HPI) 55
    da predação de segunda ordem 143
    da taxa de crescimento 75
    da limitação de alimento 115
    da predação de ninhos 114, 115
Hoffman, Paul F. 337-338
Holdridge, Leslie 197, 206, 209
holística, teoria 175, **210-211**
Hölker, Franz 252
Holling, Crawford 131, 150-151
Holmes, Arthur 212
Holyoak, Marcel 190
homeostase 215, 217
hominídeos 124
Hooke, Robert 22, 42, 80, 84, 85, *85*, 102
Hubbell, Stephen P. 152, 190
Humboldt, Alexander von 42, 72, 160, 162-163, *163*, 166, 168, 174, 176, 206, 256
Hunter, Tim 253
Hutchinson, George Evelyn 50, 51, 52, 111, 139
Hutton, James 18, 23, 196, 198, 204
Huxley, Julian 19, 26, 86

I

íbis 97
idealização da natureza 298, 299
ilha de Barro Colorado 157, *157*
Ilha de Páscoa 264, *264*
Iluminismo 20, 298
    era do 18
imunidade 70
incêndios 137, 171, 318, *318*
Indo-Birmânia, hotspot de biodiversidade *96*, 97
Ingersoll, Andrews 224
insetos
    extinção em massa 223
    termorregulação **126-127**
    voadores 126-127
intercruzamento 88, 89
inundações 238, 239, 258, 277
iúcas 57

J K

Janzen, Daniel 43, 55, 56-57
Jenner, Edward 84, 102
joaninhas 224, *271*
"jogo" falcão-pombo 155
Johnson, Roswell Hill 50
Johnston, Emma 235, *235*
Jones, Clive 189

Kaminskyj, Susan 339
Keeling, Charles 202, 228, 240
Kelly, Allan O. 220
Kelly, Petra 308, 309, *309*
Keto, Aila 338
Klein, Naomi 262, 263, *263*
Klopfer, Peter H. 336
Koch, Robert 100, 102
Kolbert, Elizabeth 92, 202, 222
Krakatoa 149, *149*
Krebs, Charles 224

L

Lack, David 101, 114, 115
Lack, princípio de 115
lagartos 112
lagópode-branco 315
lagos de resfriamento 137
Laland, Kevin 188
Lamarck, Jean-Baptiste 18, 20-21, *21*, 26, 28, 32
larvas de mariposa 151, *151*
Lawton, John 189

Leakey, Louis 120, 121
Leakey, Mary 336
lebres 110, *110*, 188
   lebre-americana 110, *110*
Leeuwenhoek, Antonie van 42, 84-85, 100, 102, 130, 132
Leibold, Mathew 190, 192, 193
Lei de Gause 52-53, 112
Lei dos 10% 113
Lenski, Richard 31
leões 49, 109
Leonardo da Vinci 22
Leopold, Aldo 140, 142, 167, 244, 294, 297, 306, 307, *307*
Levin, Simon A. 338
Levins, Richard 52, 186
Lewontin, Richard 188
libélulas 43, 51, 76-77, *77*, 109, 111, 189
ligres 89
Likens, Gene 229, 248, 249, *249*
lince 48, 77, 110, *110*, 188
Lindeman, Raymond 112, 113, 130, 138-139
Lineu, Carlos 20, 42, 80-81, 82, 83, 86-87, *87*, 91, 120, 132, 133, 162, 168
liquens 171
Lista Vermelha da União Internacional para a Conservação da Natureza (UICN) 93, 95, 312
Lithops ("plantas-pedra") 168
litosfera 197, 204, 212
lixo eletrônico (e-lixo) 331
lobos 49, *64*, 65, 110, 140
Locke, Harvey 339
lontras-marinhas 64-65, 143
loops de feedback 136, 217, **224-225**
Loreau, Michel 131, 156-157
Lorenz, Edward 184
Lorenz, Konrad 101, 116, 117, *117*, 120, 123
Lotka-Volterra, equações de 42, 46-49, 52, 225
Lotka, Alfred J. 42, 46, 47, 52, 224-225
Lovelock, James 197, 204, 210, 214, 215, *215*, 216, 322
Lowe, Ian 338
Lubchenco, Jane 322, 323, *323*
Lyell, Charles 18, 23, 26, 196

M

MacArthur, Robert 43, 52, 53, 66, 131, 146-147, *147*, 150, 312
MacMahon, James 161, 177
macroecologia **185**
Malle, Adolphe Dureau de la 170, 171
Malthus, Thomas 18, 27, 46, 47, 164, 165, *165*, 184, 250
mangues *146*, 147, 239, 259
Marae Moana 239
Margulis, Lynn 204, 210, 215, 322, 337
mariposas 31, *31*, 56, 57, 59, 101, 126, 253, 273
mariquitas *52*, 53, 199

marmotas 278
Marsh, George Perkins 134, 135, 294, 299, *299*
marsupiais 209, 213
Matthews, Blake 188
Mauna Loa 241, *241*
Maupertuis, Pierre Louis Moreau de 20
Maurer, Brian 185, 338
May, Robert 68, 70-71, 108, 150, 184
Mayr, Ernst 81, 88
McCallum, Malcolm 280
McClintock, Barbara 335
McKendrick, Anderson Gray 68, 164
McKibben, Bill 264
megacidades 282
megatsunami 221
melanismo industrial 31, *31*
melros 114
Mendel, Gregor 19, 26, 29, 32-33, *33*, 296
Mendes, Chico 256, 257, *257*, 258
metacomunidades **190-193**, 192
metais pesados 105
metamorfose 77, 276, 279
metano 331
metapopulações 161, **186-187**, 190
mexilhões 63, 67, 272
miasma 69
micélio 104
micro-habitats 147
microplástico 284
microrganismos 90, 91, **102-103**
microscopia 80, 84-85, 100, 102
microscopia eletrônica 81, 85, 90
Miescher, Friedrich 26, 32
migração
   borboletas 181-182
   pássaros 180, *180*, 199, 278
Miller, Brian 62, 65
Miller, G. Tyler 137
Miller, Hugh 221
Miner, Jack 335
minhocas 189
Möbius, Karl August 334
modelo Janzen-Connell 55
modelos matemáticos 54, 70, 74, 146-147, 155, 184
Molina, Mario 229, 260, 261
monções 291, 318
monocultura 256
Moore, Charles J. 284, 285
morcegos 54, 67, *155*
   frugívoros *155*
Morgenstern, Oskar 154
Morris, Desmond 116, 120, 122
Morrone, J. J. 200
moscas-serra 278
mosquitos 127, 247, 253
movimento verde 297, 299, **308-309**
mudança climática 95, 109, 113, 185, **202-203**, 207, 223, 224, 225, 228-229, 267, 268-269, 276, 281, 295
   contenção da **316-321**
   e antecipação da primavera **276-279**
   impacto econômico da **324-25**
   negacionismo climático 320
   Painel Intergovernamental sobre Mudanças Climáticas (IPCC) 276, 295, 299, 319-320, 321
Muir, John 228, 236, 237, *237*, 298, 306
mulas 89
Munroe, Eugene 146
musgos *169*, 171
mutualismo 42, 43, **56-59**, 100, 104, 105, 157
   relações serviço-recurso 58
   relações serviço-serviço 58, 59
Myers, Norman 81, 96-97, *97*

Nelson, Gaylord 211, 295
nematódeos 143
Nestler, Johann Karl 33
Neumann, John von 154
Newport, George 101, 126
nichos ecológicos 22, 43, **50-51**, 108, 110-112, 176, 192
   construção de **188-189**
   diferenciação de 51, 112
   generalistas e especialistas 111
   guildas 152, 161, **176-177**
   princípio da exclusão competitiva 42-43, *52-53*, 112
   sobreposição de nicho 51, 111-112
nitrogênio 74
níveis do mar, aumento dos 203, 225, 241, 318
níveis tróficos 130, 139, 141
noosfera 205
Nordhaus, William 324, 325, *325*

oceanos
   acidificação dos 207, 238, **281**
   ilhas de lixo 183, 284-285
Odling-Smee, John 161, 188, 189
Odum, Howard e Eugene 134, 138, 197, 210, 210-211, 214
Odum, William E. 43
Ohta, Tomoko 337
onças-pintadas 65
orangotangos 123
orcas *234*
organismos geneticamente modificados (OGMS) 36
orquídeas 59
Ortelius, Abraham 212
ostraceiros 66, 67, *67*
ouriços-do-mar 64, 143
ovos
   aves **114-115**
   tamanho da ninhada 101, **114-115**
   tartarugas 253
Owen, Richard 22
ozônio, emissões de 93

ÍNDICE 349

P

Paczoski, Jósef 335
padrão fixo de ação (PFA) 116-117
Paine, Robert 43, 54, 62-63, *63*, 76, 130, 140, 141
pandas gigantes 51, *51*
Pangeia 212-213, 223
parasitas 49, 68, 71, 112, 187
parasitoides 49, *49*
pardais 253
Parmesan, Camille 277, *277*, 278
parques nacionais 236, 237, *237*, 239, 298, 307
Pasteur, Louis 70, 100, 102, 103, *103*
pasteurização 103
pavões 28, *29*
Pearl, Raymond 164-165
pedosfera 215
pegada ecológica 322
peixe-palhaço 59, *59*
Peltier, Autumn 339
penicilina 102
perifíton *113*
permafrost 225
pesca
    moratórias e cotas 267, 268
    piscicultura 269
    práticas nocivas 207, 238
    sobrepesca 93, 150, 207, 229, 250, **266-269**
petróleo
    derramamento de 234-235
    extração de 262, 263-264, *263*
    pico de 263-264
Pianka, Eric 66
pica-boi-de-bico-vermelho 58, 110
pica-paus 111, 189
pinguins 72-73, *73*
pintassilgos-europeus *181*
pirâmide trófica
pirâmides ecológicas 112, *112*
Pitton de Tournefort, Joseph 86
placas tectônicas **212-213**
plantas invasoras 272-273, 282
plantas pioneiras 160, 171
Plataforma Global de Informação sobre
    Biodiversidade (GBIF) 180, 183
Playfair, John 23
poças de maré *193*
polinização 56, 57, 58, 59, **230-235**, 250, 279, 329
política do filho único (China) 251
política verde 308, 309
poluição 93-94, 105, 225, 228, 229, 280
    agrotóxicos 229, **242-247**
    da água 93, 94, 228, 233, 234-235, 269, 289, 330
    do ar 93, 95, 232, 233-234, *233*, 248
    chuva ácida 93, *222*, 229, 234, **248-249**
    derramamento de petróleo 234-235
    efeitos na saúde *232*, 234
    luminosa 235, **252-253**
    plástica 232, 235, 269, **284-285**

    poluentes intangíveis 235
    sonora 235
    térmica 235
polvo *83*
Pratchett, Terry 120
predadores e presas 42, 56
    cadeias alimentares 109
    cascatas tróficas 62, 130, **140-143**
    efeitos não letais (ENL) **76-77**
    predador-presa, equações **44-49**, 225
    superpredadores 65, 76, 109, 133
primata, desenvolvimento *120*
procariontes 90
Projeto Éden, Reino Unido *137*
protistas 91
Protocolo de Kyoto 153, 320
Protocolo de Montreal 260, 261, 319
pulgas 112
Pulliam, Robert 66, 67

Q R

quimiotróficos 133
quitridiomicose 280

radiação UV 260, 261
Rainha vermelha, hipótese evolutiva da 49
ranavírus 280
raposas 132, *225*, *315*
ratos 70, 71, 111
ratos-canguru *185*
rã-touro-americana *280*
Raven, Peter 56, 59
Ray, John 80, 82, 83, 86, 88
razão C:N:P 74, 75
razão de Redfield 74
reciclagem 291, 330-331
recifes de coral *135*, 152, 189, 193, 203, 205, 207, *207*, 238
recursos naturais, esgotamento dos **262-265**
Reed, Lowell 164
reflorestamento 259
relação simbiótica 56
Renascimento 296
resiliência ecológica 131, 137, **150-151**
resistência microbiana 103
revolução científica 296
Revolução Industrial 20, 31, 228, 232, 241, 294, 296
Revolução Verde 327
ribossomos 90, 91, **102-103**
Richmond, William Blake 335
rinocerontes 201, *223*
RNA 36
RNA ribossômico (RNAi) 75
rochas "biogênicas" 30
Romantismo 298, 299
Roosevelt, Theodore 264, 335
Root, Richard 152, 161, 176-177
Rowland, Frank 229, 260, 261

S

Saint-Hilaire, Etienne Geoffroy 20
salamandras 63, 283, *283*, 291
salmão 184
"sangue frio" 126
"sangue quente" 126
saolas 97
sapais 142, *210*
sapo-cururu 273, *273*
sapos 280
scala naturae 82, 83
Schimper, Andreas 160, 168, 169
Schmidt-Nielsen, Knut 72, 73, *73*
Schumacher, Ernst 295, 328
Sclater, Philip 160, 162, 200
Sears, Paul 134
seleção
    de parentesco 19, 29, 39
    natural 18-19, 21, 22, **24-31**, 38, 66, 72, 81, 154
    sexual 28
sementes
    dispersão de 58, 64
    diversidade de **326-327**
sequestro de carbono 264
serviços ecossistêmicos **328-329**
Shachak, Moshe 189
Shaffer, Mark 313, 314
Shaw, Robert 337
Shelford, Victor 138, 206, 207, 208
Shiva, Vandana 326, 327, *327*
Sialia sialis 111
Siemens, Werner von 302
Sierra Club 298, 307, 308
Simpson, George Gaylord 212, 213
Slagsvold, Tore 114, 115
Slobodkin, Lawrence 130, 140, 141, 143
Smith, Frederick 141
Smith, John Maynard 29, 48, 131, 154-155
Smith, Robert Angus 248
smog 233
Snow, John 69-70, *69*
sobrepastejo 93, 140, 239, 265
sobrevivência dos mais aptos 28, 37, 53
Sociedade Audubon 182
sociedades matriarcais 125
solo, acidificação do 93
Spencer, Herbert 172
Sterner, Robert 43, 74
sucessão ecológica **170-171**, 171, 172, 173
    de plantas 135, 160, 167
Suess, Eduard 134, 197, 204
sugadores de sangue 127
Sugihara, George 184
superpopulação 229, **250-251**
    ver também dinâmica populacional
Suzuki, David 337
Swammerdam, Jan 85

350 ÍNDICE

T

taiga *201*
Tang, Chao 184
Tansley, Arthur 130, 134, 135, *135*, 136, 138, 153, 167, 172, 174, 176, 190, 208, 210, 214
tartarugas 182, 229, 239, 253, *253*, 285
  terrestres 27, 191, 200
taxonomia 37, 80-81, **86-87**
Teale, Edwin Way 246
teias alimentares 108, *108*, 109, 133, 138, 140, 141, 142
telômeros 123
tenca *113*
tentilhões 27, *27*, 110, 193
Teofrasto 42
teorema do valor marginal (TVM) 66, 67
teoria
  da comunidade aberta **174-175**
  de Gaia 197, 210, **214-217**
  do forrageamento ótimo (TFO) 43, **66-67**
  dos jogos 154, 155
  evolutiva 16-39
    coevolução 56, 59
    evolução convergente 209
    hereditariedade 18, 19, 20, 21, 26, 28, **32-33**
    primeiras teorias **20-21**
    Rainha Vermelha, teoria da 46, 49
    seleção de parentesco 19, 29, 39
    seleção natural 18-19, 21, 22, **24-31**, 38, 66, 72, 81, 154
    ver também DNA; genética
  microbiana das doenças 70, 102, 103
termorregulação **126-127**
tetraz-das-pradarias 313, *313*
Thoreau, Henry David 171, 244, 298
tigres 49, 133, 201
Tinbergen, Niko 39, 101, 116, 117, 123
tordos 114
toupeira 21
trabalho de campo 43, **54-55**, 116-117
Traill, Catherine Parr 334
transmutação 18, 21, 28
tratamento de esgoto 228, 233, 291
travessia de animais 191, *191*
tremoceiros-bravos *142*, 143
Triássico, período *220*, 223
trilobita 223
trufas 104
truta 111, 211
tubarões *133*
Tyndall, John 202, 203

U

Udvardy, Miklos 200, 209
UNESCO 310, 311

União Internacional para a Conservação da Natureza (UICN) 236
uniformitarismo 18, **23**
urbanização **282-283**, 297
Urquhart, Fred e Norah 180, 181, *181*, 182
ursos 51, *51*, 72, 109, *109*, 191, 313, 314, *314*
ursos-polares 72, 109, *109*
uso de ferramentas por animais 120, *121*, 122

V

vaca-marinha-de-steller 143, *143*
vacinas 84, 102-103
vaga-lumes *89*
Van Valen, Leigh 46, 49
vegetação
  biomas 208-209
  comunidades clímax **172-173**
  distribuição vegetal **168-169**
  formações 173, 206-207
  loops de feedback 224
  sucessão ecológica de plantas 135, 160, 167
  teoria da comunidade aberta **174-175**
  zonas 168-169
  ver também desmatamento; comunidades vegetais
vegetação tolerante ao sal 169
Verhulst, equação de **164-165**, 184
Verhulst, Pierre-François 164, 184
vermes-zumbis *139*
Vernadsky, Vladimir 136, 138, 153, 160, 167, 197, 204-205, *205*, 214
vespas *49*, *58*
vespas-do-figo *58*
vespas gigantes 127
vírus 68, 69, 70, 102, 103, **280**
vírus de anfíbios **280**
viúva-negra, aranhas 39, *39*
Volterra, Vito 46, *46*, 47, 48, 52, 225
vulcânica, atividade *149*, *149*, 163, 222, 223

W

Waddington, Conrad 188
Wagler, Ron 223
Wahlenburg, Göran 198
Wallace, Linha de 163, 201
Wallace, Alfred Russel 18, 27-8, 29, 42, 59, 146, 160, 162, 163, 166, 196-197, 200-201, *201*
Walter, Heinrich 206
Warming, Johannes 160, 166, 167
Watson, Andrew 216
Watson, James 19, 32, 34-35, *35*
Wecker, Stanley C. 337
Wegener, Alfred 163, 196, 212-213
Werner, Abraham 23

Werner, Earl 43, 76 77
White, Gilbert 294, 297, 298
White, Lynn 306
Whitehouse, Michael 189
Whittaker, Robert 86, 90, 91, 161, 174, 175, 209
Wickett, Michael E. 281
Wiesenfeld, Kurt 184
Wilkins, John 85
Wilkins, Maurice 35
Williams, Carrington 185
Williams, George C. 38
Wilmut, Ian 34
Wilson, Edward O. 81, 92, 93, 94, *94*, 131, 146, 147, 148, 149, 223, 312
Wingfield, Eileen Wani 336
Woese, Carl 81, 90-91
"wood-wide web" 105
World Wide Fund for Nature (WWF) 236
Wright, Judith 336

Y Z

Yorke, James A. 338

"zonas mortas" (oceanos) 269
zonas úmidas 239, 289, 291
zoogeografia 162, 163, 200, *200*, 201

FONTES DAS CITAÇÕES

A HISTÓRIA DA EVOLUÇÃO

20 Jean-Baptiste Lamarck
22 Georges Cuvier
23 James Hutton
24 Charles Darwin
32 Haruki Murakami
34 Francis Crick

PROCESSOS ECOLÓGICOS

44 Vito Volterra
50 Joseph Grinnell
52 Georgy Gause
54 Joseph Connell
56 Daniel Janzen
60 Kevin D. Lafferty e Thomas Suchanek
66 Eric Charnov, H.R. Pulliam e Graham Pyke
76 Liana Zanette

ORDENANDO O MUNDO NATURAL

82 Aristóteles
84 Robert Hooke
86 Carlos Lineu
88 Ernst Mayr
90 George Fox e Carl Woese
92 Edward.O. Wilson
96 Norman Myers

A VARIEDADE DA VIDA

102 Louis Pasteur
104 A. B. Frank
106 Charles Elton
116 Konrad Lorenz
118 Louis Leakey

ECOSSISTEMAS

132 Richard Bradley
134 Tyler Miller e Scott Spoolman
152 Stephen Hubbell
153 Rede de Pesquisa Ecológica de Longa Duração (PELD)
156 Michel Loreau

ORGANISMOS EM UM AMBIENTE MUTÁVEL

162 Alexander von Humboldt
164 Pierre-François Verhulst
166 Stephen Alfred Forbes
167 David Attenborough
170 Henry David Thoreau
172 Frederic E. Clements
174 Henry Allan Gleason
176 R. B. Root
178 Brent Mitchell
184 Lev R. Ginzburg
185 James Brown
186 Richard Levins
188 John Odling-Smee, Kevin Laland e Marcus Feldman

A TERRA VIVA

198 Louis Agassiz
202 James Hansen
204 Vladimir Vernadsky
210 Eugene Odum
212 Seth Shostak
214 James Lovelock
218 Walter Alvarez e Frank Asaro
224 James Hansen

O FATOR HUMANO

230 Barry Commoner
236 John Muir
240 Ralph Keeling
242 Rachel Carson
248 Gene Likens
250 Garrett Hardin
252 Tim Hunter
254 Chico Mendes
260 Carl Sagan
262 Gro Harlem Brundtland
266 Margaret Atwood
270 Thomas Austin
274 Jonathan Banks
280 Stephen Price
281 Elizabeth Kolbert
286 Maude Barlow

AMBIENTALISMO E CONSERVAÇÃO

296 Francis Bacon
297 Gilbert White
298 Henry David Thoreau
299 George Perkins Marsh
300 Werner von Siemens
306 Aldo Leopold
310 UNESCO
312 Mark L Shaffer
316 Barack Obama
324 William Nordhaus
326 Vandana Shiva
328 Gretchen Daily
330 Paul Connett

AGRADECIMENTOS

A Dorling Kindersley gostaria de agradecer ao professor Fred D. Singer pela ajuda na organização deste livro, a Monam Nishat e Roshni Kapur pelo auxílio com o *design* e a Anita Yadav pelo auxílio na diagramação.

CRÉDITOS DAS FOTOS

O editor gostaria de agradecer a todos a seguir pela autorização para a reprodução de suas fotos:
(Abreviações: a-acima; b-embaixo; c-no centro; e-à esquerda; d-à direita; t-no topo)

21 Alamy Stock Photo: The Picture Art Collection (td); The Natural History Museum (be). **22 Alamy Stock Photo:** North Wind Picture Archives (bd). **26 Rex by Shutterstock:** Granger (be). **29 Alamy Stock Photo:** Kamal Bhatt (te); Laurentiu Iordache (cdb). **30 Alamy Stock Photo:** Blickwinkel (t). **31 Alamy Stock Photo:** Cultura RM (cdb); **Dorling Kindersley:** Frank Greenaway / Natural History Museum, London (cb). **33 Alamy Stock Photo:** Pictorial Press Ltd (td); Dreamstime.com: Gordana Sermek (bc). **35 Alamy Stock Photo:** Alexander Heinl / Dpa Picture Alliance / Alamy Live News (cdb); **Science Photo Library:** A. Barrington Brown © Gonville & Caius College (cea). **36 Science Photo Library:** Pascal Goetgheluck (ceb). **37 Alamy Stock Photo:** BSIP SA (te). **39 SuperStock:** Animals Animals (cea); Guillem López / Age fotostock (td). **46 Alamy Stock Photo:** Historic Collection (be). **47 Getty Images:** Adam Jones (ca). **49 Science Photo Library:** Nigel Cattlin (td). **51 Getty Images:** Pete Oxford / Minden Pictures (cea). **53 iStockphoto.com:** Stefonlinton (cea). **54 Alamy Stock Photo:** Suzanne Long (bc). **57 Ardea:** © Gregory G. Dimijian M.D. / Scie (cea); **Science Photo Library:** Gilbert S. Grant (bd). **59 Depositphotos Inc:** Andaman (b). **62 Alamy Stock Photo:** Richard Ellis (b). **63 Alamy Stock Photo:** Kevin Schafer (td). **64 Courtesia de National Park Service, Lewis and Clark National Historic Trail** (be). **65 Alamy Stock Photo:** Nick Upton (te). **67 Alamy Stock Photo:** Avalon / Photoshot License (td); **Getty Images:** Roger Tidman (be). **69 Alamy Stock Photo:** GL Archive (bd); Pictorial Press Ltd (cda). **70 Alamy Stock Photo:** M.Brodie (ceb); David Speight (td). **73 Alamy Stock Photo:** PF-(bygone1) (td). **Getty Images:** Fritz Polking (be). **75 Alamy Stock Photo:** Nigel Cattlin (be). **Getty Images:** Visuals Unlimited, Inc. / Anne Weston / Cancer Research UK (b). **77 Alamy Stock Photo:** David Lester (cea). **83 Getty Images:** Douglas Klug (cda); DEA Picture Library (be). **85 Alamy Stock Photo:** Art Collection 3 (be); Science History Images (cda). **87 Alamy Stock Photo:** ART Collection (td); Florilegius (be). **89 Alamy Stock Photo:** Jeff J Daly (ceb). **90 Getty Images:** Shawn Walters / EyeEm (bd). **91 Alamy Stock Photo:** Henri Koskinen (cdb). **94 Getty Images:** Bettmann (te); Education Images (bd). **95 Alamy Stock Photo:** De Luan (te). **96 Alamy Stock Photo:** Marka (bd). **97 Getty Images:** Denver Post (td). **103 Alamy Stock Photo:** BSIP SA (be); Historic Images (td). **104 Science Photo Library:** Dr. Merton Brown, Visuals Unlimited (cd). **105 Alamy Stock Photo:** Blickwinkel (cdb). **109 Alamy Stock Photo:** Wildlife GmbH (cdb); DP Wildlife Invertebrates (ca). **110 Alamy Stock Photo:** Vince Burton (ceb); **Getty Images:** Universal History Archive (tc). **111 Alamy Stock Photo:** Ingo Oeland (bd). **112 Science Photo Library:** Wim Van Egmond (bd). **113 Alamy Stock Photo:** Biosphoto (t). **114 Dreamstime.com:** Bernard Foltin (bd). **115 SuperStock:** Minden Pictures (bd). **116 Alamy Stock Photo:** Austrian National Library / Interfoto (cda). **117 Getty Images:** Rolls Press / Popperfoto (be). **121 Dreamstime.com:** Mark Higgins (cda). **Getty Images:** CBS Photo Archive (be). **122 Getty Images:** Michael Nichols (t). **123 naturepl.com:** Anup Shah (bd). **124 Getty Images:** Dr Clive Bromhall (bd); Dan Kitwood / Staff (te). **125 Alamy Stock Photo:** Terry Whittaker Wildlife (bd). **127 Alamy Stock Photo:** Oliver Christie (cea). **Getty Images:** Alastair Macewen (bd). **133 Getty Images:** Wildestanimal (cda). **135 Alamy Stock Photo:** The Picture Art Collection (be); **iStockphoto.com:** Vlad61 (cda). **136 Alamy Stock Photo:** A.P.S. (UK) (td). **137 Getty Images:** Olaf Protze (bd). **139 Alamy Stock Photo:** The Natural History Museum (cea); **Science Photo Library:** Ted Kinsman (cdb). **141 Alamy Stock Photo:** Danita Delimont (cea). **142 Alamy Stock Photo:** Dennis Frates (be). **143 Alamy Stock Photo:** World History Archive (te); **Getty Images:** Fine Art (cdb). **146 Alamy Stock Photo:** Mark Lisk (td). **147 Courtesy of Marlboro College:** www.marlboro.edu (td). **149 Alamy Stock Photo:** age fotostock (te). **Getty Images:** Universal History Archive / UIG (bd). **151 Alamy Stock Photo:** Jason Bazzano (cea); **naturepl.com:** Paul Williams (bd). **153 Alamy Stock Photo:** Bill Crnkovich (cdb). **155 Alamy Stock Photo:** Blickwinkel (ca). **156 North Carolina State University:** Rebecca Kirkland (c). **163 Alamy Stock Photo:** Greg Basco / BIA / Minden Pictures (cb); Pictorial Press Ltd (td). **165 Alamy Stock Photo:** GL Archive (td). **Science Photo Library:** Solvin Zankl / Visuals Unlimited, Inc. (be). **166 NASA:** Jeff Schmaltz, MODIS Rapid Response Team, NASA / GSFC (cdb). **168 Alamy Stock Photo:** Emmanuel Lattes (cd). **169 Alamy Stock Photo:** RWI Fine Art Photography (bd). **170 Alamy Stock Photo:** Robert K. Olejniczak (cda). **173 Dreamstime.com:** Anton Foltin (cda). **175 Dreamstime.com:** Claudio Balducelli (cea). **176 Alamy Stock Photo:** All Canada Photos (bd). **180 U.S.F.W.S:** (td). **181 Alamy Stock Photo:** Everett Collection Inc (td); Ian west (be). **182 Dreamstime. com:** Yuval Helfman (te). **183 Alamy Stock Photo:** Natural History Archive (td). **185 naturepl.com:** Mary McDonald (cdb). **187 naturepl.com:** Jussi Murtosaari (be); **Rex by Shutterstock:** Antti Aimo Koivisto (td). **189 Alamy Stock Photo:** David Hall (te); Genevieve Vallee (bd). **191 Alamy Stock Photo:** Mauritius images GmbH (be); **Getty Images:** Danita Delimont (cda). **193 Alamy Stock Photo:** Adam Burton (te). **198 Getty Images:** Philippe Lissac / GODONG (bc). **199 Alamy Stock Photo:** Rolf Nussbaumer Photography (cdb); **Depositphotos Inc:** swisshippo (cea). **201 Dreamstime.com:** Rvo233 (cea). **Getty Images:** Hulton Archive / Stringer (td). **202 IPCC:** FAQ 1.3, Figure 1 from Le Treut, H., R. Somerville, U. Cubasch, Y. Ding, C. Mauritzen, A. Mokssit, T. Peterson and M. Prather, 2007: Historical Overview of Climate Change. In: Climate Change 2007: The Physical Science Basis. Contribuição do Working Group I ao Fourth Assessment Report of the Intergovernmental Panel on Climate Change [Solomon, S., D. Qin, M. Manning, Z. Chen, M. Marquis, K.B. Averyt, M. Tignor e H.L. Miller (eds.)]. Cambridge University Press, Cambridge, Reino Unido e Nova York, NY, USA (bd). **203 Getty Images:** Wolfgang Kaehler / LightRocket (cdb). **205 Alamy Stock Photo:** Sputnik (td). **iStockphoto.com:** Totajla (te). **207 Alamy Stock Photo:** Suzanne Long (td); **SuperStock:** Wolfgang Kaehler (be). **209 Depositphotos Inc:** Pawopa3336 (te); **Getty Images:** DEA / C.DANI / I. JESKE (cdb). **210 Getty Images:** R A Kearton (cd). **211 Alamy Stock Photo:** ClassicStock (bd). **212 Dorling Kindersley:** Colin Keates / Natural History Museum, London (cra). **213 Alamy Stock Photo:** AustralianCamera (ceb). **215 Alamy Stock Photo:** Ancient Art and Architecture (bc). **Getty Images:** Terry Smith (td). **216 Alamy Stock Photo:** Iuliia Bycheva (td). **217 iStockphoto.com:** Zhongguo (bd). **220 Science Photo Library:** Detlev Van Ravenswaay (td). **221 Alamy Stock Photo:** Pictorial Press Ltd (td). **223 Getty Images:** The Washington Post (cdb). **225 Alamy Stock Photo:** Arterra Picture Library (cea); **Getty Images:** Magnus Kristensen / AFP (cdb). **233 Alamy Stock Photo:** Chronicle (bd); **Getty Images:** Sonu Mehta / Hindustan Times (be). **234 Alamy Stock Photo:** Design Pics Inc (b). **UNICEF:** (td). **235 UNSW:** Aran Anderson (te). **237 Alamy Stock Photo:** Archive Pics (td). **iStockphoto.com:** 4kodiak (cea). **238 Alamy Stock Photo:** Paul Kennedy (bc). **239 Alamy Stock Photo:** ImageBroker (cdb); Huang Zongzhi / Xinhua / Alamy Live News (te). **241 Alamy Stock Photo:** Arctic Images (bd);. **Science Photo Library:** Simon Fraser / Mauna Loa Observatory (cea). **244 Alamy Stock Photo:** Walter Oleksy (be); **Science Photo Library:** CDC (td). **247 iStockphoto.com:** Harry Collins (bd). **248 Alamy Stock Photo:** Christopher Pillitz (bc). **249 Gene E. Likens:** On Location Studios, Poughkeepsie, NY (td). **250 Alamy Stock Photo:** North Wind Picture Archives (bc). **251 Getty Images:** Peter Charlesworth (cdb); **Dr Max Roser:** Esteban Ortiz-Ospina (2018) "World Population Growth". Publicado on-line em OurWorldInData. org. Recuperado de: https://ourworldindata.org/ world-population-growth [fonte on-line] (cea). **252 Alamy Stock Photo:** Renault Philippe / Hemis (cd). **253 Alamy Stock Photo:** Danita Delimont (cdb). **256 Getty Images:** Brazil Photos (bd). **257 Getty Images:** Antonio Scorza / Staff (td). **258 Getty Images:** Michael Duff (b). **259 Getty Images:** Micheline Pelletier Decaux (bd); **MongaBay.com:** Rhett Butler / rainforests.mongabay.com (te). **261 Getty Images:** Orlando / Stringer (cdb); **NASA:** Jesse Allen (cea). **263 Getty Images:** Orjan F. Ellingvag / Corbis (cea); Fairfax Media (td). **264 Dreamstime.com:** Oliver Förstner (cdb). **265 Alamy Stock Photo:** IanDagnall Computing (t). **267 Alamy Stock Photo:** Poelzer Wolfgang (bd). **268 John M. Yanson** (te). **269 Alamy Stock Photo:** Science History Images (bd); **Getty Images:** Barcroft Media (be). **271 Getty Images:** Scott Tilley (cea); **NSW Department of Primary Industries:** Dr Steven McLeod (cda). **272 123RF.com:** Stephen Goodwin (cdb). **273 Alamy Stock Photo:** Jack Picone (td). **277 Alamy Stock Photo:** Gay Bumgarner (cda); **Camille Parmesan:** Marsha Miller, University of Texas at Austin (be). **278 Getty Images:** Bianka Wolf / EyeEm (be). **279 Alamy Stock Photo:** Andrew Darrington (te). **280 iStockphoto.com:** ca2hill (cd). **282 Alamy Stock Photo:** Christian Hütter (be). **283 Getty Images:** Hector Vivas (td). **284 Getty Images:** Peter Parks / AFP (bd). **285 Ardea:** Paulo de Oliveira (bd). **288 Getty Images:** AFP / Stringer (td). **289 Getty Images:** Jim Russell (be). **290 Alamy Stock Photo:** ImageBroker (te); **Mesfi n Mekonnen and Arjen Hoekstra:** (2016) http://advances. sciencemag.org/ content/2/2/e1500323 (b). **291 Alamy Stock Photo:** Russotwins (cdb). **296 Alamy Stock Photo:** Granger Historical Picture Archive (bc). **298 Alamy Stock Photo:** The Granger Collection (bc). **299 Getty Images:** DEA / Biblioteca Ambrosiana / De Agostini (cd). **302 Alamy Stock Photo:** Jim West (bd). **303 Getty Images:** Bloomberg / reproduizido com autorização de Joint Center for Artificial Photosynthesis – California Institute of Technology (crb). **304 Getty Images:** TPG (b). **305 IEA:** © OECD/IEA [2016], Renewables Information, IEA Publishing. Licence: www.iea.org/t &c<http:// www.iea.org/t&c> (td). **307 Alamy Stock Photo:** Jonathan Plant (ca); **Rex by Shutterstock:** AP (td). **309 Alamy Stock Photo:** Steve Morgan (cea); Friedrich Stark (td). **311 Alamy Stock Photo:** Flowerphotos (td). **313 Alamy Stock Photo:** Rick & Nora Bowers (bd); **Ardea:** © USFWS / Science Source / Science S (cea). **314 Getty Images:** Design Pics / Richard Wear (t). **315 Rex by Shutterstock:** Chuck Graham / AP (td). **318 Getty Images:** Digital First Media / Inland Valley Daily Bulletin via Getty Images (td). **319 Rex by Shutterstock:** Eric Lee / Lawrence Bender Prods. / Kobal (b). **320 Rex by Shutterstock:** Mohammed Seeneen / AP (td). **323 Getty Images:** Hero Images (cda); NOAA (be). **324 Getty Images:** Tony Karumba (bd). **325 Getty Images:** Paul J. Richards / Staff (td). **326 Alamy Stock Photo:** Inga Spence (cd). **327 iStockphoto.com:** pixelfusion3d (cb); **Rex by Shutterstock:** AGF s.r.l. (td). **328 Getty Images:** Amana Images Inc (cd). **329 Stanford News Service**: Linda A. Cicero (tr). **331 Getty Images:** Ted Aljibe / Staff (crb).
All other images © Dorling Kindersley
For further information, see: **www.dkimages.com**

Conheça todos os títulos da série:

 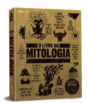